教育部 财政部职业院校教师素质提高计划职教师资培养资源开发项目
《林学》专业职教师资培养资源开发(VTNE063)

教育部 财政部职业院校教师素质提高计划成果系列丛书

森林计测

赵晓云　赖家明　主编

中国林业出版社

图书在版编目(CIP)数据

森林计测 / 赵晓云，赖家明主编. —北京：中国林业出版社，2016. 12
(教育部 财政部职业院校教师素质提高计划成果系列丛书)
ISBN 978-7-5038-8836-6

Ⅰ. ①森… Ⅱ. ①赵…②赖… Ⅲ. ①森林 - 计测学 - 高等学校 - 教材 Ⅳ. ①S758

中国版本图书馆 CIP 数据核字(2016)第 304614 号

国家林业局生态文明教材及林业高校教材建设项目

中国林业出版社 · 教育出版分社

策划编辑：高红岩　田　苗　　　责任编辑：田　苗　高红岩
电　　话：(010)83143557　　　传　　真：(010)83143516

出版发行　中国林业出版社(100009　北京市西城区德内大街刘海胡同 7 号)
E-mail：jiaocaipublic@163. com　电话：(010)83143500
http：//lycb. forestry. gov. cn
经　　销　新华书店
印　　刷　北京市昌平百善印刷厂
版　　次　2016 年 12 月第 1 版
印　　次　2016 年 12 月第 1 次印刷
开　　本　787mm × 1092mm　1/16
印　　张　24. 25
字　　数　588 千字
定　　价　58. 00 元

《森林计测》编写人员

主　　编

赵晓云　赖家明

副 主 编

黄从德　王永东　许彦红

编写人员（按姓氏笔画排序）

马莲花（四川省林业调查规划院）
王永东（四川农业大学）
艾　晏（四川农业大学）
冯永林（四川农业大学）
刘　波（四川省林业调查规划院）
许彦红（西南林业大学）
罗豫川（重庆市林业科学研究院）
赵安玖（四川农业大学）
赵晓云（四川农业大学）
黄从德（四川农业大学）
蒋成益（四川农业大学）
赖家明（四川农业大学）

出版说明

《国家中长期教育改革和发展规划纲要(2010—2020年)》颁布实施以来，我国职业教育进入到加快构建现代职业教育体系、全面提高技能型人才培养质量的新阶段。加快发展现代职业教育，实现职业教育改革发展新跨越，对职业学校“双师型”教师队伍建设提出了更高的要求。为此，教育部明确提出，要以推动教师专业化为引领，以加强“双师型”教师队伍建设为重点，以创新制度和机制为动力，以完善培养培训体系为保障，以实施素质提高计划为抓手，统筹规划，突出重点，改革创新，狠抓落实，切实提升职业院校教师队伍整体素质和建设水平，加快建成一支师德高尚、素质优良、技艺精湛、结构合理、专兼结合的高素质专业化的“双师型”教师队伍，为建设具有中国特色、世界水平的现代职业教育体系提供强有力的师资保障。

目前，我国共有60余所高校正在开展职教师资培养，但由于教师培养标准的缺失和培养课程资源的匮乏，制约了“双师型”教师培养质量的提高。为完善教师培养标准和课程体系，教育部、财政部在“职业院校教师素质提高计划”框架内专门设置了职教师资培养资源开发项目，中央财政划拨1.5亿元，系统开发用于本科专业职教师资培养标准、培养方案、核心课程和特色教材等系列资源。其中，包括88个专业项目，12个资格考试制度开发等公共项目。该项目由42家开设职业技术师范专业的高等学校牵头，组织近千家科研院所、职业学校、行业企业共同研发，一大批专家学者、优秀校长、一线教师、企业工程技术人员参与其中。

经过三年的努力，培养资源开发项目取得了丰硕成果。一是开发了中等职业学校88个专业(类)职教师资本科培养资源项目，内容包括专业教师标准、专业教师培养标准、评价方案，以及一系列专业课程大纲、主干课程教材及数字化资源；二是取得了6项公共基础研究成果，内容包括职教师资培养模式、国际职教师资培养、教育理论课程、质量保障体系、教学资源中心建设和学习平台开发等；三是完成了18个专业大类职教师资资格标准及认证考试标准开发。上述成果，共计800多本正式出版物。总体来说，培养资源开发项目实现了高效益：形成了一大批资源，填补了相关标准和资源的空白；凝聚了一支研发队伍，强化了教师培养的“校—企—校”协同；引领了一批高校的教学改革，带动了“双师型”教师的专业化培养。职教师资培养资源开发项目是支撑专业化培养的一项系统化、基础性工程，是加强职教教师培养培训一体化建设的关键环节，也是对职教师资培养培训基地教师专业化培养实践、教师教育研究能力的系统检阅。

自2013年项目立项开题以来，各项目承担单位、项目负责人及全体开发人员做了大量深入细致的工作，结合职教教师培养实践，研发出很多填补空白、体现科学性和前瞻性的成果，有力推进了“双师型”教师专门化培养向更深层次发展。同时，专家指导委员会的各位专家以及项目管理办公室的各位同志，克服了许多困难，按照两部对项目开发工作的总体要求，为实施项目管理、研发、检查等投入了大量时间和心血，也为各个项目提供了专业的咨询和指导，有力地保障了项目实施和成果质量。在此，我们一并表示衷心的感谢。

职业院校教师素质提高计划成果系列丛书编写委员会

2016 年 3 月

前言

《国家中长期教育改革和发展规划纲要(2010—2020年)》发布之后，我国职业教育改革发展进入到加快建设现代职业教育体系、全面提高技能型人才培养质量的新阶段。2013—2015年，中央财政投入1.5亿元，由教育部、财政部牵头，在“职业院校教师素质提高计划”框架内专门设置了100个职教师资本科专业培养资源开发项目，内容包括培养标准、培养方案、核心课程和特色教材开发等教学资源。四川农业大学承担了林学专业职教师资培养标准、培养方案、核心课程和特色教材开发工作。

《森林计测》是林学职教本科专业核心课程教材，内容主要包括林学本科专业“测量学”和“测树学”两门课程内容。从本科层次目前各高校的教材建设体系来看，将两者融合为统一的教材还不多见。根据本次培养资源开发项目的要求，需构建以任务驱动为引领的工作过程化职业教育新的教学体系，将原测量学和测树学教材相互独立的，以理论体系完整性为主线的内容体系进行全面的拆分，突出了以林业生产任务为主线，以工作过程结构化为基本方法，重新对教学内容进行梳理。

测量部分突出了各生产环节的测量工具和测绘资料的使用，测树部分则突出了林业生产中森林调查任务的执行，两者相互联系，前部分是后部分的调查工具，而后部分则是前者在应用领域的延伸。测量部分以点、线、面的测定工具使用和测绘资料的应用展开，而测树部分则以单木、林分和大面积森林调查作为编排的主线，体现出教材对林业专业职业性的分析和整合的理解，是对林学职教本科教材重构的一次尝试。

从体例的设计方面，在每个任务下建构了任务介绍、知识准备、技能训练、复习思考、知识拓展等理论与实践、教学与实训一体化的教学模块。同时，为实现“三性融合”的职教师资培养目的，每个项目设置了教学目标、重点难点，在每个任务介绍中明确提出了教学的知识目标和技能目标，便于学生在学习中掌握教学内容和实训重点，兼顾了师范性的教学模式。

本教材的开发是多院校团队合作的结果。由四川农业大学林学院、资源学院、旅游学院，西南林业大学林学院，四川省林业调查规划院的教师和工程技术人员共同合作完成。项目组的向劲松、卢昌泰、廖邦洪、王景燕老师参与教材框架讨论与设计工作。研究生马莲花、罗豫川、邓宗敏参与部分单元编写、图表制作及文字校核工作。与本教材配套的数字化资源开发由赵晓云、何玲、石彤、马莲花、罗豫川、邓宗敏、冉忠波、李跃奎、李汶爽、王明富等共同完成，并得到了成都依能科技股份有限公司的技术支持。

按教育部的要求，教材编写完成后，邀请了北京林业大学亢新刚教授、福建农林大学陈平留教授、国家林业局调查规划设计院曾伟生教授等学科专家及汤生玲、曹晔、卢双盈等教育部职教专家对教材的内容及体系进行了评审，对教材内容和体系结构给予一致肯定，并提出了宝贵意见。

本教材以“行动导向”为设计思路，重在工具与方法的实际应用。因此，教材既可作为林学职教本科学生的专业课教材，又可作为林业中职教师培训、行业资格证考试、资源调查及专业技术培训教材和教学参考书。

在教材编写过程中，参阅了大量国内外已出版的相关教材、著作、论文以及相关网站资料，并引用了其中的观点和案例。在此，对这些文献和资料的作者表示感谢。

由于时间紧、任务重，加之作者水平有限，书中错误在所难免，恳请各位读者斧正。

编 者

2016 年 6 月

目录

出版说明
前　言

单元1　林地测量技术及应用

项目1　测量基础认知　3

任务1.1　地球形状认知 …… 4
任务1.2　地球坐标系认知 …… 10
任务1.3　测量工作认知 …… 17
任务1.4　测量误差认知 …… 21

项目2　水准测量　27

任务2.1　水准测量认知 …… 28
任务2.2　水准仪及其使用 …… 31
任务2.3　水准测量 …… 43

项目3　角度测量　58

任务3.1　经纬仪认知 …… 59
任务3.2　经纬仪使用 …… 60
任务3.3　角度测量 …… 75

项目4　距离测量　89

任务4.1　距离丈量 …… 90
任务4.2　视距测量 …… 99
任务4.3　光电测距 …… 104

项目5　罗盘仪测量　115

任务5.1　直线定向 …… 116
任务5.2　罗盘仪构造认知 …… 118

任务 5.3 磁方位角测定 …… 121
任务 5.4 罗盘仪平面图测绘 …… 126
任务 5.5 罗盘仪样地测设 …… 132

项目 6 全球定位系统应用 139

任务 6.1 卫星定位系统认知 …… 140
任务 6.2 卫星定位 …… 143
任务 6.3 GPS 应用 …… 145

项目 7 地形图测绘及应用 152

任务 7.1 地形图认知 …… 153
任务 7.2 大比例尺地形图测绘 …… 164
任务 7.3 地形图识读与应用 …… 174

单元 2 森林调查技术及应用

项目 8 林分结构测定 187

任务 8.1 单木测定 …… 188
任务 8.2 林分调查 …… 197
任务 8.3 林分直径分布调查 …… 211

项目 9 单木材积测定 221

任务 9.1 伐倒木材积测定 …… 222
任务 9.2 立木材积测定 …… 226

项目 10 林分蓄积量调查 233

任务 10.1 标准木法应用 …… 234
任务 10.2 材积表法应用 …… 236
任务 10.3 标准表法和平均实验形数法应用 …… 241
任务 10.4 角规法应用 …… 244

项目 11 森林抽样调查 253

任务 11.1 森林抽样调查认知 …… 254
任务 11.2 简单随机抽样调查 …… 255
任务 11.3 系统抽样调查 …… 257
任务 11.4 分层抽样调查 …… 261

项目 12　树木生长量测定　266

任务 12.1　树木生长测定 …… 267
任务 12.2　树木生长率计算 …… 278
任务 12.3　树木生长方程的建立 …… 284
任务 12.4　树干解析 …… 293

项目 13　林分生长量测定　303

任务 13.1　林分生长量认知 …… 304
任务 13.2　材积差法应用 …… 307
任务 13.3　一元材积指数法应用 …… 311
任务 13.4　林分表法应用 …… 313
任务 13.5　双因素法应用 …… 319
任务 13.6　固定标准地法应用 …… 322
任务 13.7　收获表法应用 …… 328

项目 14　林分出材量调查　334

任务 14.1　伐倒木材种材积测定 …… 335
任务 14.2　林分出材量测定 …… 341

项目 15　森林立地调查与质量评价　348

任务 15.1　立地因子测定 …… 349
任务 15.2　森林立地质量评价 …… 357

参考文献　372

单元1

林地测量技术及应用

林地测量主要是指为森林调查、生产管理、规划设计、资源现状及其评价等提供图件或数据资料的测量工作。本单元以工作过程结构化理论为指导，教学内容以点、线、面的测量工具使用和测绘资料的应用来展开，主要对林地测量的基本概念、基本理论和基本技术进行详细的叙述，突出了水准测量、角度测角、距离测量、卫星导航定位以及地形图使用的技能训练。为适应林业工作的实际需要，强化了林业各生产环节的测量工具和测绘资料的使用，尤其是罗盘仪测定和测设相关任务的介绍和实施。本单元包括 7 个项目，24 个任务。

项目1

测量基础认知

【教学目标】

1. 了解测量学的基本分类和相关概念。

2. 认识地球形状及其对测量工作的影响。

3. 掌握水准面、大地水准面的建立与测量工作面及高程定义的关系。

4. 熟悉地球坐标系的定义，掌握平面直角坐标系的建立方法及其与数学坐标系的差别，了解高斯－克吕格投影的方法及变形特点，掌握我国投影带及通用坐标的相关计算方法。

5. 熟悉测量工作的基本要素和内容，了解误差的基本概念。

【重点难点】

重点：基本概念，平面直角坐标系的建立与应用。

难点：水准面和大地水准面，高斯－克吕格投影、坐标建立和投影变形分析。

任务 1.1 地球形状认知

【任务介绍】

通过对测量学的作用、概念和学科分类的介绍及地球形状的认识，了解水准面和大地水准面的基本概念，以及地球曲率对测量过程中的距离、角度和高差的影响。并通过建立假定水准面的实训操作进一步掌握和理解高程及高差的定义。通过本任务的实施将达到以下目标：

知识目标

1. 了解测量学的发展概况，理解测量科学在工程建设中的作用。
2. 掌握测量学及普通测量学的概念和测量学的分类。
3. 理解水准面、大地水准面的概念及建立假定水准面的意义。

技能目标

能设置假定水准面并进行应用。

【知识准备】

1.1.1 测量学的定义与分类

测量学是研究地球的形状和大小以及确定地面点位的科学。其研究内容是对地球及其地理空间有关的信息进行采集、处理、管理、更新和利用。因此，广义的测量学可定义为“研究测定和推算地面及其外层空间点的几何位置，确定地球形状和地球重力场，获取地球表面自然形态和人工设施的几何分布以及与属性相关的信息，并结合自然与社会信息，编制全球或局部地区各种比例尺的普通地图和专题地图的理论与技术的学科，是地球科学的重要组成部分”。

普通测量学常应用于一般工程建设及相关学科，可定义为“研究测定地面点的平面位置和高程，将地球表面的地形及其他信息测绘成图，以及将设计的工程建筑物或构筑物标定到地面上作为施工依据的学科”。

测量学主要包括以下一些学科分支：

(1)大地测量学

大地测量学是研究在地球表面大区域范围内大地控制网的建立，对地球的形状、大小和地球重力进行测定的理论、技术与方法的科学。由于大地测量必须考虑地球的曲率，因而在理论和方法上较为复杂，其主要任务是在全国范围内布设大地控制网和重力网，精密测定一系列点的空间位置(三维坐标)和重力，为地学科学、空间科学、地形图测绘、地籍测量和施工测量提供控制基础。大地测量学是解决大地测量问题的现代测量理论和技术的重要方向。

(2)摄影测量学

摄影测量学是以获取地表摄影像片和辐射能的各种影像记录为手段，通过对图像的处理、量测、判译，推测物件的形状、大小和位置，从而判断其相关属性的一门测量学科。按获取相片的方式不同，分为地面摄影测量学、航空摄影测量学和航天摄影测量学。摄影测量的早期任务主要是测绘地形图，随着科学技术特别是遥感技术的发展，摄影方式和研究对象日趋多样化，摄影测量逐步用于矿产资源勘探、大型工程建筑物及环境污染监测、农林业灾害预防以及地球板块运动研究等。由此，摄影测量与遥感技术已成为非常活跃并具有强大生命力的独立学科。

(3)地图学

地图学是以地图信息传递为核心，探讨地图的基础理论、制作技术和使用方法的综合性学科。早期的地图学是由数学地图学、地图编制学、地图制印3个分支学科组成，继而又发展成为地图概论、数学制图学、地图编制学、地图整饰学、地图制印学5个分支学科。自20世纪70年代起，根据信息论的基本理论和地图信息的传递特点，将地图学领域分为理论地图学与应用地图学两个部分。

(4)普通测量学

普通测量学是主要研究测量的基本原理、大比例尺地形图测绘理论和方法以及工程测量基本方法的学科，是测绘类专业的基础课程。这里探讨的“普通测量学”，是以地球表面小区域为研究对象，因地球曲率半径很大(平均为6371km)，可把小区域的球面视为平面而不考虑地球的曲率，使普通测量学的理论和方法得以简化。研究地球表面小区域地形图测绘的理论和方法称为地形测量学。把地球表面的形态采用正射投影，使用规定的符号，按一定的比例缩绘到平面上所形成的图形，称为地形图。地形图的测绘和应用是普通测量学的核心内容之一。

普通测量学包括两大部分内容，即测绘和测设。测绘就是使用测量仪器和工具，将测区内的地物和地貌测量并缩绘成地形图，供规划设计、工程建设和国防建设等行业或部门使用。而测设(也称放样)就是把图上设计好的工程建筑物和构筑物的平面位置和高程准确地标定到实地上，作为施工的依据。

普通测量学的外业测量工作分为测角、测距和测高差(测量工作三要素)；而观测、计算和绘图则是测量工作的基本技能。

(5)工程测量学

工程测量学是研究工程建设和资源开发项目在勘测、规划、设计、施工和运营管理阶段进行测量工作的理论、方法和技术的学科，是研究各种工程、工业生产、城市建设和资源开发各个阶段中，对地形和有关信息的采集和处理，以及施工放样、设备安装、变形监测分析和预测预报等的理论、方法和技术，以及对相关测量信息进行管理和使用的学科，是测量学在国民经济和国防建设中的直接应用。

工程测量学按所服务的对象分为建筑工程测量、水利工程测量、军事工程测量、海洋工程测量、地下工程测量、工业工程测量、铁路工程测量、公路工程测量、管线工程测量、桥梁工程测量、隧道工程测量、港口工程测量以及城市建设测量等。

(6)海洋测绘学

海洋测绘学是以海洋水体和海底为研究对象所进行的测量以及海图编制理论、技术与方法的学科。主要内容包括海洋大地测量、海洋工程测量、海道测量、海底地形测量和海图编制等。

1.1.2 地球基本形状及其测量

(1)地球形状和大小

在浩瀚的宇宙中看地球，它是一个形状像梨的椭球体(图1-1)，其表面高低起伏、凹凸不平，有高山和低山，还有丘陵和平原，以及其他复杂的地貌类型。如最高的珠穆朗玛峰，高出平均海水面8844.43m，最低的马里亚纳海沟，低于平均海水面11 095m，二者之间的差距近20 000m。但这些高低起伏与巨大的地球半径(平均为6371km)相比，可以忽略不计。地球上陆地面积仅占整个地球表面的29%，而水域面积占了71%，从宏观上看可以认为地球是被静止的海水面向陆地延伸并围绕整个地球所形成的椭球体。

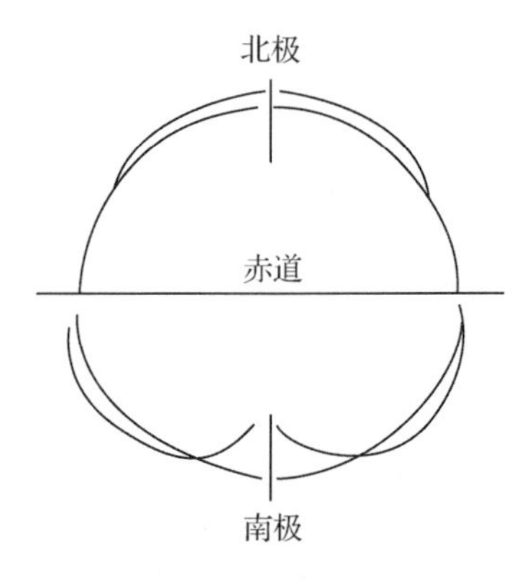

图1-1 椭球体形状

椭球形状的地球是一个南北两极略扁(以短半轴 b 表示)而东西两极略长(以长半轴 a 表示)的近球体状。反映地球形状的另一要素是扁率 α，它是 $(a-b)$ 与 a 的比值，当 $a=b$ 时，椭球变成圆球。多年来，随着科学技术的不断进步，各国学者对椭球元素进行了推算，结果见表1-1。

表1-1 各国学者推算的椭球元素

元素推算者	长半轴 a(m)	短半轴 b(m)	扁率 $\alpha=(a-b)/a$	推算年代和国家
德兰布尔	6 375 653	6 356 564	1:334.0	1800年，法国
贝塞尔	6 377 397	6 356 079	1:299.2	1841年，德国
克拉克	6 378 249	6 356 515	1:293.5	1880年，英国
海福特	6 378 388	6 356 912	1:297.0	1909年，美国
克拉索夫斯基	6 378 245	6 356 863	1:298.3	1940年，苏联
国际大地测量与地球物理联合会	6 378 140	6 356 7553	1:298.257	1975年，国际大地测量与地球物理联合会
国际大地测量与地球物理联合会	6 378 137	6 356 752	1:298.257	1980年，国际大地测量与地球物理联合会
中国	6 378 143	6 356 758	1:298.255	1978年，中国

(引自《测量学》，卞正富)

(2)大地水准面

地球表面任一质点都同时受到两个作用力：一是地球自转产生的惯性离心力；二是整个地球质量产生的引力。这两种力的合力称为重力，重力的作用线又称为铅垂线。用细绳悬挂一个垂球，其静止时所指的方向即为铅垂线方向。处于静止状态的水面称为水准面。由物理学知道这个面是一重力等位面，水准面上处处与重力方向(铅垂线方向)垂直。在地球表面重力的作用空间，通过任何高度的点都有一个水准面，所以水准面有无数个，把其中一个假想为与静止的平均海水面重合，向陆地延伸并包围整个地球的特定重力等位面，称其为大地水准面(图1-2)。大地水准面和铅垂线是测量外业工作所依据的基准面和基准线。

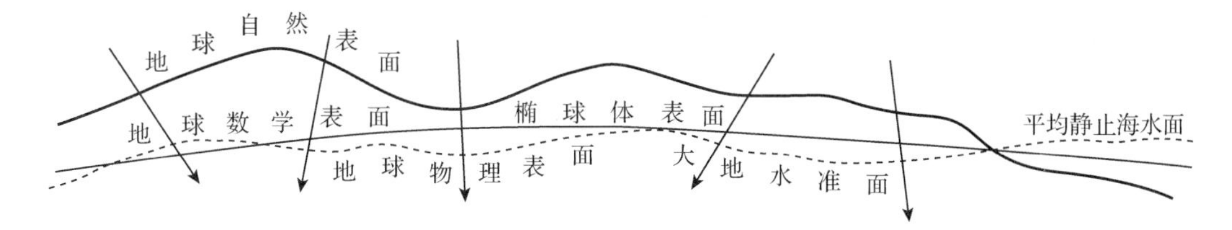

图 1-2　大地水准面示意图

(3)地球高程

①绝对高程　地面点到大地水准面的铅垂距离，称为该点的绝对高程或海拔，如图 1-3 高程定义中的 H_1、H_2。地面上两点间的高程差，称为高差，通常用 h 表示。如 A、B 两点间的高差 $h_{AB}=H_B-H_A$。

②假定高程　在局部地区或某项工程建设中，当引测绝对高程有困难时，可以任意假定一个水准面为高程起算面。从某点到假定水准面的垂直距离，称为该点的假定高程或相对高程，如图 1-3 中的 H'_1、H'_2。采用假定高程时，应先在测区内选定一个高程基准点并确定其假定高程值，再以它为基准推算其他各点的假定高程。

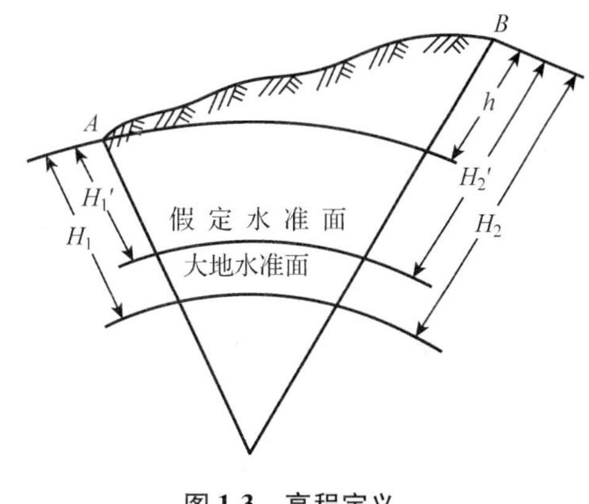

图 1-3　高程定义

确定了椭球的形状和大小后，还须确定椭球与大地体，即椭球面与大地水准面的相关位置，使得假想的椭球能与大地体之间最好地融合，将地球表面的观测成果归算到椭球体上而形成测绘成果，这一工作称为椭球定位。最简单的定位是单点定位，如图 1-4 所示，在本国合适的地方选择一个 P 点，先将 P 点沿铅垂线投影到大地水准面上得到 P' 点，然后使椭球在 P 点与大地体相切，这时过 P 点的法线(过 P 点与椭球面正交的直线)与过 P 点的铅垂线重合。于是椭球与大地体的关系就确定好了，切点 P 称为大地原点，P 点的球面位置——大地经度 L 和大地纬度 B 就作为全国其他点的球面位置的起算依据。

世界各国都尽量采用适合本国的椭球元素和定位方法(图 1-5)。我国新中国成立前采

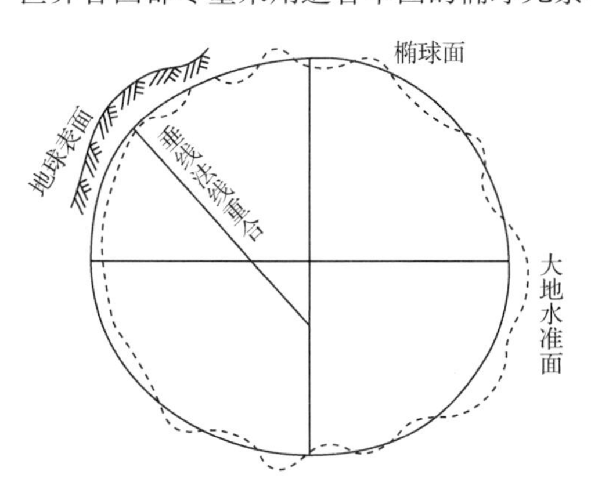

图 1-4　参考椭球定位

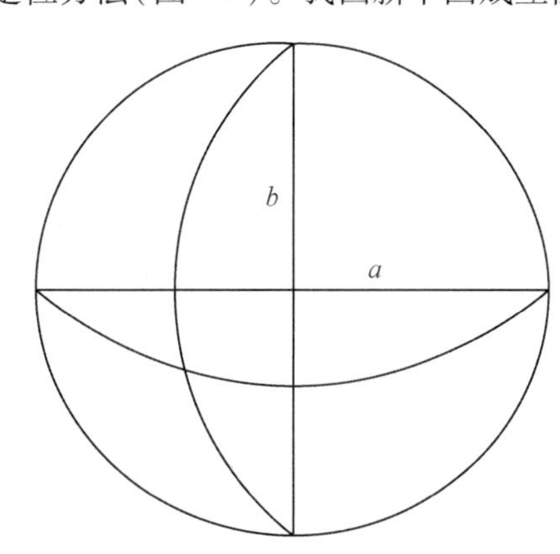

图 1-5　椭球元素

用海福特椭球，新中国成立后一度采用克拉索夫斯基椭球，大地原点设在前苏联普尔科沃(现俄罗斯境内)。20 世纪 80 年代，我国采用了 1975 年“国际大地测量与地球物理联合会”推荐的椭球元素(表 1-1)，从而把大地原点选设在我国中部西安市附近的泾阳县永乐镇北洪流村，建立“1980 年国家大地坐标系”。见表 1-1 所列，1978 年我国也推算出了很准确的椭球元素。

虽然地球的长短半径不一样，但地球椭球扁率很小(扁率 $f=1/298.255$)，所以当测区范围不大，为普通测量时，可将地球视为圆球，其半径为 $R=\frac{1}{3}(a+a+b)=6371\text{km}$。

1.1.3 地球形状对测绘的影响

地球形状对测绘的影响主要缘于地球曲率。严格的测量工作是将地球表面投影到参考椭球面上，然后采取投影变换的方法将地球表面高低起伏形状描绘到平面图纸上。而在外业工作中，无法方便地获得参考椭球面，实际的工作基准为大地水准面和铅垂线，而后，再将测量成果归算到椭球面上。在普通测量中，由于测区范围小，精度要求不高，在不影响工程质量的前提下，可将椭球面视为球面，而不考虑椭球曲率的变化影响，甚至将大地水准面视为水平面，直接将地面上的点投影到水平面上确定点位。但用水平面代替曲面，测量结果必然会产生差异，即以水平面代替大地水准面是有一定限度的。这里将定量讨论地球曲率对测量精度的影响。

(1)地球曲率对水平距离的影响

在图 1-6 中为讨论问题方便，将地球以正球体看待。设 AB' 在球面上的长度为 D，所对圆心角为 θ，地球半径为 R，另至 A 点作切线 AB，设长为 t。若以切于 A 点的水平面代替球面，则在距离上产生误差 Δ_D：

$$\Delta_D = AB - \widehat{AB'} = t - D = R(\tan\theta - \theta)$$

将 $\tan\theta=\theta+\frac{1}{3}\theta^3+\frac{2}{15}\theta^5+\cdots$ 代入，得：

$$\Delta_D = \frac{D^3}{3R^2} \tag{1-1}$$

$$\frac{\Delta_D}{D} = \frac{1}{3}\left(\frac{D}{R}\right)^2 \tag{1-2}$$

若以 $R=6371\text{km}$，代入式(1-1)和式(1-2)，得表 1-2。

从表 1-2 可以看出，当地面距离为 10km 时，用水平面代替球面所引起的距离误差只有 0.8cm，相对误差约为 1/1 200 000；当地面距离为 100km 时，相对误差约为 1/12 100。而现在最精密测距所容许的相对误差为 1/1 000 000。因此在普通的距离测量中一般不考

表 1-2 地球曲率对水平距离的影响

距离(km)	距离误差 Δ_D(cm)	相对误差 Δ_D/D
10	0.8	1/1 200 000
50	102	1/50 000
100	821	1/12 100

虑地球曲率的影响。只有在进行精密测量时，为了保证距离精度，才限制测区范围大小，一般在半径为10km的范围内测量可不考虑地球曲率对距离测量的影响。

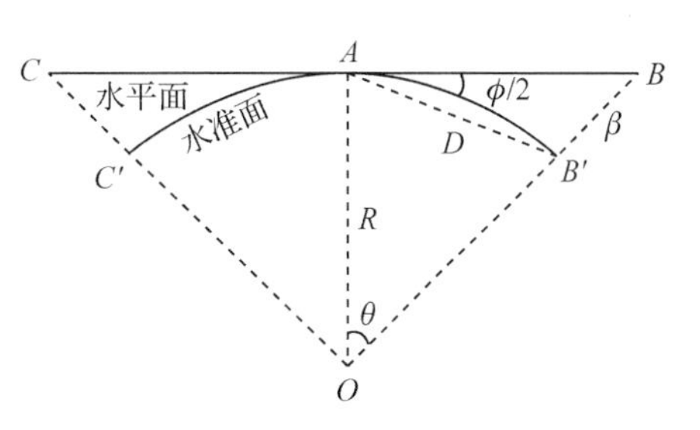

图1-6 地球曲率对距离测量的影响

(2)地球曲率对高程的影响

高程的起算点是大地水准面，由于水平面与水准面是不重合的，所以用水平面代替水准面进行高程测量，地球曲率必定对所测高程值有影响，这种用水平面代替水准面而产生的高程误差称为球差。

表1-3 不同距离 D 所产生的球差

距离 D(km)	Δh(cm)
0.1	0.08
0.2	0.31
0.4	1.30
1.0	8.00
5.0	196.00
10.0	785.00

如图1-6所示，设 AB 为过 A 点的水准面，显然，A 与 B 点同高。如果用过 A 点的水平面 P 代替水准面，则这时 A 与 B 之间产生了高差 Δh。由图1-6有：

$$(R+\Delta h)^2 = R^2 + t^2$$

$$\Delta h = \frac{t^2}{2R+\Delta h}$$

用 D 代替 t，同时忽略分母中的小项(相对于 R 而言)Δh，则：

$$\Delta h = \frac{D^2}{2R} \tag{1-3}$$

表1-3列出了不同距离 D 所产生的球差。当距离为100m时，地球曲率对高差的影响达到了8mm。所以，地球曲率对高程的影响是不可忽略的。

【技能训练】

假定水准面的设置和应用

一、实训目的

学会设立假定水准面，并能应用。

二、仪器材料

6cm×6cm×30cm木桩2根，小瓶油漆1瓶，毛笔2支，5cm铁钉2支，铁榔头1支。

三、训练步骤

1. 认识国家高程点

在学校内周边指定一国家高程点(或城市建设网高程点)，由教师开启水准点标志，并逐步给学生讲解，然后按规定程序覆盖水准点。要求每组记录该水准点的高程并画出水准点标志示意图和点之记示意图。

2. 设置假定水准面

在校园内某一空旷区域打下一木桩，桩头为10cm，桩顶钉一铁钉，桩顶即为该区域假定水准面，如假定高程为650.000m。然后在桩头一侧使用红色油漆标志假定水准点代码。

3. 假定水准面应用

由教师讲解当假定水准面设置完成后其作用、用途及应用上的方便程度，并要求每个学生根据技能训练的过程完成实验报告。

四、注意事项

1. 鉴于学生目前仍不具备测量学方面的基础知识，本训练主要在教师指导下进行。

2. 对国家水准点标志的开启要得到相关部门同意后，按规定程序开启和还原。

3. 告知学生保护国家水准点的重要性。

五、技能考核

序号	考核重点	考核内容	分值
1	建立假定水准面方法	能叙述清楚国家水准点的开启、使用、还原和保护的重要性，能阐明假定水准面建立的一般方法	60
2	图面材料的明晰程度	手工绘制水准点标志示意图和点之记示意图	40

【复习思考】

1. 名词解释：水准面、大地水准面、假定水准面、绝对高程、相对高程。

2. 试述测量学在国民经济建设和人类文明发展史中的作用。

3. 测量学的研究对象和任务是什么?

4. 如何描述地球的形状? 大地体和参考椭球体有何不同?

5. 地球上的点位如何投影到大地水准面上?

6. 地球的形状对测绘有哪些方面的影响?

任务 1.2 地球坐标系认知

【任务介绍】

通过对地球坐标系及其相关知识的了解，让学生分清测量坐标系和数学坐标系的差别，以及各坐标系之间的转换方法。结合技能训练，强化知识应用，让学生学会建立任意平面直角坐标系，利用任意点经度计算投影带号。通过本任务的实施将达到以下目标：

知识目标

1. 了解地球坐标系的作用、分类，以及各类坐标系的建立。

2. 掌握测量坐标系和数学坐标系的差别，理解建立任意平面直角坐标系的意义。

3. 掌握大地坐标的建立方法，并了解我国大地坐标的建立过程，了解地球坐标系的相互转换方法。

4. 了解高斯－克吕格投影的方法及变形特点。

5. 掌握我国投影带、中央子午线经度及通用坐标等的相应计算方法，掌握平面直角坐标系的建立和应用。

技能目标

1. 能熟练认识测量坐标系，并能对某一小测区建立任意平面直角坐标系。
2. 能熟练计算投影带号、中央子午线经度，迅速识别通用坐标。

【知识准备】

1.2.1　地球坐标系及其转换

为了确定地面点的空间位置，需要建立坐标系统。一个点在空间的位置需要3个坐标量来表示。在一般的测量工作中，常将地面点的空间位置用平面位置(大地经纬度或高斯平面直角坐标)和高程来表示，它们分别从属于地球坐标系的大地坐标(或高斯坐标)和指定的高程系统，即用一个二维坐标系(椭球面或平面)和一个一维坐标系(高程)的组合来表示。

由于卫星大地测量迅速发展，地面点的空间位置也采用三维的空间直角坐标来表示。

(1)天文坐标系

在大地测量学中，常以天文经纬度定义地理坐标，它是用天文观测的方法测得地面上一 P 点的天文经度和天文纬度来表示某一点的天文地理坐标。

天文经度是观测点的天顶子午面与英国格林尼治天顶子午面间的两面角。

天文纬度是在地球上定义的铅垂线与赤道平面间的夹角。

(2)大地坐标系

地面上一点的空间位置可用大地坐标(L, B, H)表示。大地坐标系是以参考椭球面作为基准面，以起始子午面和赤道面作为在椭球面上确定某一点投影位置的两个参考面。如图1-7中，过地面点 P 的子午面与起始子午面之间的夹角，称为该点的大地经度，以 L 表示。规定从起始子午面起算，向东为正，取值0~180°称为东经；向西为负，取值0~180°称为西经。过地面 P 点的椭球面法线与赤道面的夹角称为该点的纬度，用 B 表示。规定从赤道面起算，向北取值0~90°称为北纬；由赤道面向南取值0~90°称为南纬。P 点沿椭球面法线到椭球面的距离 H，称为大地高。由椭球起算，向外为正；向内为负。P 点的大地经度和大地纬度可用天文观测的方法测得 P 点的天文经度和天文纬度，再利用 P 点的法线与铅垂线的相对关系(称为垂线偏差)改算为大地经度 L 和大地纬度 B。在一般测量工作中，可以不考虑这种改算。

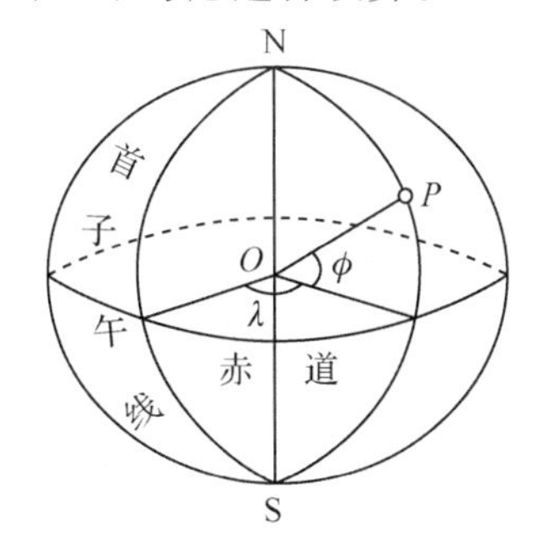

图1-7　大地经纬度定义

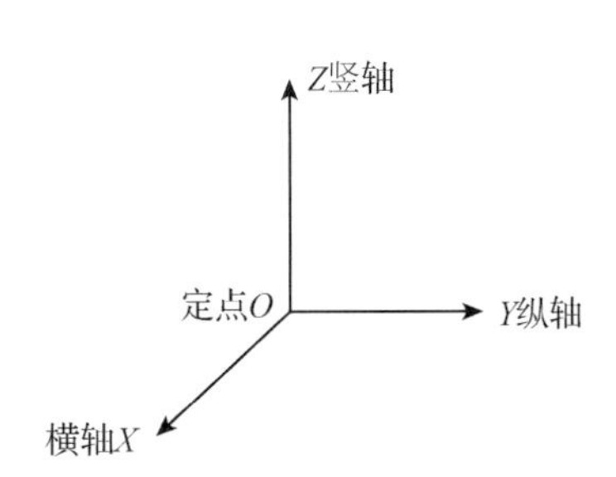

图1-8　空间直角坐标系定义

(3)空间直角坐标系

以椭球体中心 O 为原点，起始子午面与赤道面交线为 X 轴，赤道面上与 X 轴正交的方向为 Y 轴，椭球体的旋转轴为 Z 轴，构成右手直角坐标系 $OXYZ$。在该坐标系中，某一 P 点位置用 OP 在这 3 个坐标轴上的投影 x、y、z 来表示，如图 1-8 所示。

地面上同一点的大地坐标和空间直角坐标之间可以通过下式进行坐标转换：

$$\begin{aligned} x_P &= (N+H)\cos B \cdot \cos L \\ y_P &= (N+H)\cos B \cdot \sin L \\ z_P &= [N(1-e^2)+H]\sin B \end{aligned} \tag{1-4}$$

其中，e 为第一偏心率：

$$e^2 = (a^2 - b^2)/a^2$$

$$N = \frac{a}{\sqrt{(1 - e^2 \sin B)}}$$

由空间直角坐标转换为大地坐标，可采用下式：

$$\left.\begin{aligned} L &= \arctan\left(\frac{y}{x}\right) \\ B &= \arctan[(z + Ne^2\sin B) \div \sqrt{(x^2+y^2)}] \\ H &= \sqrt{(x^2+y^2)} \div \cos B - N \\ \tan B_1 &= \frac{z}{\sqrt{(x^2+y^2)}} \end{aligned}\right\} \tag{1-5}$$

式(1-5)计算 B 时通常采用迭代法。迭代时，用 B 的初值 B_1 计算 N_1 和 $\sin B_1$，然后进行第二次迭代，直至最后两次 B 值之差小于允许值为止。

(4)平面直角坐标系和平面独立坐标系

大地水准面虽是曲面，但当测量区域较小(如范围小于 $100km^2$)时，可以将椭球面当作平面看待，以方便工程建设规划、设计在平面上进行。在这种情况下，地面点的位置可用平面直角坐标表示，它与数学坐标系不同，其目的主要是便于定向，且不改变数学公式而直接应用于测量计算中。测量中采用的平面直角坐标系有高斯平面直角坐标系、平面独立直角坐标系和建筑施工坐标系。测量中采用的平面直角坐标系与解析几何中的平面直角坐标系有所不同，具体差别有以下 3 个方面：

①测量坐标系的坐标纵轴为 X 轴，表示南北方向，向北为正，横轴为 Y 轴，表示东西方向，向东为正；而解析几何坐标系坐标横轴为 X 轴，向东为正，纵轴为 Y 轴，向北为正。

②测量坐标系的象限排列为顺时针标注 1、2、3、4 象限，而解析几何坐标系象限排列为逆时针方向。

③测量坐标系的角度定义是以坐标纵轴北向为基本方向，按顺时针方向计算到某一目标方向；而解析几何坐标系的角度定义是以横轴开始逆时针方向到目标方向。

测量学中采用的平面直角坐标系是为了在具体的测绘工作中使用方便，主要体现在以下 3 个方面：

①测量坐标系的如是设置有利于全部引用平面三角公式。

②建立平面独立直角坐标系时可把坐标原点假设在测区的西南角外，以使测区内的所有 x、y 坐标值都为正。

③在建筑工程中，为了计算和施工放样方便，将所采用的平面直角坐标系与建筑物主轴线重合、平行或垂直而建立起建筑坐标系或施工坐标系。

1.2.2　高斯投影和高斯平面直角坐标系

(1)投影变形的概念

地图投影是地图学的重要组成部分，是构成地图的数学基础之一。地图投影就是研究如何将地球表面描写到平面上，也就是研究建立地图投影的理论和方法。

球面上任意一点的位置决定于它的经纬度，所以实际投影时是先将一些经纬线的交点展绘在平面上，再将相同经度的点连成经线，相同纬度的点连成纬线，构成经纬线网。有了经纬线网后，就可以将球面上的地理事物，按照其所在的经纬度，用一定的符号画在平面上相应位置处。由此看来，地图投影的实质是将地球椭球面上的经纬网按一定的数学法则转移到基准面上。经纬线网是绘制地图的"基础"，是地图的主要数学要素。

地球表面上任一点的位置是用地理坐标(λ、φ)表示的，而平面上点的位置是用平面直角坐标表示的。所以，要将地球球面上的点转移到平面上，必须采用一定的数学方法来确定地理坐标与平面坐标之间的关系；这种在球面和平面之间建立点与点之间函数关系的数学方法，称为地图投影。所谓地图投影就是建立椭球体上的点与平面上的点之间的函数关系，用数学表达式表示为：

$$\left.\begin{aligned} x &= f_1(\lambda,\varphi) \\ y &= f_2(\lambda,\varphi) \end{aligned}\right\} \tag{1-6}$$

其中，(λ、φ)为大地坐标，(x，y)为平面上的直角坐标。地球椭球体面是一个不可展开的曲面，无论用函数式(f_1或f_2)都会产生变形。考察椭球面上一个微小的圆形(微分圆)，在投影过程中的表象会出现投影变形情况，分别是正形投影(等角投影)、等面积投影和任意投影，正形投影和等面积投影是两种常用的地图投影方式。正形投影有两个基本条件：一是保角性；二是长度比的固定性。高斯－克吕投影就属于这种投影方式。我国不小于1∶500 000的地形图都采用这种投影方法。

(2)高斯－克吕格投影的原理

这个投影是德国数学家、天文学家高斯于1825—1830年首先提出的，后经德国大地测量学家克吕格于1912年推导出实用的投影公式后才得以推广，故称高斯－克吕格投影。

高斯－克吕格投影的原理，是为假设用一空心椭圆柱横套在地球椭球体上，使椭圆柱轴通过椭球中心，椭圆柱面与椭球体面某一经线相切，与椭圆柱面相切的子午线称为中央子午线或轴子午线，然后用解析法使地球椭球体面上的经纬网投影到椭圆柱面上，并保持角度相等的关系，最后将椭圆柱面切开展平，就得到投影后的图形。故高斯投影又称为横轴椭圆柱投影，如图1-9所示。

(3)高斯－克吕格投影的特点

①中央子午线的投影为一条直线，且投影之后的长度无变形，其余子午线的投影均为凹向中央子午线的曲线，以中央子午线为对称轴，离对称轴越远，其长度变形越大。

②赤道的投影为直线，其余纬线的投影为凸向赤道的曲线，并以赤道为对称轴。

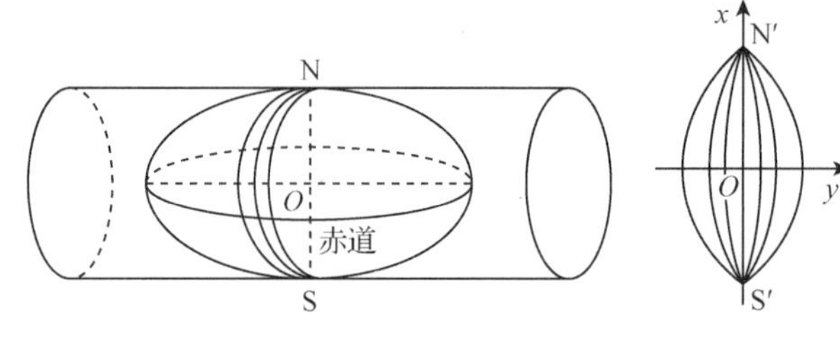

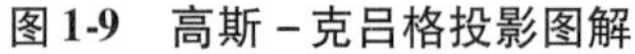

图 1-9 高斯－克吕格投影图解

③经纬线投影后仍保持相互正交的关系，即投影后无角度变形。

④中央子午线和赤道的投影相互垂直。

由图 1-9 可见，高斯投影中，除中央子午线投影后为直线且长度保持不变外，偏离中央子午线的其他子午线均产生变形，且离中央子午线越远变形越大。当长度变形大到一定程度后，就会影响到测图施工的精度，因此必须对长度变形有所控制，控制的方法就是把投影区域限制在靠近中央子午线两侧的有限范围内。这种确定投影宽度的工作称为设置投影分带。

(4)高斯－克吕格投影分带

投影带宽是由相邻两子午面间的经差确定的，有 6°和 3°带两种带宽(图 1-10)。

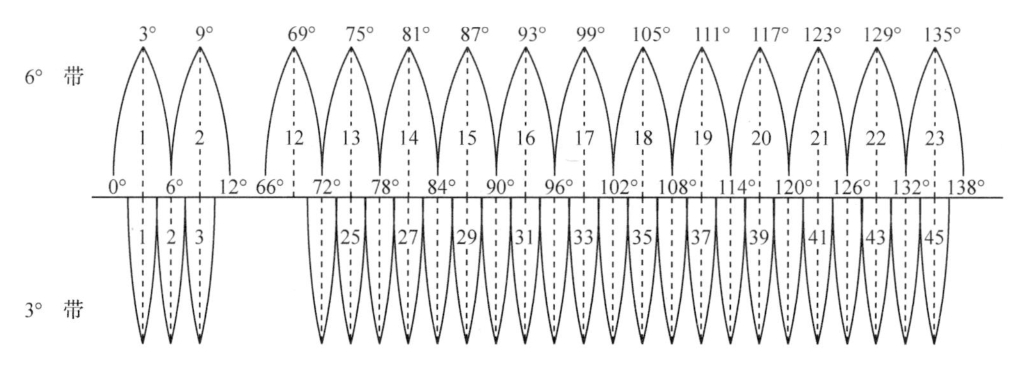

图 1-10 6°和 3°带的分带示意图

为了控制变形，采用分带投影的办法，规定 1:25 000～1:50 000 地形图采用经差 6°分带；1:10 000 及更大的比例尺地形图采用 3°分带。

① 6°分带法 从英国格林尼治天文台 0°经线(本初子午线)所在的首子午面起，自西向东按经差每 6°为一个投影带，全球共分 60 个投影带，依次编号为 1～60，各带的中央子午线经度分别为 3°、9°、15°、…、357°。我国疆域位于东经 72°～136°之间，共包括 11 个投影带，自西向东依次编号为 13～23，各带中央子午线经度 L_0 自 75°开始到 135°。

② 3°分带法 从东经 1°30′起始，自西向东按经差 3°为一个投影带，全球共分为 120 个投影带，各带的中央子午线经度分别为 3°、6°、9°、…、360°。我国疆域位于东经 72°～136°之间，3°带的编号为 24～45，共包括 21 个投影带。明显看出，3°带的中央子午线经度有一半与 6°带的中央子午线经度相同，另一半是 6°带的分带子午线经度，如图 1-10 所示。

③带号和中央子午线间的关系

$$\left.\begin{aligned} L^{\circ}_{6} &= 6^{\circ} \times n - 3^{\circ} \\ L^{\circ}_{3} &= 3^{\circ} \times k \end{aligned}\right\} \tag{1-7}$$

式中 L°_{6}、L°_{3}——分别为 6°带和 3°带的中央子午线经度；

n、k——分别为 6°带和 3°带的带号。

式(1-7)可用来求得带号或某中央子午线的经度。

例如，北京所在6°带的中央子午经度$L°_6$为117°，由式(1-7)计算6°带号为：

$$n = (L°_6 + 3°)/6 = 20$$

由此可知，北京位于6°带的第20带。

④根据某点经度计算投影带号　无论6°带还是3°带，在已知某点经度时，可以使用如下的简便计算求出该点所在6°带和3°带的带号：

投影带号 = 某点经度/6°(或3°)

结果值取整加1为6°带(或3°带)的带号。

⑤高斯－克吕格平面直角系的建立　高斯－克吕格投影模式的地图上绘有两种坐标网，即地理坐标网(经纬网)和直角坐标网(公里网)。地理坐标网是规定1∶10 000～1∶100 000比例尺的地形图上，每幅图的内图廓为经纬线，而图内不加绘经纬线，经纬度数值注记在内图廓的四角，在内外图廓间，还绘有黑白相间或仅用短截线表示经差、纬差1′的分度带，有需要时将对应点相连接，就可构成很密的经纬网。在1∶250 000～1∶1 000 000地形图上，在直接绘出经纬网后有时还绘有加密经纬网的加密分割线。纬度注记在东西内外图廓间，经度注记在南北内外图廓间。

高斯－克吕格坐标系是为了在地图上迅速而准确地指示目标位置，用以确定方向、距离、面积等。以6°或3°带采用分带投影的方式建立平面直角坐标系，比地理坐标网更方便、快捷。高斯平面直角坐标网以每一投影带的中央经线为纵轴(X轴)，赤道作为横轴(Y轴)，纵坐标以赤道为0起算，赤道以北为正，以南为负。我国位于北半球，纵坐标都是正值。横坐标本来应以中央经线为0起算，以东为正，以西为负，但因坐标数值有正有负，不便于使用，我国规定凡横坐标值均加500km(等于将纵坐标轴向西移500km)，横坐标从此起算均为正值，形成高斯坐标的“通用坐标”，通过图1-11及图1-9，可以看出高斯投影后的特点及高斯坐标系的建立方法。

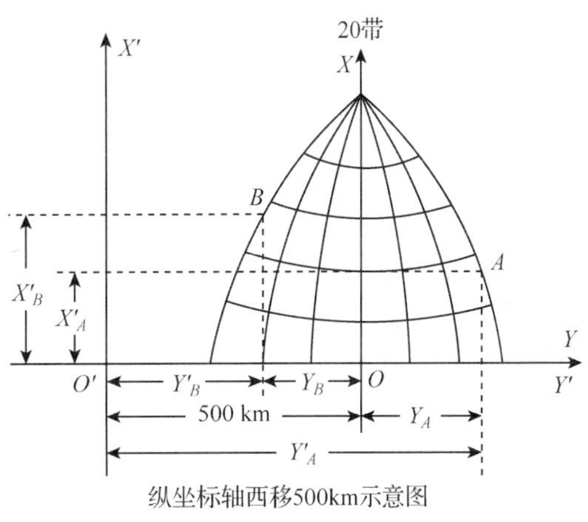

图1-11　高斯－克吕格平面直角坐标系

通过“通用坐标”可以看出，位于中央子午线以东各点的横坐标都大于500km，而位于中央子午线以西的各点的横坐标，均小于500km。另外，为了指明该点属于何带，还规定在横坐标y值之前要写上带号。未加500km和带号的横坐标值称为“自然值”，加上500km和带号的横坐标值称为“通用值”。

图1-11中，设A、B两点位于6°投影带的第20带，其横坐标的自然值为：

$$Y_A = 245\ 863.7\text{m}(\text{在中央子午线以东})$$

$$Y_B = -168\ 474.8\text{m}(\text{在中央子午线以西})$$

将A、B两点横坐标的自然值加上500km并加注带号后，得横坐标的通用值。

加上500km的另一个好处是，使带号后的整数(非小数)总是6位数，很容易知道某个横坐标属于哪一带。例如，有一N点的横坐标$Y_{N通} = 4\ 307\ 000$m，很明显，这一点属于

4 带而不是 43 带。

在每个投影带内，按相等的间隔，做一系列平行于纵轴和横轴的直线，就组成了平面直角坐标格网。其间隔一般为 1km 或 2km，称为公里格网。

【技能训练】

测量坐标系建立及投影带知识的应用

一、实训目的

认识测量坐标系，建立小区域平面任意直角系，根据某一点经度计算投影带号，以及应用通用坐标系。

二、仪器材料

国家基本地形图 1∶50 000 和 1∶10 000 每人一张，计算器、铅笔、直尺等。

三、训练步骤

1. 认识高斯坐标系

以地形图为基础分组识别国家基本地形图上的高斯坐标系、大地坐标系、公里网格等内容。

2. 平面任意直角坐标系的建立

选定校园内某一空旷区域，每组学生在西南角外设置平面任意直角坐标系的原点，从而使得该测绘区域内的所有坐标值都为正，以方便测绘过程中的记录、计算。使学生明确设置这类坐标原点的意义。

3. 计算投影带号

每个学生在地形图上任选一点位，采用“内插法”查算出这点的经度，如 1∶10 000 和 1∶50 000地形图上查算出东经 103°33′05″这一点位，让学生各除以 6°和 3°后看看结果，使学生加深对我国 3°带和 6°带号区间的深刻印象，并对照通用坐标判别投影带号，计算出该带的中央子午线经度。

4. 通用坐标的应用

每个学生练习识别地形图上的通用坐标。

四、注意事项

1. 最好选用新版地形图。

2. 以实验报告反映实验过程和结果。

五、技能考核

序号	考核重点	考核内容	分值
1	任意平面直角坐标系的建立方法	清楚叙述地形图上的高斯坐标系、大地坐标系、公里网格等，能说明了平面任意直角坐标系建立的意义，能说明通用坐标的内涵	70
2	投影带号及相关计算	能清晰地表达计算式，结果正确	30

【复习思考】

1. 简述地球坐标系的分类及各自特点。

2. 平面直角坐标系分为哪些种类？建立平面任意直角坐标系有哪些意义？

3. 高斯－克吕格投影有何特点？由它建立的坐标系在测绘方面有哪些优缺点？

4. 我国基本地形图上的通用坐标有何特点？

5. 1954 年北京坐标系和 1980 年西安坐标系的主要区别是什么？

6. 投影分带的意义何在？请说明我国 6°带和 3°带号区间的特点，并辨别通用坐标上的带号。

7. 某地一点位的经度为 108°22′10″，请计算它的 6°带和 3°带号，以及各带的中央子午线经度。

8. 若我国某处地面点 A 的高斯平面直角坐标为 x = 3 234 576. 7m，y = 35 453 786. 6m，问该坐标值的分带投影特点是什么？A 点位于第几带？该带中央子午线经度是多少？A 点在该中央子午线的哪一侧，距离中央子午线赤道各多少米？

任务 1.3　测量工作认知

【任务介绍】

通过对测量工作“三要素”及其重要性，以及测量工作步骤的学习，使学生理解测量工作中“步步检校”的基本要求和重要意义；在教学中强化地形图比例尺在生产实践中的应用。通过本任务的实施将达到以下目标：

知识目标

1. 熟悉测量工作内容和要素。
2. 掌握测量工作的原则，理解测量检校的意义。
3. 熟悉测量工作的基本步骤。

技能目标

能应用比例尺及比例尺精度分析测量工作中的误差问题。

【知识准备】

1.3.1　测量工作的内容

测量工作服务领域相当广泛，内容也很繁杂。

如果我们从一般工程建设所应用的普通测量来看，无论测量工作有多繁杂，实质都是确定地面点的位置，也就是测定 3 个元素，即水平角 β、水平距离 D 和高差 h，并以此推算控制点坐标、测绘地物地貌并编绘成图，或者把规划设计的工程建筑物的平面位置及高程标定到地面上作为施工的依据，它是测绘的逆过程。

因此，水平角测量、距离测量和高差测量是测量的基本工作。也就是说，角度、距离和高差为测量的 3 个基本元素，而观测、计算和绘图是测量工作的基本技能。

1.3.2 测量工作的基本任务

(1)测图

测图又称测绘或测定，是指使用仪器和测量工具，对小区域内的地形进行测量，并按一定的比例尺、规定的符号绘制成图，供规划设计和科学研究使用。

(2)测设

测设又称施工放样或放样，是指将图上已规划设计好的工程建(构)筑物平面位置和高程，准确地测设到实地上，作为施工的依据。

(3)用图

用图泛指识别和使用地形图的知识、方法和技能。主要内容是地貌判读、地图标定、确定站立点和利用地图研究地形等，以解决工程上若干基本问题。

1.3.3 测量工作的基本原则和要求

(1)测量工作的基本原则

测量工作必须遵循的原则是“从整体到局部、先控制后碎部、从高精度到低精度”，无论是宏观的大地测量，还是微观的地籍测量等，都应遵循这个基本原则。

开展一项测量工作，首先要从全局进行布局，也就是“鸟瞰”了解整体，然后才能到达局部或零碎所在地开展工作。如果从局部测量到整体，即为主次不分，就可能忽略了重要的地形地物，并且可能造成整体测量精度比局部的还低，与“从高精度到低精度”的要求不符。例如，对我国整个大测区从整体上建立全国统一的高程和平面坐标控制系统，并采用高精度的测量方法进行；在此控制系统基础上，再进行局部地形地物测量或其他专业测量，据此描绘或编绘成图等。这样才符合测量工作基本原则的要求。

(2)测量工作的基本要求

测量过程中的要求是“步步检校”，即每一个测量过程都要有检核措施，不然误差将逐步累积，以至无法进行平差或远远超出相应测量规范标准。因此，在每一测量步骤完成时，都要按照国家测绘规范或相应行业标准要求，检查其测量精度是否符合相关规范标准的要求，否则不能进入下一个测量环节。例如，水准仪测量高差时，对黑面读数要用红面读数校核。同时，我们在每一个步骤上都做到检校，各个环节的误差积累就少，以保证测量精度，以免返工，达到事半功倍的效果。

1.3.4 测量工作的基本步骤

(1)技术设计

技术设计是从技术上可行、实践上可能和经济上合理 3 个方面，对测绘工作进行整体规划，遴选最优方案，编制出实施计划。

(2)控制测量

基本任务是首先在测区(也可推广到全国疆域)范围内布设高级平面控制网和高程控制网，然后测定控制点的平面坐标和高程作为测区的骨架，再根据建设要求，分区、分期进行加密控制测量，作为控制测量的基础。

(3)碎部测量

碎部测量指测定地貌、地物特征点的平面坐标和高程的工作。特征点平面坐标和高程的测量，是依据邻近控制点确定的。有了比较充足的特征点的平面坐标和高程，就能很真实地描绘地物、地貌的空间形态和分布特征。

(4)检查和验收测绘成果

测绘成果一定要经过相应的检查验收合格才能交付使用。

上述4个方面的工作步骤，有些是必须在野外进行的，称为外业，主要为第二项及第三项，其任务是信息(数据、图像等)采集；有些工作是在室内进行的，称为内业，主要任务是信息加工(数据处理及绘图等)。现代测绘技术发展的总趋势，是逐步实现内外业一体化和自动化，达到提高测绘效率并能确保测绘成果的相应规范要求。

1.3.5 图型与比例尺

(1)平面图、地形图和地图

为了将地物地貌绘制到图上，理论上必须从地面上各特征点向大地水准面作铅垂线，铅垂线与大地水准面的交点称为地面各特征点的垂直投影。若测区很小，大地水准面可以用水平面代替，这时可以认为地面各特征点是垂直投影在水平面上的，如图1-12所示。

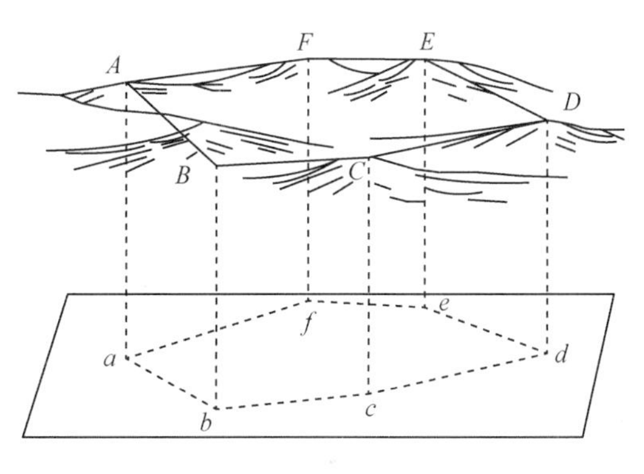

图1-12 平面图形成

在小区域内(≤100km^2)，用水平面代替大地水准面，将地面上的点位和图形垂直投影到水平面上，然后，相似地将图形按一定比例尺缩小绘在图纸上，这样制成的图称为平面图。

一般在平面图上仅表示地物，不表示地貌。如果图上不仅表示出地物的位置，而且还用特定符号把地面上高低起伏的状态(地貌)表示出来，这种图称为地形图。

在大区域内或整个地球范围内测图时，将地面各点投影到地球椭球面上，然后用特殊的投影方法展绘到图纸上，这样制成的图称为地图。地图上各处的比例尺是不同的，而平面图及常规地形图上各处的比例尺一般是相同的。

(2)图的比例尺

绘制各种图件时，实地的图形必须经过缩小后才能绘在图纸上。图上线段长度和相应地面线段的实际水平距离之比称为比例尺。比例尺根据表示方法的不同，可分为数字比例尺和图示比例尺。

以分子为1的分数形式表示的比例尺为数字比例尺，它的分子为1，分母为某一整数。设地面上某线段的水平长度为D，图上相应线段长度为d，则该图的比例尺为：

$$1:M = d:D = 1:(D/d) \tag{1-8}$$

式(1-8)中的M为比例尺分母，分母越大比例尺越小。

如果应用数字比例尺来绘图，每一距离都要按同一缩小倍数来换算，这是非常不方便的，而且图纸用久之后，图上与地面的相应关系也与原比例尺不一样。为了避免计算和减

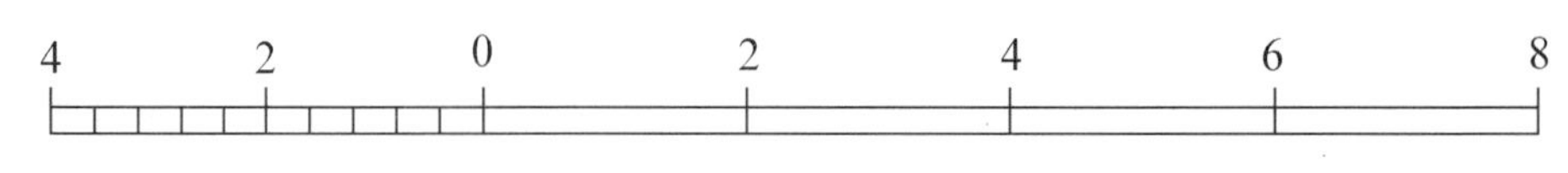

图 1-13 直线比例尺

少图纸变形的影响，有时须采用直线比例尺，如图 1-13 所示。

图示比例尺又分为直线比例尺和复式比例尺，最常见的图式比例尺为直线比例尺。

(3)比例尺精度及其应用

测量有误差，人眼绘图也有误差。人眼分辨角值为60″，在明视距离(25cm)内辨别两条平行线间距为 0.1mm，区别两个点的能力为 0.15mm。因此，通常将 0.1mm 称为人眼分辨率。纸质图上 0.1mm 的点间距所表示的实地水平长度，称为纸质图的比例尺精度。不同比例尺精度见表 1-4。

表 1-4 不同比例尺及比例尺精度对照表

比例尺	1:500	1:1000	1:2000	1:5000	1:10 000
比例尺精度(m)	0.05	0.1	0.2	0.5	1.0

纸质图的比例尺精度与量测关系体现在两个方面，通常称为比例尺精度的应用：

①根据地形图比例尺确定实地量测精度，如以比例尺 1:500 测绘地形图，实地量距精度只需达到不小于 0.05m(即比例尺分母 ÷10 000)即可。即使测量出 0.04m 的实地间距，但在纸质图上无法绘制且人眼不能分辨。

②可根据用图目的和需要，即表示地物、地貌的详细程度，确定需要测绘地形图(或平面图)的比例尺。如要求地形图测量能反映出实地间距不小于 0.10m 的地形图，那么所选比例尺就不能小于 1:1000。简单的计算式表示为：

目的比例尺分母 = 要求实地量测的最小间距 ×10 000

总之，比例尺越大，表示地物地貌的情况越详细，精度越高。但是对同一测区而言，采用较大比例尺测图的工作量和投资往往比采用较小比例尺测图增加数倍，因比采用哪一种比例尺测图，应从工程规划、施工实际需要的精度和有关技术规定出发，不应盲目追求更大比例尺的地形图和更高的精度。

【技能训练】

比例尺和比例尺精度的应用

一、实训目的

认识地形图比例尺，学会比例尺精度的应用。

二、仪器材料

本地国家基本地形图、钢尺或皮尺以小组配发，标杆每小组 3 根。

三、训练步骤

1. 认识比例尺

在一张当地区域的国家基本地形图南廓认识数字和图示比例尺，然后在实地选择两个明显地物点并与实地相对应(由教师选定后给学生讲解)，并在地面标识。教师指导每组学生使用钢尺或皮尺丈量该两点的水平距离，与地形图上量取的两点间距比较后计算出比例尺，再与地形图上标注的比例尺比较，从而认识比例尺。

2. 比例尺精度应用

由教师给定几个大小不等的数字比例尺，要求每个学生能快速判定其比例尺精度；给定测图的量距精度要求，要求学生能较快计算出应该选择的最小比例尺。

四、注意事项

1. 认识比例尺时，所在实地选择的两点之间距离不宜过大。

2. 比例尺精度应用以较大比例尺为好。

五、技能考核

序号	考核重点	考核内容	分值
1	实验报告	能叙述清楚检验地形图比例尺的过程与结果	70
2	比例精度熟练程度	由教师针对每组学生进行考核	30

【复习思考】

1. 测量工作有哪些主要内容?

2. 测量工作应遵循哪些主要原则?

3. 测量工作的基本步骤是什么?

任务1.4　测量误差认知

【任务介绍】

测量误差存在于测量工作的各个环节中。通过对误差来源及其分类的学习，要求学生掌握衡量精度的标准，并学会对带有偶然误差的观测成果进行数据处理和平差。通过本任务的实施将达到以下目标：

知识目标

1. 了解测量误差的含义、来源及其分类。

2. 理解并掌握衡量观测值精度的标准。

3. 了解同等精度和不同等精度直接观测平差。

技能目标

1. 能正确计算中误差、相对误差、极限误差。

2. 能正确计算观测值的中误差。

【知识准备】

1.4.1 观测与观测值的分类

(1)同等精度观测和不同等精度观测

测量工作主要由观测者、测量仪器和外界环境条件三大要素组成，通常将这些测量工作的要素统称为观测条件。

根据测量时所处的观测条件可将观测分为同等精度观测和不同等精度观测。

在相同的观测条件下，即用同一精度等级的仪器设备，用相同观测方法和在相同的外界条件下，由具有大致相同技术水平的工作人员所进行的观测称为同等精度观测或同精度观测，所得观测值称为同等精度观测值或同精度观测值。例如，两人用同一台红外测距仪各自测得的一测回水平距离值属于同等精度观测值。

如果观测者、测量仪器和外界环境条件三者不完全相同，则称为不同等精度观测或不同精度观测，所得观测值称为不同等精度观测值或不同精度观测值。例如，一人用 DJ_2经纬仪，一人用 DJ_6经纬仪测得的一测回水平角度值，或两人都用 DJ_6经纬仪，但一人测 2 个测回，一人测 4 个测回，各自所得到的均值属于不同等精度观测值。

(2)直接观测和间接观测

根据观测量与未知量之间的关系可将观测分为直接观测和间接观测，相应的观测值称为直接观测值和间接观测值。

为测定某一观测量而直接进行的观测，即被观测量就是所求未知量本身，称为直接观测，其观测值称为直接观测值。例如，为确定两点间的距离，用钢尺直接丈量属于直接观测。

通过被观测值与未知量建立相应的函数关系式来确定未知量的观测称为间接观测，其观测值称为间接观测。例如，用视距测量来确定两点间的水平距离和高差就属于间接观测。

(3)独立观测和非独立观测

根据各观测值之间是否相互独立或有相互依存的关系可将观测分为独立观测和非独立观测。

如果各观测量之间无任何相互依存关系，是相互独立的观测，称为独立观测，其观测值称为独立观测值。例如，对某一单个未知量进行多次重复观测，则各次观测是独立的，各观测值属于独立观测值。

如果各观测量之间有一定的几何或物理条件约束，则称为非独立观测，其观测值称为非独立观测值。例如，观测某平面三角形的 3 个内角，因三角形内角之和须满足 180°这个几何条件，则其属于非独立观测，3 个内角的观测值则属于非独立观测值。

1.4.2 测量误差的来源及分类

(1)测量误差的来源

测量中，被观测量客观上都存在一个真实值 X(又称为理论值)，简称真值。对该观测量进行观测所获得的值 L 称为观测值。观测值与其真值之间的差异 Δ(不符值)称为真误差，即：

$$\Delta = L - X \tag{1-9}$$

产生测量误差的原因很多，其来源于仪器误差、观测者人为误差和外界环境条件(温度、湿度、风力、大气折光等)误差。仪器、观测者和环境条件是测量工作进行的必要条件，所有测量工作均受到这三方面因素的影响，观测结果总会产生测量误差，也就是说在测量工作中测量误差是不可避免的。测量外业工作的责任就是要在一定的观测条件下，确保观测成果具有较高的质量，使测量误差减小或控制在允许的限差范围内。

(2)测量误差的分类

根据测量误差产生的原因和对观测结果影响性质的不同，可将测量误差分为粗差、系统误差和偶然误差三大类。

①粗差　是一种超限的大量级误差，俗称错误，它是由于观测者的粗心或受某种干扰造成的特别大的测量误差。

②系统误差　在相同的观测条件下，对某观测量进行一系列的观测，如果出现的误差在数值大小和正负符号方面按一定的规律发生变化或保持一特定的常数，这种误差称为系统误差。系统误差具有一定的方向性和明显的积累性。

③偶然误差　在相同的观测条件下，对某一观测量进行一系列的观测，如果出现的误差在其数值的大小和正负符号上都没有一致的倾向性，即没有一定的规律性，这种误差称为偶然误差。偶然误差是由人力所不能控制的或无法估计的许多因素(如人眼的分辨能力、仪器的极限精度和变化无常的气象因素等)共同引起的测量误差，其数值的正负和大小纯属偶然。多次重复观测，取其平均值，可以抵消部分偶然误差。

1.4.3　观测值精度衡量

(1)中误差

在相同的观测条件下对同一未知量进行多次(n 次，有限次)观测，各个观测值的真误差平方平均值的平方根称为观测值的中误差，即按有限次数观测的偶然误差求得的标准差，其表达式为：

$$m = \pm \sqrt{\frac{[\Delta\Delta]}{n}} \tag{1-10}$$

$$[\Delta\Delta] = \Delta_1^2 + \Delta_2^2 + \cdots + \Delta_n^2$$

式中　n——对观测值的观测次数；

m——观测值的中误差，又称均方误差，即每个观测值都具有这个精度，在概率统计中常用 σ 来表示。

中误差 m 值的不同反映了不同组观测值的精度不同，其偶然误差的概率分布密度曲线也不同。m 值越小，表示这组观测值的精度越高，即观测成果的可靠程度越大。对于有限次数的观测，用中误差评定其精度，实践证明是比较合适的。

(2)相对误差

对于某些观测成果，单从中误差看不能判断测量精度的高低。因此可采用另一种衡量精度的指标，即相对中误差。

相对误差是指中误差 m 的绝对值与相应测量结果 L 之比，是个无量纲数(又称量纲为

1)，在测量上通常将其分子化为1，即用 $K=1/N$ 的形式来进行表示。例如，相对中误差可表示为：

$$K=\frac{|m|}{L}=1\div(L\div|m|) \tag{1-11}$$

相对中误差的分子也可以是闭合差(如量距往返测量结果的较差)或容许误差，这时分别称为相对闭合差及相对容许误差。

(3)极限误差

在测量工作中，为了判断一个观测结果是否符合精度要求，往往需要定出测量误差最大不能超过某个限值，通常称这个限值为极限误差(或称容许误差)。

误差统计规律理论和大量实践证明，在一系列等精度观测误差中，绝对值大于中误差的偶然误差，其出现可能性约为30%；绝对值大于两倍中误差的偶然误差出现的可能性约为5%；绝对值大于3倍中误差的偶然误差出现的可能性约为0.3%，且认为是不大可能出现的。因此，测量中常取两倍中误差作为误差的限值，也就是在测量中规定的极限误差(或容许误差)，即：

$$\Delta_{容许}=2m \tag{1-12}$$

在有的测量规范中，取3倍中误差作为极限误差。

【知识拓展】

我国测绘事业发展概况

中国计量单位史的发展大约始于父系氏族社会末期，轩辕黄帝“设五量”“少昊同度量，调律吕”。度量衡单位最初都与人体相关：“布手知尺，布指知寸”“一手之盛谓之溢，两手谓之掬”，这时的单位尚有因人而异的弊病。《史记·夏本纪》中记载禹“身为度，称以出”，则表明当时已经以名人为标准进行单位的统一，出现了最早的法定单位。商代遗址出土有骨尺、牙尺，长度约合16cm，与中等身材的人大拇指和食指伸开后的指端距离相当。尺上的分寸刻画采用十进位，它和青铜器一样，反映了当时的生产和技术水平。

春秋战国时期，群雄并立，各国度量衡大小不一。秦始皇统一全国后，推行“一法度衡石丈尺，车同轨，书同文字”，颁发统一度量衡诏书，制定了一套严格的管理制度。商鞅为统一秦国度量衡而于公元前344年制造的标准量器铜方升上刻有“十六寸五分寸壹为升”，用度量表示其容积，“商鞅铜方升”是代表，保存至今，方升遗存至今。

汉代政治经济皆如秦制，度量衡也沿用秦制。西汉末刘歆将秦汉度量衡制度整理成文，使之更加规范化、条理化，后收入《汉书·律历志》，成为最早的度量衡专著。

秦汉时长度单位的尺长规定约合23cm。隋文帝统一全国后，下令统一度量衡，用北朝大尺(长30cm)作为官民日常用尺，用南朝小尺测日影确定冬至和夏至。唐代僧一行测量子午线，宋代司天监的圭表尺、元代郭守敬造观星台所标的量天尺都采用隋唐小尺。1975年，天文史学家从明代制造的铜圭残件上发现当时量天尺的刻度，考定尺长24.525cm，与钱乐之浑天仪尺度相符。在1300多年间，量天尺尺值恒定不变，保证了天文测量的连续性和稳定性。日常用尺，则历朝趋向变大。

重量单位的规定始于春秋中晚期。中国历史博物馆藏有一支战国时的铜衡杆，正中有拱肩提纽和穿线孔，一面显出贯通上下的十等分刻线，全长为战国的一尺。

中国很早就以长度作为基本度量，由它推导出容量和重量。因此，如何确定一个恒定不变的长度单位，成为历代探讨和争论的课题。《汉书·律历志》记载，度“起于黄钟之长，以子谷秬黍中者，一黍之广度之，九十分黄钟之长，一为一分”。即以固定音高的黄钟律管的长度为9寸，选用中等大小的黍子，横排90粒为黄钟律管之长，100粒恰合一尺。律管容积为容量单位一龠，10龠为合，10合为升，一龠之黍重12铢，24铢为两。使度量衡三者建立在物理量的自然基准之上，这在当时是很先进的。《汉书·食货志》记有“黄金方寸而重一斤”。《后汉书·礼仪志》中有：“水一升，冬重十三两。”清康熙年间规定以金、银等金属作为长度和重量的标准，后发现金属纯度不高影响标准精度而改用一升纯水为重量标准。这种利用重量确定度量衡单位的方法在世界度量衡史上也占有一定地位。

明清两代采用营造、库平度量衡制。清乾隆帝接受西方科学技术，在钦定《数理精蕴》中对度量衡详加考订，并用万国权度原器与营造尺、库平两进行校验。营造尺相当于32cm，库平两约合37.3g。

光绪三十四年(1908年)，清廷拟订划一度量衡制和推行章程。商请国际权度局制造铂铱合金原器和镍钢合金副原器，翌年制成运回中国。1928年，中华民国政府公布度量衡法，规定采用“万国公制”为标准制，并暂设辅制“市用制”作为过渡，即1公尺为3市尺，1公升为1市升，1公斤为2市斤。改革后的市制适应民众习惯，又与公制换算简便，逐渐为民众接受，1949年后，市用制通行全国。1984年，国务院发布命令，采用以国际单位制为基础，同时选用一些非国际单位制单位作为中华人民共和国法定计量单位(简称法定单位)。自1991年1月1日起，法定单位成为中国唯一合法的计量单位。

在中华民族五千年的历史长河中，我们的先人创造了光辉灿烂的文化和科学技术。测绘学在中国历史珍贵文化和科学遗产中占有重要地位。不少古代杰出科学家们的光辉业绩和伟大的发明创造很多与测绘有关。例如，出现于秦代以前，后经刘徽编注成书的世界名著《九章算术》中有一章讲测绘理论。《墨经》《周髀》及张衡(78—139年)的“地动说”，祖冲之(429—500年)的“密率”等创立了古代测绘学的理论基础。李冰(公元前280—前20年)修都江堰，郦道元(466—527年)作《水经注》，孔庙、秦陵、运河、长城，都包含了测绘学的伟大实践。历代王朝的统治、战事运筹、疆域划分、水利建设、交通运输等有关国家兴亡之大计筹划，都靠测绘资料了解国情和认识世界，为其实施提供技术保障。

我国从17世纪初，测绘事业有所发展。清朝康熙皇帝领导了全国性的大地测量和地图测绘工作，他首先统一全国测量中的长度单位，依据对子午线弧长的测量结果，亲自决定以二百里合地球经线一度，每里长一千八百尺，每尺为经长的百分之一秒。他利用了少量传教士培训人才，购置仪器后从北京附近开始，先后测绘华北、东北、东南、西南等地的地图，然后编绘《亚洲全图》，这些图都是当时世界上极为重大的测绘成果。清朝后期到新中国成立前，我国的测绘事业发展缓慢。

新中国成立后，我国的测量事业有了飞速的发展。测绘仪器制造从无到有，各类精度仪器已能自行制造，建成了全国的天文大地网、精密水准网、高精度重力网，完成了五万和十万分之一比例尺基本地形图测绘和中小比例尺地形图的编制，测绘事业发展十分迅速。随着全国科技事业的蓬勃发展，测绘事业迅速进步，取得了巨大成就。我国建立了一支强大的、有战斗力的、高素质的科学技术专业队伍，他们为祖国的经济建设和国防建设，为科学事业的繁荣做出了重要贡献。面临21世纪，世界测绘科学技术正在阔步前进，日新月异。中国自主研发的北斗卫星导航系统(BeiDou Navigation Satellite System，BDS)是继美国全球定位系统(GPS)、俄罗斯格洛纳斯卫星导航系统(GLONASS)之后第三个成熟的卫星导航系统。北斗卫星导航系统(BDS)和美国GPS、俄罗斯GLONASS、欧盟GALILEO，是联合国卫星导航委员会已认定的供应商。

北斗卫星导航系统由空间段、地面段和用户段三部分组成，可在全球范围内全天候、全天时为各类用户提供高精度、高可靠性定位、导航、授时服务，并具短报文通信能力，已经初步具备区域导航、定位和授时能力，定位精度10m，测速精度0.2m/s，授时精度10ns。

2012年12月27日，北斗系统空间信号接口控制文件正式版1.0正式公布，北斗导航业务正式对亚太地区提供无源定位、导航、授时服务。2013年12月27日，北斗卫星导航系统正式提供区域服务一周年新闻发布会在国务院新闻办公室新闻发布厅召开，正式发布了《北斗系统公开服务性能规范(1.0版)》和《北斗系统空间信号接口控制文件(2.0版)》两个系统文件。2014年11月23日，国际海事组织海上安全委员会审议通过了对北斗卫星导航系统认可的航行安全通函，这标志着北斗卫星导航系统正式成为全球无线电导航系统的组成部分，取得面向海事应用的国际合法地位。

我国的测绘学研究和工作范围已从地球扩展到太阳系空间，大地测量已由陆地扩展到海洋，从静态到动态，从单学科发展成多学科综合研究。测图技术已从航空遥感发展到航天遥感，建立长基线高精度测量体系，制图技术正在全面向数字化、自动化和智能化方向转变。此外，中国社会主义建设事业的飞速发展和各项科技事业的进步，要求测绘事业提供更严密的科学基础和更精确的科学数据。中国的测绘科学技术面临着新的挑战，任重道远。人们期望中国测绘界的同行们能勇敢迎接新的挑战，鼓足干劲，努力进取，把中国的测绘事业推向世界高峰，为中国的现代化建设，为发展世界测绘科技事业做出更大贡献。

【复习思考】

1. 根据理解，说明测量工作应遵循的基本原则。
2. 测量工作的基本内容主要是3个方面，请利用测绘和测设之间的关系来说明。
3. 测量工作始终围绕着“三要素”开展的，请说明。
4. 分析说明“步步检校”的内涵和意义。
5. 就目前对测量工作的理解程度，试述测量工作的大致步骤。
6. 观测值中为什么存在误差？如何发现误差？
7. 偶然误差和系统误差有何区别？偶然误差有哪些特性？
8. 什么叫中误差、容许误差、相对误差？

项目2

水准测量

【教学目标】

1. 理解水准测量的原理和高程传递要领。

2. 掌握水准仪的操作方法，能够完成水准测量中的观测、检核、记录、计算，以及水准路线测量的成果计算。

3. 了解引起水准测量误差的因素，以及相应的消除、削弱其误差的方法。

【重点难点】

重点：水准测量的原理。

难点：水准测量成果检核及误差调整。

任务2.1 水准测量认知

【任务介绍】

掌握水准测量的相关知识，做好水准测量实施前的技术准备，为独立操作水准仪，完成多个测站水准测量的观测、检核、成果整理等技术环节作好必备的基础准备。通过本任务的实施将达到以下目标：

知识目标

1. 理解高程测量的概念及其与水准测量的关系。
2. 掌握高程测量的分类及其适用测量环境。
3. 了解高程测量的基本原理。

技能目标

能识别各类常用的水准仪。

【知识准备】

2.1.1 高程测量原理

高程测量是确定地面点高程的测量工作。是根据已知点高程，测定该点与未知点的高差，然后计算出未知点的高程的方法。即：

$$H_{未} = H_{已} + h$$

2.1.2 高程测量的方法及分类

测量高程通常采用的方法有：水准测量、三角高程测量、气压高程测量和GPS高程测量。偶尔也采用的流体静力水准测量方法，主要用于越过海峡传递高程。例如，欧洲水准网中，包括英法之间，以及丹麦和瑞典之间的流体静力水准联测路线。由于GPS的发展，目前也使用GPS进行高程测量。

(1)水准测量

水准测量是利用一条水平视线，并借助于竖立在地面点上的标尺，来测定地面上两点之间的高差，然后根据其中一点的高程来推算出另外一点高程的方法，也是最精密的方法，主要用于国家水准网的建立。除了国家等级的水准测量之外，还有普通水准测量。它采用精度较低的仪器(水准仪)，测算也比较简单，广泛用于国家等级的水准网内的加密，或独立地建立测图和一般工程施工的高程控制网，以及用于线路水准和面水准的测量工作。

当跨越江河或山谷等天然障碍进行水准测量时，视线长度一般都超过规定的限度。在这种情况下进行的特殊水准测量，称为跨河水准测量。跨越地点应选在水准路线附近的江河或山谷的最狭处，视线避免通过草丛、干丘或沙滩的上方；两岸情况尽量相似，两岸仪器的水平视线距水面或谷底的高度应尽可能相等；观测图形一般布设成平行四边形。根据天然障碍的宽度和仪器设备等情况，可选用倾斜螺旋法、经纬仪倾角法或光学测微法进行观测。观测时，在对岸远尺上安装一块或两块特制的觇板，作为照准目标。跨越宽的天然障碍时，应从障碍两侧同时观测。

（2）三角高程测量

三角高程测量是确定两点间高差的简便方法，但由于大气折光影响，精度低于水准测量。

在山区或地形起伏较大的地区测定地面点高程时，采用水准测量进行高程测量一般难以进行，故实际工作中常采用三角高程测量的方法施测。三角高程测量的基本思想是根据由测站向照准点所观测的垂直角（或天顶距）和它们之间的水平距离，计算测站点与照准点之间的高差。这种方法简便灵活，受地形条件的限制较少，故适用于测定三角点的高程。三角点的高程主要是作为各种比例尺测图的高程控制的一部分。一般都是在一定密度的水准网控制下，用三角高程测量的方法测定三角点的高程。

（3）气压高程测量

气压高程测量是根据大气压力随高程而变化的规律，用气压计进行高程测量的一种方法。在气压高程测量中，大气压力从前常以水银柱高度（mm）表示。温度为0℃时，在纬度45°处的平均海面上大气平均压力约为760mm水银柱（1mmHg = 133.322Pa），每升高约11m大气压力减少1mm水银柱。一般气压计读数精度可达0.1mm水银柱，约相当1m的高差。由于大气压力受气象变化的影响较大，因此气压高程测量比水准测量和三角高程测量的精度都低，主要用于低精度的高程测量。它的优点是在观测时点与点之间不需要通视，使用方便、经济和迅速。最常用的仪器为空盒气压计和水银气压计。前者便于携带，一般用于野外作业；后者常用于固定测站或用以检验前者。

（4）GPS测量

GPS测量是利用全球定位系统（GPS）测量技术直接测定地面点的大地高，或间接确定地面点的正常高的方法。

在用GPS测量技术间接确定地面点的正常高时，当直接测得测区内所有GPS点的大地高后，再在测区内选择数量和位置均能满足高程拟合需要的若干GPS点，用水准测量方法测取其正常高，并计算所有GPS点的大地高与正常高之差（高程异常），以此为基础利用平面或曲面拟合的方法进行高程拟合，即可获得测区内其他GPS点的正常高。此法精度已达到厘米级，应用越来越广。

2.1.3 水准测量基本原理

水准测量就是利用一条水平视线，并借助水准尺，来测定地面两点间的高差，进而由已知点的高程推算出未知点的高程的方法。

计算高程的方法有两种：一种是由高差计算高程，如图2-1所示，设在地面A、B两点上竖立水准尺，在A和B两点间安置水准仪，利用水准仪提供一条水平视线，分别截取A、B两点视距尺上的读数a、b，可以得到：

$$H_A + a = H_B + b \tag{2-1}$$

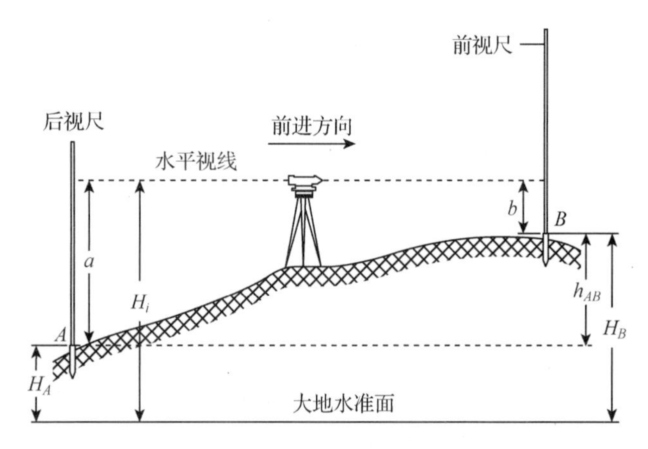

图 2-1　水准测量原理

其中，A 点水准尺读数 a 称为后视读数，B 点水准尺读数 b 为前视读数。

A、B 两点的高差 h_{ab} 也可以写为：

$$h_{ab} = a - b \tag{2-2}$$

若 A 点高程 H_A 已知，则由式(2-1)和式(2-2)可求出 B 点高程为：

$$H_B = H_A + (a - b) = H_A + h_{ab} \tag{2-3}$$

如果 A、B 两点距离较远、高差较大或遇到障碍物使视线受阻，不能仅安置一站仪器完成观测任务，可采取分段、连续设站的方法施测，在线路中间设置一些转点 TP(临时高程传递点，须放置尺垫)来完成测量工作。水准路线可分为闭合水准路线、附合水准路线和支水准路线 3 种。

如图 2-2 所示，可得到高程计算公式：

$$\begin{cases} h_i = a_i - b_i(i = 1,2,\cdots,n) \\ h_{ab} = \sum h = \sum a - \sum b \\ H_B = H_A + h_{ab} \end{cases} \tag{2-4}$$

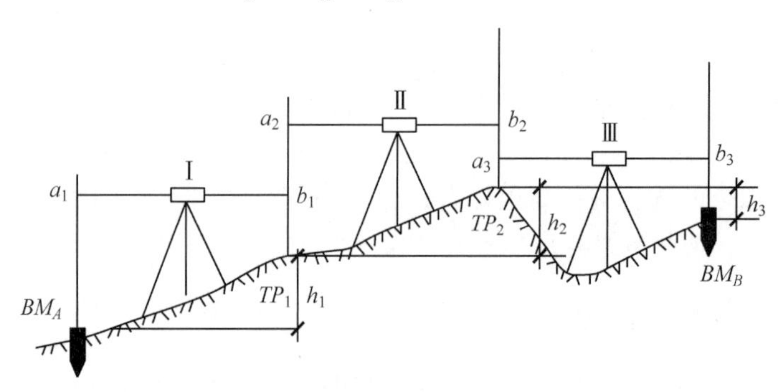

图 2-2　水准线路测量

另一种是由仪器的视线高程计算未知点高程。由图 2-1 可知，A 点的高程加后视读数就是仪器的视线高程，用 H_i 表示，即：

$$H_i = H_A + a \tag{2-5}$$

由此可求出 B 点的高程为：

$$H_B = H_i + a \tag{2-6}$$

这种计算方法也称视线高法，在工程测量中应用较为广泛。

2.1.4　仪器和工具

水准测量的工具是水准仪，水准仪的作用就是提供一条水平视线（视准轴）。它主要由望远镜、水准器、基座三部分组成。按仪器精度分，有 DS_{05}、DS_1、DS_3、DS_{10} 4 种型号的仪器。D 和 S 分别为“大地测量”和“水准仪”的汉语拼音第一个字母；数字 05、1、3、10 表示每千米该仪器往返测量平均值的中误差，单位为 mm。

DS_{05}——每千米水准测量的全中误差为 ±0.5mm，用于高等级水准测量；DS_1——每千米水准测量的全中误差为 ±1.0mm，用于高等级水准测量；DS_3——每千米水准测量的全中误差为 ±3.0mm，用于一般工程测量和地形测量；DS_{10}——每千米水准测量的全中误差为 ±10.0mm，用于一般工程测量和地形测量。

按结构将水准仪分为微倾水准仪、自动安平水准仪和激光水准仪。

（1）微倾水准仪

借助微倾螺旋获得水平视线。其管水准器分划值小、灵敏度高。望远镜与管水准器联结成一体。凭借微倾螺旋使管水准器在竖直面内微做俯仰，符合水准器居中，视线水平。

（2）自动安平水准仪

借助自动安平补偿器获得水平视线。当望远镜视线有微量倾斜时，补偿器在重力作用下对望远镜做相对移动，从而迅速获得视线水平时的标尺读数。这种仪器较微倾水准仪工效高、精度稳定。

（3）电子水准仪

利用激光束代替人工读数。将激光器发出的激光束导入望远镜筒内使其沿视准轴方向射出水平激光束。在水准标尺上配备能自动跟踪的光电接收靶，即可进行水准测量。

【复习思考】

1. 高程测量的原理是什么？高程测量有几种方法？
2. 什么是水准则量？其原理又是什么？

任务 2.2　水准仪及其使用

【任务介绍】

了解 DS_3 微倾式水准仪和自动安平水准仪基本构造，掌握其使用方法，达到独立操作水准仪，完成多个测站水准测量的观测、检核、成果整理所必须具备的实践能力。通过本任务的实施将达到以下目标：

知识目标

1. 熟悉水准仪的基本构造、主要部件名称及其作用。
2. 了解三脚架的构造和作用，熟悉水准尺的刻划、标注规律，尺垫的作用。
3. 掌握水准仪测量高差的基本步骤。

技能目标

1. 能正确操作水准仪。
2. 能够完成水准测量中的观测、检核、记录、计算，以及水准路线测量的成果计算。

【知识准备】

2.2.1 微倾式水准仪

水准仪的主要作用是为测量高差提供一条水平视线。它主要由望远镜、水准器和基座三部分组成。图 2-3 所示是国产 DS_3 微倾式水准仪，是测量工作中最常用的水准仪。

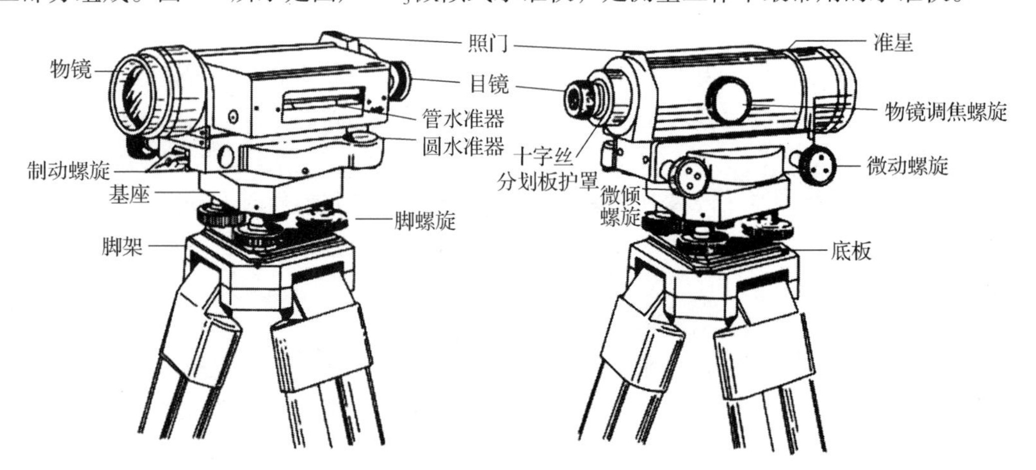

图 2-3 微倾式水准仪

(1)望远镜

望远镜由物镜、目镜、调焦透镜和十字丝分划板组成，如图 2-4(a)所示。物镜和目镜一般采用复合透镜组，调焦镜为凹透镜，位于物镜和目镜之间。望远镜的对光通过旋转调焦螺旋，使调焦镜在望远镜筒内平移来实现。如图 2-4(b)，十字丝分划板上竖直的一条长线称为竖丝，与之垂直的长线称为横丝或中丝，用来瞄准目标和读取读数。在中丝的上下还对称地刻有两条与中丝平行的短横线，称为视距丝，是用来测定距离的。

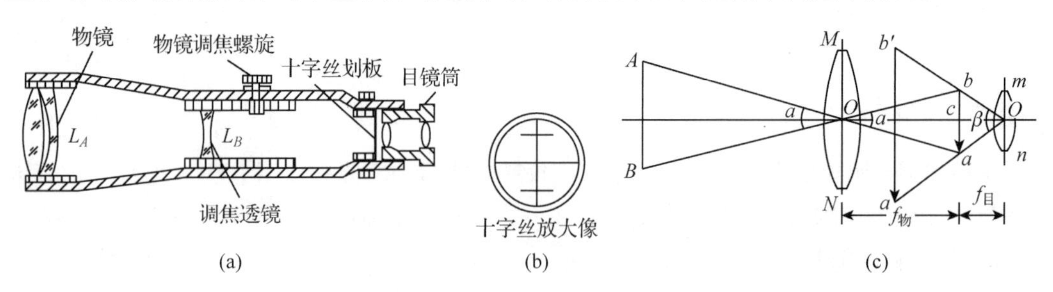

图 2-4 望远镜的组成与成像原理

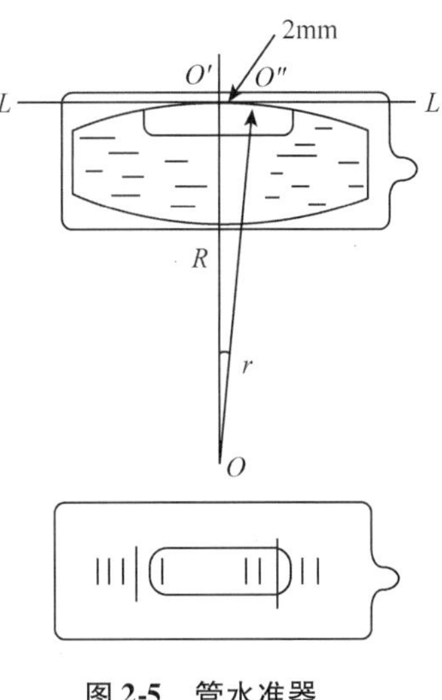

图 2-5　管水准器

物镜光心与十字丝交点的连线称为视准轴。在实际使用时，视准轴应保持水平，照准远处水准尺；调节目镜调焦螺旋，可使十字丝清晰放大；旋转物镜调焦螺旋使水准尺成像在十字丝分划板平面上，并与之同时放大(一般 DS_3 级水准仪望远镜的放大率为 28 倍)，最后用十字丝中丝截取水准尺读数。图 2-4(c)是望远镜成像原理图。

(2)水准器

水准器是一种整平装置，水准器有管水准器和圆水准器两种。管水准器用来指示视准轴是否水平，圆水准器用来指示仪器竖轴是否竖直。管水准器又称水准管，是一个内装液体并留有气泡的密封玻璃管。其纵向内壁磨成圆弧形，外表面刻有 2mm 间隔的分划线，2mm 所对的圆心角 r 称为水准管分划值，通过分划线的对称中心(即水准管零点)做水准管圆弧的纵切线，称为水准管轴，如图 2-5 所示。

$$\tau = \frac{2}{R}\rho$$

式中　τ——2mm 所对的圆心角；

R——水准管圆弧(曲率)半径，mm；

ρ——206 265″。

水准管圆弧半径越大，分划值就越小，则水准管灵敏度就越高，也就是仪器置平的精度越高。DS_3水准仪的水准管分划值要求不大于 20″/2mm。

为了提高水准管气泡居中的精度，DS_3微倾式水准仪多采用符合水准管系统，通过符合棱镜的反射作用，使气泡两端的影像反映在望远镜旁的复合气泡观察窗中。由观察窗看气泡两端的半像吻合与否，来判断气泡是否居中，如图 2-6 所示。若两气泡半像吻合，说明气泡居中。此时水准管轴应处于水平位置。

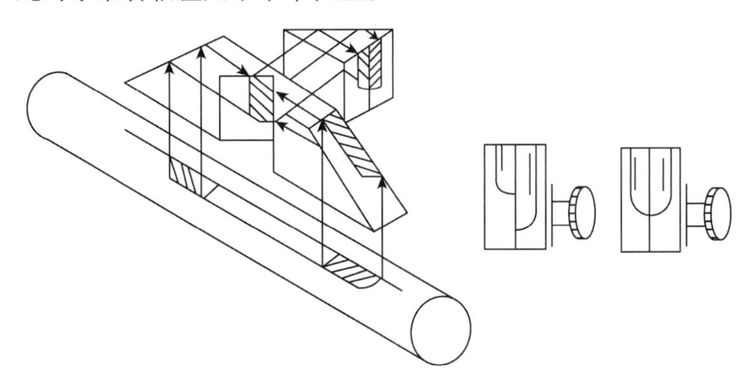
图 2-6　符合水准器

因管水准器灵敏度较高，且用于调节气泡居中的微倾螺旋范围有限，在使用时，首先使仪器的旋转轴(即竖轴)处于竖直状态。因此，水准仪上还装有一个圆水准器，如图 2-7 所示，其顶面的内壁被磨成球面，刻有圆分划圈。通过分划圈的中心(即零点)作球面的法线，称为圆水准器轴。圆水准器分划值约为 8′。当气泡居中时，圆水准器轴竖直，则

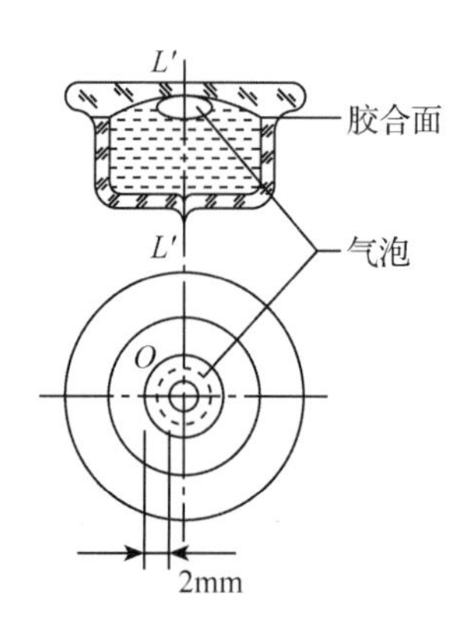

图 2-7　圆水准器

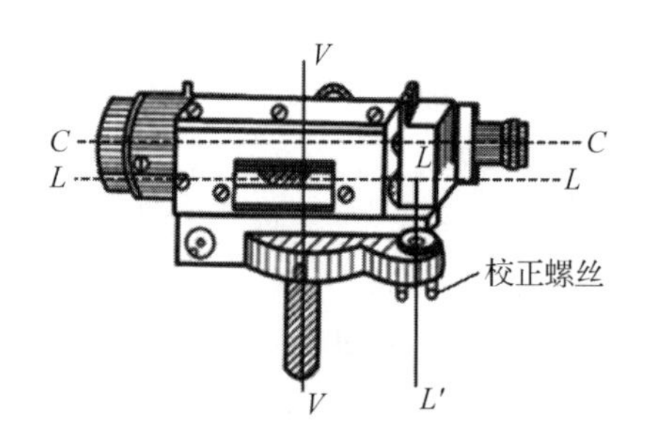

图 2-8　水准仪的主要轴线

仪器竖轴也处于竖直位置。

(3)基座

基座用于支承仪器的上部并通过连接螺旋使仪器与三脚架相连。调节基座上的 3 个脚螺旋可使圆水准器气泡居中。

由上述主要部件知道，微倾式水准仪有 4 条主要轴线，即视准轴 CC、水准管轴 LL、圆水器轴 $L'L'$和仪器竖轴 VV，如图 2-8 所示。

水准仪之所以能提供一条水平视线，取决于仪器本身的构造特点，主要表现在轴线间应满足的几何条件，即：①水准器轴平行于竖轴；②十字丝横丝垂直于竖轴；③水准管轴平行于视准轴。

视线的水平由调节微倾螺旋使水准管气泡居中来实现，所以第三个条件 $LL /\!/ CC$ 是主条件。若水准仪的主条件不满足，必将给观测数据带来误差，但该项误差的大小与观测距离成正比，在误差理论中称为系统误差。若观测时保持前后视距离相等，则可消除该项误差对所测高差的影响。为了保证能够使用微倾螺旋使管水准器气泡居中，并加快精确整平的过程，首先要使圆水准器气泡居中，保证仪器竖轴 VV 竖直(粗平)。而第三个条件的满足，则可以保证当竖轴竖直时，十字丝横丝水平，以提高读数的精度和速度。

2.2.2　自动安平水准仪

自动安平水准仪是指在一定的竖轴倾斜范围内，利用补偿器自动获取视线水平时水准标尺读数的水准仪(图 2-9)，是用自动安平补偿器代替管状水准器，在仪器微倾时补偿器受重力作用而相对于望远镜筒移动，使视线水平时标尺上的正确读数通过补偿器后仍旧落在水平十字丝上。自动安平的补偿可通过悬吊十字丝，在焦镜筒至十字丝之间的光路中安置一个补偿器，以及在常规水准仪的物镜前安装单独的补偿附件 3 个途径实现。用此类水准仪观测时，当圆水准器气泡居中仪器放平之后，不需再经手工调整即可读得视线水平时的读数。它可简化操作手续，提高作业速度，以减少外界条件变化所引起的观测误差。

(1)自动安平水准仪的结构原理

仪器由望远镜、自动安平补偿器、竖轴系、制微动机构及基座等部分组成。

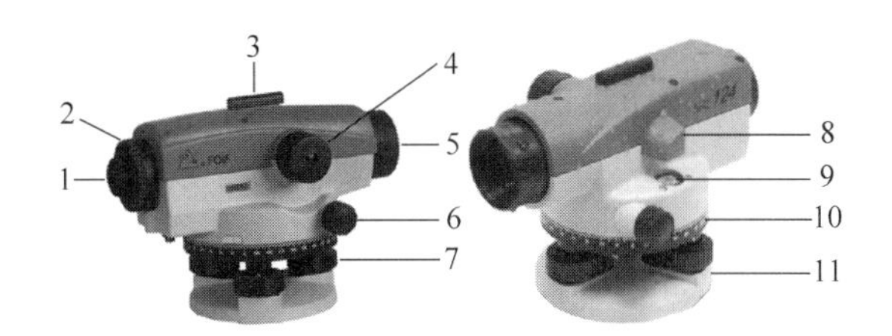

图2-9　苏－光NAL124自动安平水准仪的各部件名称

1. 目镜；2. 目镜调焦螺旋；3. 粗瞄器；4. 调焦螺旋；5. 物镜；6. 水平微动螺旋；
7. 脚螺旋；8. 反光镜；9. 圆水准器；10. 刻度盘；11. 基座

光学系统如图2-10所示。望远镜为内调焦式的正像望远镜，大物镜采用单片加双胶透镜形式，具有良好的成像质量，结构简单。调焦机构采用齿轮齿条形式，操作方便，望远镜上有光学粗瞄器。

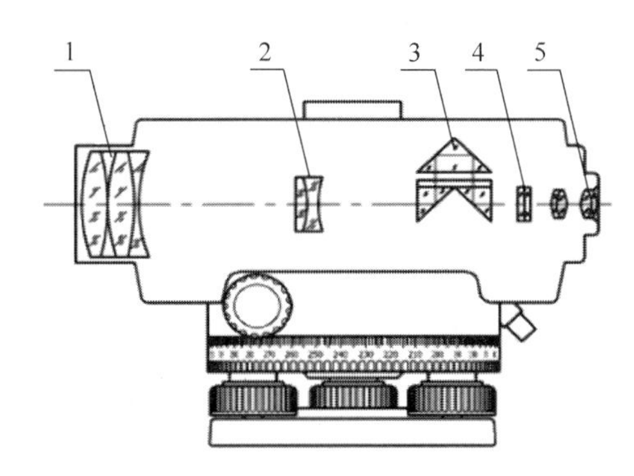

图2-10　自动安平水准仪的结构示意图

1. 物镜；2. 物镜调焦透镜；3. 补偿器棱镜组；4. 十字丝分划板；5. 目镜

①原理与普通水准仪相比，在望远镜的光路上加了一个补偿器。

②使用粗平后，望远镜内观察警告指示窗若全部呈绿色，方可读数；最好状态是指示窗的三角形尖顶与横指标线平齐。

③检校与精通水准仪相比，要增加一项补偿器的检验，即转动脚螺旋，看警告指示窗是否出现红色，以此来检查补偿器是否失灵。

（2）自动安平水准仪基本构造和功能

自动安平水准仪与微倾式水准仪外形相似，操作也十分相似。两者区别在于：一是自动安平水准仪的机械部分采用了摩擦制动（无制动螺旋）控制望远镜的转动；二是自动安平水准仪在望远镜的光学系统中装有一个自动补偿器代替了管水准器起到了自动安平的作用，当望远镜视线有微量倾斜时，补偿器在重力作用下对望远镜做相对移动从而能自动而迅速地获得视线水平时的标尺读数。

自动安平水准仪由于没有制动螺旋、管水准器和微倾螺旋，在观测时候，在仪器粗略整平后，即可直接在水准尺上进行读数，因此，自动安平水准仪的优点是省略了“精平”过程，从而大大加快了测量速度。

自动补偿器采用精密微型轴承吊挂补偿棱镜，整个摆体运转灵敏，摆动范围可通过限位螺钉进行调节。补偿器采用空气阻尼机构，使用两个阻尼活塞，具有良好的阻尼性能。

补偿器设有警告机构。望远镜视场左端的小窗为警告指示窗。当仪器竖轴倾角在 ±5′以内(即补偿器正常有效工作范围内)时，警告指示窗全部呈绿色；当超越 ±5′时，窗内一端将出现红色，这时应重新安置仪器。当绿色窗口中亮线与三角缺口重合时，仪器处于铅垂状态，圆水准器气泡居中。

利用警告机构，可直观迅速地确定仪器的安平状态，进一步提高了工作效率。

仪器采用标准圆柱轴，转动灵活。基座起支承和安平作用。脚螺旋中丝母和安平丝杠的间隙，可以利用调节螺丝来调节，以保证脚螺旋舒适无晃动。基座上还设有水平金属度盘，望远镜竖轴旋转时指标随之旋转，转过的角度可以从度盘上读出。利用度盘，可以测量两个目标间的水平角。

2.2.3 水准尺

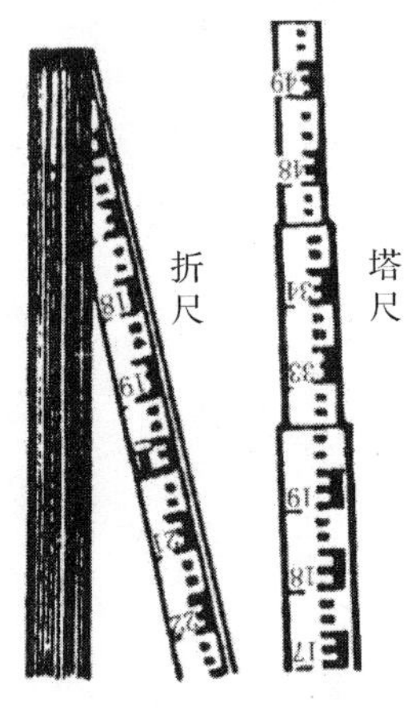

图 2-11 单面水准尺

水准尺是水准测量的主要工具，有单面尺、双面尺。单面水准尺仅有黑白相间的分划，尺底为 0，由下向上注有 dm(分米)和 m(米)的数字，最小分划单位为 cm(厘米)。塔尺和折尺就属于单面水准尺(图 2-11)。双面水准尺，一般长 3m，多用于三、四等水准测量，以两把尺为一对使用。尺的两面均有分划，一面为黑白相间称为黑面尺；另一面为红白相间称为红面尺，两面的最小分划均为 1cm，分米处有注记。“E”的最长分划线为分米的起始。读数时直接读取米、分米、厘米，估读毫米，单位为 m 或 mm。两把尺的黑面均由 0 开始分划和注记。红面的分划和注记，一把尺由 4687mm 开始分划和注记，另一把尺由 4787mm 开始分划和注记，两把尺红面注记的零点差为 100mm。

2.2.4 尺垫

图 2-12 尺垫

除水准尺外，尺垫也是水准测量的工具之一，一般用生铁铸成三角形，中央有一突起的半球体，其顶点用来竖立水准尺和标示转点，主要作用是防止观测过程中水准尺下沉(图 2-12)。

【技能训练】

Ⅰ．DS_3型水准仪的使用

一、实训目的

1. 了解 DS_3 型水准仪各部件及作用。
2. 练习水准仪的安置、瞄准与读数。
3. 测量地面两点间的高差。

二、仪器材料

每组 DS_3 型水准仪 1 台，记录板 1 块，测伞 1 把。

三、训练步骤

1. 安置仪器

将三脚架张开，使其高度在胸口附近，架头大致水平，并将脚尖踩入土中，然后用连接螺旋将仪器连在三脚架上。

2. 认识仪器

了解仪器各部件的名称及其作用并熟悉其使用方法。同时熟悉水准尺的分划注记。

3. 粗略整平

调节脚螺旋，使圆水准气泡居中。先对向转动两只脚螺旋，使圆水准器气泡向中间移动，再转动另一脚螺旋，使气泡移至居中位置。

(1)方法：对向转动脚螺旋1、2，使气泡移至1、2方向的中间，然后转动脚螺旋3，使气泡居中(图2-13)。

(2)规律：气泡移动方向与左手大拇指运动的方向一致。

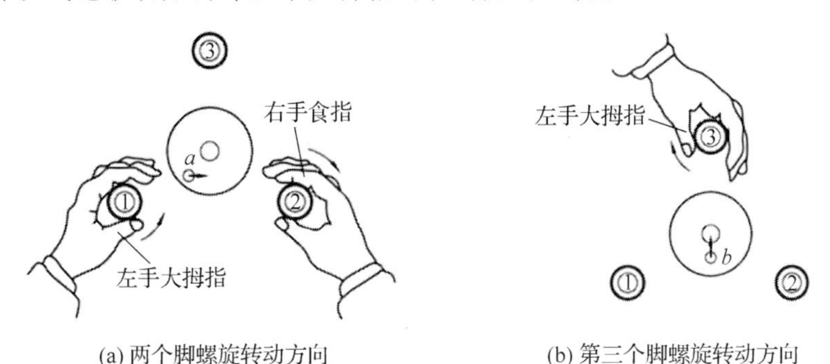

(a) 两个脚螺旋转动方向　　(b) 第三个脚螺旋转动方向

图2-13 概略整平方法

4. 瞄准

转动目镜调焦螺旋，使十字丝清晰；转动仪器，用准星和照门瞄准水准尺，拧紧制动螺旋(手感螺旋有阻力)，转动微动螺旋，使水准尺成像在十字丝交点处。当成像不太清晰时，转动对光螺旋，消除视差，使目标清晰。

(1)方法：先用准星器粗瞄，再用微动螺旋精瞄。

(2)视差：

①概念　眼睛在目镜端上下移动时，十字丝与目标像有相对运动。

②产生原因　目标像平面与十字丝平面不重合。

③消除方法　仔细反复交替调节目镜和物镜对光螺旋。

5. 精平

(1)方法：如图2-14所示微倾式水准仪，调节微倾螺旋，使水准管气泡成像抛物线符合。

(2)说明：若使用自动安平水准仪，仪器无微倾螺旋，故不需进行精平工作。

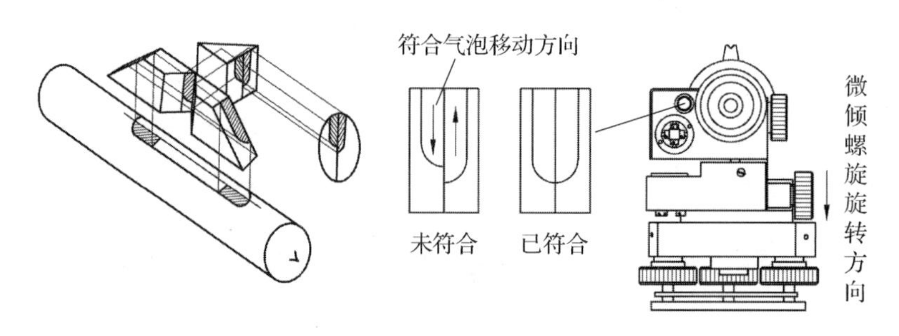

图 2-14 微倾式水准仪

6. 读数

精平后，用十字丝的中丝在水准尺上读数。

(1)方法：在水准管气泡窗观察，转动微倾螺旋使符合水准管气泡两端的半影像吻合，视线即处于精平状态，在同一瞬间立即用中丝在水准尺上读取米、分米、厘米，估读毫米，即读出 4 位有效数字，如图 2-15 所示。

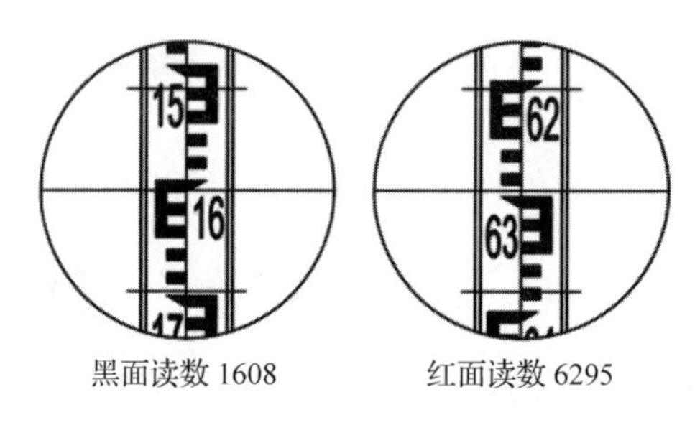

图 2-15 微倾式水准仪

(2)规律：读数在尺面上由小到大的方向读。故对于望远镜成倒像的仪器，即从上往下读；望远镜成正像的仪器，即从下往上读。

四、注意事项

1. 三脚架应支在平坦、坚固的地面上，架设高度应适中，架头应大致水平，架腿制动螺旋应紧固，整个三脚架应稳定。

2. 安放仪器时应将仪器连接螺旋旋紧，防止仪器脱落。

3. 各螺旋的旋转应稳、轻、慢，禁止用蛮力，最好使用螺旋运行的中间位置。

4. 瞄准目标时必须注意消除误差，应习惯先用瞄准器寻找和瞄准。

5. 立尺时，应站在水准尺后，双手扶尺，以使尺身保持竖直。

6. 不要在没有消除视差情况下进行读数，读数时不要忘记精平。

7. 做到边观测、边记录、边计算。记录应使用铅笔。

8. 避免水准尺靠在墙上或电杆上，以免摔坏；禁止用水准尺抬物，禁止坐在水准尺及仪器箱上。

9. 发现异常问题应及时向指导教师汇报，不得自行处理。

五、技能考核

序号	考核重点	考核内容	分值
1	仪器构造	识别仪器各部件及作用	40
2	操作方法	熟悉各操作流程要领	40
3	高差测定	高差计算：后视读数－前视读数	20

Ⅱ. 自动安平水准仪使用

一、实训目的

了解自动安平水准仪各部件及作用，练习水准仪的安置、瞄准与读数，测量地面两点间的高差。

二、仪器材料

每组自动安平型水准仪1台，记录板1块，测伞1把。

三、训练步骤

1. 安装三脚架

将三脚架置于测点上方，3个脚尖大致等距，同时要注意三脚架的张角和高度要适宜，且应保持架面尽量水平，顺时针转动脚架下端的翼形手把，可将伸缩腿固定在适当的位置。

脚尖要牢固地插入地面，要保持三脚架在测量过程中稳定可靠。

2. 仪器安装在三脚架上

仪器小心地放在三脚架上，并用中心螺旋手把将仪器可靠紧固。

3. 仪器整平

旋转3个脚螺旋使圆水准器气泡居中。可按下述过程操作：转动望远镜，使视准轴平行(或垂直)于任意两个脚螺旋的连线，然后以相反方向同时旋转该两个脚螺旋，使气泡移至两螺旋的中心线上，最后，转动第三个脚螺旋使圆水准器气泡居中。

4. 瞄准标尺

(1)调节视度：使望远镜对着亮处，逆时针旋转望远目镜，这时分划板变得模糊，然后慢慢顺时针转动望远镜，使分划板变得清晰可见时停止转动。

(2)用光学粗瞄准器粗略地瞄准目标：瞄准时用双眼同时观测，一只眼睛注视瞄准口内的十字丝，一只眼睛注视目标，转动望远镜。使十字丝和目标重合。

(3)调焦后，用望远镜精确瞄准目标：拧紧制动手轮，转动望远镜调焦手轮，使目标清晰地成像在分划板上。这时眼睛做上、下、左、右的移动，目标像与分划板刻线应无任何相对位移，即无视差存在。然后转动微动手轮，使望远镜精确瞄准目标。

此时，警告指示窗应全部呈绿色，方可进行标尺读数。

四、注意事项

1. 仪器安置在三脚架上时，必须用中心螺旋手把将仪器固紧，三脚架应安放稳固。

2. 仪器在工作时，应尽量避免阳光直接照射。

3. 若仪器长期未经使用，在测量前应检查一下补偿器是否失灵，可转动脚螺旋，如警告指示窗两端能分别出现红色，反转脚螺旋时窗口内红色能够消除并出现绿色，说明补偿器摆动灵活，阻尼器无卡死，可进行测量。

4. 观测过程中应随时注意望远镜视场中的警告颜色，小窗中呈绿色时表明自动补偿器处于补偿工作范围内，可以进行测量。任意一端出现红色时都应重新安平仪器再进行观测。

5. 测量结束后，用软毛刷拂去仪器上的灰尘，望远镜的光学零件表面不得用手或硬物直接触碰，以防油污或擦伤。

6. 仪器使用过后应放入仪器箱内，并保存在干燥通风的房间内。

7. 仪器在长途运输过程中，应使用外包装箱，并应采取防震防潮措施。

五、技能考核

序号	考核重点	考核内容	分值
1	仪器构造	识别仪器 3 个组成部分：望远镜、水准器和基座各自作用、各种螺旋功能	40
2	操作方法	各操作流程要领：安置仪器、对中、整平、瞄准、读数	40
3	高差测定	高差计算：后视读数 - 前视读数	20

【知识拓展】

数字水准仪简介

数字水准仪是现代微电子技术和传感器工艺发展的产物，它依据图像识别原理，将编码尺的图像信息与已存贮的参考信息进行比较获得高程信息，从而实现了水准测量数据采集、处理和记录的自动化(图 2-16)。数字水准仪具有测量速度快、操作简便、读数客观、精度高、能减轻作业劳动强度、测量数据便于输入计算机和易于实现水准测量内外业一体化等优点，是对传统几何水准测量技术的突破，代表了现代水准仪和水准测量技术的发展方向。它具有自动安平、显示读数和视距功能，同时能与计算机数据通信，避免了人为观测误差。

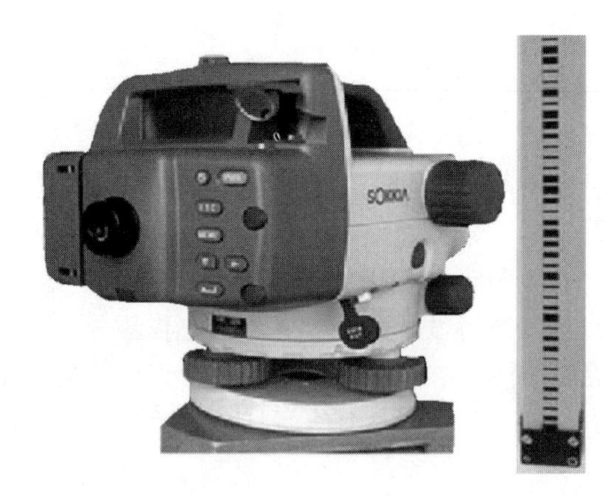

图 2-16　数字水准仪(digital level)及条纹码水准尺(coding level staff)

1. 数字水准仪的基本组成

数字水准仪又称电子水准仪，目前世界上生产数字水准仪的厂家有瑞士徕卡(Leica DNA03、NA3003、NA2002 等)、德国蔡司(Zeiss DiNi 11、DiNi 12、DiNi 22 等)、日本拓普康(Topcon DL-101C/102C 等)和日本索佳(Sokkia SDL1/SDL2),各厂家的数字水准仪采用了大体一致的结构,其基本构造由光学机械部分、自动安平补偿装置和电子设备组成,电子设备主要包括调焦编码器、光电传感器(线阵 CCD 器件)、读取电子元件、单片微处理机、CSI 接口(外部电源和外部存储记录)、显示器件、键盘和测量键以及影像、数据处理软件等,标尺采用条形码供电子测量使用。

各厂家条形码的编码规则各不相同,不可以互换使用。各厂家在数字水准仪研制过程中采用了不同的测量算法,条形码编码方式和测量算法不同仅仅是由于专利权的原因而完全不同。

2. 数字水准仪的基本工作原理

从 1990 年徕卡测量系统的前身——瑞士威特厂在世界上率先研制出数字水准仪 NA2000,到 1994 年德国蔡司厂研制出了数字水准仪 DiNi 10/20,同年日本拓普康公司也研制出了数字水准仪 DL101/102,各厂家最初研制的数字水准仪大都定位在中精度水准测量范围,标准差一般为 1.0~1.5mm/km,随着微电子技术和传感器工艺的发展以及人们认识水平的提高,各厂家又相继研制出高精度的数字水准仪,测量标准差定位在 0.3~0.4mm/km,如 Leica NA3003、Zeiss DiNi 11/12、Topcon DL-101C,2002 年 5 月徕卡公司又向中国市场投放了 DNA03 中文数字水准仪(测量标准差为 0.3mm/km)。

虽然各厂家的仪器结构和条形码的编码方式不完全相同,但其基本测量原理相似,即:采用编码标尺,仪器内装置图像识别器和图像数据处理系统,标尺用不同宽度的条码组合来表征尺面的不同位置,人工完成照准和调焦之后,标尺条码一方面被成像在望远镜的分划板上,供目视观测,另一方面通过望远镜的分光镜,标尺条码又被成像在光电传感器(CCD)上,随后转换成电信号,经整形后进入模数转化系统(A/D),从而输出数字信号送入微处理器进行处理和存储,并将其与内存的标准码(参考信号)按一定的方式进行比较,即可获得编码标尺的读数。因此,如果使用传统水准标尺,数字水准仪又可以像普通自动安平水准仪一样使用,但是由于没有光学测微器,测量精度低于电子测量的精度。

3. 数字水准仪相对于光学水准仪的特点

数字水准仪是以自动安平水准仪为基础,在望远镜光路中增加了分光镜和探测器(CCD),并采用条码标尺和数字图像处理系统而构成的光机电测量一体化的高科技产品。采用普通标尺又可以像一般自动安平水准仪一样使用。

(1)优点

①读数客观　不存在误读、误记问题,没有人为读数误差。

②精度高　视线高和视距读数都是采用大量条码分划图像经过处理后平均得到的,因此削弱了标尺分划误差的影响。多数仪器都有进行多次读数取平均的功能,可以削弱外界条件如振动、大气扰动等的影响。这同时要求标尺条码要有足够的可见范围,用于测量的条码不能遮挡。

③速度快　由于省去了报数、听记、现场计算以及人为出错的重测数量,测量时间与传统仪器相比可以节省 1/3 左右。

④效率高　只需调焦和按键就可以自动读数,减轻了劳动强度。视距还能自动记录、检核、处理并能输入计算机进行后处理,可实现内外业一体化。

⑤操作简单　由于仪器实现了读数和记录的自动化,并预存了大量测量和检核程序,

在操作时还有实时提示，因此测量人员可以很快掌握使用方法，减少了培训时间，即使不熟练的作业人员也能进行高精度测量。

(2)缺点

①数字水准仪对标尺进行读数不如光学水准仪灵活，数字水准仪只能对其配套标尺进行照准读数，而在有些部门的应用中，使用自制的标尺，甚至是普通的钢板尺，只要有刻划线，光学水准仪就能读数，而数字水准仪则无法工作。同时，数字水准仪要求有一定的视场范围，但有些情况下，只能通过一个较窄的狭缝进行照准读数，这时就只能使用光学水准仪。

②数字水准仪受外界条件影响大。由于数字水准仪是由CCD探测器来分辨标尺条码的图像，进而进行电子读数，而CCD只能在有限的亮度范围内将图像转换为用于测量的有效电信号。因此，水准标尺的亮度是很重要的，要求标尺亮度均匀，并且亮度适中。

(3)不同数字水准仪的特点

虽然各厂家的数字水准仪都采用编码标尺，实现了读数的自动化，都能胜任相应精度等级的水准测量以代替光学水准仪，但是由于各厂家的标尺编码规则不同，电子读数的原理也不同，导致不同厂家的产品在技术指标和性能上也有一些差别。下面对徕卡、蔡司和拓普康3个厂家的精密数字水准仪加以比较。

①技术指标的差别　各厂家的数字水准仪由于设计思路不同，采用的原理不同，导致在技术指标上存在一些差别，如测量时间不同、测量范围不同等。

②性能的差别　由于不同厂家产品的电子读数原理不同，从而反映在它们的性能上也存在差别，并且应该在实际使用中加以注意。

a. 折光差的影响不同：当视线靠近地面时，由于受折光的影响，标尺影像将产生形变，导致光电传感器图像处理困难，从而对电子读数产生影响，造成折光差。但由于3种仪器的读数原理不同，受折光差的影响大小也不同，蔡司仪器受折光差的影响要小于其他两种仪器。这主要是因为蔡司数字水准仪在读数时，仅用到中丝上下各15cm的标尺截距，并没有利用全视场的条码，所以当视线靠近地面时，受折光差的影响小，而其他两种仪器利用视场中的所有条码，靠近地面的条码也参加读数，而最后的判读结果是所有这些条码的平均值，所以受折光差的影响大。

b. 红外光线的影响不同：徕卡NA系列数字水准仪具有“谱灵敏度”，即数字水准仪的探测器是利用光线的红外部分接收和检测条码影像的。因此，在人工光线下进行测量时，如果红外光成分较弱，会造成测量误差，甚至无法读数。另外，对标尺像的背景色也有一定的要求，当标尺背景为红色(如红色墙等)或接近探测器的工作色谱时，则电子读数将遇到困难，作业时应加以注意。而蔡司和拓普康的数字水准仪是利用可见光来接收和检测条码影像的，所以不受此影响，它们只要求标尺要有足够的照明。

c. 调焦对测量结果的影响不同：蔡司数字水准仪的标尺每2cm划分为一个测量间距，其中的条码构成一个码词，每个测量间距的边界由黑白过渡线构成，其下边界到标尺底部的高度，可以由该测量间距中的码词判读出来，望远镜中丝照准的那个码词，被判读出来后就可得到视线高读数。这种读数原理对条码分划边沿的成像质量要求高，要求调焦要清晰，否则对读数将产生较大影响。而徕卡和拓普康的数字水准仪是利用视场中的每个条码的中心线读数，因此条码成像质量对读数没有多大影响，但是条码成像模糊时，仪器会通过延长图像处理时间来获得读数。但是也应该注意，虽然通常调焦波动对测量结果只产生微不足道的影响，但若是大量测量都是这样，就会影响最后的测量精度。因此要获得最佳的测量精度，每站的仪器调焦质量也很重要。

d. 对标尺遮挡的容许幅度不同：在水准测量中，标尺不同部位常遭树枝、杂草等障碍物遮挡，在山地或公路旁作业时更是如此。各厂家的数字水准仪在设计时也考虑到了这一点。由于数字水准仪的读数是对视场中标尺截距编码的平均值，因此允许标尺部分遮挡。但不同厂家的仪器由于读数原理不同，对遮挡的容许幅度也不同。

蔡司的数字水准仪是利用对称于视准轴的30cm的标尺编码来读数，即使视场中有多余的标尺编码，也不参与读数，这部分标尺被遮挡不影响测量值，若视距位于最小视距和几米之间，落在视场里的编码尺段只要有10cm就能观测。同时，蔡司的数字水准仪具有标尺非对称截距测量功能。这类仪器的中丝不允许遮挡，有资料表明，当竖丝遮挡大于2/3时，将无法读数。

徕卡和拓普康的仪器是利用视场中的所有条码来进行读数。当视距大于5m时，徕卡数字水准仪对遮挡的容许幅度一般为20%~30%，当视距小于5m时，标尺稍有遮挡可能就无法读数，而对中丝是否遮挡没有特殊要求。拓普康数字水准仪在这方面同徕卡数字水准仪有相似的性能要求。

【复习思考】

1. 设A为后视点，B为前视点，A点的高程是20.123m。如果后视读数为1.456m，前视读数为1.579m，问A、B两点的高差是多少？B、A两点的高差又是多少？绘图说明B点比A点高还是低？B点的高程是多少？
2. 什么是视准轴？何为视差？产生视差的原因是什么？怎样消除视差？
3. 水准仪上圆水准器与管水准器的作用有什么不同？什么是水准器分划值？
4. 转点在水准测量中起到什么作用？
5. 水准仪有哪些主要轴线？它们之间应满足什么条件？什么是主条件？为什么？
6. 自动安平水准仪与微倾式水准仪主要区别是什么？
7. 自动安平水准仪与微倾式水准仪在操作流程上有什么不同？

任务2.3 水准测量

【任务介绍】

熟悉图根水准测量的施测、记录、计算、闭合差调整及高程计算方法，掌握水准测量中“两次仪器高法”的施测方法。通过本任务的实施将达到以下目标：

知识目标

1. 理解水准测量的基本原理，掌握野外水准测量基本方法。

2. 掌握仪器使用、基本操作、外业观测程序、记录计算和内业成果整理的方法。

技能目标

1. 能正确进行普通水准测量的观测、记录和检核。
2. 能正确进行水准测量的闭合差调整及待定点高程的计算。

【知识准备】

2.3.1 水准点

水准点(bench mark, BM)是在高程控制网中用水准测量的方法测定其高程的控制点。一般分为永久性和临时性两大类(图 2-17)。

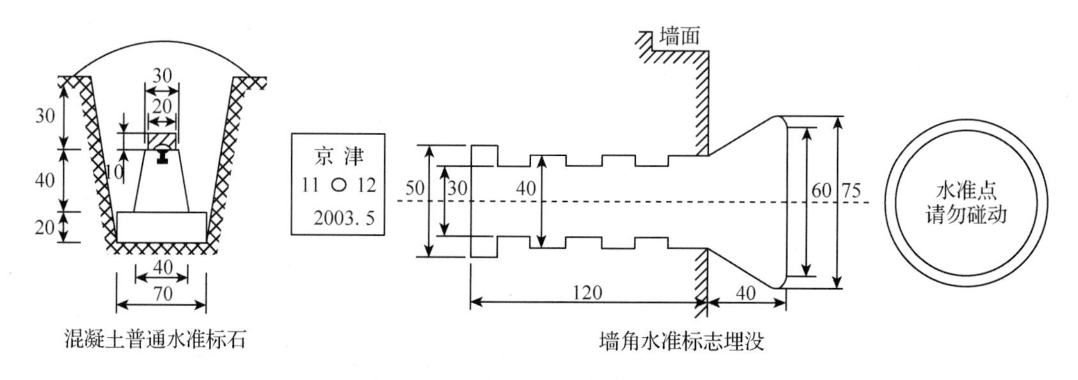

图 2-17 水准标志(单位：cm)

永久性的水准点是在控制点处设立永久性的水准点标石，标石顶部嵌有半球形的金属标志，球形的顶面标志该点的高程，标石埋设于地下一定深度，也可以将标志直接灌注在坚硬的岩石层上或坚固的永久性的建筑物上，以保证水准点能够稳固安全、长久保存以及便于观测使用。临时性水准点，一般用木桩打入地面，桩顶钉入顶部为半球形的铁钉。由水准点组成的高程控制网称为水准网。标定水准点位置的标石和其他标记，统称为水准标记。目前，水准点标志采用的材质为不锈钢，标牌上可以刻字，突出单位名称，或编号，或起警示作用。

2.3.2 地面上两水准点间高差的测定

两水准点间高差测定的基本方法为：当两水准点间的距离较近时，可设站一次测定两点间的高差，此时水准尺应直接立于水准点上。当两水准点相距较远时，需在两点间设若干站，分别测出各站的高差，各测站高差之和即为两水准点 AB 间的高差 h_{AB}。

下面介绍一站水准测量的两次仪器高法和双面尺法。

(1)两次仪器高法

①在两立尺点(可能是水准点，也可能是转点)上立水准尺，并在距两立尺点距离相等处安置水准仪，进行粗平工作。

②照准后视尺，精平，读后视尺读数 a，记入读数。

③照准前视尺，精平，读前视尺读数 b，记入读数。

④高差计算：$h_{AB}=a-b$。

⑤变动仪器高(升幅或降幅大于10cm)，粗平后重复(2)~(4)步。每站两次仪器高测得的高差互差不大于±5mm时，取其均值作为该站测量的结果；大于5mm时称作超限，应重测。

(2)双面尺法

用双面尺法，可同时读取每一根水准尺的黑面和红面读数，不须改变仪器高度，能加快观测的速度。观测程序如下：

①瞄准后视点水准尺黑面—精平—读数。

②瞄准前视点水准尺黑面—精平—读数。

③瞄准前视点水准尺红面—精平—读数。

④瞄准后视点水准尺红面—精平—读数。

观测程序简述为“黑—黑—红—红”或“后—前—前—后”。

(3)记录

记录一定要在表格上进行，记录时要回报读数，以防听错，不准涂改。

2.3.3　水准路线

水准路线依据工程的性质和测区情况，可布设成以下几种形式(图2-18)：

①闭合水准路线　由已知点BM_1——已知点BM_1。

②附合水准路线　由已知点BM_1——已知点BM_2。

③支水准路线　由已知点BM_1——某一待定水准点A。

④水准网　若干条单一水准路线相互连接构成的图形。

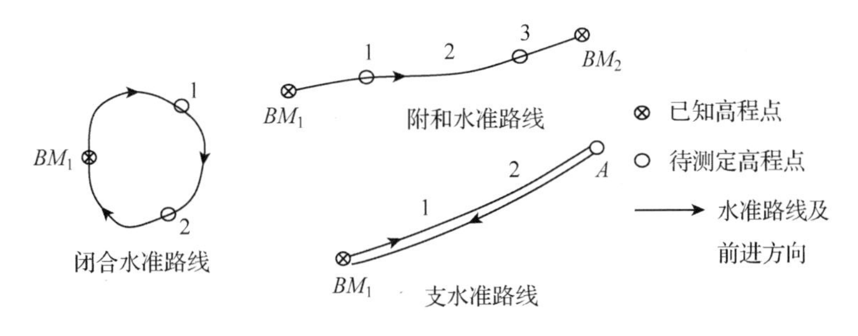

图2-18　水准路线布设

2.3.4　水准测量的检核

(1)计算校核

由式(2-7)看出，B点对A点的高差等于各转点之间高差的代数和，也等于后视读数之和减去前视读数之和的差值，即：

$$h_{AB} = \sum h = \sum a - \sum b \tag{2-7}$$

经上式校核无误，说明高差计算是正确的。

按照各站观测高差和A点已知高程，推算出各转点的高程，最后求得终点B的高程。终点B的高程H_B减去起点A的高程H_A应等于各站高差的代数和，即：

$$H_B - H_A = \sum h \tag{2-8}$$

经上式校核无误后，说明各转点高程的计算是正确的。

(2)测站校核

水准测量连续性很强，一个测站的误差或错误对整个水准测量成果都有影响。为了保证各个测站观测成果的正确性，可采用以下方法进行校核：

①变动仪器高法　在一个测站上用不同的仪器高度测出两次高差。测得第一次高差后，改变仪器高度(至少10cm)，再测一次高差。当两次所测高差之差不大于5mm时，认为观测值符合要求，取其平均值作为最后结果；若大于5mm则需要重测。

②双面尺法　本法是仪器高度不变，而用水准尺的红面和黑面高差进行校核。红、黑面高差之差也不能大于3~5mm。

(3)成果校核

测量成果由于测量误差的影响，使得水准路线的实测高差值与应有值不相符，其差值称为高差闭合差，若高差闭合差在允许误差范围之内，认为外业观测成果合格；若超过允许误差范围，应查明原因进行重测，直到符合要求为止。一般等外水准测量的高差容许闭合差为：

$$f_{h容} = \pm 12\sqrt{n}\ \text{mm}(平原微丘区)$$

$$f_{h容} = \pm 40\sqrt{L}\ \text{mm}(山岭重丘区)$$

式中　L——水准路线长度，km。

等外水准测量的成果校核，主要考虑其高差闭合差是否超限。根据不同的水准路线，其校核的方法也不同，各水准路线的高差闭合差计算公式如下：

①附合水准路线　实测高差的总和与始、终已知水准点高差的差值称为附合水准路线的高差闭合差。即：

$$f_h = \sum h_{测} - (H_{终} - H_{始})$$

②闭合水准路线　实测高差的代数和不等于零，其差值为闭合水准路线的高差闭合差。即：

$$f_h = \sum h$$

③支水准路线　实测往、返高差的绝对值之差称为支水准路线的高差闭合差。即：

$$f_h = -|h_{往}| - |h_{返}|$$

2.3.5　水准测量的实施(外业)

(1)观测要求

①水准仪安置在离前、后视距离大致相等处。

②为及时发现观测中的错误，通常采用“两次仪器高法”或“双面尺法”。两次仪器高法，高差之差 $h - h' < \pm 5\text{mm}$；双面尺法，红黑面读数差 $< \pm 5\text{mm}$；$h_{黑} - h_{红} < \pm 5\text{mm}$。

表 2-1 水准测量记录表

测站	点号	水准尺读数		高差 h(m)	平均高差	改正后高差	高程 H(m)
		后视(a)	前视(b)				
1	BM_A	1.134					
	TP_1		1.677	-0.543			
2	TP_1	1.444					
	TP_2		1.324	+0.120			
3	TP_2	1.822					
	TP_3		0.876	+0.946			
4	TP_3	1.820					
	TP_4		1.435	+0.385			
5	TP_4	1.422					
	BM_B		1.304	+0.118			
Σ		7.642	6.616	+1.026			

注：①起始点只有后视读数，结束点只有前视读数，中间点既有后视读数又有前视读数。

② $\sum a - \sum b = \sum h$，只表明计算无误，不表明观测和记录无误。

(2)水准测量记录表(表2-1)

(3)水准测量的实施

普通水准测量通常用经检校后的DS_3型水准仪施测。水准尺采用塔尺或单面尺，测量时水准仪应置于两水准尺中间，使前、后视的距离尽可能相等。以图2-19为例，具体施测方法如下：

若要测AB两点间的高差，先在A点立水准点，然后选择一个点作为转点，在转点上安放尺垫，尺垫上立水准尺。A点与转点之间距离一般不超过100m。然后在A点和转点之间大致中点的位置(为了抵消地球曲率的影响)安置水准仪，按原理读取后、前视读数。将观测的数据填写到相关的表格中。这就是在第一测站上的工作。然后，前视尺不动(所谓前视尺，就是我们面向前进的方向所看见的水准尺，背对着的就是后视尺)，后视尺移到第二个转点上，然后水准仪搬到1、2转点之间(又称搬站)。接着读数、记录。依次前进直到B点。

$$h_1 = a_1 - b_1 \qquad H_1 = H_A + h_1$$
$$h_2 = a_2 - b_2 \qquad H_2 = H_1 + h_2$$
$$h_n = a_n - b_n \qquad H_B = H_{n-1} + h_n$$

可得：

$$\sum h = \sum a - \sum b$$
$$H_B = H_A + \sum h$$

所以：

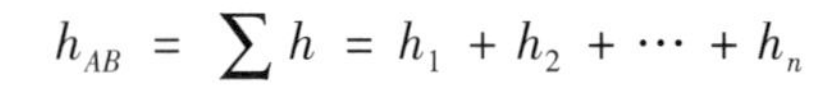

$$h_{AB} = \sum h = h_1 + h_2 + \cdots + h_n$$

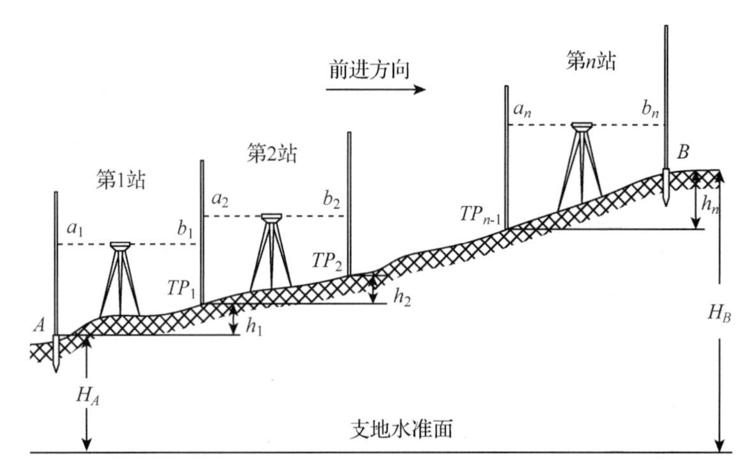

图 2-19 水准测量示意图

2.3.6 水准测量的成果处理(内业)

(1)计算闭合差

$$f_h = \sum h_{测} - \sum h_{理}$$

①闭合水准路线

$$f_h = \sum h_{测} - \sum h_{理} = \sum h_{测}$$

②附合水准路线

$$f_h = \sum h_{测} - \sum h_{理} = \sum h_{测} - (H_{终} - H_{始})$$

(2)分配高差闭合差

①高差闭合差限差(容许误差) 对于普通水准测量，有：

$$f_{h容} = \pm 40\sqrt{L}(适用于平原区)$$

$$f_{h容} = \pm 12\sqrt{n}(适用于山区)$$

式中 $f_{h容}$——高差闭合差限差，mm；

L——水准路线长度，km；

n——测站数。

②分配原则 按与距离 L 或测站数 n 成正比，将高差闭合差反号分配到各段高差上。

(3)计算各待定点高程

用改正后的高差和已知点的高程，来计算各待定点的高程。

2.3.7 水准测量的成果实例

例如，按图根水准测量要求，施测某附合水准路线，观测成果如图 2-20 所示。*BM-A* 和 *BM-B* 为已知高程的水准点，图中箭头表示水准测量前进方向，路线上方的数字为测得的两点间的高差(以 m 为单位)，路线下方数字为该段路线的长度(以 km 为单位)，试计

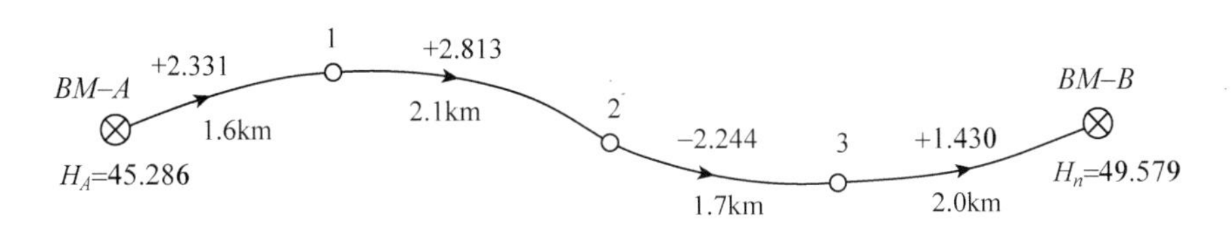

图 2-20 某附合水准路线观测成果略图

算待定点 1、2、3 点的高程。

解算如下：

第一步，计算高差闭合差：

$$f_h = \sum h_{测} - (H_{终} - H_{始}) = 4.330 - 4.293 = 37(mm)$$

第二步，计算限差：

$$f_{h容} = \pm 40\sqrt{L} = \pm 40\sqrt{7.4} = \pm 108.8(mm)$$

因为 $|f_h| < |f_{h容}|$，可进行闭合差分配。

第三步，计算每千米改正数：

$$V_0 = \frac{-f_h}{L} = -5(mm/km)$$

第四步，计算各段高差改正数：

$$V_i = V_0 \cdot n_i$$

四舍五入后，使 $\sum v_i = -f_h$。

故有：

$$V_1 = -8mm \quad V_2 = -11mm \quad V_3 = -8mm \quad V_4 = -10mm$$

第五步，计算各段改正后高差后，计算 1 、2 、3 各点的高程。

$$改正后高差 = 改正前高差 + 改正数 V_i$$

$$H_1 = H_{BM-A} + (h_1 + V_1) = 45.286 + 2.323 = 47.609(m)$$

$$H_2 = H_1 + (h_2 + V_2) = 47.509 + 2.802 = 50.311(m)$$

$$H_3 = H_2 + (h_3 + V_3) = 50.311 - 2.252 = 48.359(m)$$

$$H_{BM-B} = H_3 + (h_4 + V_4) = 48.059 + 1.420 = 49.579(m)$$

用 EXCEL 软件计算如图 2-21 所示。

	A	B	C	D	E	F
1	表2-3 等外水准测量的成果处理					
2	点名	路线长(km)	观测高差(m)	改正数(m)	改正后高差(m)	高程(m)
3	BM-A					**45.286**
4	1	1.6	2.331	-0.008	2.323	47.609
5	2	2.1	2.813	-0.0105	2.8025	50.4115
6	3	1.7	-2.244	-0.0085	-2.2525	48.159
7	BM-B	2	1.43	-0.01	1.42	49.579
8	和	7.4	4.33	-0.037	4.293	**49.579**
9						
10	闭合差(m)	0.037				
11	闭和差允许值(m)	0.1088118				
12	km高差改正数(m)	-0.005				

图 2-21 EXCEL 软件计算示意图

【技能训练】

水准测量

一、实训目的

练习水准测量的施测、记录、计算、闭合差调整及高程计算方法；掌握水准测量中“两次仪器高法”的施测方法。

二、仪器材料

水准仪1台，三脚架1副，水准尺(塔尺)2把，钢钎5支，记录板1块，遮阳伞1把。

三、训练步骤

选一适当场地，在场中选1个坚实点作为已知高程点A(高程假定为$H_A=100.000$m)，选定B、C、D、E 4个坚实点作为待测高程点，进行闭合水准路线测量。

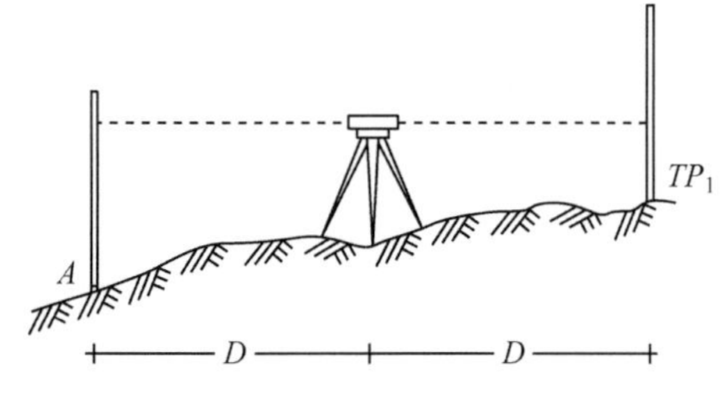

图2-22 水准仪安置位置示意图

1. 安置水准仪于A点和待测水准点(图2-22中TP_1)大致等距离处，进行粗略整平和目镜对光。

2. 后视A点的水准尺，精平后读取后视读数a，记入手薄；前视TP_1点的水准尺，精平后读取前视读数b，记入手薄。计算两点间高差h_{ab}。

3. 依次连续设站，连续观测，最后测回至A点，形成一条闭合水准路线。

4. 计算高差闭合差f_h，并判定闭合差f_h是否符合限差要求。

限差公式为：

$$f_{h容}=\pm 12\sqrt{n} \text{ 或 } f_{h容}=\pm 40\sqrt{L}$$

式中 n——测站数；

L——水准路线的长度，km。

5. 如果符合限差要求，则将闭合差f_h分配改正，求出改正后各待测点的高程。

6. 如果闭合差f_h超限，则寻找原因，并重新测量。

水准路线要求：要求每组独立测量一条闭合水准路线，每位组员负责主测其中的一个测站工作(其余组员配合施测工作)；各水准点之间相隔50~80m。各点之间应有较明显的高差，如有需要中间可以设转点TP_i；在施测前，请先选定好A、B、C、D、E各水准点的位置(软土上的点用钢钎定位，如果待测点定在水泥地或者岩石等坚硬物体上，请用记号笔、粉笔或红油漆等标记)。按照“两次仪器高法”对闭合水准路线上各水准点进行观测。

四、注意事项

1. 以组为单位依次领取实验仪器，组长应指派专人负责清点数量和名称是否符合要求，检查仪器是否有损坏之处(外观、部件等)；一旦领取，借出的仪器将被视为性能完好。

2. 归还仪器时，应按照领取时的状况归还实验室。如发现仪器损坏、丢失，将会追究该组责任。情况严重的，将可能承担支付维修费用或者赔偿损失的经济责任。

3. 在操作之前，组长应召集组员认真阅读水准仪使用说明书及本实验任务书。

4. 应使用目估或者步量的方法使前、后视距尽量相等。

5. 水准仪与三脚架之间的中心连接螺旋必须旋紧，防止仪器摔落。

6. 仪器操作时不应用力过猛，脚螺旋、水平微动螺旋等均有一定的调节范围，使用时不宜旋到顶端。

7. 要选择好测站和转点的位置，尽量避开人流和车辆的干扰。

8. 水准点(或假定的临时水准点)上不能用尺垫，在转点用尺垫时，水准尺应放在顶点。

9. 在整个实验过程中，观测者一定不能离开仪器，迁站时先松开制动螺旋，而后将仪器抱在胸前，所有仪器和工具均随人带走。

10. 一定要进行成果校核——“高差改正数之和”与“高差闭合差”应做到数值相等，符号相反；改正后的高差之和等于0。

五、技能考核

序号	考核重点	考核内容	分值
1	外业实施	测站设置、测站校核、观测数据的记录与计算	50
2	内业计算	不同路线高差闭合差的计算、精度判定、闭合差的调整、未知点高程的计算	50

【知识拓展】

水准测量误差来源及减弱措施

1. 仪器误差及其减弱方法

因仪器检校不完善，如视准轴与水准管轴之间仍然会有微小的交角(i角误差)，而一个测站前、后视距离相等时，i角误差对高差测定的影响将被抵消，因此水准测量中前后视距差和每测站前后视距累积差应有一定的限值。

2. 观测误差及减弱方法

观测误差主要包括有精平误差、调焦误差、估读误差和水准尺倾斜误差。

(1)精平误差

若水准器格值$r=20''/2\text{mm}$，视线长度为100m。整平时，水准管气泡偏离中心0.5格，则引起的读数误差可达5mm。

因此，水准测量时一定要严格精平，并果断、快速读数。

(2)调焦误差

在观测时，调焦会引起读数误差。保持前后视距相等，避免在一站中重复调焦。

(3)估读误差

限制视线长度，作业时态度应认真。

(4)水准尺倾斜误差

在水准测量读数时，若水准尺在视线方向前后倾斜，观测员很难发现，由此造成水准尺读数总是偏大。消除或减弱的办法是在水准尺上安装圆水准器，确保尺子的铅垂。

3. 外界环境的影响

(1)水准仪水准尺下沉误差

在土壤松软区测量时，水准仪在测站上随安置时间的增加而下沉。发生在两尺读数之间的下沉，会致后读数的尺子读数比应有读数小，造成高差测量误差。消除这种误差的办法是，仪器最好安置在坚实的地面，脚架踩实，快速观测，采用“后—前—前—后”的观测程序等方法均可减少仪器下沉的影响。

水准尺下沉对读数的影响。消除办法有：踩实尺垫；观测间隔中将水准尺从尺垫上取下，减小下沉量；往返观测，在高差平均值中减弱其影响。

(2)大气折光影响

多种原因使视线在大气中穿过时，会受到大气折光影响，一般视线离地面越近，光线的折射也就越大。观测时应尽量使视线保持一定高度，一般规定视线须高出地面0.2m，可减少大气折光的影响。

(3)日照及风力引起的误差

除了选择好的天气测量外，给仪器打伞遮光等都是消除和减弱其影响的好办法。

水准测量的注意事项

1. 观测

①观测前应认真按要求检验水准仪和水准尺。

②仪器应安置在土质坚实处，并踩实三脚架。

③前后视距应尽可能相等。

④每次读数前要消除视差，只有当符合水准气泡居中后才能读数。

⑤注意对仪器的保护，做到“人不离仪器”。

⑥只有当一测站记录计算合格后才能搬站，搬站时先检查仪器连接螺旋是否固紧，一手托住仪器，一手握住脚架稳步前进。

2. 记录

①认真记录，边记边回报数字，准确无误地记入记录手簿相应栏中，严禁伪造和传抄。

②字体要端正、清楚，不准涂改，不准用橡皮擦，按规定可以改正时，应在原数字上划线后再在上方重写。

③每站应当场计算，检查符合要求后，才能通知观测者搬站。

3. 扶尺

①扶尺人员认真竖立水准尺。

②转点应选择土质坚实处，并踩实尺垫。

③水准仪搬站时，应注意原前视点尺垫位置不移动。

水准测量中的系统误差

要提高高程的测定精度，关键是提高其测定的精度，减小外业测量工作的误差。与常规的测量工作一样，水准测量的误差来源有3个：测量仪器误差、观测者受地理条件限制而造成的人为误差(即外界条件误差)和观测误差。在主要误差来源中，仪器误差和观测误差的影响基本上具有系统误差的性质，而第二项造成的测量误差为偶然误差。随着高精度电子水准仪的问世，水准测量工作的自动化程度大大提高，偶然误差对测量成果的影响与系统误差相比，已处于次要地位。因此要进一步提高地面高程点的精度，就需要对水准测量中存在的各项系统误差进行研究分析，根据其对测量成果的影响精度，提出减弱或消除系统误差影响的措施。

1. 系统误差

在水准测量工作中，造成系统误差的原因很多，其常见的几种系统误差分析如下：

(1)照准轴与管水准轴不平行的影响

望远镜照准轴与管水准器水准轴不平行而产生的 i 角误差是仪器误差的主要来源，这是因为 i 角误差不可能彻底校正；而人眼又不可能使气泡严格居中。所以观测时 i 角误差一定会存在。设后视和前视的 i 角分别为 i_1 和 i_2，视线长度分别为 D_1 和 D_2，如图2-23所示，则有：

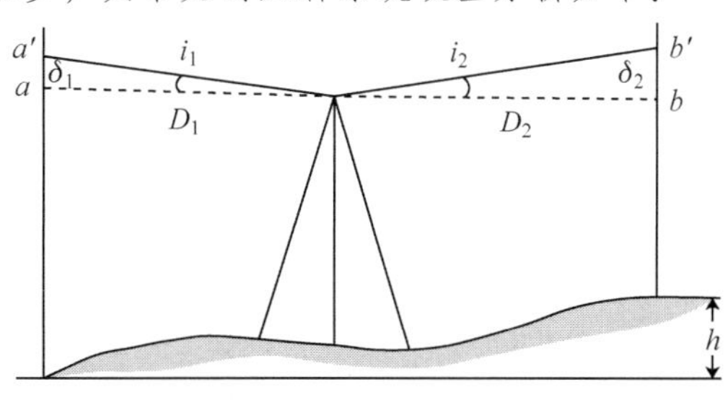

图2-23　i 角误差

$$\delta_1 = (i''_1/\rho'') \times D_1$$
$$\delta_2 = (i''_2/\rho'') \times D_2$$
$$a' = a + \delta_1$$
$$b' = b + \delta_2$$

由观测值算得 h 为：

$$h = a' - b' = (a + b) + (i''_1/\rho) \times D_1 - (i''_2/\rho'') \times D_2$$

一般情况下，基本上 $i_1 = i_2$，则：

$$h = (a - b) + (D_1 - D_2) \times i/\rho''$$

式中　i''——i''角角值(代数值，可为正数或负数，单位为s)；

ρ''——206 265″。

所以，为了使 i 角误差尽可能的小一些，$D_1 - D_2$ 应尽量小。即前后视距尽量相等，以减弱 i 角影响。

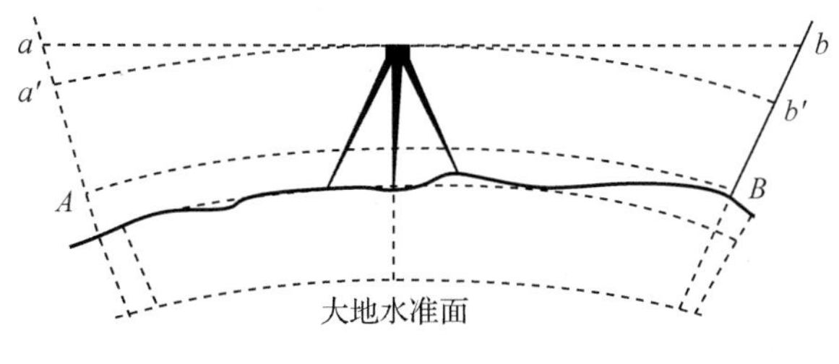

图2-24　大地水准面示意图

(2)水准面曲率的影响

由水准测量的原理可知，水准测量是利用水准仪提供一条水平视线，根据水平视线在前后标尺上的读数，求得地面上两点的高差。在这里，高差的含义为分别通过两地面点的水平面之间的垂直距离。然而，从理论上来讲，两点间的高差是指分别通过这两点的水准面之间的铅垂距离，因此，在水平测量中，用水平面代替水准面将对高差测定产生影响，其影响结果如图2-24所示。

图2-24中，aa'为用仪器的水平视线代替通过仪器中心的水准面在 A 尺上的读数差，bb'是在 B 尺上的读数差，设仪器至 A、B 两点的距离分别是 S_a、S_b，计算可得：

$$aa' = S_a^2/2R$$
$$bb' = S_b^2/2R$$

$$h_{AB} = a_1 - b_1 = (a - aa') - (b - bb') = a - b - (S_a^2 - S_b^2)/2R$$

式中 R——地球半径。

由此可得，用于水准测量的方法测定的两点之间的实际高差之差为：

$$\Delta h = (S_a^2 - S_b^2)/2R$$

(3)大气折光的影响

大气折光是由地面大气密度不均匀而引起的，它使观测时的水平视线产生垂直方向的弯曲，致使观测高差含有误差，其影响极为复杂，往往使得水准测量中前、后视的折光影响也不一致。例如，视线离地面高度不同时，折光影响也不相同。在平坦地区进行测量时，由于视线离开地面的高度基本相等，垂直折光影响基本相同。因此，在保证前后视距相等的条件下，视线弯曲的程度也相同，在观测高差中可以基本消除这种误差影响。

在山区或丘陵地区进行水准测量时，由于视线离开地面的高度不同，视线通过大气的密度也不相同。因此，垂直折光对观测高差将产生系统性的影响。为了提高精度，规定观测视线距离地面应有一定的高度，坡度较大时，观测视线不应过长，严寒酷暑及风力大于4级的天气均不宜进行观测等，以有效减弱大气折光的影响。

(4)仪器、标尺点沉降的影响

水准仪和水准标尺的自重对地面施加了一定荷载，使得在一个测站的水准观测过程中，仪器和标尺随安置时间的延长而产生连续的沉降。下面根据图2-25来分析仪器沉降对观测高差的影响。

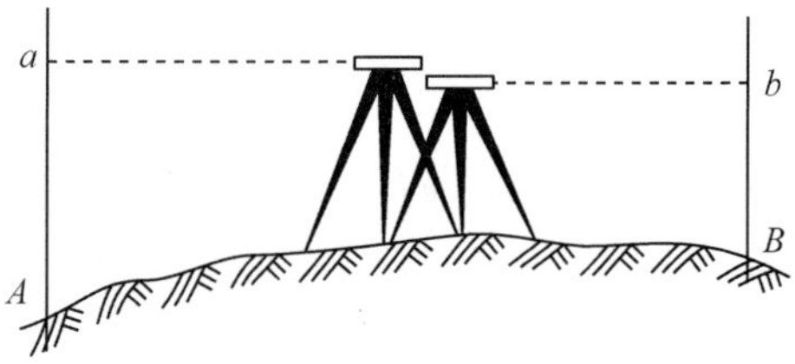

图2-25　仪器、标尺点沉降的影响示意图

由图2-25可见，当后视尺读数与前视尺读数之间仪器发生下沉，其结果是前视读数比应有读数小，使所得高差大于两点的实际高差。对于某条水准线路而言，仪器下沉的影响具有系统性，结果是单程观测成果大于理论值。

水准标尺沉降对于测量成果的影响可以分两种情况来考虑，在一个测站的高差观测过程中，当后视尺读数与前视尺之间立尺点下沉了$\Delta h_{后}$，其结果是前视尺读数变大，观测高差小于实际高差，即：

$$h'_i = a_i - b_i + \Delta h = h_i - \Delta_h$$

在相邻两个测站的观测过程中，当仪器转站时，前一站的前视标尺下沉了$\Delta h_{前}$，使得后一站的后视读数中包含了$\Delta h_{前}$，即为$a'_I + 1 = a_i + 1 + \Delta h$，结果是相邻两站的观测高差之和大与实际高差，即：

$$h_i + h'_i = (a_i - b_i) + (a_i + 1 + \Delta h_{前} - b_i + 1) = h_i + h_i + 1 + \Delta h_{前}$$

将两种情况进行综合考虑，得出水准标尺下沉对某条水准路线的单程观测成果影响计算公式：

$$\Delta = (n - 1) \times \Delta h_{前} - n \times \Delta h_{后}$$

(5)标尺不立直误差的影响

①标尺左右倾斜　水准标尺的竖立，当利用标尺上的水准器且用手支撑时，其倾斜误差可达±25′，标尺无论向左右哪个方向倾斜，都使标尺的读数增大，其误差的大小与标尺的位置有关。

对于单根标尺的读数而言，标尺倾斜误差的影响具有系统误差的特性。但对于某条水准线路来说，标尺不立直误差对各测站高差的影响，由于前后标尺倾斜程度及读数位置不一而表现出偶然性。

②标尺前后倾斜 如图2-26所示。

设后视标尺和前视标尺倾斜角度为 ε_1 和 ε_2，从而使正确的标尺读数 a 和 b 含有倾斜读数误差 Δa 和 Δb。因倾斜标尺上的读数总比竖直标尺的读数大。故 Δa 和 Δb 一直是正值。由标尺读数算得观测高差 h 为：

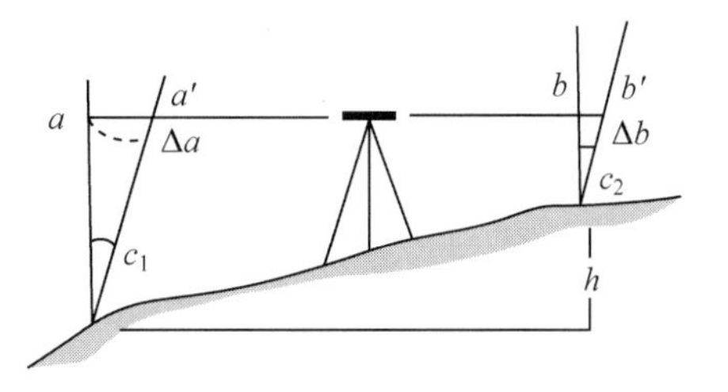

图2-26 标尺倾斜误差

$$h=(a+\Delta a)-(b+\Delta b)=(a-b)+(\Delta a-\Delta b)$$

由此可见，如果两根标尺同样倾斜，则误差 $\Delta a-\Delta b$ 大部分被抵消掉；若只一根标尺倾斜，则影响最大。所以要求扶尺员在观测时严格使标尺上的圆水准器气泡居中。

③标尺弯曲差 标尺弯曲会导致前视后视累计误差，并且不可消除，所以测量前一定要检查标尺，平时放置要平放。测前要进行检查，公式如下：

$$f=R_{中}-(R_{上}+R_{下})/2$$

(6)前后视标尺受热不均的影响

外业观测中，须两根水准标尺交替进行，每根标尺受太阳照射的方向不同，前、后标尺的温度也不同，铟瓦带温度差别最大可达11℃；外业受地形起伏的影响，每站的前、后视读数不可能同在标尺的中部，而标尺受地面热辐射的影响，上、中、下不同部位的温度也不同，温差最大可达1.5℃。由于前后视标尺铟瓦带受热不均，其所产生的长度变形不一致，因而导致前、后视读数误差不等，影响高差观测成果。所以外业尽量使用随温度变化较小的木质标尺。

(7)标尺零点差

标尺底面与其分化零点的差值称为水准标尺零点差。并规定当标尺断于实际长度时为负，当标尺长于实际长度时为正。两水准标尺的零点误差不等，设 a、b 水准标尺的零点误差分别 Δa 和 Δb，它们都会在水准标尺上产生误差。

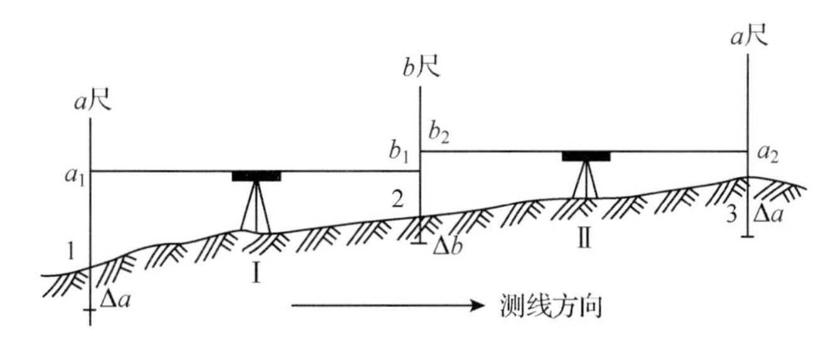

图2-27 标尺零点差

如图2-27所示，在测站Ⅰ上顾及两水准标尺的零点误差对前、后视水准标尺上读数 b_1、a_1 的影响，则测站Ⅰ的观测高差为：

$$h_{12}=(a_1-\Delta a)-(b_1-\Delta b)=(a_1-b_1)-\Delta a+\Delta b$$

在测站Ⅱ上，顾及两水准标尺零点误差对前、后视水准标尺上读数 a_2、b_2 的影响，则测站Ⅱ的观测高差为：

$$h_{23}=(b_2-\Delta b)-(a_2-\Delta a)=(b_2-a_2)-\Delta b+\Delta a$$

则1、3点的高差，即Ⅰ、Ⅱ测站所测高差之和为：

$$h_{13}=h_{12}+h_{23}=(a_1-b_1)+(b_2-a_2)$$

由此可见，尽管两水准标尺的零点误差 $\Delta a \neq \Delta b$，但在两相邻测站的观测高差之和中，抵消了这种误差的影响，故在实际水准测量作业中各测段的测站数目应安排成偶数，且在相邻测站上使两水准标尺轮流作为前视尺和后视尺。

2. 减弱系统误差的相应措施

在水准测量中，影响观测成果质量系统误差来源很多。在着重对几项主要误差的来源及其影响进行分析的基础上，消除或减弱系统误差对水准测量的影响应该注意以下几个方面：

①每次测水准前都要进行 i 角检验，对 i 角大于20s的，应校正后才能用于观测。

②为了减弱大气折光的影响，水准路线应布设在坡度较缓的地带，注意避免通过湖泊、沼泽、树林等折光影响严重的地区。视线离开地面应有足够的高度。在有条件的情况下，可以考虑阴天观测。

③在一测站的观测过程中，须采用后—前—前—后的观测顺序；对于整条水准线路来说，应进行往返观测，并取往测高差与返高差的中数作为一条线路最后观测高差。这样做的目的是使在观测过程中由仪器与标尺下沉所引起的观测高差大部分得到消除。

④在进行外业观测时，为了使水准标尺竖直，要使标尺的圆水准器泡严格居中，并且用尺杆固定尺身，以取代用手扶持标尺。

⑤外业观测成果必须施加标尺温度改正，以减弱前后标尺铟瓦带受热不均对观测成果带来的影响。

⑥外业观测一测段设站一定要设为偶数站以消除标尺零点差。

⑦为了提高精密水准测量的精度，要求在外业观测过程中做到前、后距相等。这样可以消除水准面对观测成果的影响。

⑧设站和尺台的放置地方一定要坚硬，防止仪器和尺台下沉误差。

3. 结论

水准测量中的系统误差，将直接影响地面点的精度。只要对水准测量的仪器、工具及作业方法、外界条件等进行研究，分析产生系统误差的原因，制定出相应的措施，才有可能避免或削弱这种误差的影响。当然，影响地面点高程精度的因素很多，尚待进一步深入探讨。

【复习思考】

1. 水准测量时要求选择一定的路线进行施测，其目的是什么？

2. 水准测量中的测站检核有哪几种？如何进行？

3. 设 A、B 两点相距80m，水准仪安置于中点 C，测得 A 尺上的读数 a_1 为1.321m，B 尺上的读数 b_1 为1.117m；仪器搬到 B 点附近，又测得 B 尺上读数 b_2 为1.466m，A 尺读数为 a_2 为1.695m。试问水准管轴是否平行于视准轴？如不平行，应如何校正？

4. 试分析水准尺倾斜误差对水准尺读数的影响，并推导出其计算公式。

5. 调整如图2-28所示的闭合水准测量路线的观测成果，并求出各点高程，已知点

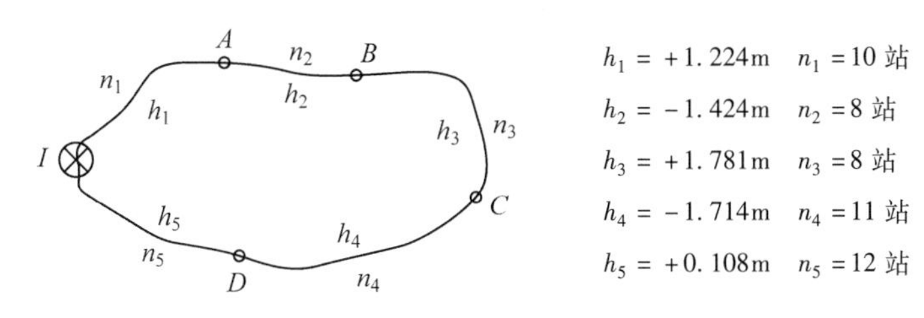

图 2-28　闭合水准路线

I 高程 $H_I = 48.966\text{m}$。

6. 将图中的水准测量数据填入表中，A、B 两点为已知高程点 $H_A = 23.456\text{m}$，$H_B = 25.080\text{m}$，计算并调整高差闭合差，最后求出各点高程(图 2-29、表 2-2)。

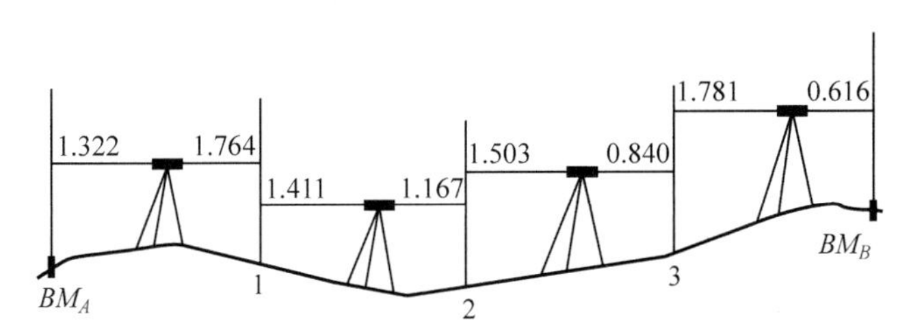

图 2-29　附各水准路线

表 2-2　水准测量记录表

测站	测点	水准尺读数		实测高差（m）	高差改正数（mm）	改正后高差（m）	高程（m）
		后视(a)	前视(b)				
Ⅰ	BM_A 1						
Ⅱ	1 2						
Ⅲ	2 3						
Ⅳ	3 BM_B						
计算检核	Σ						

项目3

角度测量

【教学目标】

1. 了解水平角、竖直角测量原理。
2. 熟悉 DJ_6型光学经纬仪的构造，水平角、竖直角的观测方法。
3. 掌握电子经纬仪的使用方法。
4. 理解角度测量产生误差的原因及消减方法。

【重点难点】

重点：测回法测定水平角和竖真角。

难点：角度测量的误差分析。

任务3.1 经纬仪认知

【任务介绍】

认识经纬仪的组成部分及其用途，清楚角度测量原理，掌握测角方法。通过实训，达到独立操作经纬仪，完成水平角和竖直角观测、检核、成果整理所必须具备的实践能力。通过本任务的实施将达到以下目标：

知识目标

1. 理解水平角及竖直角测角原理。
2. 熟悉经纬仪应具备的条件。

技能目标

能初步辨识经纬仪的基本构造及作用。

【知识准备】

角度测量分为水平角测量和竖直角测量。水平角是指一点到两个目标的方向线垂直投影在水平面上所成的夹角。竖直角是指一点到目标的方向线和一特定方向之间在同一竖直面内的夹角，通常以水平方向或天顶方向作为特定方向，水平方向和目标间的夹角称为高度角，天顶方向和目标方向间的夹角称为天顶距。水平角测量用于确定地面点的平面位置，竖直角测量用于间接确定地面点的高程和两点间的距离。经纬仪是最常用的测角仪器。

3.1.1 水平角测量原理

水平角是从一点出发的两条方向线所构成的空间角在水平面上的投影，或是指地面上一点到两个目标点的方向线垂直投影到水平面上的夹角，或者是过两条方向线的竖直面所夹的两面角。

如图3-1所示，A、B、C为地面上3点，过AB、AC直线的竖直面，在水平面P上的交线ab、ac所夹的角β，就是AB和AC之间的水平角。

根据水平角的概念，若在过A点的铅垂线上，水平地安置一个有刻度的圆盘(称为水平度盘)，度盘中心在O点，过AB、AC竖直面与水平度盘交线为ob、oc，在水平度盘上读数为n、m。则$\angle boc$为所测得的水平角。一般水平度盘是顺时针刻划，则：

$$\beta = m - n \tag{3-1}$$

水平角度值为0°~360°。

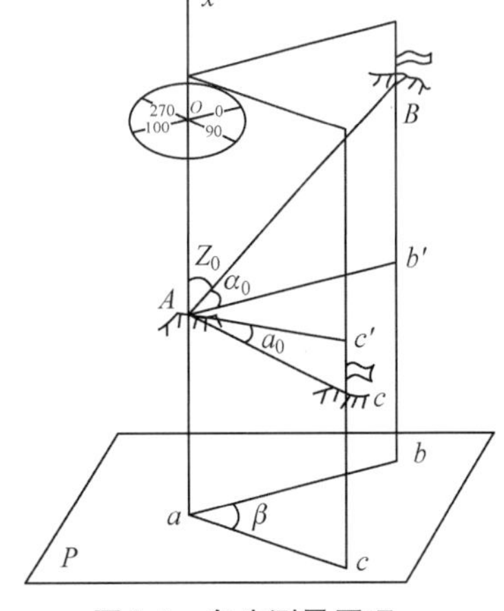

图3-1 角度测量原理

3.1.2　竖直角测量原理

竖直角是空间方向线与水平面或天顶方向的夹角，指在同一竖直面内，某一方向线与水平线的夹角。测量上又称为倾斜角、竖角或垂直角，用 α 表示。竖角分为仰角和俯角。夹角在水平线之上称为仰角，角值为“正”，如图 3-1 中 α_b；在水平线之下称为俯角，角值为“负”，如图 3-1 中 α_c。竖角值域为 $-90°\sim90°$。

若在竖直面内，竖直方向 AK 与某一方向线的夹角，称为天顶距，用 Z 表示，值域为 $0°\sim180°$。天顶距与竖直角的关系为：

$$\alpha = 90° - Z \tag{3-2}$$

如果在过 A 点的铅垂面上，安置一个垂直圆盘，并令其中心过 A 点，这个盘称为竖直度盘。当竖直度盘与过 AB 直线的竖直面重合时，则 AB 方向与水平方向线 Ab' 的夹角为 α_b，AB 与竖直方向夹角为 Z_b。竖直角与水平角一样，其角值也是度盘上两个方向的读数之差，不同的是，这两个方向必有一个是水平方向。经纬仪设计时，将提供这一固定方向。即：视线水平时，竖盘读数为固定值 90°或 270°。在竖直角测量时，只需读目标点一个方向值，便可算得竖直角。

3.1.3　经纬仪应具备的基本条件

根据上述角度测量原理可知，用于角度测量的经纬仪必须具有下述的基本条件：

①要有一个能照准远方目标的瞄准设备，它不但能上下绕横轴转动而形成一竖直平面，并可绕竖轴在水平方向转动。

②为测水平角必须有一个带分划的圆盘(即水平度盘)，其中心应与竖轴重合。为在水平度盘上读数，还应有一个在水平度盘上读数的指标。为将水平度盘安置在水平位置并使竖轴中心位于过测站点的铅垂线方向上，应具有仪器整平装置和对中装置。

③为测取竖直角必须具有一个处于竖直位置并带分划的圆盘(即竖直度盘)，且其中心应与横轴中心重合。为了在竖度盘上读数，应具有能被安置在水平位置或竖直位置的指标。

【复习思考】

1. 什么是水平角？经纬仪为何能测水平角？
2. 什么是竖直角？观测水平角和竖直角有哪些相同点和不同点？

任务 3.2　经纬仪使用

【任务介绍】

认识经纬仪的组成部分及其用途，清楚角度测量原理，掌握测角方法。通过实训，达到独立操作经纬仪，完成水平角、竖直角观测、成果整理所必须具备的实践能力。通过本任务的实施将达到以下目标：

知识目标

1. 了解 DJ_6 经纬仪、电子经纬仪的基本构造和测角原理。
2. 了解电子经纬仪的基本构造、各主要部件的功能和显示屏各符号的含义。
3. 掌握经纬仪对中、整平、照准和读数的方法。
4. 了解测角误差的来源、性质及消除、削弱误差的对策。

技能目标

1. 能正确安置经纬仪。
2. 能正确使用 DJ_6 型光学经纬仪。
3. 能正确使用电子经纬仪。

【知识准备】

3.2.1　DJ_6 型光学经纬仪的构造

经纬仪按不同测角精度又分成多种等级，如 DJ_1、DJ_2、DJ_6、DJ_{10} 等。“D”和“J”为“大地测量”和“经纬仪”的汉语拼音第一个字母。后面的数字代表该仪器测量精度。如 DJ_6 表示一测回方向观测中误差不超过 ±6″。在工程中常用的经纬仪有 DJ_2、DJ_6 和 DJ_{10}。不同厂家生产的经纬仪其构造略有区别，但是基本原理一样。

图 3-2 是我国北京光学仪器厂生产的 DJ_6 型光学经纬仪。

DJ_6 型光学经纬仪主要由照准部、水平度盘、基座三部分组成，如图 3-3 所示。

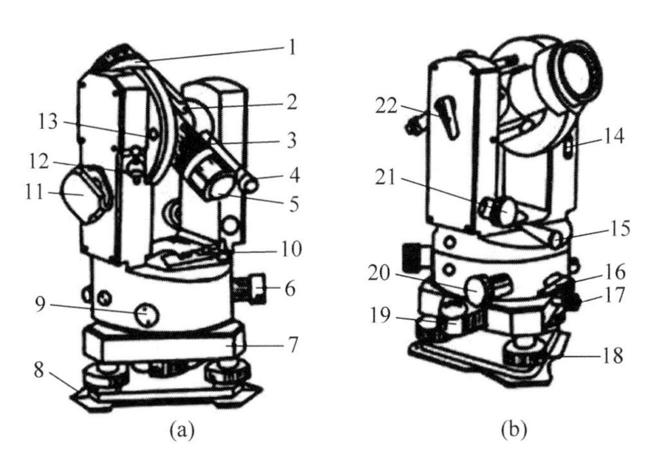

图 3-2　DJ_6 型光学经纬仪

1. 望远镜物镜；2. 粗瞄器；3. 对光螺旋；4. 读数目镜；5. 望远镜目镜；6. 转盘手轮；7. 基座；8. 导向板；9. 水平度盘堵盖；10. 水准管；11. 反光镜；12. 自动归零旋钮；13. 竖直度盘堵盖；14. 调指标差盖板；15. 光学对点器；16. 水平制动扳钮；17. 固定螺旋；18. 脚螺旋；19. 圆水准器；20. 水平微动螺旋；21. 望远镜微动螺旋；22. 望远镜制动钮

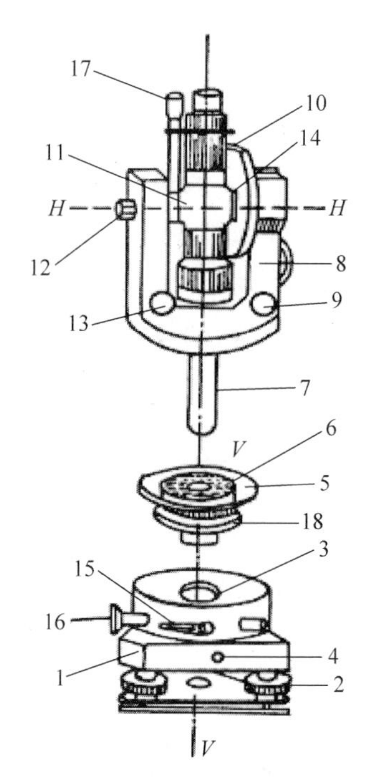

图 3-3 照准部、水平度盘、基座结构图

1. 基座；2. 脚螺旋；3. 竖轴轴套；4. 固定螺旋；5. 水平度盘；6. 度盘轴套；7. 旋转轴；8. 支架；9. 竖盘水准管微动螺旋；10. 望远镜；11. 横轴；12. 望远镜制动螺旋；13. 望远镜微动螺旋；14. 竖直度盘；15. 水平制动螺旋；16. 水平微动螺旋；17. 光学读数显微镜；18. 复测盘

(1)照准部

照准部是指经纬仪上部的能够转动的部分，主要包括望远镜、竖直度盘、水准器、照准部旋转轴、横轴、读数设备、支架装置及水平、竖直制动和微动装置等。经纬仪望远镜和水准器的构造及作用同水准仪。

照准部下部的旋转轴插在水平度盘空心轴内，水平度盘空心轴插在基座竖轴轴套内。旋转轴的几何中心线称为竖轴。望远镜与横轴固连在一起安置在支架上，支架上装有望远镜的制动和微动螺旋，控制望远镜在竖直方向的转动。竖直度盘(简称竖盘)固定在横轴的一端，用于测量竖直角。竖盘随望远镜一起转动，竖盘读数指标不动，但可通过竖盘指标水准管微动螺旋做微小移动。调整此微动螺旋使竖盘指标水准管气泡居中，指标位于正确位置。目前，有许多经纬仪已不采用竖盘指标水准管，而用自动归零装置代替。照准部水准管是用来整平仪器的，圆水准器用作粗略整平。读数设备包括一个读数显微镜、测微器以及光路中一系列的透镜和棱镜等。此外，为了控制照准部水平方向的转动，装有水平制动和微动螺旋。

望远镜可以绕横轴在竖直面内上、下转动，又能随着支架绕竖轴做水平方向 360°旋转。利用水平、竖直制动和微动螺旋，可以使望远镜固定在任意位置。望远镜边上设有光学读数显微镜，通过它可以读出水平角和竖直角。

(2)水平度盘

水平度盘是由光学玻璃制成的精密刻度盘，用于测量水平角。度盘全圆周刻划0°~360°，最小间隔有1°、30′、20′共3种。水平度盘顺时针注记。在水平角测角过程中，水平度盘固定不动，不随照准部转动。

为了改变水平度盘位置，仪器设有水平度盘转动装置。

通常将水平度盘位置变换的手轮，称为转盘手轮。使用时，将手轮推压进去，转动手轮，此时水平度盘随着转动。待转到所需位置时，将手松开，手轮退出，水平度盘位置即安置好。这种结构不能使度盘随照准部一起转动。

少数仪器采用复测装置。水平度盘与照准部的关系依靠复测装置控制。如图3-4，复测装置的底座固定在照准部6的外壳上，随照准部一起转动。当复测扳手拔下时，由于偏心轮的作用，使顶轴5向外移，在簧片3的作用下，使两滚珠之间距离变小，簧片与铆钉的间距缩小，从而把外轴上的复测盘(见图3-3上的18)夹紧。此时，照准部转动将带动水平度盘一起转动，度盘读数不变。若将复测扳手拨上，顶轴往里移，使簧片与铆钉的间距扩大，复测盘与复测装置相互脱离，照准部转动就不再带动水平度盘，读数窗中的读数随之改变。

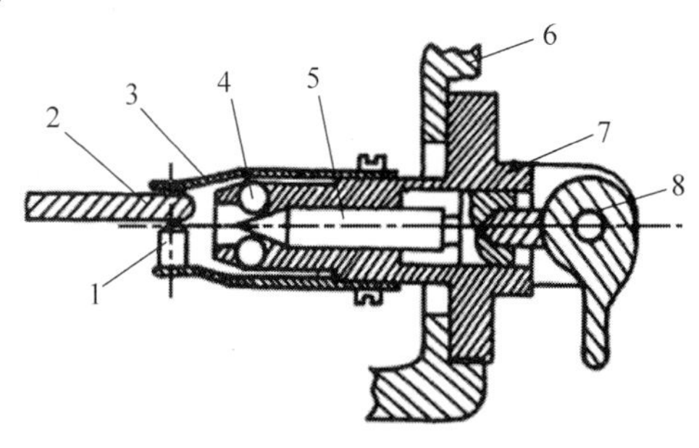

图3-4 复测装置

1. 铆钉；2. 复测盘；3. 簧片；4. 滚珠；5. 顶轴；6. 照准部；7. 复测扳手底座；8. 离合扳钮

所以在测角过程中，复测扳钮应始终保持在向上的位置。

(3)基座

基座用于支承整个仪器，利用中心螺旋使经纬仪照准部紧固在三脚架上。基座上有3个脚螺旋，用于整平仪器。基座上固连1个竖轴轴套及固定螺旋。该螺旋拧紧后，可将照准部固定在基座上，所以使用仪器时切勿随意松动此螺旋，以免照准部与基座分离而坠落。中心螺旋下有1个挂钩，用于挂垂球。当垂球尖对准地面测点，水平度盘水平时，水平度盘中心位于测点的铅垂线上。

目前生产的光学经纬仪一般均装有光学对中器，与垂球对中相比，具有精度高和不受风的影响等优点。

3.2.2 DJ_6型光学经纬仪读数装置

光学经纬仪的水平度盘和竖直度盘的分划线是通过一系列的棱镜和透镜成像在望远镜目镜边的读数显微镜内。由于度盘尺寸有限，最小分划间隔难以直接刻划到秒。为了实现精密测角，要借助光学测微技术。不同的测微技术读数方法也不同，DJ_6型光学经纬仪常用分微尺测微器和单平板玻璃测微器两种方法。因分微尺测微器较为常见，故本任务主要介绍分微尺测微器及其读数方法。

目前生产的DJ_6型光学经纬仪多数采用分微尺测微器进行读数。这类仪器的度盘分划值为1°，按顺时针方向注记每度的读数。在读数显微镜的读数窗上装有一块带分划的分微尺，度盘上1°的分划线间隔经显微物镜放大后成像于分微尺上。图3-5就是读数显微镜内所看到的度盘和分微尺的影像，上面注有“H”(或“水平”)的为水平度盘读数窗，注有

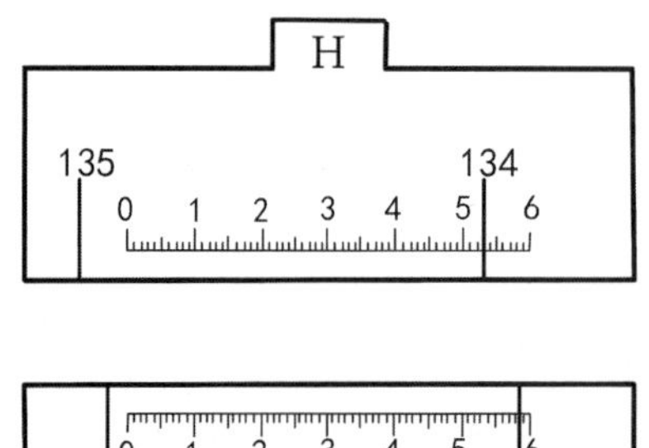

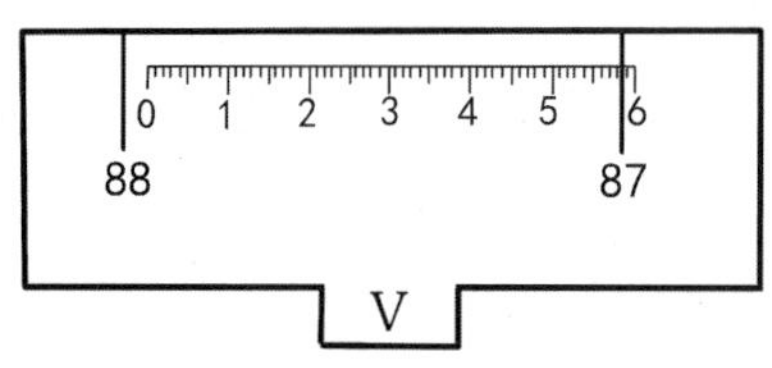

图 3-5 读数显微镜内度盘成像

"V"(或"竖直")的为竖直度盘读数窗。分微尺的长度等于放大后度盘分划线间隔1°的长度，分微尺分为60个小格，每小格为1′。分微尺上每10小格注有数字，表示0′，10′，20′，…，60′，其注记增加方向与度盘注记相反。角度的整度值可从度盘上直接读出，不到1°的值在分微尺上读取。这种读数装置可以直接读到1′，估读到0.1′，即6″。

读数时，分微尺上的0分划线为指标线，它所指的度盘上的位置就是度盘读数的位置。如图3-5中，在水平度盘的读数窗中，分微尺的0分划线已超过134°，但不到135°，所以其数值，还要由分微尺的0分划线至度盘上分划线之间有多少小格来确定，图3-5中为53.1格，故为53′06″，分微尺水平度盘的读数应是134°53′06″。同理，竖直度盘读数应是87°58′06″。

实际上在读数时，只要看度盘哪一条分划线与分微尺相交，读数就是这条分划线的注记数，分数则为这条分划线所指分微尺上的读数。

3.2.3 电子经纬仪

随着电子技术的发展，19世纪80年代出现了能自动显示、自动记录和自动传输数据的电子经纬仪。这种仪器的出现标志着测角工作向自动化迈出了新的一步。

电子经纬仪与光学经纬仪相比，外形结构相似，但测角和读数系统有很大的区别。电子经纬仪测角系统主要有以下3种：①编码度盘测角系统，是采用编码度盘及编码测微器的绝对式测角系统；②光栅度盘测角系统，是采用光栅度盘及莫尔干涉条纹技术的增量式读数系统；③动态测角系统，是采用计时测角度盘及光电动态扫描绝对式测角系统。

3.2.3.1 电子经纬仪主要功能

图3-6是瑞士WILD厂生产的T2000电子经纬仪。该仪器测角精度为±0.5″。其竖直角测量采用硅油液体补偿器，可实现竖盘自动归零。补偿器工作范围为±10′，补偿精度为±0.1″。仪器两侧都设有操纵面板，由键盘和3个显示器组成。键盘上有18个键。在3个显示器中，1个提示显示内容，2个显示数据。

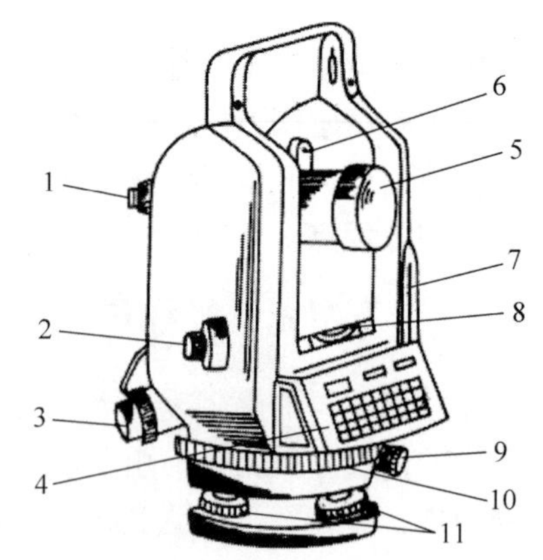

图 3-6 电子经纬仪

1. 目镜；2. 望远镜制动、微动螺旋；3. 水平制动、微动螺旋；4. 操纵面板；5. 望远镜；6. 瞄准器；7. 内嵌式电池盒；8. 管水准器；9. 轴座连接螺旋；10. 概略定向度盘；11. 脚螺旋

仪器的测角模式有两种：一种是单次测量，精度较高；另一种是跟踪测量，它将随着经纬仪的转动自动测角。这种方式精度较低，适合于放样及跟踪活动目标。测角显示可以设置到0.1″、1″、10″或1′。

仪器内嵌有电池盒，充满后可用单次测角1500个。测量结果存储在仪器内，通过数据传输线传到计算机。

若将电子经纬仪与光电测距仪联机，即构成电子速测仪，或称电子全站仪。

3.2.3.2 电子经纬仪测角原理

由于目前电子经纬仪大部分是采用光栅度盘测角系统和动态测角系统，现介绍这两种测角原理。

（1）光栅度盘测角原理

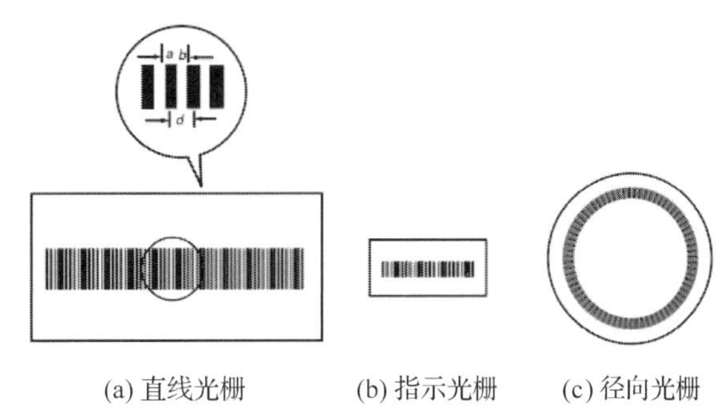

(a) 直线光栅　(b) 指示光栅　(c) 径向光栅

图 3-7　光栅

在光学玻璃上均匀地刻划出许多等间隔细线，即构成光栅。刻在直尺上用于直线测量的称为直线光栅。刻在圆盘上由圆心向外辐射的等角距光栅称为径向光栅，用于角度测量的也称光栅度盘，为了在转动度盘时形成莫尔条纹，在光栅度盘上安装固定的光栅称为指示光栅，如图 3-7 所示。

光栅的基本参数是刻划线的密度和栅距。密度为 1mm 内刻划线的条数。栅距为相邻两栅的间距。光栅宽度为 d，缝隙宽度为 b，栅距 $d = a + b$。

电子经纬仪是在光栅度盘的上、下对称位置分别安装光源和光电接收机。由于栅线不透光，而缝隙透光，则可将光栅盘是否透光的信号变为电信号。当光栅度盘移动时，光电接收管就可对通过的光栅数进行计数，从而得到角度值。这种靠累计计数而无绝对刻度数的读数系统称为增量式读数系统。

由此可见，光栅度盘的栅距就相当于光学度盘的分划，栅距越小，则角度分划值越小，即测角精度越高。例如，在 80mm 直径的光栅度盘上，刻划有 12 500 条细线（刻线密度为 50 条/mm），栅距分划值为 1′44″。要想再提高测角精度，必须对其做进一步的细分。然而，这样小的栅距，再细分实属不易。所以，在光栅度盘测角系统中，采用了莫尔条纹技术进行测微。

所谓莫尔条纹，就是将两块密度相同的光栅重叠，并使它们的刻划线相互倾斜一个很小的角度，此时便会出现明暗相间的条纹，如图 3-8 所示。

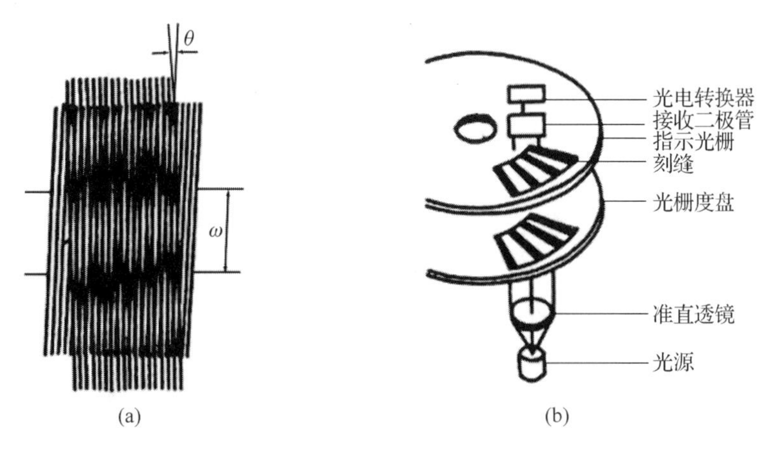

(a)　(b)

图 3-8　光栅度盘测角原理

根据光学原理，莫尔条纹有如下特点：

①两光栅之间的倾角越小，条纹间距 ω 越宽，则相邻明条纹或暗条纹之间的距离越大。

②在垂直于光栅构成的平面方向上，条纹亮度按正弦规律周期性变化。

③当光栅在垂直于刻线的方向上移动时，条纹顺着刻线方向移动。光栅在水平方向上相对移动一条刻线，莫尔条纹则上下移动一周期，如图 3-8(a)所示，即移动一个纹距 ω。

④纹距 ω 与栅距 d 之间满足如下关系：

$$\omega = \frac{d}{\theta}\rho' \tag{3-3}$$

式中　ρ'——3438′；

θ——两光栅(图 3-7 中的指示光栅和光栅度盘)之间的倾角。

例如，当 $\theta = 20'$时，纹距 $\omega = 172d$，即纹距比栅距放大了 172 倍。这样，就可以对纹距进一步细分，以达到提高测角精度的目的。

使用光栅度盘的电子经纬仪，如图 3-8(b)所示，其指示光栅、发光管(光源)、光电转换器和接收二极管位置固定，而光栅度盘与经纬仪照准部一起转动。发光管发出的光信号通过莫尔条纹落到光电接收管上，度盘每转动一栅距(d)，莫尔条纹就移动一个周期(ω)。所以，当望远镜从一个方向转动到另一个方向时，流过光电管光信号的周期数，就是两方向间的光栅数。由于仪器中两光栅之间的夹角是已知的，所以通过自动数据处理，即可算得并显示两方向间的夹角。为了提高测角精度和角度分辨率，仪器工作时，在每个周期内再均匀地填充 n 个脉冲信号，计数器对脉冲计数，则相当于光栅刻划线的条数又增加了 n 倍，即角度分辨率就提高了 n 倍。

为了判别测角时照准部旋转的方向，采用光栅度盘的电子经纬仪其电子线路中还必须有判向电路和可逆计数器。判向电路用于判别照准时旋转的方向，若顺时针旋转时，则计数器累加；若逆时针旋转，则计数器累减。

(2)动态测角原理

前述 T2000 电子经纬仪采用的就是动态测角原理。该仪器的度盘仍为玻璃圆环，测角时，由微型马达带动而旋转。度盘分成 1024 个分划，每一分划由一对黑白条纹组成，白的透光，黑的不透光，相当于栅线和缝隙，其栅距设为 ϕ_0，如图 3-9 所示。光阑 L_S 固定在基座上，称为固定光阑(也称光闸)，相当于光学度盘的零分划。光阑 L_R 在度盘内侧，随照准部转动，称为活动光阑，相当于光学度盘的指标线。它们之间的夹角即为要测的角度值。因此这种方法称为绝对式测角系统。两种光阑距度盘中心远近不同，照准部旋转以瞄准不同目标时，彼此互不影响。为消除度盘偏心差，同名光阑按对径位置设置，共 4 个(两对)，图中只绘出 2 个。竖直度盘的固定光阑指向天顶方向。

光阑上装有发光二极管和光电二极管，分别处于度盘上、下侧。发光二极管发射红外光线，通过光阑孔隙照到度盘上。当微型马达带动度盘旋转时，因度盘上明暗条纹而形成透光亮的不断变化，这些光信号被设置在度盘另一侧的光电二极管接收，转换成正弦波的电信号输出，用以测角。

测量角度，首先要测出各方向的方向值，有了方向值，角度也就可以得到。方向值表现为 L_R 与 L_S 间的夹角 ϕ，如图 3-9 所示。

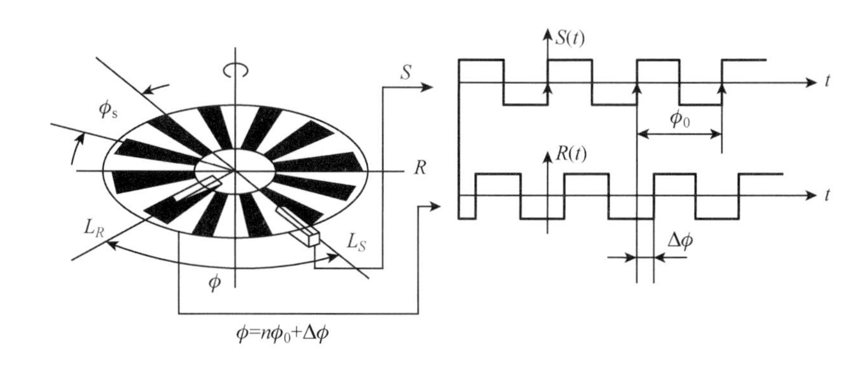

图 3-9 动态测角原理

设一对明暗条纹(即一个分划)相应的角值即栅距为 ϕ_0,其值为:

$$\phi_0 = \frac{360°}{1024} = 21.094' = 21'05''625$$

由图 3-9 可知,角度 ϕ 为 n 个整周期 ϕ_0 和不足整周数的 $\Delta\phi$ 分划值之和。它们分别由粗测和精测求得,即:

$$\phi = n\phi_0 + \Delta\phi \tag{3-4}$$

①粗测,求出 ϕ_0 的个数 n 为进行粗测,度盘上设有特殊标志(标志分划),每 90°一个,共 4 个。光阑对度盘扫描时,当某一标志被 L_R 或 L_S 中的一个首先识别后,脉冲计数器立即计数,当该标志达到另一光阑后,计数停止。由于脉冲波的频率是已知的,所以由脉冲数可以统计相应的时间 T_i。马达的转速是已知的,其相应于转角 ϕ_0,所需的时间 T_0 也就知道。将 T_i/T_0 取整(即取其比值的整数部分,舍去小数部分)就得到 n_i,由于有 4 个标志,可得到 n_1、n_2、n_3、n_4 4 个数,经微处理机比较,如无差异可确定 n 值,从而得到 $n\phi_0$。由于 L_R、L_S 识别标志的先后不同,所测角可以是 ϕ,也可以是 $360° - \phi$,这可由角度处理器作出正确判断。

②精测,测算 $\Delta\phi$ 如图 3-9 所示,当光阑对度盘扫描时,L_R、L_S 各自输出正弦波电信号 R 和 S,经过整形成方波,运用测相技术便可测出相位差 $\Delta\phi$。$\Delta\phi$ 的数值是采用在此相位差里填充脉冲数计算的,由脉冲数和已知的脉冲频率(约 1.72MHz)算得相应时间 ΔT。因度盘上有 1024 个分划(栅格),度盘转动一周即输出 1024 个周期的方波,那么对应于每一个分划均可得到一个 $\Delta\phi_0$。若 ϕ_0 对应的周期为 T_0,$\Delta\phi_i$ 所对应的时间为 ΔT_i,则有:

$$\Delta\phi_i = \frac{\phi_0}{t_0}\Delta T_i \tag{3-5}$$

测量角度时,机内微处理器自动将整周度盘的 1024 个分划所测得的 $\Delta\phi_i$ 值,取平均值作为最后结果,即:

$$\Delta\phi = \frac{\sum \Delta\phi_i}{n} = \frac{\phi_0}{T_0}\frac{\sum \Delta\phi_i}{n} \tag{3-6}$$

粗测和精测信号送角度处理器处理并衔接成完整的角度(方向)值,送中央处理器,然后由液晶显示器显示或记录于数据终端。

动态测角直接测得的是时间 T 和 ΔT,因此,微型马达的转速要均匀、稳定,这是十分重要的。

【技能训练】

Ⅰ. DJ_6型光学经纬仪的使用

一、实训目的

了解DJ_6型光学经纬仪的基本构造，以及主要部件的名称与作用。掌握经纬仪的安置方法，学会使用光学经纬仪。

二、仪器材料

DJ_6型光学经纬仪1台，记录板1块，测伞1把，铅笔，计算器。

三、训练步骤

在进行角度测量时，应将经纬仪安置在测站(角顶点)上，然后进行观测。经纬仪的使用包括对中、整平、瞄准、读数4个步骤。

1. 对中

对中的目的是使仪器的旋转轴位于测站点的铅垂线上。对中可用垂球对中或光学对点器对中。垂球对中精度一般在3mm之内。光学对点器对中可达到1mm。用垂球对中时，先在测站点安放三脚架，使其高度适中，架头大致水平，架腿与地面约成75°。在连接螺旋的下方悬挂垂球，移动脚架，使垂球尖基本对准站点，并使脚架稳固地架在地面上。然后装上经纬仪，旋上连接螺旋(不要放紧)，双手扶基座在架头上平移，使垂球尖精确对准测站点，最后将连接螺旋拧紧。

光学对点器是由一组折射棱镜组成。使用光学对点器对中时先用对点器调焦螺旋，看清分划板刻划圈，再转动对点器目镜看清地面标志。若照准部水准管气泡居中，即可旋松连接螺旋，手扶基座平移照准部，使对点器分划圈对准地面标志。如果刻划圈偏离地面标志太远，可旋转基座上的脚螺旋使其对中，此时水准管气泡会偏移，可根据气泡偏移方向，调整相应三脚架的架腿，使气泡居中。对中工作应与整平工作穿插进行，直到既对中又整平为止。

对中有垂球对中和光学对中器对中两种方法。

方法一：垂球对中

①在架头底部的连接螺旋的小挂钩上挂上垂球。

②平移三脚架，使垂球尖大致对准地面上的测站点，并注意使架头大致水平，踩紧三脚架。

③稍松底座下的连接螺旋，在架头上平移仪器，使垂球尖精确对准测站点(对中误差应小于等于3mm)，最后旋紧连接螺旋。

方法二：光学对中器对中

①将仪器中心大致对准地面测站点。

②通过旋转光学对中器的目镜调焦螺旋，使分划板对中圈清晰；通过推、拉光学对中器的镜管进行对光，使对中圈和地面测站点标志都清晰显示。

③移动脚架或在架头上平移仪器，使地面测站点标志位于对中圈内。

④逐一松开三脚架架腿制动螺旋并利用伸缩架腿(架脚点不得移位)使圆水准器气泡居中，大致整平仪器。

⑤用脚螺旋使照准部水准管气泡居中，整平仪器。

⑥检查对中器中地面测站点是否偏离分划板对中圈。若发生偏离，则松开底座下的连接螺旋，在架头上轻轻平移仪器，使地面测站点回到对中器分划板对中圈内。

⑦检查照准部水准管气泡是否居中。若气泡发生偏离，需再次整平，即重复前面过程，最后旋紧连接螺旋(按方法二对中仪器后，可直接进入步骤3)。

2. 整平

整平的目的是使仪器竖轴在铅垂位置，而水平度盘在水平位置。操作步骤为：首先转动照准部，使水准管与任意两个脚螺旋连线平行。双手相向转动这两个脚螺旋使气泡居中，如图3-10所示。再将照准部旋转90°，调整第三个脚螺旋使气泡居中，按上述方法反复操作，直到仪器旋至任意位置气泡均居中为止。注意气泡移动方向与左手大拇指移动方向一致。

转动照准部，使水准管平行于任意一对脚螺旋，同时相对(或相反)旋转这两只脚螺旋(气泡移动的方向与左手大拇指行进方向一致)，使水准管气泡居中；然后将照准部绕竖轴转动90°，再转动第三只脚螺旋，使气泡居中。如此反复进行，直到照准部转到任何方向，气泡在水准管内的偏移都不超过刻划线的一格为止。

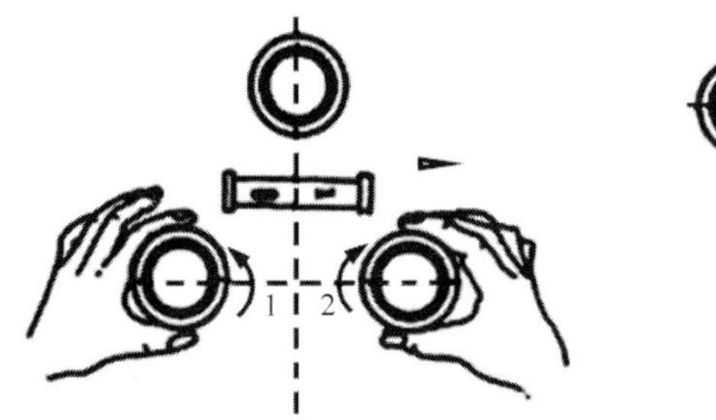

图3-10　水准管气泡调整

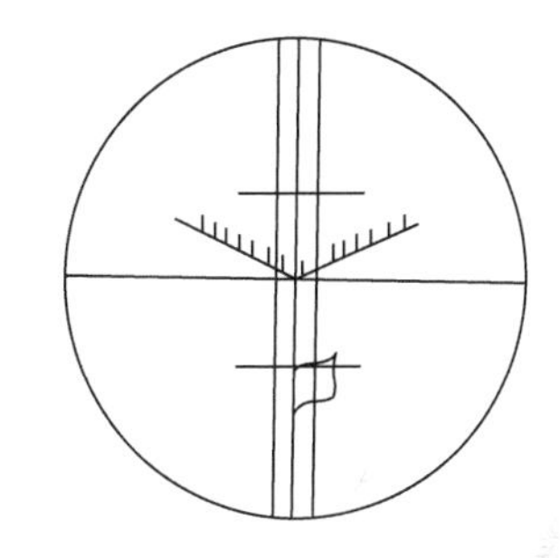

图3-11　测水平角时瞄准目标

3. 瞄准

瞄准方法同水准仪操作，只是测量水平角时应使十字丝纵丝平分或夹准目标，并尽量对准目标底部，如图3-11所示。取下望远镜的镜盖，将望远镜对准天空(或远处明亮背景)，转动望远镜的目镜调焦螺旋，使十字丝最清晰；然后用望远镜上的照门和准星瞄准远处一线状目标(如远处的避雷针、天线等)，旋紧望远镜和照准部的制动螺旋，转动对光螺旋(物镜调焦螺旋)，使目标影像清晰；再转动望远镜和照准部的微动螺旋，使目标被十字丝的纵向单丝平分，或被纵向双丝夹在中央。

4. 读数

读数时要先调节反光镜，使读数窗明亮，旋转显微镜调焦螺旋，使刻划数字清晰，然后读数。测竖直角时注意调节罗盘水准气泡微动螺旋，使气泡居中后再读数。

瞄准目标后，调节反光镜的位置，使读数显微镜读数窗亮度适当，旋转显微镜的目镜调焦螺旋，使度盘及分微尺的刻划线清晰，读取落在分微尺上的度盘刻划线所示的度数，然后读出分微尺上0分划线到这条度盘刻划线之间的分数，最后估读至1′的0.1位。如图3-12所示，水平度盘读数为117°01.9′，竖盘读数为90°36.2′。

可利用光学经纬仪的水平度盘读数变换手轮，改变水平度盘读数。作法是打开基座上

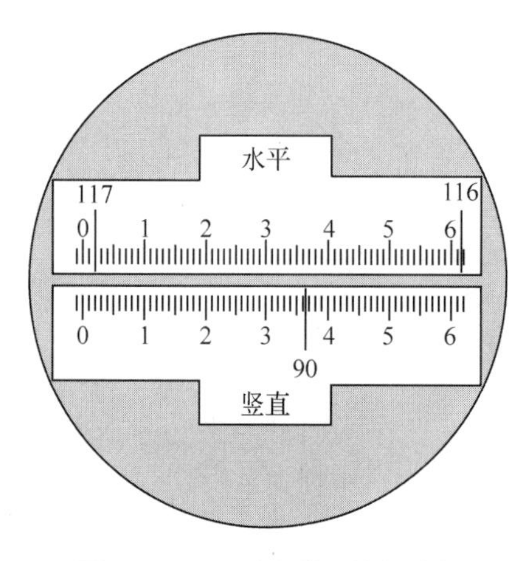

图 3-12　DJ_6型光学经纬仪读数窗

的水平度盘读数变换手轮的护盖，拨动水平度盘读数变换手轮，观察水平度盘读数的变化，使水平度盘读数为一定值，关上护盖。

有些仪器配置的是复测扳手，要改变水平度盘读数，首先要旋转照准部，观察水平度盘读数的变化，使水平度盘读数为一定值，按下复测扳手将照准部和水平度盘卡住；再将照准部(带着水平度盘)转到需瞄准的方向上，打开复测扳手，使其复位。

用 2H 或 3H 铅笔将观测的水平方向读数记录在表格中，用不同的方向值计算水平角。

四、注意事项

1. 垂球对中误差应小于 3mm，光学对点器对中误差应小于 1mm；整平误差应不超过一格。

2. 瞄准目标时，尽可能瞄准其底部。

3. 测微轮式读数装置的经纬仪，读数时应先旋转测微轮，使双线指标线准确地夹住某一分划线后才能读数。

4. 仪器制动后不可强行转动，需转动时可用微动螺旋。

5. 同一测回观测时，切勿误动度盘变换手轮或复测扳手。

6. 观测竖直角时应调整竖盘指标水准管，使管水准气泡居中，才能读取竖盘读数。

五、技能考核

序号	考核重点	考核内容	分值
1	仪器构造	识别组成部分及主要部件的名称与作用、各种螺旋功能	60
2	操作方法	各操作流程要领	40

Ⅱ. 电子经纬仪的认识及使用

一、实训目的

1. 了解电子经纬仪的基本构造、各主要部件的功能和显示屏各符号的含义。

2. 掌握电子经纬仪正确的开机操作步骤。

3. 掌握经纬仪对中、整平、照准和读数的方法。

4. 掌握水平角、竖直角的观测操作步骤。

二、仪器材料

经纬仪 1 台，三脚架 1 副，记录板，遮阳伞。

三、训练步骤

1. 电子经纬仪的初步认识

认识仪器的基本构造，各主要部件的名称和功能，显示屏各符号的含义。

(1)仪器的主要部件及功能(图 3-13、表 3-1)：

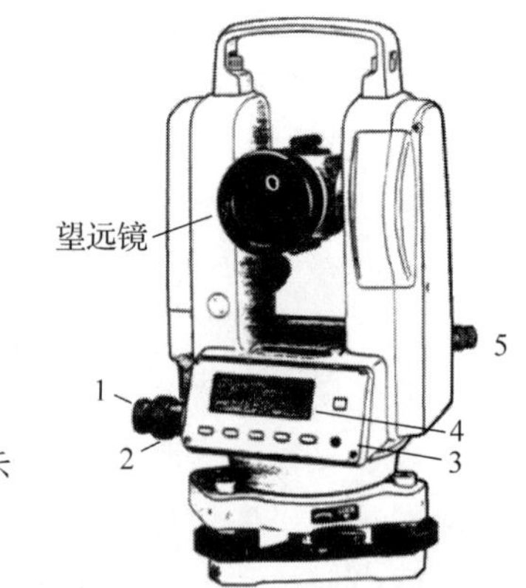

图 3-13　电子经纬仪基本构造

表 3-1　电子经纬仪的部件名称及作用

序号	操作部件名称	作用及功能
1		
2		
3		
4		
5		

(2)电子经纬仪(ET－05 型)操作键及功能(表 3-2)：

表 3-2　电子经纬仪操作键的功能

操作键	第一功能(角度测量模式：单独按下)	第二功能(距离测量模式：+ CONS键)
PWR	电源开关、开机后持续按键超过 2s 则关机	
☼ REC	显示屏和十字丝照明键。按键一次，开灯照明，再按则关，10s 内不按则自动熄灭	记录键。令电子手簿执行记录功能
MODE ▼	角度测量模式切换到距离测量模式	在特种功能模式中为减量键
V% ▲	竖直角和斜率百分比显示切换键	按该键交替显示斜距(◢)、平距(◢)、高差(◢)。在特种功能模式中为增量键
OSET TRK	连按两次水平方向置零	跟踪测距键。按此键每秒跟踪测距一次，精度达 ±0. 01 m(只限测距)
HOLD MEAS	连按两次水平方向读数被锁定，再按一次被解除	测距键，按此键连续精确测距
R/L CONS	选择水平方向值向右旋转增大或向左旋转增大	专项特种功能模式
特种功能模式 CONS PWR 同时按下	听到3 声蜂鸣后，松开CONS键，仪器进入初始设置状态，屏幕显示 ND 3000 101 11111。下面一行8 个数位分别表示了初始设置的 7 项内容(即所连接的测距仪的型号、象限蜂鸣设置、竖盘自动补偿开关、角度最小显示单位、自动关机时间、竖盘零位、角度单位)，可按仪器说明书提供的代码对有关项目进行设置。在该功能模式下，按MEAS键使闪烁的光标向左移动到要改变的数字位；按TRK键使闪烁的光标向右移动到要改变的数字位；按▲或▼键改变数字大小	

(3)电子经纬仪显示屏的符号及含义(表 3-3)：

表 3-3　电子经纬仪显示屏中符号及含义

符号	含　义
☼	照明状态
BAT	电池电量
V	竖盘读数或天顶距
%	斜率百分比
H	水平度盘读数
G	角度单位：格(角度采用“度”及“密度”作单位时无符号显示)
HR	右旋(顺时针)水平角

（续）

符号	含　义
HL	左旋（逆时针）水平角
	斜距
	平距
	高差
m	距离单位：米
ft	距离单位：英尺
T. P	温度、气压（本仪器未采用）

（4）电子经纬仪的主要开机步骤（表 3-4）：

表 3-4　电子经纬仪的开机操作步骤

步　骤	操作内容	说　明
1		
2		
3		

2. 水平角读数练习

（1）水平角读数观测练习——“初始读数归零”练习（表 3-5）：

表 3-5　水平角读数记录表（初始读数归零）

测站	目　标		竖盘位置	水平度盘初始读数		主测人签名
	代　号	特　征*		理论读数（° ′ ″）	实际读数（° ′ ″）	
1	*A*		左			
			右			
2	*B*		左			
			右			
3	*C*		左			
			右			
4	*D*		左			
			右			
5	*E*		左			
			右			

注：* 特征是指选定的目标点的标志特征情况，如房角、旗杆顶、避雷针尖等。

（2）水平角读数观测练习——各测回“初始读数设置”练习（表 3-6）：

本小组组员人数为________人（设为 n 值），$180°/n = 180°/$________ = ________°

则在进行 n 测回水平角观测时，各测回初始读数理论上应分别为：

第 1 测回　　________°________′________″

第 2 测回　　________°________′________″

第 3 测回 ________°________′________″
第 4 测回 ________°________′________″
第 5 测回 ________°________′________″

表 3-6 水平角读数记录表(初始读数设置)

测站	目标		竖盘位置	水平度盘初始读数		主测人签名
	代号	特征*		理论读数(° ′ ″)	实际读数(° ′ ″)	
1	*A*		左			
			右			
2	*B*		左			
			右			
3	*C*		左			
			右			
4	*D*		左			
			右			
5	*E*		左			
			右			

注：* 特征是指选定的目标点的标志特征情况，如房角、旗杆顶、避雷针尖等。

3. 仪器对中(光学对中、垂球对中)和整平(粗平、精平)练习

在地面上选择坚固平坦的区域，用记号笔在地面上画“十字”符号，十字线交点作为测站中心点。光学对中(对中误差要求小于1mm)。

(1)粗对中：先将三脚架安置在测站点上，三脚架头面大致水平。双手紧握三脚架，眼睛观察光学对中器，调整目镜调焦螺旋使十字丝清晰可见，再调整物镜调焦螺旋使对中标志清晰可见，移动三脚架使对中标志基本对准测站点的中心，将三脚架的脚尖踩入土中。

(2)精对中：旋转脚螺旋使对中标志准确对准测站点的中心，光学对中误差要求小于1mm。

(3)粗平：伸缩三脚架使圆水准器泡居中。

(4)精平：转动照准部，使管水准器与任意两个脚螺旋连线平行，两手以相反方向同时旋转两个脚螺旋，使水准管气泡居中(气泡移动方向与左手大拇指移动方向一致)。再将照准部旋转90°，调节第三个脚螺旋使水准管气泡居中。反复以上操作，至气泡在任何方向居中。

再次精对中放松连接螺旋，眼睛观察光学对中器，平移仪器支座(注意不要有旋转运动)，使对中标志准确对准测站点标志，拧紧连接螺旋。旋转照准部，在相互垂直的两个方向检查照准部管水准器泡的居中情况。如果仍然居中，则仪器安置完成，否则应从上述的精平开始重复操作。

(5)垂球对中(对中误差要求小于3mm)：参考光学对中采用粗对中与粗平，再精对中与精平的步骤。因垂球对中的精度小于光学对中，且易受环境影响，在风力较大时，应采用光学对中。

4. 瞄准目标练习

松开照准部和望远镜的制动螺旋，用瞄准器粗略瞄准目标，拧紧制动螺旋。调节目镜对光螺旋，看清十字丝，再转动物镜对光螺旋，使目标影像清晰，转动水平微动和竖直微动螺旋，用十字丝精确瞄准目标，并消除视差。

5. 角度观测练习

(1)水平角读数观测练习——“初始读数归零”练习：

①选取远端高处明显标记(房角、旗杆顶等)为目标 A，盘左瞄准目标 A。

②设置初始读数归零，读取实际的初始读数 a 左并记录。

③将仪器转换成盘右，读取实际的初始读数 a 右并记录。

(2)水平角读数观测练习——各测回“初始读数设置”练习：

①假设进行 n 测回的水平角观测(n 为本组组员人数)。各组员分别依次练习某测回初始读数的设置。例如，某小组组员 2 人，则进行 2 测回的观测($180°/n = 180°/2 = 90°$)，第一个同学的初始读数设置为 $0°00'00'' + 10'$，第二个同学的初始读数设置为 $90°00'00'' \pm 10'$。

②盘左瞄准目标 A。设置初始读数，读取实际的初始读数 a 左并记录。

③将仪器转换成盘右，读取实际的初始读数 a 右并记录。

④各组员依次完成各测回的初始读数设定工作。

四、注意事项

1. 以组为单位依次领取实验仪器，组长应指派专人负责清点数量和名称是否符合要求，检查仪器是否有损坏之处(外观、部件等)；一旦领取，借出的仪器将被视为性能完好。

2. 归还仪器时，应按照领取时的状况归还实验室。如发现仪器损坏、丢失，将会追究该组责任。情况严重的，将可能承担支付维修费用或者赔偿损失的经济责任。

3. 严禁“先安置仪器，再根据对中器中心所示画十字线”的对中方法。

4. 在三脚架头上移动经纬仪准确对中后，切不可忘记将连接螺旋扭紧。

5. 瞄准目标时，尽可能瞄准目标底部，目标较粗时，用双丝夹中；目标较细时，用单丝平分。

6. 仪器操作时不应用力过猛，脚螺旋、水平微动螺旋等均有一定的调节范围，使用时不宜旋到顶端。

五、技能考核

序号	考核重点	考核内容	分值
1	仪器构造	正确识别仪器各主要部件的名称和功能、显示屏各符号的含义	30
2	使用方法	主要开机步骤、分辨仪器正、倒镜位置、仪器操作流程	70

【复习思考】

1. 经纬仪安置过程中应注意哪些事项？

2. 经纬仪共有几个制动和微动螺旋？如何正确使用？

任务3.3　角度测量

【任务介绍】

角度测量是测量基本工作之一，包括水平角和竖直角测量。水平角是确定点的平面位置的基本要素；竖直角可以用来将斜距化为平距，也是间接测定高差的要素。通过本任务的实施将达到以下目标：

知识目标

1. 掌握测回法、方向观测法测定水平角的观测方法及计算。
2. 掌握竖直角的观测方法及计算。
3. 了解角度测量的误差来源及减弱方法。

技能目标

1. 能正确应用测回法、方向观测法进行水平角的观测和计算。
2. 能正确进行竖直角的观测及计算。

【知识准备】

3.3.1　水平角测量

3.3.1.1　测回法测水平角

测回法常用于测量两个方向之间的单角，如图3-14所示。

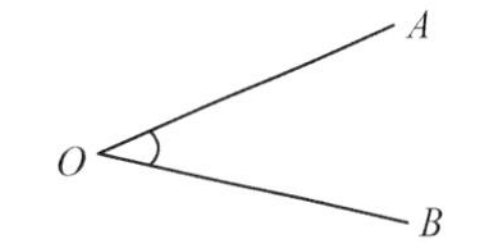

图3-14　测回法测水平角

①在角顶 O 上安置经纬仪，对中、整平。首先经纬仪安置成盘左位置(竖盘在望远镜的左侧，又称正镜)。再转动照准部，利用望远镜准星初步瞄准 A 目标，调节目镜和望远镜调焦螺旋，使十字丝和目标成像清晰，消除视差。再用水平微动螺旋和竖直微动螺旋，使十字丝交点照准目标。读数 a_L(0°06′24″)记入记录手簿，见表3-7。

②松开水平制动扳钮和望远镜制动扳钮，顺时针转动照准部，同上操作，照准 B 点，读数 b_L(111°46′18″)，记入记录手簿。盘左所测水平角 $\beta_L = b_L - a_L = 111°46'18'' - 0°06'24'' = 111°39'54''$，称为上半测回。

③松开水平制动扳钮和望远镜制动扳钮，倒转望远镜成盘右位置(竖盘在望远镜右侧，又称倒镜)。先瞄准 B 点，再瞄 A 点，测得 $\beta_R = b_R - a_R$，称为下半测回。

上、下半测回合称一测回。最后计算一测回角值 β 为：

$$\beta = \frac{\beta_L + \beta_R}{2} \tag{3-7}$$

观测成果计算见表3-7。

表 3-7 水平角测量记录表(测回法)

测站	目标	竖盘位置	水平度盘读数(° ′ ″)	半测回角值(° ′ ″)	一测回平均角值(° ′ ″)	各测回平均角值(° ′ ″)
一测回	A	左	0 06 24	111 39 54	111 39 51	111 39 52
	B		111 46 18			
	A	右	180 06 48	111 39 48		
	B		291 46 36			
二测回	A	左	90 06 18	111 39 48	111 39 54	
	B		201 46 06			
	A	右	270 06 30	111 40 00		
	B		21 46 30			

测回法用盘左、盘右观测(即正、倒镜观测)，可以消除仪器某些系统误差对测角的影响，校核观测结果和提高观测成果精度。测回法测角盘左、盘右观测值之差不得超过 ±40″。若超过此限应重新观测。

当测角精度要求较高时，可以观测多个测回，取其平均值作为水平角测量的最后结果。为了减少度盘刻划不均匀误差，各测回应利用经纬仪上水平度盘复测装置配置度盘。每个测回应按 180°/n 的角度间隔变换水平度盘位置。如测 3 个测回，则分别设置成略大于 0°、60°和 120°。

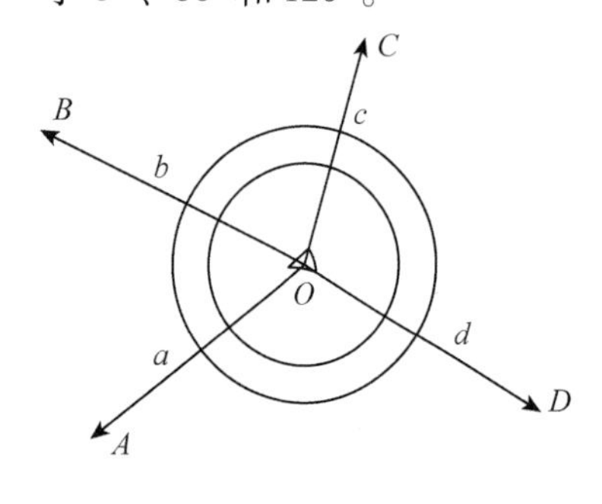

图 3-15 方向观测法

3.3.1.2 方向观测法测水平角

当一个测站上需测量的方向数多于两个时，应采用方向观测法，也称全圆测回法。当方向数多于 3 个时，每半个测回都从一个选定的起始方向(称为零方向)开始观测，在依次观测所需的各个目标之后，再观测起始方向，称为归零。此法也称为全圆方向法或全圆测回法，现以图 3-15 为例加以说明。

①首先安置经纬仪于 O 点，成盘左位置，将度盘设置成略大于0°。选择一个明显目标为起始方向 A，读水平度盘读数，记入表 3-8。

②松开水平和竖直制动螺旋，顺时针方向依次瞄准 B、C、D 各点，分别读数、记录。为了校核，应再次照准目标 A 读数。A 方向两次读数差称为半测回归零差。对于 DJ_6 型经纬仪，归零差不应超过 ±18″，否则说明观测过程中仪器度盘位置有变动，应重新观测。上述观测称为上半测回。

③倒转望远镜成盘右位置，逆时针方向依次瞄准 A、D、C、B，最后回到 A 点，该操作称为下半测回。如要提高测角精度，须观测多个测回。各测回仍按 180°/n 的角度间隔变换水平度盘的起始位置。

④方向观测法成果计算如下：

a. 首先对同一方向盘左、盘右值求差，该值称为两倍照准误差 $2C$，即：

$$2C = \text{盘左读数} - (\text{盘右读数} \pm 180°) \tag{3-8}$$

表 3-8　水平角测量记录表(方向法)

测站	测回数	目标	水平度盘读数		2C	平均读数	归零后方向值	各测回归零方向值的平均值
			盘左	盘右				
			(° ′ ″)	(° ′ ″)	(″)	(° ′ ″)	(° ′ ″)	(° ′ ″)
①	②	③	④	⑤	⑥	⑦	⑧	⑨
O	1					(0 02 06)		
		A	00 02 06	180 02 00	+6	0 02 03	0 00 00	0 00 00
		B	51 15 42	231 15 30	+12	51 15 36	51 13 30	51 13 28
		C	131 54 12	311 54 00	+12	131 54 06	131 52 00	131 52 02
		D	182 02 24	2 02 24	0	182 02 24	182 00 18	182 00 22
		A	00 02 12	180 02 56	+6	0 02 09		
	2					(90 03 32)		
		A	90 03 30	270 03 24	+6	90 03 27	0 00 00	
		B	141 17 00	321 16 54	+6	141 16 57	51 13 25	
		C	221 55 42	41 55 30	+12	221 55 36	131 52 04	
		D	272 04 00	92 03 54	+6	272 03 57	182 00 25	
		A	90 03 36	270 03 36	0	90 03 36		

通常，由同一台仪器测得的各等高目标的2C值应为常数，因此2C的大小可作为衡量观测质量的标准之一。对于DJ_2型经纬仪，当竖直角小于3°时，2C变化值不应超过±18″。对于DJ_6型经纬仪没有限差规定。

b. 计算各方向的平均读数，公式为：

$$各方向平均读数=\frac{1}{2}[盘左读数+(盘右读数\pm180°)] \tag{3-9}$$

由于存在归零读数，起始方向有两个平均值。将这两个值再取平均，所得结果为起始方向的方向值，表中加括号。

c. 计算归零后的方向值。将各方向的平均读数减去括号内的起始方向平均值，即得各方向归零后的方向值。同一方向各测回互差，对于DJ_6型经纬仪不应大于24″。

d. 计算各测回归零后方向值的平均值。

e. 计算各目标间的水平角。

3.3.2　竖直角测量

(1)竖盘结构

经纬仪竖盘包括竖直度盘、竖盘指标水准管和竖盘指标水准管微动螺旋。竖直度盘固定在横轴一端，可随望远镜在竖直面内转动。分微尺的零刻划线是竖盘读数的指标线，可看成与竖盘指标水准管固连在一起，指标水准管气泡居中时，指标就处于正确位置。如果望远镜视线水平，竖盘读数应为90°或270°。当望远镜上下转动瞄准不同高度的目标时，竖盘随着转动，而指标线不动，因而可读得不同位置的竖盘读数，用以计算不同高度目标的竖直角，如图3-16所示。

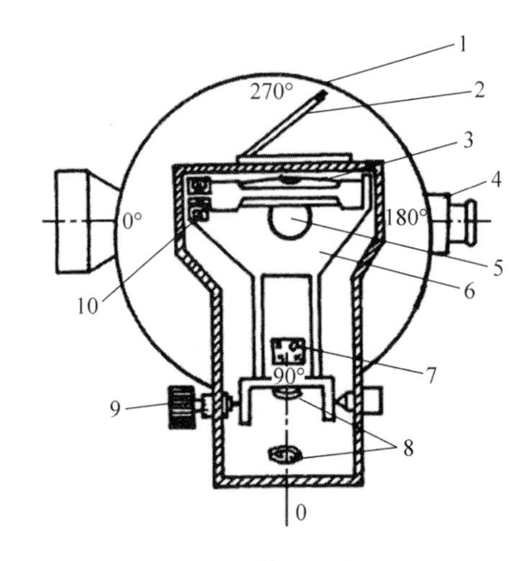

图 3-16　经纬仪竖盘结构

1. 竖直度盘；2. 水准管反射镜；3. 竖盘水准管；4. 望远镜；5. 横轴；
6. 支架；7. 转向棱镜；8. 透镜组；9. 竖盘水准管微动螺旋；10. 水准管校正螺丝

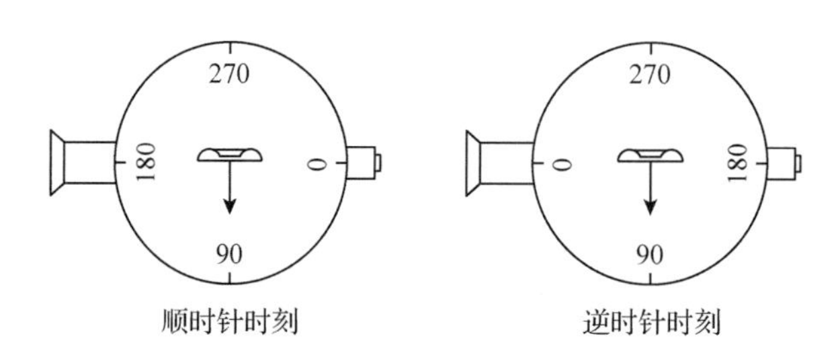

图 3-17　不同刻划的竖盘

竖盘是由光学玻璃制成，其刻划有顺时针方向和逆时针方向两种，如图 3-17 所示。

不同刻划的经纬仪其竖直角公式不同。盘左时，望远镜物镜抬高，竖盘读数减小（顺时针刻划），竖直角为：

$$\alpha = \text{起始读数} - \text{读数} = 90° - L \tag{3-10}$$

反之，当物镜抬高，竖盘读数增加（逆时针刻划），竖直角为：

$$\alpha = \text{读数} - \text{起始读数} = L - 90° \tag{3-11}$$

（2）竖直角观测和计算

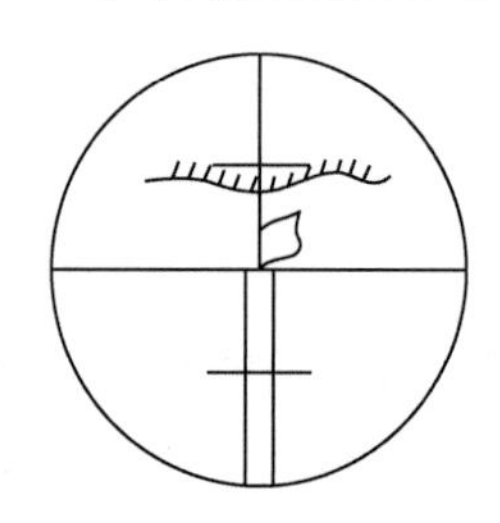

图 3-18　竖直角测量瞄准

①仪器安置在测站点上，对中、整平。盘左位置瞄准目标点，使十字丝中横丝精确切准目标顶端，如图 3-18 所示。调节竖盘指标水准管微动螺旋，使竖盘指标水准管气泡居中，读数为 L。

②用盘右位置再瞄准目标点，调节竖盘指标水准管，使气泡居中，读数为 R。

③计算竖直角时，需首先判断竖直角计算公式（顺时针刻划），如图 3-19 所示。

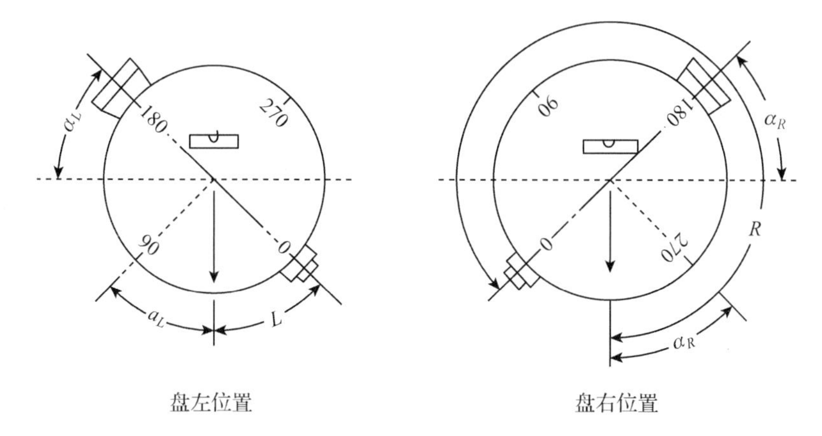

图 3-19 竖直角测量

盘左位置：

$$\alpha_L = 90° - L \tag{3-12}$$

$$\alpha_L = 90° - L = 90° - 71°12'36'' = 18°47'24''$$

盘右位置：

$$\alpha_R = R - 270° \tag{3-13}$$

$$\alpha_R = R - 270° = 288°47'00'' - 270° = 18°47'00''$$

一测回值为：

$$\alpha = \frac{\alpha_L + \alpha_R}{2} = \frac{1}{2}(R - L - 180°) \tag{3-14}$$

$$\alpha = \frac{\alpha_L + \alpha_R}{2} = \frac{1}{2}(R - L - 180°) = 18°47'12''$$

同法观测 B 点。

将各观测数据填入竖直角观测手簿(表3-9)，利用上列各式逐项计算，得出一测回竖直角。

表 3-9 竖直角观测手簿

测站	目标	竖盘位置	竖盘读数(° ′ ″)	半测回竖直值(° ′ ″)	一测回竖直角(° ′ ″)	指标差(″)

注：竖盘指标不是恰好指在90°或270°整数上，而与90°或270°相差一个 α 角，称为竖盘指标差。盘左、盘右各观测一次竖直角，然后取其平均值作为最后结果，可以消除指标差的影响。

【技能训练】

I. 水平角观测(测回法)

一、实训目的

1. 掌握测回法观测水平角的观测步骤及计算方法。

2. 进一步熟悉电子经纬仪的操作。

3. 达到相关精度要求：

(1)光学对中法对中，对中误差小于1mm。

(2)上、下半测回角值互差不得超过±40″。

(3)各测回角值互差不得超过±24″。

(4)观测值的三角形内角和与理论值(180°)的互差不得超过±40″$\sqrt{3}$。

二、仪器材料

电子经纬仪1台，三脚架1副，花杆(辅助瞄准目标用)2根，钢钎3根，记录板1块。

三、训练步骤

1. 在地面上选取彼此相距20~30m并相互能通视的3点*A*、*B*、*C*，形成一个三角形ΔABC。然后分别用钢钎(或者记号笔在地面绘划十字)桩定位置。

2. 按照要求，分别安置、对中、整平经纬仪。

3. 水平角观测：

(1)上半测回(盘左，正镜)：先瞄左目标，读取水平度盘读数。顺时针旋转照准部，再瞄右目标，读取水平度盘读数，并计算上半测回各水平角值。

(2)下半测回(盘右，倒镜)：先瞄右目标，读取水平度盘读数，逆时针旋转照准部，再瞄左目标，读取水平度盘读数，并计算下半测回各水平角值。

(3)检验上、下半测回角值互差，并计算一测回角值。

4. 分别以*A*、*B*、*C*作为安置仪器点，依次观测ΔABC的3个水平内角$\angle ABC$、$\angle BCA$、$\angle CAB$。注意，每个角度均观测二测回。第二测回的盘左起始读数应为90°00′00″±10′。

5. 成果检核。主要检验指标如下：

(1)上、下半测回角值互差。

(2)同一角值各测回互差。

(3)观测值的三角形内角和与理论值(180°)的互差。

四、注意事项

1. 以组为单位依次领取实验仪器，组长应指派专人负责清点数量和名称是否符合要求，检查仪器是否有损坏之处(外观、部件等)；一旦领取签字，借出的仪器将被视为性能完好。

2. 归还仪器时，应按照领取时的状况归还实验室。如发现仪器损坏、丢失，将会追究该组责任。情况严重的，将可能承担支付维修费用或者赔偿损失的经济责任。

3. 在操作之前，组长应召集组员认真阅读仪器操作说明书及本实验任务书。

4. 仪器对中时，可先用垂球粗略对中，然后用光学对中器精密对中。

5. 水平角观测时，同一个测回内，照准部水准管偏移不得超过一格。否则，需要重新整平仪器进行本测回的观测。

6. 对中、整平仪器后，进行第一测回观测，期间不得再整平仪器。但第一测回完毕，可以重新整平仪器，再进行第二测回观测。

7. 如果竖盘读数窗口显示“b”，即表示竖盘倾斜程度太大，超出补偿范围，竖直角无法观测、显示。此时，需重新整平仪器，再进行本测回的水平角观测。

8. 填写测回法记录手簿(表3-10)。

表3-10　测回法记录手簿

测回	测站	目标	竖盘位置	水平度盘读数(° ′ ″)	半测回角值(° ′ ″)	一测回平均角值(° ′ ″)	各测回平均角值(° ′ ″)	主测人签字
I	A							
	B							
	C							
II	A							
	B							
	C							
成果检核			第一测回：			第二测回：		

五、技能考核

序号	考核重点	考核内容	分值
1	测量程序	测回法观测水平角的操作顺序、记录及计算的方法	60
2	内业计算	测回法观测水平角内业计算，半测回差、测回差相关规定	40

Ⅱ．水平角观测(方向法)

一、实训目的

1. 掌握方向法观测水平角的操作顺序、记录及计算的方法。

2. 掌握方向观测水平角内业计算中各项限差的意义和规定。

3. 进一步熟悉电子经纬仪的操作。

4. 达到本次实验要求的限差：

(1)光学对中法对中，对中误差小于1mm。

(2)半测回归零差不超过±18″。

(3)各测回方向值互差不超过±24″。

二、仪器材料

电子经纬仪1台，三脚架1副，花杆2根，钢钎5个，记录板1块。

三、训练步骤

1. 在开阔地面上选定某点O为测站点，用钢钎或者记号笔桩定O点位置。然后在场地四周任选4个目标点A、B、C和D(距离O点各15~30m)，分别用钢钎或者记号笔桩定各目标点。

2. 在测站点O上安置仪器，并精确对中、整平。

3. 盘左：瞄准起始方向A，将水平度盘读数配置在略大于0°00′00″的读数，作为起始读数记入表格中。顺时针旋转照准部依次瞄准B、C、D各方向读取水平度盘读数记入表格中。最后转回观测起始方向A，再次读取水平度盘读数，称为“归零”。检查归零差是否超限。

4. 盘右：逆时针依次瞄准A、D、C、B、A各方向，依次读取各目标的水平度盘读数并记入表格中，检查归零差是否超限。此为一测回观测。

5. 计算同一方向两倍照准差$2C$。

6. 重复1~5步骤进行第二测回观测。但此时盘左起始读数应调整为90°00′00″。

四、注意事项

1. 以组为单位依次领取实验仪器，组长应指派专人负责清点数量和名称是否符合要求，检查仪器是否有损坏之处(外观、部件等)；一旦领取签字，借出的仪器将被视为性能完好。

2. 归还仪器时，应按照领取时的状况归还实验室。如发现仪器损坏、丢失，将会追究该组责任。情况严重的，将可能承担支付维修费用或者赔偿损失的经济责任。

3. 应选择远近适中、易于瞄准的清晰目标作为起始方向。

4. 水平角观测时，同一个测回内，照准部水准管偏移不得超过一格。否则，需要重新整平仪器进行本测回的观测。

5. 对中、整平仪器后，进行第一测回观测，期间不得再整平仪器。但第一测回完毕，可以重新整平仪器，再进行第二测回观测。

6. 如果竖盘读数窗口显示“b”，即表示竖盘倾斜程度太大，超出补偿范围，竖直角无法观测。此时，需重新整平仪器，再进行本测回的水平角观测。

7. 测角过程中一定要边测、边记、边算，以便及时发现问题。

8. 每位组员应独自操作仪器，完成每测回中某方向的主测工作。

9. 填写方向观测法记录计算表(表3-11)。

表 3-11　方向观测法记录计算表

测站	测回数	目标	读数		$2C$ = 左 − (右 ± 180°)(″)	平均读数 = $\frac{1}{2}$[左 + (右 ± 180°)](° ′ ″)	归零后方向值(° ′ ″)	各测回归零方向值的平均值(° ′ ″)	主观测者签名
			盘左(° ′ ″)	盘右(° ′ ″)					
①	②	③	④	⑤	⑥	⑦	⑧	⑨	⑩
O	Ⅰ	A							
		B							
		C							
		D							
		A							
	Ⅱ	A							
		B							
		C							
		D							
		A							
成果校核									

五、技能考核

序号	考核重点	考核内容	分值
1	测量程序	方向法观测水平角的操作顺序、记录及计算的方法	60
2	内业计算	方向法观测水平角内业计算中各项限差的意义和规定	40

Ⅲ. 竖直角观测

一、实训目的

1. 熟悉经纬仪竖盘部分的构造，并掌握确定竖直角计算公式的方法。

2. 掌握三角高程观测的原理、步骤、记录和计算方法。

3. 练习用望远镜视距丝读取标尺读数，进而计算视距和三角高差的方法。

4. 同一测站观测标尺的不同高度时，竖盘指标差互差应在 ±25″内，计算出的三角高差互差应在 ±2cm 内。

二、仪器材料

经纬仪 1 台，三脚架 1 副，塔尺(3m)1 把，钢卷尺(±1mm，3m)1 把，记录板 1 块。

三、训练步骤

1. 在建筑物的一面墙上，固定水准标尺，标尺的零端为 B 点；距离水准标尺 20~30m 处选择一点作为 A 点(用十字记号标示)。

2. 在指定点 A 点安置好经纬仪，使用钢卷尺量取仪器高 i，转动望远镜，观察竖盘初始读数及竖盘注记方式，写出竖盘的计算公式。

3. 盘左瞄准 B 目标上的标尺，用十字丝横切于标尺某刻度处，分别读出上下丝读数

L_1、L_2；记录并计算出视距间隔 $L = L_2 - L_1 (L > 0)$；同时读取竖盘读数，记录并计算出盘左竖直角 α_L。

4. 盘右瞄准 A 目标，同法观测，读取盘右读数 R，记录并计算出盘右竖直角 α_R。

5. 计算竖盘指标差 $x = \frac{1}{2}(\alpha_R - \alpha_L)$。

6. 计算竖角平均值 $\alpha = \frac{1}{2}(\alpha_L + \alpha_R)$。

四、注意事项

1. 以组为单位依次领取实验仪器，组长应指派专人负责清点数量和名称是否符合要求，检查仪器是否有损坏之处(外观、部件等)；一旦领取，借出的仪器将被视为性能完好。

2. 归还仪器时，应按照领取时的状况归还实验室。如发现仪器损坏、丢失，将会追究该组责任。情况严重的，将可能承担支付维修费用或者赔偿损失的经济责任。

3. 调节各种螺旋均应有轻重感，仪器操作时不应用力过猛，脚螺旋、水平微动螺旋等均有一定的调节范围，使用时不宜旋到顶端。

4. 过程中，对同一目标应用十字丝中横丝切准同一部位。每次读数前应使指标水准管气泡居中。

5. 计算竖直角和指标差应注意正、负号(表 3-12)。

表 3-12　竖直角观测记录表格

测站	目标	竖盘位置	竖盘读数 (° ′ ″)	半测回竖直角 (° ′ ″)	指标差 (′ ″)	一测回竖直角 (° ′ ″)
		左				
		右				
		左				
		右				
		左				
		右				
		左				
		右				
		左				
		右				
		左				
		右				
		左				
		右				
		左				
		右				
		左				
		右				

五、技能考核

序号	考核重点	考核内容	分值
1	竖直角测量	竖盘构造的认识，竖直角计算公式的确定	60
2	指标差概念	计算竖盘指标差	40

【知识拓展】

一、角度测量误差源

角度测量误差来源有仪器误差、观测误差和外界环境造成的误差。研究这些误差是为了找出消除和减少这些误差的方法。

1. 仪器误差

仪器误差包括仪器校正之后的残余误差及仪器加工不完善引起的误差。

①视准轴误差是由视准轴不垂直于横轴引起的，对水平方向观测值的影响为 $2C$。由于盘左、盘右观测时符号相反，故水平角测量时，可采用盘左、盘右取平均的方法加以消除。

②横轴误差是由于支承横轴的支架有误差，造成横轴与竖轴不垂直。盘左、盘右观测时对水平角影响为 i 角误差，并且方向相反。所以也可以采用盘左、盘右观测值取平均的方法消除。

③竖轴倾斜误差是由于水准管轴不垂直于竖轴，以及竖轴水准管不居中引起的误差。这时，竖轴偏离竖直方向一个小角度，从而引起横轴倾斜及度盘倾斜，造成测角误差。这种误差与正、倒镜观测无关，并且随望远镜瞄准不同方向而变化，不能用正、倒镜取平均值的方法消除。因此，测量前应严格检校仪器，观测时仔细整平，并始终保持照准部水准管气泡居中，气泡不可偏离一格。

④度盘偏心差主要是度盘加工及安装不完善引起的。使照准部旋转中心 C_1 与水平度盘圆心 C 不重合引起读数误差。若 C 和 C_1 重合，瞄准 A、B 目标时正确读数 a_L、b_L、a_R、b_R；若不重合，其读数为 a'_L、b'_L、a'_R、b'_R，与正确读数相差 x_a、x_b。从图3-20可见，在正、倒镜时，指标线在水平度盘上的读数具有对称性，而符号相反，因此，可用盘左、盘右读数取平均的方法予以减小。

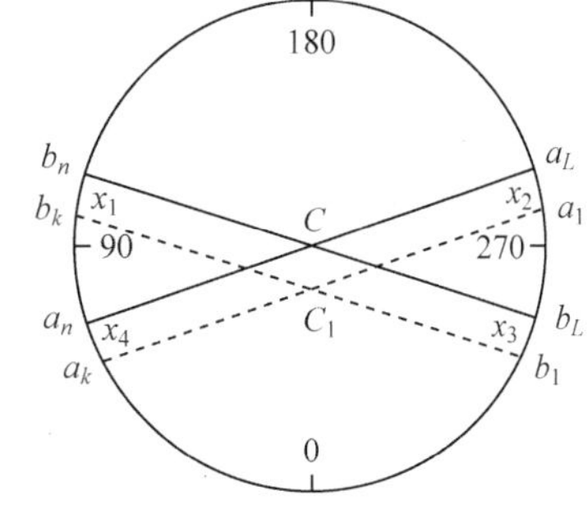

图3-20 度盘偏心差

⑤度盘刻划不均匀误差是由于仪器加工不完善引起的。这项误差一般很小。在高精度测量时，为了提高测角精度，可利用度盘位置变换手轮或复测扳手在各测回间变换度盘位置，减小这项误差的影响。

⑥竖盘指标差可以用盘左、盘右取平均值的方法消除。

2. 观测误差

(1) 对中误差

在测角时，若经纬仪对中有误差，将使仪器中心与测站点不在同一铅垂线上，造成测角误差。

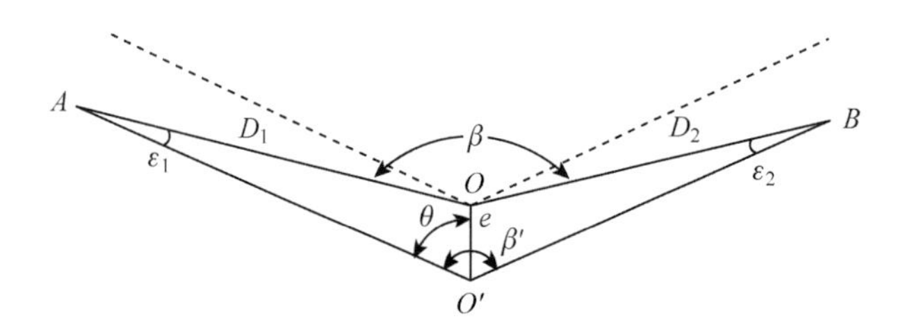

图 3-21 仪器对中误差

如图 3-21，O 为测站点，A、B 为目标点，O' 为仪器中心在地面上的投影。OO' 为偏心距，以 e 表示。则对中引起测角 ε 误差为：

$$\beta = \beta' + (\varepsilon_1 + \varepsilon_2)$$

$$\varepsilon_1 \approx \frac{\rho}{D_1} e\sin\theta$$

$$\varepsilon_2 \approx \frac{\rho}{D_2} e\sin(\beta' - \theta)$$

$$\varepsilon = \varepsilon_1 + \varepsilon_2 = \rho e\left[\frac{\sin\theta}{D_1} + \frac{\sin(\beta' - \theta)}{D_2}\right]$$

式中，ρ 按秒计。由推导可知，对中误差的影响 ε 与偏心距成正比，与边长成反比。当 $\beta' = 180°$，$\theta = 90°$ 时，ε 角值最大。当 $e = 3\text{mm}$，$D_1 = D_2 = 60\text{m}$ 时，对中误差为：

$$\varepsilon = \varepsilon_1 + \varepsilon_2 = \rho e\left[\frac{1}{D_1} + \frac{2}{D_2}\right] = 20.6$$

这项误差不能通过观测方法消除，所以测水平角时要仔细对中，在短边测量时更要严格对中。

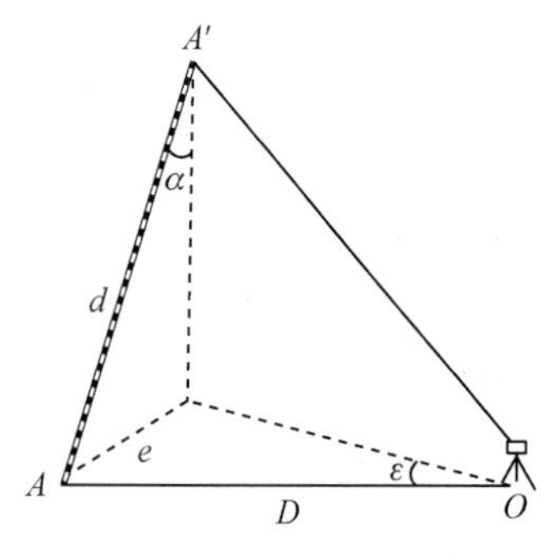

图 3-22 目标偏心误差

(2) 目标偏心误差

目标偏心是由于标杆倾斜引起的。如标杆倾斜，又没有瞄准底部，则产生目标偏心误差，如图 3-22，O 为测站，A 为地面目标点，AA' 为标杆，杆长为 d，杆倾角为 α。目标偏心差为：

$$e = d\sin\alpha$$

目标偏斜对观测方向影响为：

$$\varepsilon = \frac{e}{D}\rho = \frac{d\sin\alpha}{D}\rho$$

从上式可见，目标偏心误差对水平方向影响与 e 成正比，与边长成反比。

为了减少这项误差，测角时标杆应竖直，并尽可能瞄准底部。

(3) 照准误差

测角时由人眼通过望远镜瞄准目标产生的误差称为照准误差。影响照准误差的因素很多，如望远镜放大倍数，人眼分辨率，十字丝的粗细，标志形状和大小，目标影像亮度、颜色等，通常以人眼最小分辨视角(60″)和望远镜放大率 v 来衡量仪器的照准精度，即：

$$m_v = \pm\frac{60''}{v}$$

对于DJ_6型经纬仪，$\nu=28$，$m_\nu=\pm22''$。

(4)读数误差

读数误差主要取决于仪器读数设备。对于采用分微尺读数系统的经纬仪，读数中误差为测微器最小分划值的1/10，即0.1′=6″。

3. 外界条件的影响

角度观测是在一定外界条件下进行的。外界环境对测角精度有直接影响，如大风、日晒、土质情况对仪器稳定性的影响及对气泡居中的影响，大气热辐射、大气折光对瞄准目标影响等。所以应选择微风多云、空气清晰度好、大气湍流不严重的条件进行观测。

二、角度观测注意事项

①仪器安置的高度应合适，脚架应踩实，中心螺旋拧紧，观测时手不扶脚架，转动照准部及使用各种螺旋时，用力要轻。

②若观测目标的高度相差较大，特别要注意仪器整平。

③对中要准确。测角精度要求越高，或边长越短，则对中要求越严格。

④观测时要消除视差，尽量用十字丝交点照准目标底部或桩上小钉。

⑤按观测顺序记录水平度盘读数，注意检查限差。发现错误，立即重测。

⑥水准管气泡应在观测前调好，一测回过程中不允许再调，如气泡偏离中心超过两格，应再次整平重测该测回。

【复习思考】

1. 分别说明水准仪和经纬仪的安置步骤，并指出它们的区别。
2. 什么是水平角？经纬仪为何能测水平角？
3. 什么是竖直角？观测水平角和竖直角有哪些相同点和不同点？
4. 对中、整平的目的是什么？如何进行？若用光学对中器应如何对中？
5. 计算表3-13中水平角观测数据。

表3-13 测回法计算表

测站	竖盘位置	目标	水平盘读数 (° ′ ″)	半测回角值 (° ′ ″)	一测回角值 (° ′ ″)	各测回平均角值 (° ′ ″)
Ⅰ测回 *O*	左	*A*	0 36 24			
		B	108 12 36			
	右	*A*	180 37 00			
		B	288 12 54			
Ⅱ测回 *O*	左	*A*	90 10 00			
		B	197 45 42			
	右	*A*	270 09 48			
		B	17 46 06			

6. 经纬仪上的复测扳手和度盘位置变换手轮的作用是什么？若将水平度盘起始读数设定为0°00′00″，应如何操作？
7. 简述测回法观测水平角的操作步骤。

8. 水平角方向观测中的 $2C$ 是何含义？为何要计算 $2C$ 并检核其互差？

9. 计算表 3-14 中方向观测的水平角观测成果。

表 3-14　方向观测法计算表

测站	测回数	目标	水平度盘读数		2C = 左 - (右 ± 180°) (″)	平均读数 = [左 + (右 ± 180°)]/2	归零后方向值 (° ′ ″)	各测回归零方向值的平均值 (° ′ ″)	各测回方向间的水平角 (° ′ ″)
			盘左读数 (° ′ ″)	盘右读数 (° ′ ″)					
O	1	A	0 02 36	180 02 36					
		B	70 23 36	250 23 42					
		C	228 19 24	28 19 30					
		D	254 17 54	74 17 54					
		A	0 02 30	180 02 36					
	2	A	90 03 12	270 03 12					
		B	160 24 06	340 23 54					
		C	318 20 00	138 19 54					
		D	344 18 30	164 18 24					
		A	90 03 18	270 03 12					

10. 什么是竖盘指标差？如何计算、检核和校正竖盘指标差？

11. 整理表 3-15 中竖角观测记录。

表 3-15　竖直角计算法

测站	目标	竖盘位置	竖盘读数 (° ′ ″)	竖直角 (° ′ ″)	指标差 (″)	平均竖直角	备注
O	M	左	75 30 04				顺时针注记
		右	284 30 17				
	N	左	101 17 23				
		右	258 42 50				

12. 经纬仪上有哪些主要轴线？它们之间应满足什么条件？为什么？

13. 角度观测为什么要用盘左、盘右观测？盘左、盘右观测能否消除因竖轴倾斜引起的水平角测量误差？

14. 望远镜视准轴应垂直于横轴的目的是什么？如何检验？

15. 经纬仪横轴为何要垂直于仪器竖轴？如何检验？

16. 试述经纬仪竖盘指标自动归零的原理。

17. 电子经纬仪主要特点有哪些？它与光学经纬仪的根本区别是什么？

18. 电子经纬仪的测角系统主要有哪几种？其中关键的技术有哪些？

项目4 距离测量

【教学目标】

1. 了解直线定线的作用及钢尺量距的工具。
2. 熟悉直线定线的方法和钢尺量距的精度判定。
3. 理解视距测量、光电测距原理及其注意事项。
4. 掌握距离丈量、视距测量及光电测距的基本操作。
5. 熟悉全站仪的基本功能，掌握全站仪的基本操作。

【重点难点】

重点：距离测量方法的适用范围，光电测距的原理。

难点：视距测量的原理及计算方法，全站仪的基本功能。

任务 4.1　距离丈量

【任务介绍】

距离测量是测量的基本工作之一。测定地面上两点间水平距离的工作，称为距离测量。根据所用仪器和工具的不同，距离测量一般分为钢尺量距、视距测量和光电测距等。钢尺量距是指利用钢尺及辅助工具沿地面直接量测水平距离的工作。钢尺量距是传统的量距方法，适用于平坦地区的短距离测量。通过本任务的实施将达到以下目标：

知识目标

1. 了解直线定线的方法及作用。
2. 掌握地面量距的方法。
3. 理解距离丈量结果精度的判断。
4. 理解距离测量的误差来源及注意事项。

技能目标

1. 能正确进行直线定线。
2. 使用钢尺进行钢尺量距。

【知识准备】

4.1.1　直线定线

当地面两点之间的地面起伏较大或距离较长时，需要分段沿已知直线的方向进行分段量测，最后汇总得其长度。为了使所量线段都在已知直线的方向上，需要在两点间的直线上标若干个点，以便钢尺能沿此直线丈量。这种在直线方向上竖立若干标杆，来标定直线的位置和走向的工作称为直线定线。根据精度要求的不同，可采用目估法定线或经纬仪定线。

(1)目估法定线

若距离丈量的精度要求不是很高，可采用目估定线法。如图 4-1 所示，假设通视的 *A*、*B* 两点间的距离较长，要测定 *A*、*B* 两点间的距离，则应先设 *AB* 为直线的两端点，在 *A*、*B* 两点之间标定出 *C*、*D* 等点，使其与 *A*、*B* 两点的同一直线上，再分别测定各段的距离，最后汇总得到 *AB* 间的距离。要使 *A*、*B*、*C*、*D* 等点处于同一直线上，采用目估法定线的操作步骤为：

①在 *A*、*B* 两端点上竖立标杆，由一测量员站于 *A* 点标杆后 1～2m 处，由 *A* 端瞄向 *B* 端。

②另一测量员手持标杆，处于 *A*、*B* 两点之间，按 *A* 点测量员的手势在该直线方向上左右移动，直到 *A*、*B*、*C* 3 点处于同一直线上为止，将标杆竖直插入 *C* 点地上。

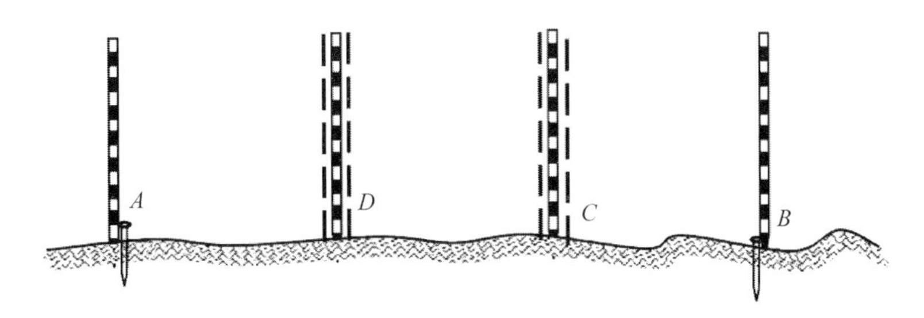

图4-1　目估法定线

③以同样的方法继续确定出 *D* 点及其他各点的位置。

在图4-1中，若先定 *C* 点，再定 *D* 点，称为走近定线法；若先定 *D* 点，再定 *C* 点，称为走远定线法。直线定线一般采用走近定线法。

(2)经纬仪定线

当距离丈量的精度要求较高或距离很远时可采用经纬仪定线法或其他仪器定线法。如图4-2所示，设 *A*、*B* 两点间相互通视，需在 *A*、*B* 两点间定出 *C*、*D* 等来标定 *AB* 直线的位置和方向，则其操作步骤如下：

①在 *A* 点安置经纬仪(对中、整平)，在 *B* 点竖立标杆或挂上垂球线。

②一人在 *A* 点用望远镜精确瞄准 *B* 点的标杆，尽量瞄准标杆底部，或瞄准 *B* 点的垂球线，以望远镜的视线指挥另一人将标杆左右移动(也是尽量瞄准标杆底部)，定出 *C* 点，直线 *A*、*B*、*C* 3点在同一直线上。

③以同样方法定出 *D* 点及其余各点。

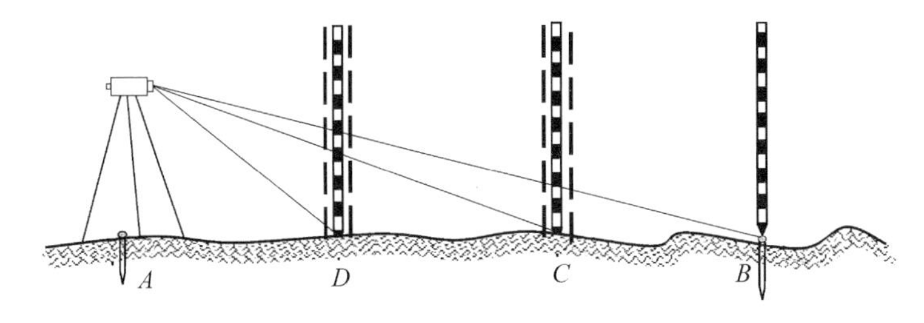

图4-2　经纬仪定线

精密定线时，标杆应用直径更小的测钎代替，或采用更适合于精确瞄准的觇牌。

4.1.2　量距工具

(1)主要工具

钢尺量距是传统量距方法，钢尺量距就是利用具有标准长度的钢尺直接量测地面两点间的距离。钢尺多为薄钢制成，也称钢卷尺，一般适用于精度要求较高的距离丈量。钢尺按长度分为20m、30m、50m等几种规格；按形式分为一般钢带尺和带盒的钢尺，如图4-3所示；按零点位置的不同，有端点尺和刻线尺。端点尺的零点在尺的最外端，在丈量两实体地物间的距离时较为方便，如图4-4(a)所示。刻线尺的零点在尺面内，一般以尺前端的某一处刻线作为尺的零点，如图4-4(b)所示。在使用钢尺量距时一定先要认清其零点位置。

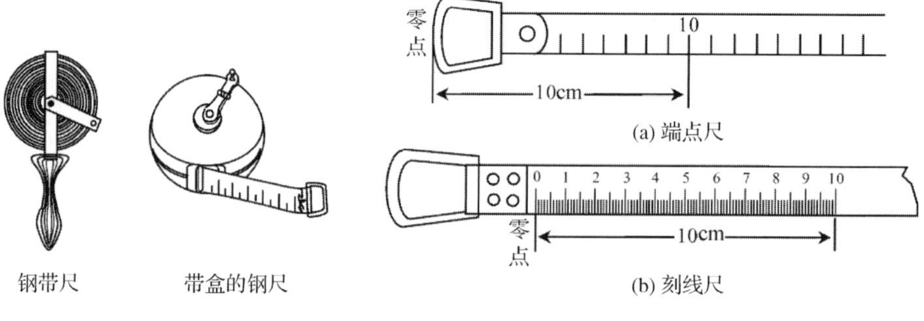

图 4-3　钢尺的形式　　**图 4-4　钢尺的零点分类形式**

钢尺的基本分划有 3 种：第一种钢尺基本分划为厘米；第二种基本分划虽为厘米，但在尺端 10cm 内为毫米分划；第三种基本为毫米。具有毫米注记的两类钢尺都适合于精密量距工作。另外，钢尺分米和米处都刻有注记，且米一般采用红色注记，便于量距时读数。在使用钢尺量距时也须认清其尺面注记，避免读数错误。

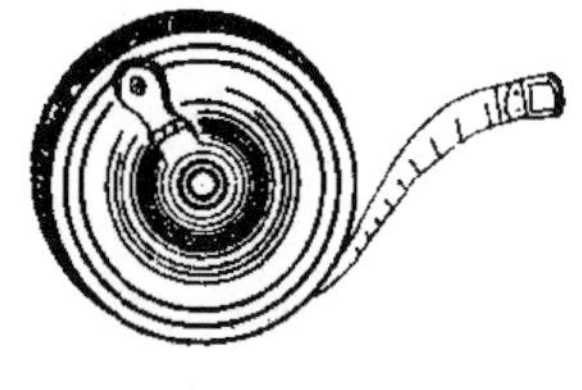

图 4-5　皮尺

另外，如果量距精度较低，也可采用皮尺进行距离丈量。皮尺是用麻线和金属丝制成的带状尺，因弹性大，仅在精度较低的量距工作采用，如其形式如图 4-5 所示。皮尺基本分划单位为厘米，在米和分米处有注记，且米处的数字注记一般为红色。其长度也有 20m、30m、50m 共 3 种规格。它一般为端点尺，其零点由始端拉环的外侧算起。

(2) 辅助工具

量距辅助工具有标杆、测钎、垂球、弹簧秤和温度计等。

①标杆　又称花杆、测杆，一般由木材、玻璃钢或铝合金制成，其直径为 3～4cm，长度为 2m 或 3m，其上用红白油漆交替漆成 20cm 的小段，杆底部装有铁尖，以便插入地中，或对准测点的中心，作为观测觇标或直线定线使用，如图 4-6 所示。

②测钎　由钢丝或粗铁丝制成，其长度为 30～40cm，如图 4-7 所示。一般以 11 根或 6 根为一组，套在铁环上。测钎上端被弯成圆环形，下端磨尖，主要用于标定尺的端点位置和统计整尺段数。

③垂球　多为金属制成，其外形为圆锥形，如图 4-8 所示。一般用来对点、标点和投点。其上系有细线，当地面坡度较大时，用其垂直投点来标定测尺的端点位置；挂在垂球架上，可作为观测目标使用。

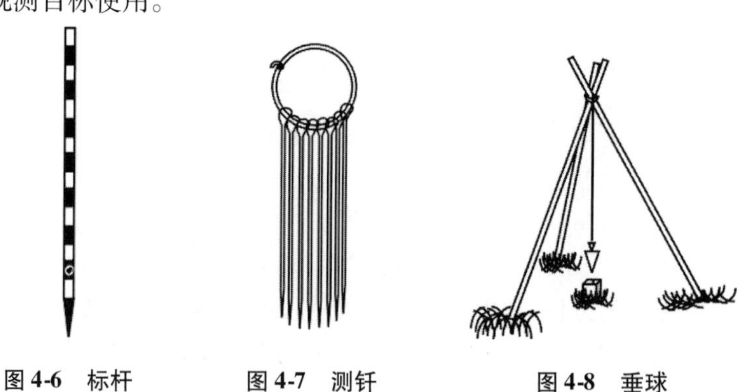

图 4-6　标杆　　**图 4-7　测钎**　　**图 4-8　垂球**

④弹簧秤和温度计　用于控制拉力和测定温度，在钢尺精密量距中使用。

4.1.3　量距方法

距离丈量前可先进行直线定线工作，也可边定线边丈量。对于较长的距离一般需要3个人，分别担任前尺手、后尺手和记录人员；而较短距离的丈量一般需2个人。如果在地势起伏较大地区或行人车辆较多的地区，还需增加辅助人员。

距离丈量因其精度要求以及地形条件不同，可采用一般量距方法或精密量距方法进行，本任务主要介绍距离丈量的一般方法。距离丈量的一般方法是指当丈量精度要求不高时所采用的量距方法。这种方法量距的精度能达到1/3000～1/1000。根据地面的起伏状态，可分为平坦地面的距离丈量和倾斜地面的距离丈量两种形式。

(1)平坦地面的距离丈量

平坦地面的距离丈量根据不同的精度要求，还可分为整尺法和串尺法。

①整尺法量距　在平坦地面，当量距精度要求不高时，可采用整尺法量距，即直接将钢尺沿地面丈量水平距离。量距前，先在待测距离的两个端点A、B用木桩(桩上钉一小钉)标志。丈量由2人进行，如图4-9所示，前者称为前尺手，后者称为后尺手。量距时后尺手持钢尺用零点分划线对准地面测点(起点)，前尺手拿一组测钎和标杆，手持钢尺末端。丈量时前、后尺手按直线定线方向沿地面拉紧、拉平钢尺，由后尺手确定方向，前尺手在整尺末端分划处垂直插下一根测钎，这样就完成一个尺段的丈量工作。然后，两人同时将钢尺抬起(悬空勿在地面拖拉)前进。后尺手走到第一根测钎处，用尺零点对准测点(第一尺段的终点处)，两人将钢尺拉紧、拉平、拉稳后，前尺手在整尺末端处插下第二根测钎，完成第二个尺段的距离丈量，然后后尺手拔起测钎套入环内。依次继续丈量。每量完一尺段，后尺手都要注意收回测钎，再继续前进，依次量至终点。当最后一尺段不足一整尺时，前尺手在测点处读取尺上刻划值，得到余尺长q。计算时先统计后尺手中的测钎数，此数值为整尺段数目n。则其水平距离D可按下式计算：

$$D = n \cdot l + q \tag{4-1}$$

式中　n——整尺段数；

l——整尺长；

q——余尺长。

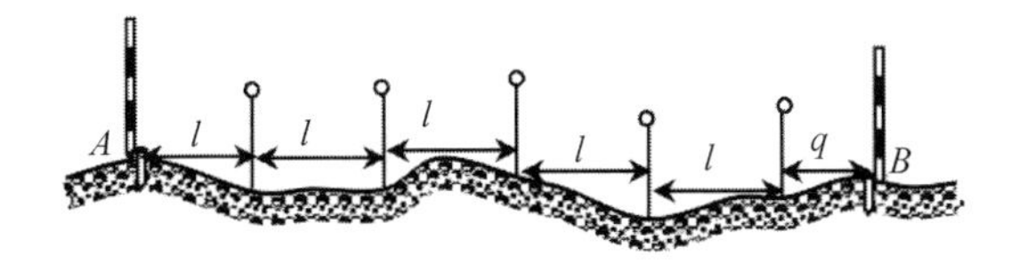

图4-9　整尺法量距

②串尺法量距　在平坦地面上，当量距精度要求较高时采用该方法。设要测定A、B间的距离，若AB间距离大于整尺段，则需先进行直线定线工作，在AB直线上标定出1、2、3、4等点，同时分别在各点上竖立好测钎，如图4-10所示。

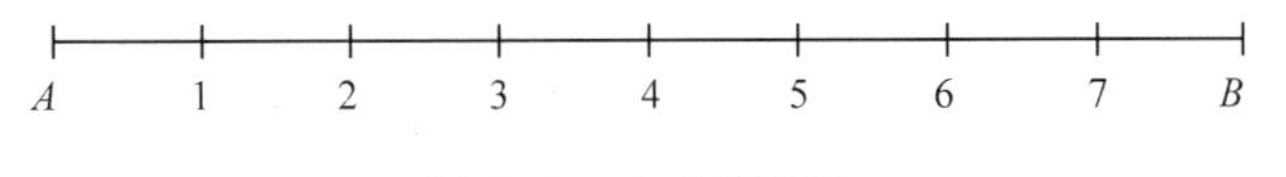

图4-10　串尺法量距

距离丈量时，由后尺手手持钢尺前端(以大于零点的分划线对准)对准地面点 A，前尺手手持钢尺末端对准第一点，两人将钢尺拉紧、拉平、拉稳后，同时读数。如后尺手读得的数为 0.078m，前尺手读得的数为 28.436m，则可计算出第一尺段第一次读数所得的长度为：

$$D_{A1} = 28.436 - 0.078 = 28.358\text{m}$$

量完第一尺段后，依同样方法进行其余各尺段的距离丈量。最后统计汇总则得到直线 AB 的全长为：

$$D_{AB} = D_{A1} + D_{12} + D_{23} + \cdots + D_{nB} \tag{4-2}$$

(2)倾斜地面的距离丈量

倾斜地面的距离丈量根据地形条件差异也可分为平量法和斜量法。

①平量法　当地形起伏不大(两端的高差不大)时，可采用此法。如图 4-11 所示，将钢尺的一端对准测点，另一端抬起(尺子的高度一般不超过前、后尺手的胸高)，并用垂球将尺子的端点投影到地面上，在垂球尖处插上测钎，一般后尺手将零端点对准地面点，前尺手目估尺面水平，测出各段的水平距离后，最后各段相加即得全线段的水平距离。

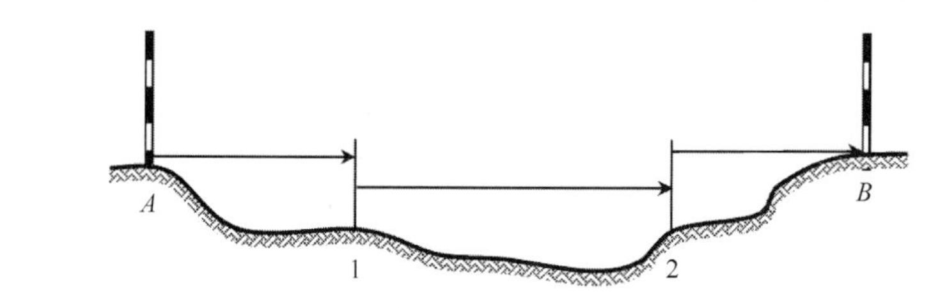

图 4-11　平量法量距

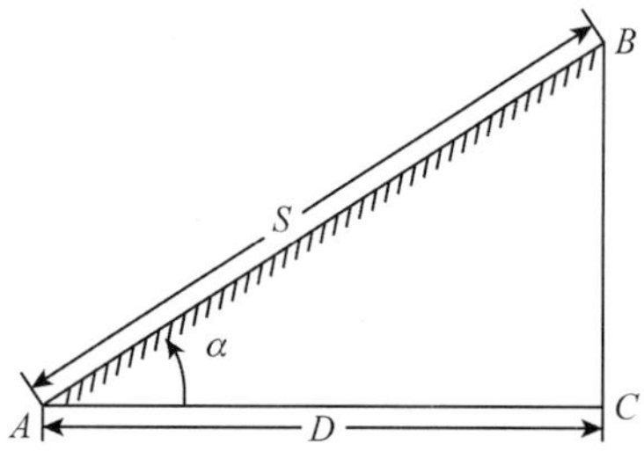

图 4-12　斜量法量距

②斜量法　当倾斜地面的坡度比较均匀时，可采用此法。采用此法量距时一般自坡上量至坡下。如图 4-12 所示，丈量时将钢尺贴在地面上量斜距 S。若线段距离较长，则应先进行直线定线，再分段量取，最后汇总得全线段的斜距 S。并同时用经纬仪测得地面的倾斜角 α，最后按下式将量得的斜距 S 换算成平距 D：

$$D = S \cdot \cos\alpha \tag{4-3}$$

4.1.4　钢尺量距的成果整理

为了检验丈量结果是否可靠和提高丈量的精度，通常需要往返丈量或多次丈量，其精度衡量一般采用相对误差来进行评定。相对误差是指较差与平均值的比，其表达采用分子为 1 的分数形式。相对误差可按下式计算：

$$K = \frac{\Delta D}{D_{平}} = \frac{1}{(D_{平}/\Delta D)} \tag{4-4}$$

式中　K——相对误差；

ΔD——较差；

$D_{平}$——平均差。

钢尺量距一般要求相对误差在平坦地区要达到 1/3000，在地形起伏较大地区应达到

1/2000，在困难地区不得低于1/1000。如果丈量结果达到精度要求，取其平均值作为最后结果；如果超过允许限度，则应返工重测，直到符合要求为止。

另外，钢尺量距时因受钢尺尺长误差及环境条件的影响，在精密量距时应对量距结果进行尺长改正、温度改正及倾斜改正等，具体见后述知识扩展中的相应内容。

4.1.5　钢尺量距的误差分析

影响钢尺量距精度的因素有很多，主要有尺长误差、钢尺倾斜误差、定线误差、温度误差、拉力误差、对准及读数误差、钢尺垂曲误差等。

(1)尺长误差

尺长误差是指钢尺未经检定或未按尺长方程式进行改正，或钢尺的尺长方程式与标准长度不相符等情况所造成的误差。此项误差值随距离的增大而增大，即使采用往返丈量，这种误差也不会被发现。因而在高精度量距时钢尺必须经过检定，并且要求检定误差小于1mm，这样量距结果加上钢尺的尺长方程式中的尺长改正数，则可消除尺长误差的影响。

(2)钢尺倾斜误差

钢尺倾斜误差是指距离丈量时，由于钢尺尺身不水平，使丈量结果增大的误差。对于30m长的钢尺，在普通量距时，用目估判断钢尺是否水平，经统计会产生50′的倾斜(相当于0.44m的高差误差)，对量距结果会产生3mm的误差。

在一般量距中此项误差的影响可以忽略不计，但在精密量距时，需进行倾斜改正。同样对于30m的钢尺，欲使距离误差小于1mm，若$h=1$m，则其高差测定误差应小于30mm，这用普通水准测量就可达到。因此在精密量距时，可用普通水准仪来测定高差。

(3)定线误差

定线误差是指在直线定线时，中间各点并非完全确定在直线的方向上，使量得的距离是折线而不是直线，造成量距结果偏大，这样产生的误差称为定线误差。对于一般钢尺量距，若要求定线误差$\Delta\varepsilon \leqslant 3$mm，对于30m的钢尺，只需定线偏差$\varepsilon < 0.12$m，采用目估法定线即可。当进行精密量距时，若要求定线偏差小于2cm，则定线误差$\Delta\varepsilon = 0.03$m，则可采用经纬仪定线。

(4)温度误差

温度误差是指丈量时的温度与检定钢尺时的温度不同，不进行温度改正而存在的误差。根据钢尺温度改正公式$\Delta L_t = (t - t_0) \cdot \alpha \cdot l$，对于30m的钢尺，当温变化±3℃时，由此引起的距离误差为1/30 000。由于用温度计测试的是空气环境温度，而不是钢尺本身的温度，在夏季阳光曝晒下，两者之间可产生大于5℃的温差，使其量距误差大于1/30 000。因而，量距宜在阴天进行，测温度时最好用半导体温度计量钢尺自身温度。

(5)拉力误差

钢尺具有弹性，受拉力的影响会伸长。据胡克定律可知：

$$\Delta L_{拉} = \frac{l \cdot \Delta P}{EA} \tag{4-5}$$

式中　$\Delta L_{拉}$——拉力引起的长度误差；

l——钢尺的尺长；

ΔP——钢尺量距时拉力与检定时拉力之差(kg)；

E——钢尺的弹性模量，$E=2\times10^6\text{kg/cm}^2$；

A——钢尺的断面积，$A=0.04\text{cm}^2$。

当 $\Delta P=2.6\text{kg}$，$l=30\text{m}$ 时，钢尺量距误差为 1mm，因而在精密量距时，要用弹簧秤控制标准拉力。而在一般量距时，拉力要均匀，不要忽大忽小。

(6)对准及读数误差

在量距时，钢尺对点误差、测钎安置误差及读数误差都会对量距结果产生影响，而这些误差属于偶然误差，所以量距时应仔细认真。一般可采用多次丈量并相互检验，最后取平均值作为量距结果，以提高量距的精度。此外，若采用的钢尺的基本分划为 1mm，一般读数也到毫米，若粗心大意则会产生较大的误差，所以测量时要具有认真负责的工作态度。

(7)钢尺垂曲误差

垂曲误差是指当钢尺悬空丈量时，因钢尺本身的重量而产生下垂弯曲所引起的误差。要减弱此项误差，要求在钢尺检定时，将尺子分悬空与水平两种情况进行检定。在计算量距成果时，据实际情况按相应的尺长改正方程式进行改正，即可减小此项误差的影响。

4.1.6 钢尺量距的注意事项

①要注意钢尺的零点位置。

②要分清尺面注记，读数要细心，不要将“6”和“9”混淆。

③定线要准确，拉尺时要拉平、拉紧、拉稳，钢尺要防止打结和扭曲。

④严禁车辆从钢尺上碾过。

⑤钢尺使用完毕需擦净，防止生锈等。

【技能训练】

钢尺量距

一、实训目的

掌握钢尺量距的一般方法。

二、仪器材料

钢尺 1 个，标杆 3 根，测钎 6 根，木桩 2 个，钉锤 1 把，记录夹 1 个。

三、训练步骤

1. 在地面选择相距约 100m 的 A、B 两点，打下木桩，柱顶钉一小钉或画十字作为点位，在 A、B 两点的外侧竖立标杆。

2. 一人立于 A 点后 1~2m 处定线，指挥另一人持标杆左右移动，直到其与 AB 两点的标杆处于同一竖直面内，确定出 1 点。

3. 后尺手执尺零端(以尺面略大于零的位置)对准 A 点，前尺手位于第一点处，两者将钢尺拉紧、拉平、拉稳后，前、后尺手同时进行读数，记录人员准确将其记录下来。

4. 同样进行 1、B 两点的量距工作。

5. 最后，分别计算出 $A1$、$1B$ 之间的距离，统计汇总得到直线 AB 间的量距结果。

6. 同法由点 B 向 A 进行返测，但必须重新进行直线定线，计算往、返丈量结果的平均值及相对误差，检查是否超限。

四、注意事项

1. 钢尺拉出或卷入时不应过快，不得握住尺盒来拉紧钢尺，避免损坏尺盒。

2. 使用钢尺量距时先认清钢尺的零点位置及注记。

3. 丈量时，定线要准；尺要拉平，拉力要均匀；对点要准，测钎要竖直地插下，并插在钢尺的同一侧。

4. 精密量距时钢尺必须经过检定后才能使用。

5. 钢尺不准在地面上拖拉，量距时不许车辆或行人践踏。

五、技能考核

序号	考核重点	考核内容	分值
1	直线定线	定线的准确性	40
2	钢尺量距及计算	量距操作的正确性及结果的准确性	60

【知识拓展】

钢尺检定

钢尺两端点分划线之间的标准长度称为钢尺的实际长度。端点分划的注记长度称为钢尺的名义长度。但由于钢尺的制造误差以及长期使用产生的变形等原因，钢尺的实际长度往往与名义长度不一致，其间存在一个差值。另外，钢尺丈量时的温度对尺长有影响。因此，在精密量距前必须对钢尺进行检定，以求得尺长方程式。钢尺检定应送专门的计量单位进行。钢尺检定时应放在恒温室，一般采用平台法。其具体是将钢尺放在长度为30m(或50m)的水泥平台上，平台两端安装有施加拉力的拉力架，给钢尺施加标准拉力(100N)；然后用标准尺量测被检定钢尺，得到在标准温度、标准拉力下的实际长度；最后给出尺长随温度变化的函数式，该函数式则称为尺长方程式(简称尺方程式)，即：

$$l_t = l_0 + \Delta k + \alpha l_0 (t - t_0)$$

式中 l_t——温度为t时的钢尺实际长度，m；

l_0——钢尺名义长度，m；

Δk——钢尺尺长改正值，mm；

α——钢尺膨胀系数，其值为0.0115~0.0125mm/(m·℃)；

t_0——标准温度，一般取20℃；

t——丈量时温度,℃。

钢尺精密量距

精密量距是指精度要求较高，读数为毫米的量距工作。

1. 钢尺精密量距的要求

其作业常采用一般方法中的串尺法进行，但各步的具体要求有所不同：

①对于所用钢尺须有毫米分划，至少尺的零点端要有毫米分划。

②在使用前，须对钢尺进行检定，用弹簧秤将检定钢尺按规定的拉力拉直，得出尺长改正数；用温度计测出检定时和丈量时的尺子温度，以此计算出温度改正数；用水准测量的方法测出各尺段两端的高差，得出倾斜改正数。

③丈量前先用经纬仪进行直线定线工作，尺端位置一般不用测钎标记，在定线时应打

下木桩，两木桩之间的距离约等于钢尺的全长，在木桩桩顶钉上小钉或刻划十字线来标定地面点的位置。

④为提高丈量精度，对同一尺段需改动钢尺丈量3次，改动钢尺时以不同的位置对准测点，改动范围一般不超过10cm。3次丈量的结果若满足限差要求(一般要求3次丈量所得的长度之差不超过2~5mm)，取其平均值作为丈量结果，若超过限差，则应进行第四次丈量，最后取其平均值作为丈量结果。

2. 钢尺精密量距的成果计算

钢尺精密量距时，由于钢尺长度有误差并受量距时的环境影响，对量距结果应进行尺长改正、温度改正及倾斜改正，得出每尺段的水平距离，再将每尺段的距离汇总得所求直线的全长，以保证距离测量精度。

(1)尺长改正计算

设钢尺名义长度(尺面上刻划的长度)为 l_0，其值一般和实际长度(钢尺在标准温度、标准拉力下的长度)l'不相等，因而距离丈量时每量一段都需加入尺长改正。对任一长度为 l 的尺段长时其尺长改正数 ΔL_l 为：

整尺段的尺长改正数 $\Delta L = l' - l_0$。

长度为 l 的尺长改正数 $\Delta L_l = \dfrac{\Delta L}{l_0} \cdot l$。

(2)温度改正计算

设钢尺在检定时的温度为 t_0，在丈量时的温度为 t，若钢尺的膨胀系数为 α，其值一般为 1.25×10^{-5}/℃，则当丈量距离为 l 时，其温度改正数为：

$$\Delta L_t = (t - t_0) \cdot \alpha \cdot l$$

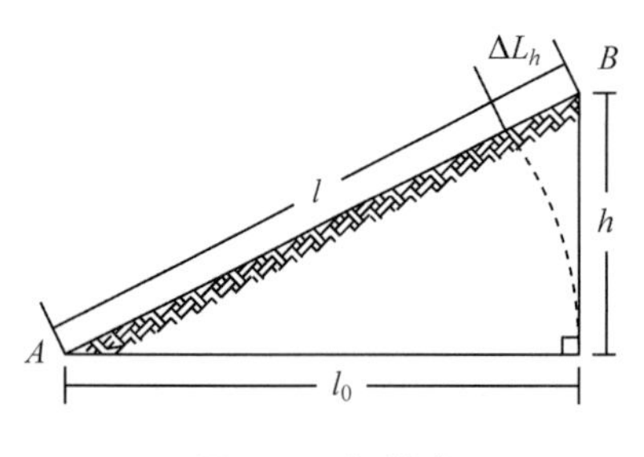

图4-13 倾斜改正

(3)倾斜改正计算

如图所示，丈量的斜距为 l，测得两端点的高差为 h，要得到平距 l_o，须进行倾斜改正 ΔL_h，由图4-13可知：

$$\Delta L_h = \sqrt{l^2 - h^2} - l = l\left[\sqrt{\left(1 - \frac{h^2}{l^2}\right)} - 1\right]$$

将上式用级数展开，则变为；

$$\Delta L_h = l\left[\left(1 - \frac{h^2}{2l^2} - \frac{h^4}{8l^4} - \cdots\right) - 1\right]$$

当坡度小于10%时，h 与 l 的比值总是很小，故$\dfrac{h^4}{8l^2}$及其以后的各项都可舍去，上式可变为：

$$\Delta L_h = -\frac{h^2}{2l}$$

综合上述各项改正数，得每一尺段改正后的水平距离为：

$$D = l + \Delta L_l + \Delta L_t + \Delta L_h$$

【复习思考】

1. 距离丈量有哪几种方法？各自适用于什么情况？
2. 距离丈量时，为什么要进行直线定线工作？直线定线有哪些方法？

任务4.2 视距测量

【任务介绍】

视距测量是利用望远镜内的视距装置，根据光学及三角学原理间接测定水平距离和高差的一种方法。通过本任务的实施将达到以下目标：

知识目标

1. 理解视距测量原理。
2. 掌握视距测量的观测与计算。
3. 了解视距测量误差的来源。

技能目标

1. 能正确利用经纬仪进行视距测量的观测。
2. 能正确进行视距测量的计算。

【知识准备】

视距测量是利用望远镜内的视距装置及视距尺(或水准尺)，根据几何光学和三角测量的原理，同时测定水平距离和高差的一种测量方法。在测量仪器中如经纬仪、水准仪的望远镜内均有视距装置，如图4-14所示。其在十字丝分划板上刻制的上、下两根对称短线，称为视距丝。

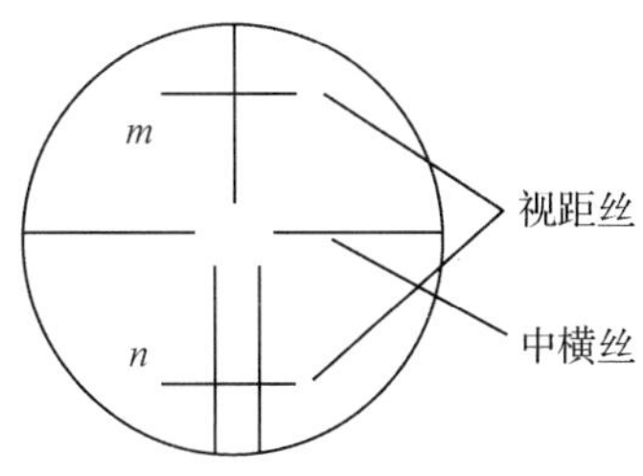

图4-14 视距丝

视距测量时根据视距丝和中横丝在视距尺(或水准尺)上的读数来进行水平距离和高差的计算。这种方法具有操作方便、速度快、不受地面起伏状况的限制等优点，但其精度较低，只能达到1/300～1/200，因而适用于碎部点的测定。

4.2.1 视距测量的原理

(1)视线水平时的视距测量原理及计算公式

如图4-15所示，图中D为待测定两点间的水平距离，h为两点间的高差。A点安置经纬仪，B点竖立视距尺(或水准尺)。图4-15中δ为望远镜物镜中心至仪器中心(竖轴中心)的距离，f为物镜焦距，F为物镜的焦点，i为视线高(仪器高)，m、n为十字丝分划板上的上、下丝，其间距为p，d为物镜焦点至视距尺的距离，N、M分别是十字丝上、

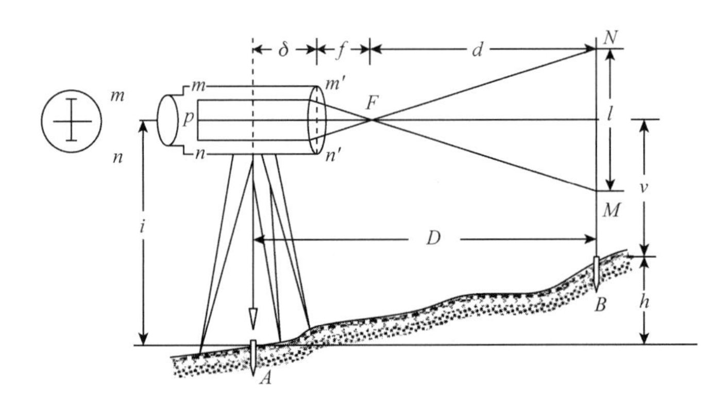

图 4-15 视线水平时的视距测量原理

下丝在视距尺的上读数，其差值称为尺间隔 l：

$$l = N - M \tag{4-6}$$

从图 4-15 中可知，待测距离 D 为：

$$D = d + f + \delta \tag{4-7}$$

其中，f 和 δ 为望远镜物镜的参数，为常数。因此只需计算出 d 即可得 D。

根据凸透镜几成像原理和相似三角形原理可得：

$$\Delta NFM \backsim \Delta m'Fn'$$

$$\frac{d}{l} = \frac{f}{p}$$

$$d = \frac{f}{p} \cdot l \tag{4-8}$$

将式(4-8)代入式(4-7)中可得：

$$D = \frac{f}{p} \cdot l + f + \delta \tag{4-9}$$

若式(4-9)中，令$\frac{f}{p} = K$，$f + \delta = C$。

则式(4-9)可改写为：

$$D = Kl + C \tag{4-10}$$

式中 K——视距乘常数；

l——尺间隔；

C——视距加常数。

为计算方便，在测量仪器生产过程中选择合适的 f 和 p，使得 $K = 100$，在对外调焦望远镜中，C 一般为 0.3m 左右，而在对内调焦望远镜中，经调整 f 和十字丝分划板上的上、下丝等参数，使 C 值一般接近于零。因此对于对内调焦望远镜其水平距离计算公式为：

$$D = Kl \tag{4-11}$$

另外，由图 4-15 可知，两点间的高差 h 的计算公式为：

$$h = i - v \tag{4-12}$$

式中 i——仪器高(视线高)，是地面桩点至经纬仪横轴的距离；

v——中横丝在视距尺上的读数。

因此，当视线水平时，要测定两点间的水平距离和高差，只需得到上、中、下丝在视距尺上的读数及量取仪器高，根据前述公式即可计算出两点间的水平距离和高差。在平坦地面也可采用水准仪进行测定。

(2)视线倾斜时的视距测量原理及计算公式

当地面起伏较大时要进行视距测量，望远镜视线需倾斜才能瞄到视距尺，如图4-16所示。要测定水平距离，需将视距尺上的尺间隔l，也就是N、M的读数差，换算为与视线垂直的尺间隔l'(假想尺间隔)，据此可计算出倾斜距离D'，再据竖直角α得到水平距离D和高差h。

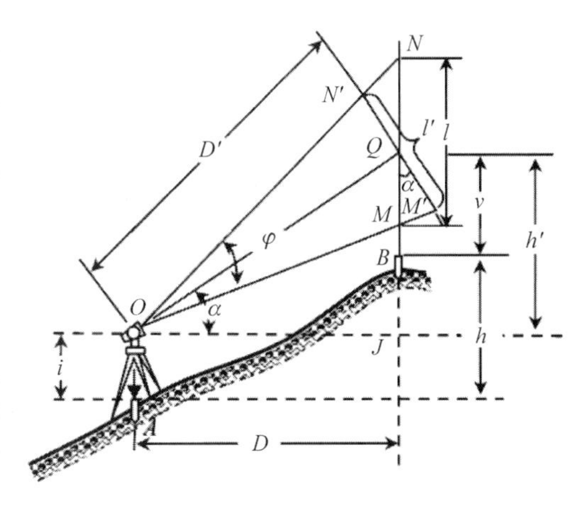

图4-16 视线倾斜时的视距测量原理

在图4-16中，设视线竖直角为α，由于十字丝上、下丝的间距很小，一般视线夹角ϕ约为34′，因而可以将$\angle QM'M$和$\angle QN'N$近似看成直角。即得$\angle MQM' = \angle NQN' = \alpha$。

则在直角三角形$\Delta MM'Q$和$\Delta NN'Q$中得出：

$$l' = N'Q + QM' = NQ \cdot \cos\alpha + MQ \cdot \cos\alpha = l \cdot \cos\alpha \tag{4-13}$$

由式(4-11)和式(4-13)可得：

$$D' = Kl' = Kl\cos\alpha \tag{4-14}$$

则由图4-16可知，水平距离D的计算公式为：

$$D = D'\cos\alpha = Kl\cos^2\alpha \tag{4-15}$$

由图4-16中还可知两点间的高差h为：

$$h = h' + i - v \tag{4-16}$$

式中 i——仪器高，可直接量得；

v——中横丝在视距尺上的读数；

h'——初算高差(高差主值)，其计算式为：

$$h' = D'\sin\alpha = \frac{1}{2}Kl\sin2\alpha = D\tan\alpha \tag{4-17}$$

由式(4-16)和式(4-17)可得两点间的高差h的计算公式为：

$$h = \frac{1}{2}Kl\sin2\alpha + i - v = D\tan\alpha + i - v \tag{4-18}$$

在此公式应用中需注意竖直角α的正负号，其值决定了两点间高差的正负之分。

4.2.2 视距测量的观测与计算

若要测定A、B两点间的水平距离D_{AB}和h_{AB}，如图4-16所示，其观测步骤和计算方法如下：

(1)视距测量的观测

①在测站A点上安置仪器，进行对中、整平。

②量取仪器高i，可用钢卷尺或直接用视距尺量取，量至厘米，记入手簿。

③在 B 点竖立视距尺，注意视距尺须立竖直。

④分别以盘左和盘右的位置，用望远镜瞄准视距尺（盘左和盘右瞄准同一位置），在尺面上读取上、中、下丝的读数 M、v、N，计算出尺间隔 l；再读取竖盘读数 L 和 R，计算竖盘指标差 x 和竖直角。

⑤由式(4-15)和式(4-18)，计算出水平距离 D 和高差 h。

(2)视距测量的计算

根据式(4-15)和式(4-18)，利用计算器，可计算出水平距离 D 和高差 h。计算方法见表4-1。

表 4-1　视距测量记录及计算表

测站 仪器高 (i)	点号	竖盘读数 (° ′ ″)	竖直角 (° ′ ″)	上丝读数 中丝读数 下丝读数	尺间隔 (l) (m)	水平距离 (m)	初算高差 (h') (m)	$i-v$ (m)	高差 (h)
O (1.32m)	A	90 05 36	−0 05 36	0.315 0.500 0.693	0.378	37.79	−0.06	0.82	0.76
O (1.37m)	B	87 46 00	2 14 00	1.884 2.000 2.119	0.235	23.46	0.91	−0.63	0.28

4.2.3　视距测量的误差分析及注意事项

影响视距测量精度的误差可分为以下几方面：

(1)视距乘常数 K 值的误差

视距乘常数 K 值由 f 和 p 确定，其值一般为100，但由于视距丝间隔 p 有误差存在，仪器制造有系统性误差以及温度变化的影响，都会使 K 值不为100。若仍按 $K=100$ 来进行计算，就会造成所测距离有误差。因而，在使用仪器时应对仪器的视距乘常数 K 值进行检查，要求 K 值应在 100 ± 0.1 之内，若满足要求使用时可按 $K=100$ 来计算，否则应该改正。

(2)视距尺分划误差

视距尺分划误差如分划值都增大或都减小，会对视距测量的结果会产生系统误差，这种误差在仪器常数检测时会反映在视距乘常数 K 值上，可通过重新测定视距乘常数 K 值加以改正。如分划间隔有大有小，会对视距测量结果偶然误差，这种误差不能通过改正 K 值的办法来补偿，但这种误差影响较小，普通量距时可以忽略不计。视距尺分划误差一般为 ±5mm，所引起的距离误差为0.071m。

(3)读数误差

视距丝读数误差是影响视距测量精度的重要因素。它与尺子最小分划的宽度、视距的远近、望远镜的放大倍率及成像的清晰程度等有关，如距离越远误差越大，又如视距间隔有1mm的差异，距离都会产生0.1m的误差。因而读数时必须仔细，并消除视差的影响，同时视距测量中要根据测图要求限制最远视距。另外，可用上丝或下丝对准尺上的整分划数，用另一根视距丝估读出视距读数，以减少读数误差的影响。

(4)视距尺倾斜所引起的误差

视距尺倾斜所引起的误差与竖直角大小、视距尺倾斜的大小等因素有关，竖直角越大，视距尺倾斜所引起的误差越大；若竖直角相同时，视距尺倾斜越大，误差就越大。若当竖直角为5°，视距尺倾斜角2°时，其精度可达到1/327，当倾斜角为3°时，其精度只能达1/218。因此，要减少此项误差，须在视距尺上装置圆水准器，以检验视距尺是否竖直。

(5)垂直折光对视距测量的影响

视距尺不同部分的光线是通过不同密度的空气层到达望远镜的，越接近地面的光线受折光影响越显著。其光线从直线变为曲线。当视线接近地面在视距尺上读数时，垂直折光所引起的误差较大，并且这种误差与距离的平方成比例地增加。因此规定视线应高出地面1m左右，以减少垂直折光的影响。

(6)外界条件的影响

外界条件的影响因素较多，而且也较复杂，如空气对流、风力等，它们主要使成像不稳定。减小外界条件影响的办法是根据测量的精度要求选择合适的天气和时间进行。

【技能训练】

视距测量

一、实训目的

1. 掌握采用视距测量测定地面两点间的水平距离和高差的操作步骤。

2. 熟悉视距测量的计算。

二、仪器材料

光学经纬仪1台(含脚架1台)，木桩2个，钉锤1把，钢卷尺1个，视距尺(或水准尺)1根，记录夹1个，计算器1个。

三、训练步骤

1. 在地面任意选择A、B两点，相距约100m，各打一木桩。

2. 安置仪器于A点，用皮尺量出仪器高i(自桩顶量至仪器横轴，精确到厘米)。

3. 在B点竖直竖立好视距尺(或水准尺)。

4. 盘左：转动竖盘指标水准管微动螺旋，使竖盘指标水准管气泡居中，用中横丝对准水准尺上仪器高i，设读数为v(即$v=i$)，然后读取竖盘读数和上、下丝读数(精确到毫米)并记录，立即算出竖直角α_L(据竖角计算公式)和视距间隔$l_L=$下丝－上丝。

5. 盘右：重复步骤3，测得视距间隔l_R与竖直角α_R。

6. 用盘右、盘左观测的视距间隔平均值$l_{平}$和竖直角$\alpha_{平}$，计算A、B两点的水平距离和高差：

水平距离$D=Kl\cos^2\alpha$(取至0.01m)

高差$h=h'+(i-v)=\dfrac{1}{2}Kl\sin2\alpha+(i-v)=Dtg\alpha+(i-v)$ (取至0.01m)

7. 将仪器安置于B点，重新量取仪器高i，在A点竖立水准尺，由另一观测者于盘左、盘右两个位置，使中丝对准尺上仪器高度i处，读记上、中、下三丝读数(上、下丝均读至毫米)和竖盘读数。计算出水平距离和高差。这时，高差$h_{AB}=h_{BA}$。检查往、返测得水平距离和高差是否超限。

四、注意事项

1. 照准目标时，盘左与盘右要用十字丝横丝瞄准目标的同一位置。

2. 每次读取竖盘读数前，必须使竖盘竖直。

3. 计算竖直角及指标差时应注意正负号。

4. 视距尺应垂直，切忌前俯后仰，以保证视距精度。

5. 水平距离和高差要往、返测量，往返测得水平距离的相对误差不大于1/300，高差应不大于5cm。

五、技能考核

序号	考核重点	考核内容	分值
1	视距测量的野外观测	观测步骤的正确性及熟练程度	50
2	内业成果计算	计算结果的正确性	50

【知识拓展】

视距常数测定

为了保证视距测量精度，在视距测量前必须对仪器的常数进行测定。现代经纬仪为内调焦望远镜，$c\approx0$ 不需测定。因此，在视距测量中一般仅测定乘常数 K。

在平坦地区选择一段直线，沿直线在距离为25m、50m、100m、150m、200m的地方分别打下木桩，编号为 B_1、B_2、…、B_n，仪器安置在 A 点，在 B_i 桩上依次竖立水准尺，以两个盘位分别用上、下丝在尺上读数，测得尺间隔 l_i。然后进行返测，将每一段尺间隔平均值除以该段距离 D_i，即可求出 K_i，再取平均值，即为仪器乘常数 K。

【复习思考】

1. 视距测量的原理是什么？其精度如何？

2. 视距测量时需要观测哪些数据才能求算出两点间的水平距离和高差？

任务4.3 光电测距

【任务介绍】

光电测距是通过测定光波在两点间传播的时间来计算距离，是一种物理测距的方法。全站仪是一种可以同时进行角度(斜距、平距、高差)测量和数据处理，由机械、光学、电子元件组合而成的测量仪器。因只需一次安置，便可完成测站上所有的测量工作，故被称为“全站仪”。全站仪是数字测图中主要的数据采集设备之一，通过数据传输接口将野外采集的数据与计算机、绘图机连接起来，配以数据处理软件和绘图软件，即可实现测图的自动化。通过本任务的实施将达到以下目标：

知识目标

1. 理解光电测距的原理。
2. 掌握全站仪的基本功能。
3. 了解光电测距的种类及全站仪的构造和特点。

技能目标

能正确进行全站仪的基本操作。

【知识准备】

4.3.1　光电测距仪的种类

利用电磁波测距仪测量距离称为电磁波测距，简称 EDM。它具有精度高、速度快、测程大及受地形影响小等优点，现已逐渐取代常规量距方法，广泛应用于各种测量工作中。

目前，电磁波测距仪的种类比较多。按其测程大小，可分为短程(3km 以内)、中程(3~15km)和远程(大于 15km)3 种。按其所采用的载波来分，可分为以可见光或红外光作为载波的光电测距和以微波段的无线电波作为载波的微波测距。光电测距仪按光源不同分为普通光测距仪、激光测距仪和红外测距仪 3 种。普通光测距仪已被淘汰，人们常说的光电测距仪一般是指红外测距仪和激光测距仪。光电测距仪中利用氦氖(He-Ne)气体激光器，其波长为 0.6328μm 的红色可见光的就是激光测距仪，其测程长，精度高；而光电测距仪中以砷化镓(GaAs)发光二极管为载波源，使用的载波为电磁波红外线波段，波长一般为 0.86~0.94μm 的则称为红外测距仪。

4.3.2　光电测距仪测距的原理

光电测距的原理是以电磁波(光波等)作为载波，通过测定光波在测线两端点间的往返传播时间 t_{2D}，以及光波在大气中的传播速度 c，来测量两点间距离的方法，如图 4-17 所示。

$$D = \frac{1}{2}c \cdot t_{2D} \tag{4-19}$$

式中　c——光波在大气中的传播速度($c = \frac{c_0}{n}$，c_0 为光波在真空中的传播速度，其值为 299 792 458m/s，n 为大气折射率，是大气压力、温度、湿度的函数)；

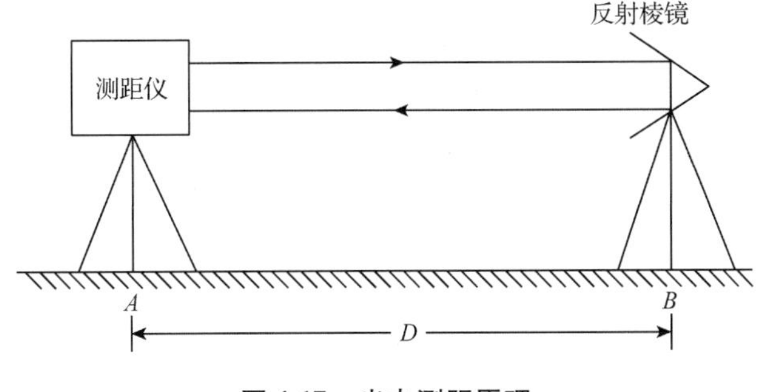

图 4-17　光电测距原理

t_{2D}——光波被测两端点间往返传播一次所用的时间，s。

从式(4-19)可知，光电测距仪主要是确定光波在待测距离上所用的时间 t_{2D}，据此计算出所测距离。因此，测距的精度主要取决于测定时间 t_{2D} 的精度。时间 t_{2D} 的测定可采用直接方式，也可采用间接方式。如要达到 ±1cm 的测距精度，时间量测精度应达到 6.7×10^{-11}s，这对电子元件的性能要求很高，难以达到。根据测定光波传播时间 t_{2D} 的方法，光电测距仪可分为脉冲式和相位式两种。

(1)脉冲式光电测距仪

脉冲式测距仪是由测距仪发射系统发出脉冲，经被测目标反射后，再由测距仪的接收系统接收，直接测定脉冲在待测距离上所用的时间 t_{2D}，即测量发射光脉冲与接收光脉冲的时间差，从而求得距离的仪器。

脉冲式测距仪具有功率大、测程远等优点，但测距的绝对精度较低，一般只能达到米级，不能满足地籍测量和工程测量所需的精度要求。目前具有高精度测距的是相位式光电测距仪。

(2)相位式光电测距仪

相位式测距仪是将测量时间变成测量光在测线中传播的载波相位差，通过测定相位差来测定距离的仪器。

光源灯的发射光管发出的光会随输入电流的大小发生相应的变化，这种光称为调制光。随输入电流变化的调制光射向测线另一端的反射镜，经反射镜反射后被接收系统接收，然后由相位计将反射信号(又称参考信号)与接收信号(又称测距信号)进行相位比较，并由显示器显示出调制光在被测距离上往返传播所引起的相位移 Φ，将调制光在测线上的往程和返程展开后，得到如图 4-18 所示的波形。

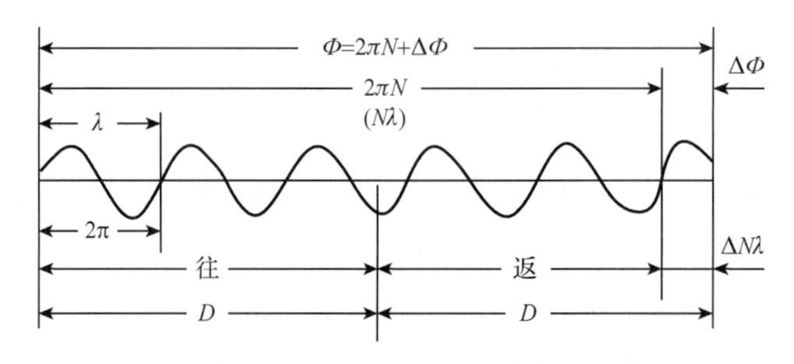

图 4-18　相位法测距往返波形展开示意图

由图 4-18 可知，调制光往返程的总位移 Φ 为：

$$\Phi = N \cdot 2\pi + \Delta\Phi = 2\pi\left(N + \frac{\Delta\Phi}{2\pi}\right) \tag{4-20}$$

式中　N——调制光往返程总位移的整周期个数，其值可为零或正整数；

$\Delta\Phi$——不足整周期的相位移尾数，$\Delta\Phi < 2\pi$，则 $\frac{\Delta\Phi}{2\pi}$ 为不足整周期的比例数。

对应的距离值为：

$$D = \frac{1}{2}(N\lambda + \Delta\lambda) = \frac{\lambda}{2}\left(N + \frac{\Delta\lambda}{\lambda}\right) \tag{4-21}$$

式中　N——调制光往返程总位移的整周期个数，其值可为零或正整数；

λ——调制光的波长；

$\Delta\lambda$——不足一个波长的调制光的长度。

此为相位式光电测距仪的基本测距公式。式中的 λ 可看成是一根“光尺”的长度，光电测距仪就是用这根“光尺”去量距。式中的 N 表示“光尺”的整尺段数，$\Delta\lambda$ 为不足一根“光尺”长的余长。因此$\frac{\Delta\lambda}{\lambda}$必然小于1，$\lambda$ 所对应的相位移为 2π，$\Delta\lambda$ 所对应的相位移为 $\Delta\Phi$，故：

$$\frac{\Delta\lambda}{\lambda}=\frac{\Delta\Phi}{2\pi}$$

则：

$$\Delta\lambda = \lambda \cdot \frac{\Delta\Phi}{2\pi}$$

因而相位式光电测距仪中的相位计只能测定全程相位移尾数 $\Delta\Phi$，而无法测定整周期数 N。因此，在相位式光电测距仪中，可发射两个或两个以上不同频率的调制光波，然后将不同频率的调制光波所测得的距离正确衔接起来，就可得到被测距离。其中较低的测尺频率所对应的测尺称为粗测尺，较高的测尺频率所对应的测尺称为精测尺。将两个测尺的读数联合起来，即可求得单一的距离确定值。

由于 c 值是大气压力、温度、湿度的函数，故在不同的气压、温度、湿度条件下，其值的大小略有变动。因此，在进行测距时，还需测出当时的气象数据，用来计算距离的气象改正数。

相位式光电测距仪与脉冲式光电测距仪相比，具有测距精度高的优势，目前精度高的光电测距仪能达到毫米级，甚至可达到0.1mm级。但也具有测程较短的缺点。

4.3.3　全站仪的基本构造

全站仪包括主机和反射棱镜两大部分组成。主机包括望远镜、操作面板、水准管、基座等；反射棱镜则分为单棱镜和三棱镜，单棱镜组适合于短距离测量，三棱镜组适合较长距离测量。

全站仪主机主要由控制系统、测角系统、测距系统、记录系统和通讯系统组成，如图4-19。控制系统是全站仪的核心，主要由微处理机、键盘、显示器、存储设备、控制模块和通讯接口等软硬件组成。测角系统与电子经纬仪相同。测距系统与测距仪基本一致，只是体积更小。记录系统又称电子记录器，是一种存储测量数据的具有特定软件的硬件设备，其形式主要有3种：接口式、磁卡式和内存式。通讯系统是野外数据采集到计算

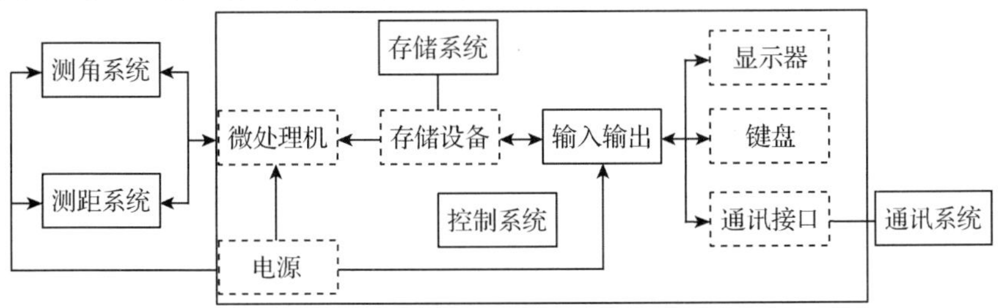

图4-19　全站仪基本构造示意图

机或绘图仪进行成图的桥梁。目前全站仪的型号及种类很多，在使用之前，必须仔细阅读相应的使用说明书，熟悉各种全站仪的操作。

4.3.4 全站仪的构造特点

目前，国内外生产的全站仪大多数都具有以下几项构造特点：

(1)三轴合一

全站仪的望远镜将测距系统的发射光轴和接收光轴与测角系统的视准轴同轴，实现了三轴合一。这样能够保证当望远镜照准目标棱镜的中心时，就能够准确、迅速地同时测定水平角、竖直角和斜距 S、平距 D、高差 h，并可进行连续测量和跟踪测量等。

(2)键盘输入屏幕显示

全站仪一般配备有前后双键盘，仪器的各项设置和功能操作都可以通过功能键、数字键或键盘以菜单方式来实现。国产全站仪和多数进口全站仪基本实现了全中文界面和中文菜单，可在屏幕上显示仪器的性能、参数等信息(包括自动显示仪器可能存在的各种错误信息)，以及所测的角度(方向值)、距离、高差或坐标等数据。

(3)数据存储与通信

多数全站仪均带有可存储3000点以上观测数据的内部存储器，有些全站仪还可外插存储卡(如CF卡或SD卡)，以增加存储量。全站仪可将不同时间或不同测站上观测得到的数据以文件的形式分别保存，通过RS-232C标准接口或USB接口与计算机进行双向数据通信，并可与自动绘图机相连，在绘图软件的支持下进行绘图作业。

(4)仪器误差和气象条件的自动改正

在角度测量时，仪器整平不完善等原因可能会引起横轴误差、竖轴误差以及竖盘归零误差等仪器误差。全站仪通常配备有双轴补偿装置和竖盘自动归零装置，能检测出仪器的微小倾斜并自动给予改正，测得经补偿后的水平角和竖直角。

双轴补偿装置大多为液体补偿器，有透射式和反射式两种。双轴补偿是指自动补偿竖轴纵向倾斜分量对垂直度盘读数的影响和竖轴横向倾斜分量对水平度盘读数的影响。它是先利用电荷耦合元件(CCD)技术获取纵、横两个方向的倾斜分量，然后由微处理器计算和改正在水平度盘和竖直度盘读数的影响而达到自动改正的目的。

距离测量时，电磁波在大气中传输会受到气象条件的影响而带来测距误差，全站仪可通过键盘输入相应气象参数、棱镜常数，对所测距离进行自动改正。

(5)免棱镜为测距

近年来，许多全站仪都设置了免棱镜测距功能。除脉冲式测距外，在相位式测距中也设置了高精度的免棱镜测距模式，精度达到毫米级。一般是在同一仪器中设置两个发射光源，一个为红外光束，保证相位测距的精度和测程；另一个为红外激光束，把光斑压缩得很小，光能量增大，保证漫反射的回波能测出距离，但测程较带棱镜的测距短。全站仪上设置免棱镜测距模式，给测量工作、工程放样都带来了方便。

(6)其他

有的全站仪还设有电子气泡、激光对点器，以提高对中的精度。

4.3.5 全站仪的基本测量功能

(1)角度测量

全站仪测角一般都是用电子经纬仪测角。

(2)距离测量

距离测量是使用光电测距，大部分是红外测距和红外激光测距。

(3)坐标和高程测量

全站仪都有三维坐标测量的功能，选定该模式，输入仪器高、目标高和测站点的坐标、高程，照准已知方位的点，然后瞄准目标的棱镜，全站仪即可按预设程序计算出待测点的坐标和高程。

另外，采用坐标放样模式可进行坐标和高程的放样。

(4)特殊测量功能

除上述基本测量功能外，全站仪还可以进行偏心测量、对边测量、面积测量、悬高测量和工程放样等。

4.3.6 NTS-660 全站仪

下面以南方测绘公司生产的 NTS-660 全站仪为例，简要介绍其基本操作等。

(1)仪器构造和主要性能

NTS-660 系列全站仪的外形及其部件名称如图 4-20 所示。

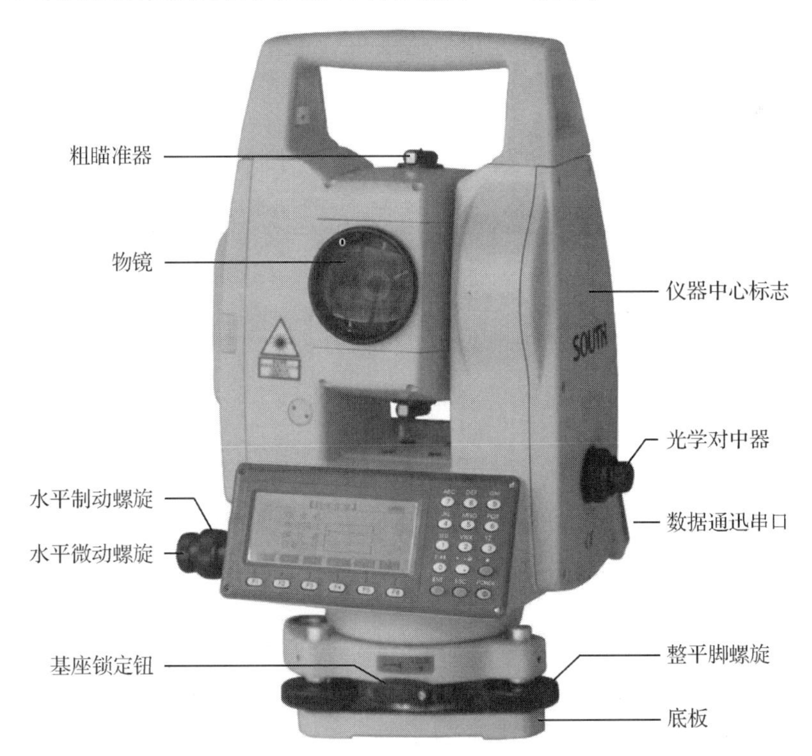

图 4-20 NTS-660 全站仪

该仪器采用图标菜单，智能化程度高，预装绝对数码度盘，仪器开机即可直接进行测量。即使中途重置电源，方位角信息也不会丢失。16MB 内存，存储测量数据或坐标数据达 4 万个。具备常用的基本测量模式(角度测量、距离测量和坐标测量)和特殊测量程序(悬高测量、偏心测量、对边测量、距离放样、坐标放样、后方交会)，此外还预装了标准测量程序。NTS-660 全站仪(中文版)采用 8 行简体中文显示，使用 RS-232C 标准接口与计算机进行双向数据通讯。

NTS-660 系列全站仪有 NTS662、NTS663、NTS665 共 3 种型号，测角精度分别为 ±2″、±3″、±5″；单棱镜测程分别为 1.8km、1.6km 和 1.4km；三棱镜测程分别为 2.6km、2.3km 和 2.0km；测距精度均为 $\pm(2mm + 2 \times 10^{-6} \times D)$。

NTS-660 系列全站仪的操作面板如图 4-21 所示，各键名称和功能见表 4-2，屏幕显示符号见表 4-3。

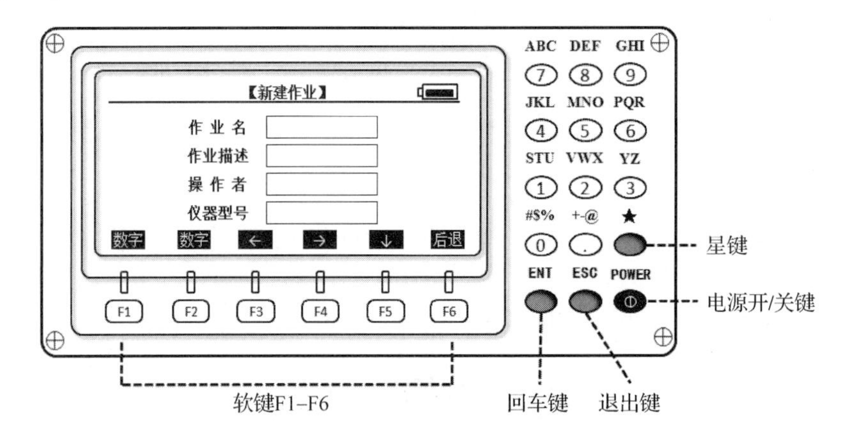

图 4-21 NTS-660 操作面板

表 4-2 NTS-660 系列全站仪操作面板上各键名称及功能

按键	名称	功 能
F1～F6	软键	功能参见所显示的信息
0～9	数字键	输入数字，用于预置数值
ENT	回车键	数据输入结束并认可时按此键盘
POWER	电源键	控制电源的开/关
★	星键	用于仪器若干常用功能的操作
ESC	退出键	退回到前一个显示屏或前一个模式
A～/	字母键	输入字母

表 4-3 NTS-660 系列全站仪操作面板上屏幕显示符号

符号	含义	符号	含义
V	竖直角	*	电子测距正在进行
V%	百分度	m	以米为单位
HR	水平角(右角)	ft	以英尺为单位

（续）

符号	含义	符号	含义
HL	水平角(左角)	F	精测模式
HD	平距	N	*N*次测量
VD	高差	T	跟踪模式(10mm)
SD	斜距	R	重复测量
N	北向坐标	S	单次测量
E	东向坐标	psm	棱镜常数值
Z	天顶方向坐标	ppm	大气改正值

(2)NTS-660全站仪的基本操作

①测量准备工作　在关机状态安装好电池，按照经纬仪对中、整平的方法，将全站仪安置在测站点上。将反射棱镜安置在目标处。

打开电源开关，仪器会自动进行自检，自检通过后显示主菜单，如图4-21。这时需查看显示窗口中电池是否显示有足够的电量，当电池电量不足时，应及时更换电池或对电池进行充电。

然后按照屏幕提示使用功能和菜单键进行各种初始设置。初始设置包括仪器常数、棱镜常数、指标差、大气改正值、日期时间等。仪器在首次使用时进行以上内容设置，如果没有变化，之后的测量中通常不需要进行初始设置。

另外，根据工作需要，按照主菜单用软件选择测量方式，选择菜单项可按软键F1～F6进行操作，主菜单各项功能列于图4-21下部。

②角度测量　标准测量模式有角度测量、距离测量和坐标测量3项。要进行角度测量需选择标准测量模式中的[角度测量]模式。按[F2]选择测量模式。在角度测量模式下，水平角和竖直角同时测量。照准第一目标*A*，根据屏幕提示，按[F4](置零)和[F6](回车键)键使水平度盘置零，并显示*A*点的天顶距，照准第二目标*B*，显示窗中显示出*B*点的天顶距以及*A*、*B*间的水平角。

③距离测量　距离与角度同时测量，在进行距离测量前通常需确认大气改正值的设置和棱镜常数的设置，大气改正和棱镜常数设置在星键(★)模式下进行。进行距离测量时，用望远镜正确瞄准反射棱镜中心，在角度测量模式下，按[F2]键进行测距状态开始测距。可根据测量工作的需要选择软键设置测距模式，如平距测量、斜距测量、高差测量、精确测量和连续跟踪测量等。显示窗则显示出相应的测量结果，如水平角(HR)、竖直角(V)和斜距(SD)或水平角(HR)、水平距离(HD)和高差(VD)。按[F3]键将退出距离测量工作返回到角度测量状态。

④坐标测量　利用全站仪进行待定点坐标测量是数字测图中进行数据采集最常用的功能。首先将仪器安置在已知测站点上，确认在角度测量模式下，按[F3](坐标)键，进行[坐标测量]状态。根据屏幕提示通过按[F6](P1↓)键进入第二页功能；按[F5](设置)键，输入测站点三维坐标(N_0，E_0，Z_0)、仪器高和后视已知点三维坐标及棱镜高。瞄准后视

点，仪器自动计算出后视方位角后(或可直接键盘输入后视方位角)，再瞄准待测点反射棱镜，按坐标测量键进行测量，屏幕将直接显示出待测点的三维坐标测量结果。

在实际工作中，可先将已知控制点坐标输入(或双向通信中的上传功能)仪器。建立已知数据文件，供野外实地数据采集测量时调用，而实测待定点的数据同样也自动生成数据文件存入仪器中，以便与计算机进行通讯传输(下载功能)，传给计算机并用专门绘图软件进行图形的绘制。

建立数据文件、进行数据通讯以及全站仪的其他功能，这里不再赘述，可参阅全站仪使用手册。

4.3.7 全站仪使用注意事项

①使用前应仔细阅读使用说明书，熟悉仪器各项功能和操作方法。

②阳光下作业时，必须打伞，望远镜的物镜不可正对太阳，防止损坏测距部的发光二极管。

③搬站时，应取下仪器装箱移动。

④仪器安置在三脚架前，应旋紧三脚架的 3 个伸缩螺旋，仪器安置于脚架上时应拧紧中心连接螺旋。

⑤仪器和反射棱镜在温度骤变中会降低测程，影响测量精度，故应在仪器和反射棱镜逐渐适应周围温度后方可使用。

⑥作业前须检查电量是否满足工作要求。

⑦在需要进行高精度观测时，应采取遮阳措施，防止阳光直射仪器和三脚架，影响测量精度。

【技能训练】

全站仪的认识和使用

一、实训目的

了解全站仪的构造、部件名称及其作用；熟悉全站仪的操作界面及其功能；掌握全站仪的基本测量功能。

二、仪器材料

全站仪 1 台(含脚架 1 台)，棱镜 2 个，单对中杆 2 根，记录夹 1 个。

三、训练步骤

1. 准备工作

(1)电池的安装

注意：测量前电池需充足电。

(2)仪器安置

①在实训场地上选择一点作为测站点，另选两个点作为待测定点；

②将全站仪安置于测站点上，包括对中、整平(具体操作与经纬仪操作一致)；

③待测点上于对中杆上安置好反射棱镜，并将其竖直竖立于待测点上。

2. 全站仪的认识

(1)全站仪由照准部、基座、水平度盘等部件构成。它有功能操作面板及电源，还配有数据通信接口。结合相关资料，弄清全站仪各部件的名称及其作用。

(2)开机初始化

①按电源开关键完成开机；

②水平度盘初始化。松开水平制动螺旋，旋转照准部360°，显示出水平角值，水平度盘完成初始化；

③竖直度盘初始化。松开竖直度盘制动螺旋，将望远镜纵转一周(望远镜位于盘左，视线过水平线)，显示出竖直角，完成竖直度盘初始化。

注意：一般每次开机仪器时，必须重新初始化。

(3)结合操作面板上有关按键，熟悉显示屏的信息。

3. 角度测量

①首先从显示屏上确认仪器是否处于角度测量模式，如果不是，则按操作键将其转换为角度测量模式；

②盘左瞄准第一目标 A，按置零键，使水平度盘读数显示为0°00′00″，顺时针旋转照准部，瞄准第二目标 B，读数所显示的数值，即为盘左测定的半测回水平角；

③同样方法可以进行盘右观测，得到盘右测定的半测回水平角；

④若需观测竖直角，则可在读数水平度盘的读数时同时读取竖盘的显示读数。

4. 距离测量

①首先从显示屏上确认是否处于距离测量模式，如果不是，则按相应操作键将其转换为距离测量模式；

②瞄准反射棱镜中心，按相应的距离测量键，这时在显示屏上能显示相应的测距状态，测距状态结束后可得到水平距离(*HD*)、倾斜距离(*SD*)及高差(*VD*)。

5. 坐标测量

①先确认仪器是否处于坐标测量模式，如果不是，则按相应操作键将其转换为坐标测量模式；

②输入测站点及后视点的坐标值，以及仪器高、棱镜高；

③瞄准棱镜中心，按相应测量键，这时显示屏上显示正在进行测量的状态，测量状态结束后，即可得待测点的坐标。

四、注意事项

1. 全站仪是目前结构复杂、价格较贵的先进仪器之一，在使用时必须严格遵守操作规程，保护好仪器。

2. 近距离转站时，应一手护住仪器；搬运仪器时，应装箱搬运。

3. 更换电池时须关机。

4. 在阳光下使用全站仪进行测量时，严禁用望远镜对准太阳。

五、技能考核

序号	考核重点	考核内容	分值
1	仪器操作	仪器操作熟悉程度	60
2	测量成果	角度测量、距离测量及坐标测量结果的正确性	40

【复习思考】

1. 全站仪的构造特点有哪些?
2. 全站仪具有哪些基本测量功能?

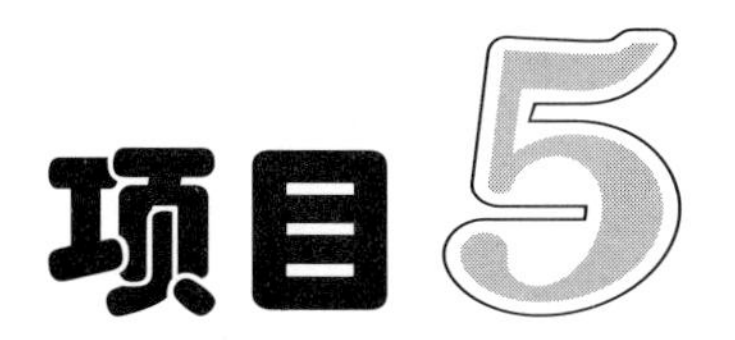

罗盘仪测量

【教学目标】

1. 了解标准方向基本概念，理解“三北”方向线之间的关系，掌握直线方向的表示方法。
2. 了解罗盘仪的基本构造和熟悉操作方法。
3. 掌握罗盘仪测绘平面图及平差方法。
4. 掌握罗盘仪测设方法。

【重点难点】

重点：直线定向的方法，罗盘仪操作方法。
难点：罗盘仪的测绘和测设方法。

任务 5.1 直线定向

【任务介绍】

确定直线方向是测量的最基础工作。本任务使学生了解标准方向的种类，掌握直线方向的表示方法，通过技能训练，加深理解直线定向的概念。通过本任务的实施将达到以下目标：

知识目标

1. 了解标准方向线的种类。
2. 了解“三北”方向线之间的关系。
3. 掌握直线方向的表示方法。

技能目标

1. 能分清真方位角、磁方位角和坐标方位角。
2. 能正确表示直线方向。

【知识准备】

5.1.1 标准方向认知

确定地球椭球体上某两点在大地水准面或水平面上的位置，需要确定两点之间的距离，还要确定两点所连接直线的方向。要确定一条直线的方向，首先要选定一个标准方向作为直线定向的依据，然后测量出该直线与标准方向之间的水平夹角。确定一直线与标准方向之间的角度关系的工作称为直线定向。

(1)标准方向的种类

在测量工作中，通常采用的标准方向线有真子午线方向、磁子午线方向和坐标纵轴方向，这3个标准方向或称基本方向是测量工作中常称谓的“三北方向线”。

①真子午线方向(真北方向) 通过地球表面某点的真子午线切线方向为该点的真子午线方向，北端所指的方向为真北方向。它可以用天文观测或陀螺经纬仪测定。在小比例尺测图中采用它作为定向的标准。

②磁子午线方向(磁北方向) 磁针在地球表面某点在地球磁场的作用下，自由静止时其轴线所指的方向，为该点的磁子午线方向。磁针北端所指的方向为磁北方向，可用罗盘仪测定。

③坐标纵轴方向(坐标北方向) 直角坐标系中纵坐标轴的方向，如高斯直角坐标系的坐标纵线北端所指的方向。

综上所述，除赤道上各点的子午线相互平行外，地球表面各点的子午线方向都是指向地球南北极，不是平行的，这给计算工作带来不便。在一个坐标系中，坐标纵轴线方向都是互相平行的。例如，在一个高斯－克吕格投影带中，中央子午线为纵坐标轴，其他各点的坐标纵轴方向都是与该投影带的中央子午线平行。因此，在一般测量工作中，采用坐标纵轴方向作为标准方向，就可以使得测区内地面上各点的标准方向都互相平行，以方便测量工作的定向和计算。

(2)表示直线方向的方法

在测量工作中，常采用方位角或象限角表示直线的方向。

①方位角　由标准方向的北端顺时针方向量到某直线的水平夹角，称为该直线的方位角，取值范围为0°~360°。如图5-1所示，以真子午线方向作为标准方向的称真方位角，真用A或$\alpha_{真}$表示；以磁子午线方向为标准方向所确定的方位角称为磁方位角，用$A_{磁}$或$\alpha_{磁}$表示；以坐标纵轴线为标准方向所确定的方位角称为坐标方位角，用α表示。

由于任何地点的坐标纵线都是平行的，因此用坐标方位角来表示直线的方向在计算上比较方便。若直线AB(由A至B为直线的前进方向)的方位角α_{AB}称为正坐标方位角，则直线BA(由B至A为直线的前进方向)的方位角α_{BA}称为反坐标方位角，如图5-2；同一直线的正反坐标方位角均相差180°。即：

$$\alpha_{AB} = \alpha_{BA} \pm 180° \tag{5-1}$$

其中，当$\alpha_{BA} > 180°$时减180°；当$\alpha_{BA} < 180°$时加180°。

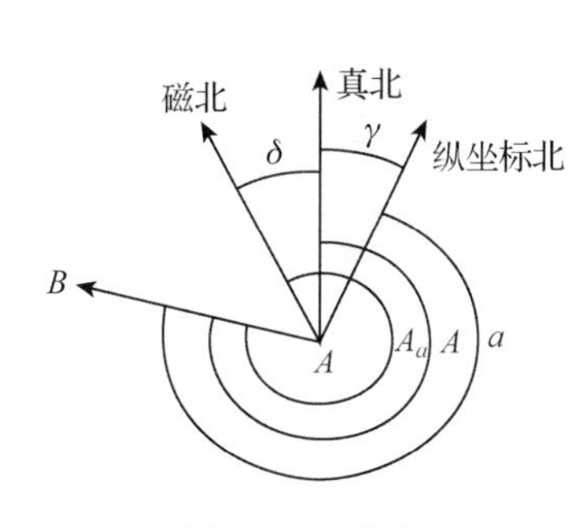

图5-1　方位角

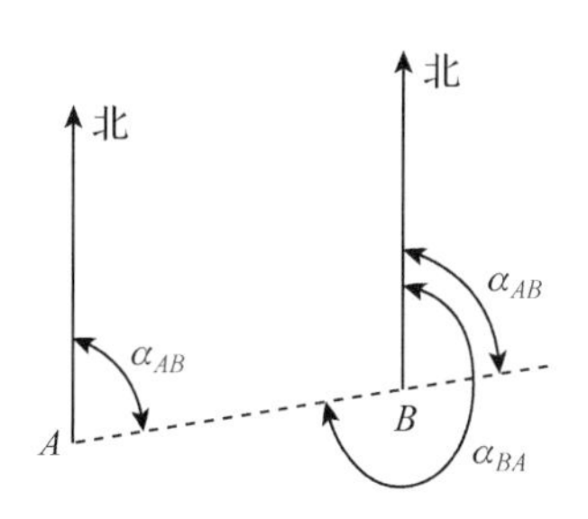

图5-2　正反方位角的几何关系

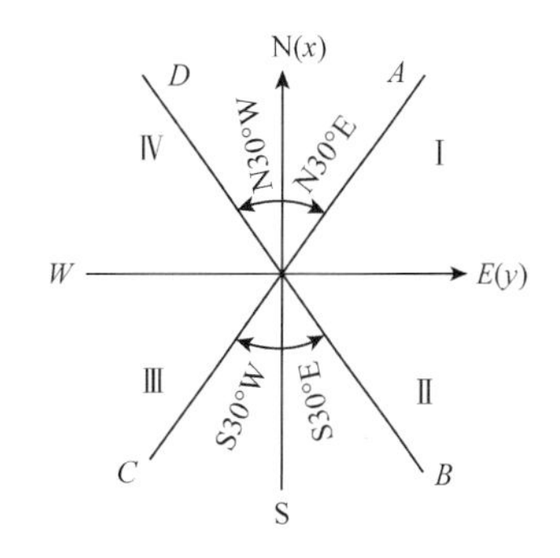

图5-3　象限角的表示

②象限角　为了计算方便，测量中也常采用直线与标准方向线所夹的锐角即象限角来表示直线方向，即由标准方向的北端或南端顺时针或逆时针方向量至该直线的锐角。象限角的取值范围为0°~90°，用R表示。平面直角坐标系分为4个象限，以Ⅰ、Ⅱ、Ⅲ、Ⅳ顺时针方向表示，纵横坐标的交叉点为O，如图5-3所示，直线OA、OB、OC和OD的象限角依次为NER_{OA}、SER_{OB}、SWR_{OC}和NWR_{OD}。由于象限角可以自北端或南端量起，所以表示直线的方向时，不仅要注明其角度大小，而且要注明其所在象限。

坐标方位角和象限角之间的换算关系见表5-1所列。

表5-1　方位角与象限角的换算关系

直线方向	由象限角R求方位角α	由方位角α求象限角R
第Ⅰ象限北偏东NE	$\alpha = R$	$R = \alpha$
第Ⅱ象限南偏东SE	$\alpha = 180° - R$	$R = 180° - \alpha$
第Ⅲ象限南偏西SW	$\alpha = 180° + R$	$R = \alpha - 180°$
第Ⅳ象限北偏西NW	$\alpha = 360° - R$	$R = 360° - \alpha$

5.1.2 “三北”方向线关系认知

(1)子午线收敛角

通过地面一点的真北方向与坐标北方向之间的夹角称为子午线收敛角，用 γ 表示，如图 5-1。国际上统一规定坐标方向在真北方向的东边为正，反之为负。

(2)磁偏角

由于地球磁极与地球的南北极不重合，因此过地面上一点的磁子午线方向与真子午线方向不重合，该夹角称为磁偏角，如图 5-1 中的 δ：

$$\alpha_{真} = \alpha_{磁} + \delta \tag{5-2}$$

其中，δ 值东偏时取正值，西偏时取负值。地球上不同地点的磁偏角是不同的，我国磁偏角的变化区间在 6°~ －10°之间。同样，统一规定磁北方向在真北方向东侧为正，反之为负。

(3)磁坐偏角

磁坐偏角即磁子午线与坐标纵线之间的夹角(δ_m)。统一规定磁子午线在坐标纵线以东者为正，以西为负。

(4)三者的换算关系

$$\alpha = \alpha_{磁} + \delta - \gamma \tag{5-3}$$

【复习思考】

1. 名词解释：真北方向、磁北方向、坐标纵轴方向、方位角、象限角、坐标方位角、磁方位角、真方位角、子午线收敛角、磁坐偏角、磁偏角。

2. 请阐述在测量学中表示直线方向的 3 种方法。

3. 说明在比例尺不大于 1:50 000 的国家基本地形图上如何确定一条直线的磁方位角和坐标方位角？

4. 请分别说明方位角和象限角在坐标系中表示直线方向的各优缺点？

5. 以图形方式分析“三北方向”之间的关系，并说明它们的相互换算方法。

6. 如图 5-4 所示，若已知 $\alpha_{AB} = 54°30'$，求其余各边的坐标方位角。

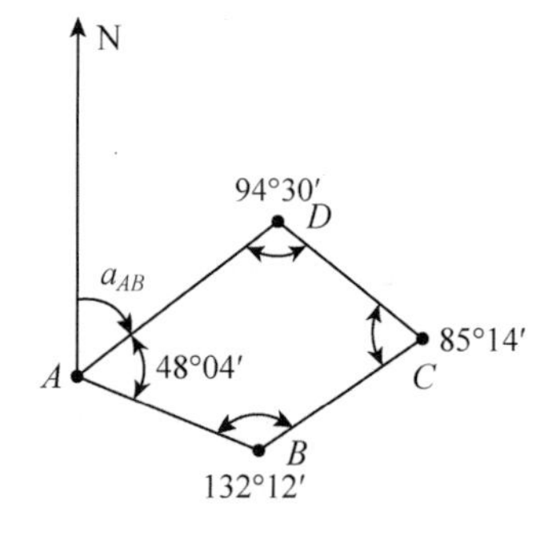

图 5-4 闭合导线坐标方位角推算

任务 5.2 罗盘仪构造认知

【任务介绍】

本任务使学生了解罗盘仪的基本结构及其作用，掌握罗盘仪的使用方法，并通过技能训练将理论知识与工具的使用方法相结合，提高其应用技能。通过本任务的实施将达到以下目标：

知识目标

1. 了解罗盘仪的构造及其作用。
2. 掌握罗盘仪的基本操作流程。
3. 掌握罗盘仪测量直线磁方位角的方法。

技能目标

能熟练测量竖直角和磁方位角。

【知识准备】

5.2.1 罗盘仪的构造

在我国林业生产中广泛使用的罗盘仪是哈尔滨光学仪器厂生产的森林罗盘仪，其主要由磁针、刻度盘、望远镜及水准器等部件构成，如图5-5所示。

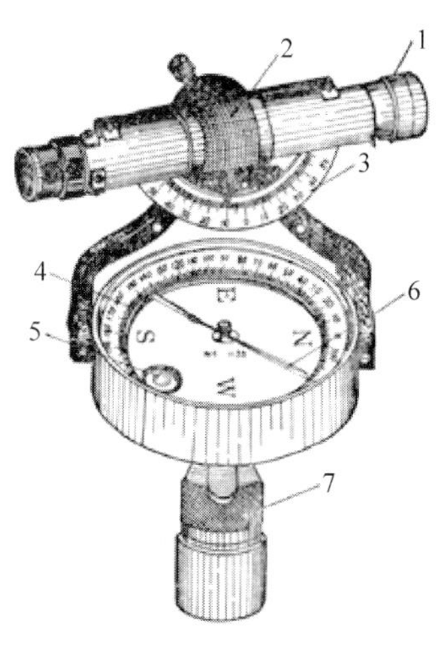

图5-5 罗盘仪的构造

1. 望远镜物镜；2. 望远镜物镜调焦螺旋；3. 竖直度盘；4. 水平度盘；5. 圆水准器；6. 磁针；7. 球窝轴

（1）磁针

磁针为长条形磁铁，被支承于刻度盘中心的顶针尖端上，中央有一小铜帽，内嵌硬质的玻璃或玛瑙，并将其下磨成球面，使磁针灵活转动。为了减轻磁针与玻璃或玛瑙面的磨损，在刻度盘下方装有磁针制动螺旋，拧紧此螺旋，磁针就被罗盘盒内的杠杆顶针顶起，并上贴在罗盘盒的玻璃盖下方而基本被固定。这样，当罗盘仪未使用时或迁站时被固定，可以减轻磁针的磨损。

磁针一端绕有铜丝圈，它是为消除磁倾角而设置的。因为地理南极和磁南极是基本相反的。在北半球，地磁南极对磁针北端引力较大，而磁针是一根粗细均匀的磁铁，顶针顶于磁针的中部，在北半球的地磁南极的较大引力就会使磁针的北端向下倾斜而与水平线产生一夹角，此角称为磁倾角。为了克服磁倾角，在磁针南端加一铜丝圈以使磁针保持平衡，由此也可区分出缠有铜丝一端为磁针南极，而不带铜丝一端为磁针北极。

（2）刻度盘

常为铝制圆盘，装在罗盘盒的内缘。刻度盘从0°开始按逆时针方向注记至360°的刻划方式的为方位罗盘，以0°~90°顺时针方向分象限刻划的为象限罗盘。一般有1°和30′的分划，每隔10°有一注记，读数时面对北针端稍微聚集俯视读数。刻度盘的上方一般用玻璃圆盘覆盖后加一黄铜紧固圈，但边缘密封并不严密，应防止空气过度潮湿和雨水浸入腐蚀磁针，并使刻度盘内形成雾气无法读数，会引起磁针生锈从而误差增大。刻度盘是随着照准设备一起转动的，而磁针静止不动。在这种情况下，应将方位罗盘按逆时针方向注记，就能读出与实地相符合的方位角。

(3)望远镜

望远镜是罗盘仪的照准设备，由物镜、目镜和十字丝组成，在望远镜的左上方有一制动旋钮，是基本固定望远镜的；紧靠制动旋钮的下方是望远镜微动旋钮，只能在制动后才有微动作用，以协助准确对准目标。目镜的作用是放大十字丝和被观测物体的影像，可以逆时针旋转脱卸下来。十字丝装在十字丝环上，互相垂直，一般用4个校正螺丝将十字丝环固定在望远镜筒内。在十字丝横丝的上下(或竖丝的上半轴及下半轴)各有一短横丝，互相对称，称为视距丝，用来视距测量。十字丝交点和物镜光心的连线称为视准轴，其延长线就是望远镜的观测视线。

(4)竖盘、球臼和水准器

望远镜是装在一支架上然后固定在刻度盘上。在望远镜下方的支架上竖向装有一半圆形铝制刻度盘，铅直中心为零点，向左向右各90°刻划，一般间隔1°刻划，10°注记，读数时正对度盘，估读到30′，用以观测地面倾斜角(坡度角)α。望远镜在水平方向以上(目估)α读数为正，反之α读数为负。

望远镜是通过一竖向连接轴连接到罗盘仪脚架上的，竖向连接轴与罗盘盒之间的连接装置称为“球臼”，形同“臼关节”的构造，内有一软皮增加摩擦力以方便连接和固定，并能使连接轴“曲向”(曲肘)，以方便罗盘仪的使用及收纳入仪器盒中。

在罗盘盒内的刻度盘上装有两个互相垂直的水准管或一个圆水准器。若为水准管，在仪器使用时应将两个水准管中的水泡被短竖线平分；圆水准器则使水泡居中即可。

脚支架的金属头下方有一金属挂钩，用来悬挂锤球对中地面点标志，目的是使罗盘仪的竖直中心线与地面标志重合，即对中。

5.2.2 罗盘仪在林业中的应用

罗盘仪主要是用来测定直线磁方位角及直线与水平面之间的竖直角(或称坡度角、倾斜角)的仪器。它构造简单，使用方便，重量小便于携带；但精度较低。常用于测量独立测区的近似起始方向，以及林区公路路线勘测、普通地质普查、林地调查等精度要求不高的测量工作中。

由于林地广袤和目前林业工作基础条件的限制，森林测量工作在局部开展时，经常利用罗盘仪进行测量。在林区，使用罗盘仪安置仪器和测站搬迁都很方便快捷，而且能满足林业行业的精度要求；当罗盘仪出现故障时也能及时调整或维修，深受林业工作者的欢迎。在很多林业调查中都会用到罗盘仪，如野外罗盘仪定北向，测量标准地或样地，林地征用占用时的面积测量，退耕还林地调查或检查，伐区作业设计的外业测量，新造林地、采伐迹地调查，在小班或标准地(或样地)中的周界和树高测量等都会使用到罗盘仪。

【技能训练】

罗盘仪结构认识及读数练习

一、实训目的

熟练罗盘仪结构及读数方法。

二、仪器材料

罗盘仪1台，标杆2根。

三、训练步骤

1. 安置仪器在校园某地安置仪器并整平气泡，放松磁针。
2. 仪器熟练分组熟练罗盘仪各部件结构。
3. 竖盘读数可以任意俯仰望远镜在竖盘上练习读数，估读到30′。
4. 磁方位角读数辨别磁针北针并练习读数，估读到30′。

四、注意事项

1. 测量磁方位角时注意检查磁针是否放下且转动灵活。
2. 可以瞄准较高或较低的明显标志。

五、技能考核

序号	考核重点	考核内容	分值
1	部件熟悉程度	能熟练掌握罗盘仪各部件	50
2	竖盘和磁北针读数	能准确读出竖盘和北针读数	50

【复习思考】

1. 试说明罗盘仪在林业生产中的重要性。
2. 说明罗盘仪的主要部件及其作用。
3. 说明竖直度盘和度盘盒的注记方式和读数方法的差别。
4. 阐述罗盘仪北针的辨别原理和识别方法。

任务5.3 磁方位角测定

【任务介绍】

本任务使学生掌握罗盘仪的安置、整平及垂球对中地面标志，组合标杆的正确使用，瞄准方法、地面倾斜角(坡度角)的测量方法，并能正确判读磁方位角。通过本任务的实施将达到以下目标:

知识目标

1. 掌握地面竖直角(倾斜角)的正确测量方法。
2. 掌握使用罗盘仪测量磁方位角的方法。

技能目标

1. 能熟练测量地面竖直角。
2. 能熟练测量磁方位角。

【知识准备】

罗盘仪是利用磁针确定直线方向的仪器。磁方位角是从地面上某点的磁子午线北端起顺时针量至目标方向的水平夹角，角值0°~360°。根据测站上两直线的磁方位角，可以推算出两直线所夹的水平角。

用罗盘仪测定磁方位角的步骤包括仪器安置、目标照准和读数3个过程。

5.3.1 仪器安置

将三脚架支开，根据地面状况及测量的方便程度，把三脚架的3只脚长度调整到合适的位置。将三脚架大致对中地面标志，然后悬挂垂球，略微调整脚架使垂球对中地面标志，这一过程称为对中。

将罗盘仪连接到脚架头上，用两手端着罗盘盒前后左右移动，使水准器泡居中，此时罗盘盒水平，这一过程称为整平。故仪器安置包括对中和整平。完成这一过程后，才能放松磁针待自由静止后开始测量的下一步骤。

5.3.2 目标照准

放松望远镜制动螺旋和水平制动螺旋，转动仪器照准部利用望远镜上的准星和照门大致对准目标，拧紧望远镜制动螺旋后使用微动螺旋，调节望远镜上下移动瞄准目标；如果水平方向(左右)没有瞄准目标，通常左手轻抚罗盘仪支架，右手抚住罗盘盒，左右微动瞄准目标，然后将水平制动螺旋拧紧。如十字丝不清晰则左右转动目镜完成调节，如物象模糊则转动对光螺旋使物象清晰。这两方面若未调节清楚，各自影像就没有落在同一平面上，认为有“视差”，所以需要把十字丝和物像都调节清晰而消除“视差”。如若瞄准目标仍有欠缺，可松开水平制动让照准部左右微动，利用望远镜微动螺旋上下微动，以使十字丝交点准确瞄准目标花杆。

5.3.3 方位角读数

待磁针自由静止后，双目焦点集中正向北针端俯视读数，顺着注记增大的方向读出磁针北端(常没拴钢丝)所指的读数即为所测直线的磁方位角。若度盘以度分划估读到30′，以30′分划可以估读到10′的整数倍，如115°40′。

如果刻度盘上的0°分划线在望远镜的目镜一端，180°分划线在物镜一端，此时应按磁针南端读数为所测直线的方位角。

在照准目标时，如果十字丝交点对准在标杆上与仪器等高处(仪器高 i 可用皮尺测量，如为视距标杆可以视距格估计量测)，此时竖直度盘上指标所示度数，即为地面的倾斜角(坡度角)。

【技能训练】

罗盘仪测量竖直角和磁方位角

一、实训目的

学会使用罗盘仪测量竖直角和磁方位角。

二、仪器材料

罗盘仪1台，标杆2根。

三、训练步骤

1. 安置仪器

在校园某地有一定坡度处分组安置仪器。

2. 瞄准目标

在标杆竖直时瞄准标杆与仪器同高之处测量地面倾斜角，还可瞄准标杆顶部或底部测量。

3. 竖盘读数

在竖盘上读数，看望远镜是否俯仰，仰角为正，俯角为负，估读到30′。

4. 磁方位角读取

此时读取磁针北针读数，估读到30′。

四、注意事项

1. 测量磁方位角时注意检查磁针是否放松且转动灵活。

2. 可以选择性瞄准较高或较低的明显标志物，以训练视差消除和瞄准熟练程度。

五、技能考核

序号	考核重点	考核内容	分值
1	竖直角读数操作	竖直角测量无误	40
2	磁方位角读数操作	磁方位角测量无误	40
3	瞄准和视差	目标瞄准和视差消除准确程度	20

【知识拓展】

罗盘仪的检验校正

罗盘仪是一种密封性不高，容易受到外界环境影响的易损仪器，如雨、雾或意外水分都可能对它产生较大影响，使磁针生锈或仪器部件转动不灵敏等，而使观测不能正常进行。所以，对罗盘仪要定期或经常性检验，出现问题需要及时校正。

在使用罗盘仪之前，应对仪器进行检验校正，当满足如下基本条件后才能正常使用。

1. 磁针两端必须平衡

将罗盘盒放置于水平位置，放松磁针，待静止后应平行于刻度盘的平面，如不平行可通过调整磁针南端的铜丝圈位置使其平衡。方法是用一小改针(在野外若无条件可利用小刀等)沿刻度盘的铜制紧固环缺口起开铜制紧固圈，取下玻璃盖板后反复调节磁针南端的铜丝圈位置使其平衡。

2. 磁针转动要灵敏

检验时先整平仪器，放松磁针，待其静止后读取磁针北端或南端读数，使用铁质类的小刀或钥匙扣等物件将磁针引离原来位置后迅速移开，待其静止观察并分析结果。一般有以下几种情况可供以参考：

①如果磁针经过大幅度的摆动后能很快静止，而且指向原来的读数，说明磁针的灵敏度高。

②如果磁针经过较长时间的摆动后才能停止在原来的位置上，说明磁针的磁性弱。

③若磁针在每次摆动后，停留在不同的位置，则是顶针或顶针的玛瑙(玻璃)顶口

磨损。

磁针校正方法如下：

①将磁针取出放在另一尖针上，此时若转动灵敏，说明是顶针磨损，可用油石将顶针磨尖。

②如果磁针转动不灵敏，说明是磁针顶口磨损，需要更换磁针。

③若是磁性衰弱则需充磁。充磁时，可用磁铁的北极从磁针的中央向磁针的南极顺滑若干次，重复滑动时只能顺滑，不能逆滑；同法用磁针南极从磁针的中央向磁针的北极顺滑若干次。此外还可以电力充磁。

3. 磁针不应有偏心

磁针的顶针不与刻度盘重合的现象，称为磁针偏心。如果磁针没有偏心，也不弯曲，那么磁针两端的读数对于方位罗盘应相差180°，对于象限罗盘应相等。

检验时整平仪器，放松磁针后读取两端读数，轻轻转动仪器不断读取两端读数，从一系列读数中分析原因。如果两端读数不相差180°(或不相等)，在任何方向上都相差一个常数，表明是磁针弯曲。如果磁针两端读数之差是一个变数，其误差随着刻度盘的转动而不断缩小，直到没有误差，再转动仪器误差又逐渐增大，这说明磁针有偏心差，即磁针偏心。罗盘仪测量磁方位角时读取南、北针读数再计算平均值，可消除刻度盘偏心的影响，其原理可自己推导。

校正方法：

(1)磁针弯曲

将磁针取下，用小木槌轻轻敲直，多次试验后直到磁针两端读数之差恰为180°(或相等)。

(2)磁针偏心

一是找出磁针两端读数差最大的地方，用扁嘴钳夹住顶针向中心纠正，多次试验直到没有误差为止；二是用计算法来消除偏心差，即读取南、北针读数再计算平均值，可消除刻度盘偏心的影响。

4. 十字丝应在正确的位置

检验时，将罗盘仪整平，在距罗盘仪20~30m处悬挂一垂球(为使其不摆动可将垂球浸入盛水容器中)。转动罗盘仪，用望远镜十字丝对准垂球线，视其是否重合；若不重合需校正。

校正方法：松开十字丝环上任意两个相邻的校正螺丝，转动十字丝环，直至纵丝完全与垂球线重合为止，再旋紧十字丝环上的校正螺丝。

5. 罗差检验与改正

(1)仪器罗差

视准轴与水平度盘的0°~180°直径连线不在同一竖直面内时，由于这项条件的不满足产生的视准差，在林业上称为仪器罗差。每一台罗盘仪是不一样的，应分别检验。可用下述方法检验：取一根1m长的细线，在两端结上垂球，将该线挂在罗盘盒上并与水平度盘的0°~180°直径连线重合；然后用望远镜照准20~30m处竖立的标杆，拧紧水平制动螺旋，再通过两根铅垂线照准标杆方向，若二者方向一致，则条件满足，否则需要校正。

检验与校正方法：

①当两根铅垂线方向未通过标杆时，可微微转动刻度盘，直至两根铅垂线方向通过标杆。

②计算出罗差，在观测值中进行改正。首先读取目标方向北针读数 a，松开水平制动，转动罗盘盒使两根铅垂线标志方向通过目标标杆，再读取目标方向北针读数 b，设罗差为 $x_{仪}$，则：

$$x_{仪}=b-a$$

改正时将观测值加上罗差，就得到改正后的数值，此时应注意罗差的正负号。

(2)地域罗差

除了仪器罗差之外，罗盘仪在不同地域受到地磁场及环境的影响不一样，从而形成一种地域罗差，可能会严重影响测量结果，也应对其检验。

检验与校正方法：

①利用调查区域1∶50 000地形图，连接图上的磁南磁北点得到磁子午线方向。

②在该地形图上选择相互通视的两个明显地物点，使用该罗盘仪在这两个明显地物点上分别测量磁方位角，它们互为正反方位角，以此计算确定目标方向的平均磁方位角，设为 $\alpha_{测}$。

③在该地形图上使用量角器，测量上述两个明显地物点已确定目标方向的磁方位角，设为 $\alpha_{量}$。

④地域罗差 $\alpha_{地}=\alpha_{量}-\alpha_{测}$。

⑤改正时将观测值加上 $\alpha_{地}$，应注意罗差的正负号。

(3)磁方位角计算

观测方向的磁方位角 = 磁方位角观测值 $\alpha_{测}+\alpha_{仪}+\alpha_{地}$

仪器罗差 $\alpha_{仪}$ 与地域罗差 $\alpha_{地}$ 一起与观测值代数和计算观测方向的磁方位角，应注意罗差的正负号。

6. 罗盘仪测量的注意事项

①罗盘仪测量是以磁针来测定方向的。磁针性能好坏、磁力强弱，对罗盘仪来说是极其重要的，所以要保护好磁针。在观测完毕搬站之前，一定要将磁针固定好；长期在库里存放的罗盘仪，应将磁针松开，而且附近不得堆放导磁金属物体。

②在铁桥、电力线(特别是高压线)或其他较大的钢铁物体旁，不宜使用罗盘仪；若罗盘仪导线必须从其附近经过，要求测站离开上述物体30m以外。

③在磁力异常(小范围内磁偏角变化幅度很大)区域，不能使用罗盘仪测图，应改为经纬仪或平板仪测图。

【复习思考】

1. 试说明罗盘仪测量地面竖直角的正确方法。
2. 试说明罗盘仪测量竖直角和磁方位角的测量过程。
3. 什么是视差，如何消除？

任务 5.4　罗盘仪平面图测绘

【任务介绍】

虽然罗盘仪测量精度较低，但其测图快，又能满足林业生产的基本要需求，因而，目前仍是林业生产中测图的常用工具。本任务使学生通过操作方法的学习和技能训练，掌握罗盘仪测量导线的方法和精度要求，学会用"图解法"平差，在此基础上进行相应碎部测绘，并能完成一个小测区的平面图制作。通过本任务的实施将达到以下目标：

知识目标

1. 掌握导线点设置和测量计算的方法。
2. 学会使用正反方位角在每一测站进行验证。
3. 学会用"图解法"平差。
4. 掌握碎部测绘方法。

技能目标

1. 能进行局部区域的平面图测绘。
2. 能使用"图解法"进行平差。

【知识准备】

测量工作要遵循"从整体到局部，从控制到碎部，从高精度到低精度"的原则，用罗盘仪测绘平面图，首先应布设罗盘仪控制导线，再以导线为依据测绘出碎部形成平面图。所以，用罗盘仪测绘平面图包括罗盘仪控制(导线)测量和碎部测量两部分工作内容。

5.4.1　控制(导线)测量

(1)导线形式

罗盘仪导线分为闭合导线、附合导线和支导线 3 种形式，如图 5-6。从一个控制点(起点)出发经过若干控制点后回到起点闭合，这样的导线形式称为闭合导线[图 5-6(a)]；从一个已知控制点(起点)出发经过若干控制点后依附在另外一个已知控制点上，这样的导线形式称为附合导线[图 5-6(b)]；在某些局部地区，从一个已知控制点出发后导线不能形成闭合形式，也不能依附在另一已知控制点上形成附合导线，或者说为了测绘某个局部而形成闭合或附合导线没有必要的情况下，从一已知控制点出发经过不多于 3 个点位后既不闭合也未附合，这样形成的这种导线称为支导线[图 5-6(c)]。

(2)导线控制点布设

这项工作也称为踏勘和选点。罗盘仪测量毕竟精度较低，也容易受到磁场异常区的影响，故测区范围一般较小，控制点也容易布设。在布置导线之前，首先要对测区踏查一遍，充分利用高处观察测区情况，对测区的大小、地物地貌的复杂程度或交通条件等，做到心中大致有数，以方便我们对测区布置出适宜的导线。在选点时应注重以下几点：

①相邻导线点之间必须相互通视。

②导线点应选在地势开阔，地面比较稳定，便于安置仪器和观察碎部的地方。

③相邻两导线点间的地貌不要过于复杂，要便于丈量距离。

④在道路、河流、山脊和山谷等较大的线状地物地貌交叉处应设置导线点，以便于连接其他导线。

⑤导线点之间的距离不宜过长，否则易产生较大量距误差或不方便丈量距离。

⑥所选设的导线点应能基本控制测区范围。

点位选定后，用 5cm × 5cm × 30cm 的木桩标定，依次编号，并绘制草图作好记载（“点之记”图），以利于所选点位在可能被破坏后及时恢复。

如图 5-6(a)所示，已布设的罗盘仪闭合导线为“$A-1-2-3-4-A$”的 5 个导线点形成的图形，D 为每条边的水平距离，β 为相邻两条边所夹的内角，$\alpha_{磁A1}$ 为正方位角，$\alpha_{磁1A}$ 就是反方位角。

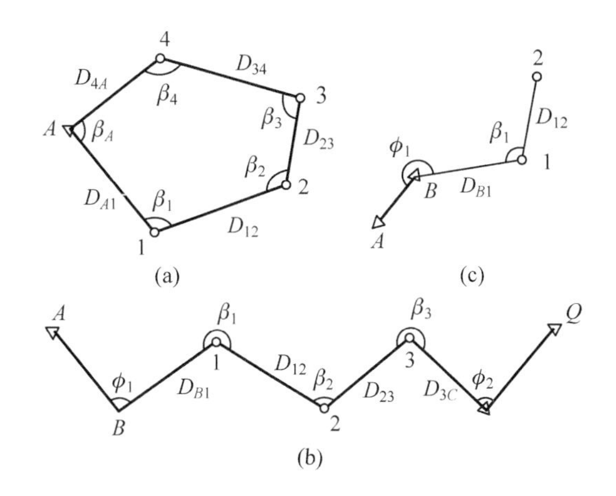

图 5-6 导线的布置形式示意图

(3)量距

在一般林业工作中，控制导线点之间的量距可以采用皮尺或测绳往返丈量导线边的水平距离或斜距，斜距的倾斜角超过 3°时需要改算为水平距离(称为改平)，L 为斜距，α 为倾斜角，见式(5-4)。往返丈量的相对误差不能大于 1/200，以往返测量的平均水平距离为结果值；若误差超限需要重测。在山区，地面起伏大不便于直接量距时，采用视距法测距。用视距法测距，一般与方位角测量同时进行，罗盘仪视距法的具体操作方法如下。

罗盘仪视距测量，是利用望远镜十字分划板竖丝上的两根分划短横丝，以及十字丝的长横丝，配合具有 2cm 红白(或黑白)间隔的视距标杆进行测量，或者使用水准尺或塔尺进行视距测量。在罗盘仪安置完成后将磁方位角、竖直角与视距测量同时进行，方法是瞄准视距标杆上几乎与仪器同高之处(从地面量至望远镜支架中心处为仪器高 i)，调整望远镜微动螺旋，使得上丝(或下丝)瞄准视距标杆上一整格分划线，下丝不足整格部分落在 2cm 分划格内，估读至 0.2cm。

如仪器中心点为 A，目标点为 B，观测出 A 至 B 的地面倾斜角(坡度角)为 α，上下丝之间在视距标杆上的差值为尺间隔 l，并在刻度盘上读出磁方位角 $\alpha_{磁}$，据视距测量原理乘

常数 K 为 100，鉴于罗盘仪是外对光望远镜(能在望远镜上看到调焦螺旋的移动)则加常数 C 为 0.3m，那么 AB 之间的水平距离按式(5-5)计算：

$$D_{AB} = L \times \cos\alpha \tag{5-4}$$

$$D_{AB} = Kl\cos^2\alpha + C \tag{5-5}$$

(4)测角

测角工作包括测定各导线边磁方位角和倾斜角。

在上述视距测量中已测出磁方位角 $\alpha_{磁}$，每一条导线边都要返测磁方位角，将正反方位角和倾斜角记录在表 5-2 中。这样就有了校核条件，能够及时发现错误或磁场异常现象，以保证观测质量，提高观测成果的精度。斜距是皮尺或测绳丈量的距离，还需测量相应倾斜角以使水平距离按式(5-4)计算；若直接丈量水平距离则无需测量相应倾斜角；若为视距法测距则按式(5-5)计算水平距离。平均方位角是按式(5-6)计算的，其中，当反方位角大于 180°时用“ - ”，当反方位角小于 180°时用“ + ”。

表 5-2 罗盘仪导线测量手簿

测站	目标	角度(° ′)				距离(m)		
		正方位角	反方位角	平均方位角	倾斜角	斜距	平距	平均平距
1	2	49 00	229 00	49 00	8 00	136.5	135.2	135.0
					8 00	136.1	134.8	
2	3	138 30	318 00	138 15	6 00	90.5	90.0	89.9
					6 00	90.3	89.8	
3	4	198 00	19 00	198 30	5 30	122.1	121.5	121.7
					5 30	122.5	121.9	
4	5	273 00	93 00	273 00	2 00	105.9	105.9	105.8
					2 00	105.7	105.7	
5	1	348 00	168 00	348 00	1 30	90.1	90.1	90.0
					1 30	89.9	89.9	

$$\alpha_{磁平均} = \frac{1}{2}(\alpha_{正} + \alpha_{反} \pm 180°) \tag{5-6}$$

同一边的正反方位角之差理论值为 180°，允许误差 1°，如果超限应查明原因加以改正或者重测。

(5)导线点的展绘与平差

①罗盘仪导线点展绘　展点前，应将观测结果进行整理，然后根据各边的平均方位角和水平距离平均值，用量角器和比例尺(或直尺)将导线点展绘在坐标方格纸(计算纸)上。具体方法略述如下：

首先在坐标方格纸上确定出磁北方向，用铅笔绘制磁北方向，在图南接图廓位置标注并绘出直线比例尺。在草图纸上大致将导线点图草绘出来，确认图形轮廓、大小并确定起点应放在坐标方格纸的适当位置，然后在坐标方格纸上的拟定位置用铅笔绘出一个 0.1mm 直径的起点，并以此为圆心绘制 1mm 的小圆圈，在圈外极近处用点号“1”标记，1 点以后的各导线点暂用“2′”的样式作为临时点号标记。

以起点到次点的平均方位角和水平距离平均值，用量角器和比例尺将次点展绘在坐标方格纸上。同法依次绘出其他各点，在绘出末点后还应使用末点至起点的平均方位角和水平距离平均值，用量角器和比例尺将观测并计算而得的“起点”展绘在坐标方格纸上，若测量过程中没有误差，那么理论上两个起点应重合，但往往由于量距、测角及测量条件等的影响会形成起点1不重合的现象而得到1′，它们之间的差距11′称为绝对闭合差(f_D)，在图上量出长度并精确至0.1mm，乘以比例尺分母即为实地的闭合差f_D，它与导线全长的相对闭合差按下式计算：

$$K = f_D / \Sigma D_i \tag{5-7}$$

将计算结果整理为分子为1，分母取整的形式。罗盘仪导线的精度要求为$K \leqslant 1/200$，在限差之内，可用图解法进行平差。

如果超出限差，应立即进行检查或重测。根据几何原理，若量距出现重大误差或错误，可首先检查与闭合差方向平行的边，如果距离无误再检查与闭合差方向垂直的导线边磁方位角是否有问题。但是在同一导线内如有两条边长或两条边的方位角有问题，则不能用此法检查。

②图解法平差　由于展绘罗盘仪导线点是按照磁方位角和水平距离开展的，在起点的基础上依次绘出下一点，最后在n点的基础上绘出起点(如1点)。这样，前一点的误差传给后一点，然后依次全部传递到n点。因此，离起点越远的点，误差积累就越大。导线全长绝对闭合差可以看成是各点误差的积累，平差时将闭合差按各导线点至起点的距离成比例分配，各点的分配值(改正值)用图解法求出。步骤如下：

将导线总长用较小的比例尺，在初绘的导线点图之南廓用直线绘出，在该直线上分别截取1-2、2-3等各相邻导线边长，得到2、3、4…n点；从n点向上作垂线，在其上截取垂距为闭合差，垂点为1′，连接1和1′，再从2、3、4…$n-1$点分别向上作垂线与11′各自相交于2′、3′、4′…$(n-1)'$点，那么22′、33′、44′…$(n-1)(n-1)'$就是2、3、4…n点针对闭合差f_D，按比例平差后所分配的闭合差长度。

过2′、3′、4′…n'点分别作11′的平行线，在该平行线上分别截取相应的平差改正值，得到改正后的各导线点位置，连接改正后的各导线点，即得改正后的导线图形。

5.4.2　碎部测量

碎部测量是以导线点为依据测绘周围的地物、地貌。鉴于罗盘仪测量的精度较低，一般只用来测绘区域较小的平面图。仪器和工具配置有罗盘仪、1号图板、标杆、小钢尺、量角器、三棱尺、计算器、铅笔、橡皮等。人员配置一般为观测员、记录计算员、绘图员各1人，立尺员1~2人。

如果原有导线点数量不足，还可在碎部测量的同时增加测站点，如支导线法增加测站点(点位不能超3个，建议利用返测简单校正误差)。碎部测量的方法有极坐标法、方向交会法和导线法，施测时可根据不同情况灵活运用。

(1)极坐标法

在测站(控制点)附近地势开阔、通视良好的情况下运用。罗盘仪安置在某一控制点上，逐个测量控制点至碎部特征点的磁方位角和水平距离，然后利用磁方位角和水平距离展绘碎部点成图。特征点选择得越多，勾绘出的图形就与实地形状越相似，但工作量也越

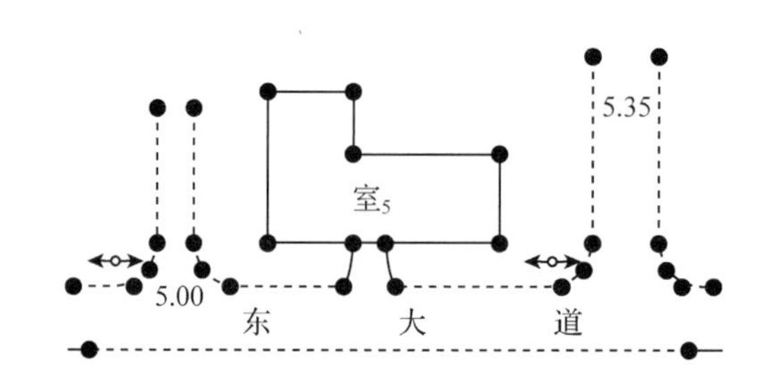

图 5-7 碎部特征点选取示意图

图 5-8 极坐标测图的原理

大，如图 5-7、图 5-8 所示。

(2)方向交会法

适用于目标明显、量距困难或立尺员不易到达，并在两个测站上都能观测到的碎部特征点。对该方法简单说明如下：

在两个测站上分别观测同一目标点的磁方位角，用两个磁方位角在导线点图上交会，交点即为待测的特征点。

(3)导线法

导线法是用低精度的罗盘仪导线去测绘特征点的位置。对于具有闭合轮廓，而又不便于进入该轮廓内部去施测的块状地物，如某一区域内有一块待测而密植苗木的苗圃地，对该地块的轮廓图形可采用罗盘仪导线法在块地边缘进行围绕测量，利用每一测站测得的平均磁方位角和水平距离逐点展绘图形，最后回到起点，检验闭合差是否超限，在碎部测量要求精度较低的情况下可以按比例逐段平差。

5.4.3 平面图面积量算

(1)方格法

用以毫米为单位的透明方格纸或透明方格纸膜片盖在欲测算的图形上，先读出图形内完整的方格数；然后用目估法，将不完整的方格凑成完整的方格数，与整方格数相加；或将边界上不完整的方格数遵照随机分布的原则采用“取一舍一”的方法凑整。统计完方格后再乘以每个方格所代表的面积数，即得所求的面积。这种方法简便，若凑整太多目估精度不高，量测一次后可调转位置方向，再量一次，求平均值。

(2)梯形法

将绘有间隔相等平行线的透明纸蒙在所要量算面积的图形上，整个图形则被平行线分割成若干等高的梯形，按照梯形的求积法计算各个梯形的面积，累加起来换算成整个图形的实地面积。为提高面积求算精度，可将边界上形成的若干个小三角形，按照三角形求算面积，然后与梯形面积累加，最后换算成实地面积。

(3)求积仪法

机械求积仪精度较低，目前市面上少见，相关配件也缺少。林业生产上采用电子求积仪较多。

电子求积仪有很多形式，用法上多有差异，如美制 LASICO 系列，日制 KP-90N 及与此差异不大的由我国哈尔滨生产的电子求积仪。按照相应说明书操作比较简单，此处不一一介绍。

【技能训练】

校园某一局部小区的平面图测绘

一、实训目的

熟悉使用罗盘仪测绘平面图的方法步骤。

二、仪器材料

罗盘仪，图板，标杆，小钢尺，量角器，比例尺(或直尺)，计算器，铅笔，橡皮等；5cm×5cm×30cm 的木桩每组 10 根。

三、训练步骤

1. 首先由教师选定校园某一局部范围大致边界，然后带领各小组骨干设置罗盘仪导线控制点，最好每个设置小组一个完整的闭合导线圈，以 A、B、C、D…为导线点顺序字母，各小组以阿拉伯数字区分，如第一组为 A_1、B_1、C_1、D_1…并在地面作好标志。

2. 以小组为单位开展罗盘仪导线测量。

3. 碎部测量。

4. 罗盘仪导线测量导线点展绘与平差。

5. 罗盘仪导线测量的错误查找与改正。

四、注意事项

罗盘仪测量时，望远镜的目标应瞄准标杆上与仪器高 i 大致等高处，以使瞄准方向和坡面线平行，这样所读取的竖盘读数为该地面坡度角，仰角记“+”，俯角记“-”。

五、技能考核

序号	考核重点	考核内容	分值
1	测设记录检查	记录表格要求数据正确、清晰，计算无误并满足精度要求，草图或示意图绘制正确，线条清晰、匀称	60
2	图面材料检查	平面图所反映的要件满足要求，图面清晰、美观，具备平差图形和平差后的图形，碎部测量完整，地物、地貌要点具备，注记符号规范	40

【复习思考】

1. 叙述罗盘仪导线测量选择控制点的注意要点。

2. 当出现磁力异常时，如何根据磁方位角判断磁力异常情况并进行磁方位角修正？
3. 罗盘仪测绘平面图，当误差超限时如何分析误差或错误情况？
4. 简述罗盘仪导线测量图解法平差的方法。
5. 罗盘仪碎部测量有哪几种方法？说明它们的优缺点和适用范围。
6. 罗盘仪导线形式有哪几种？说明它们的适用范围和特点。

任务 5.5　罗盘仪样地测设

【任务介绍】

本任务通过测设样方结合仪器现场实训，让学生掌握确定引线方位角和水平距离的方法，由明显地物点相对定位目标点、样地(标准地)测设程序、闭合差要求等知识和技能，熟练掌握样地测设技术和方法。通过本任务的实施将达到以下目标：

知识目标

1. 掌握确定调查点位和野外定点方法。
2. 掌握确定引线方位角和水平距离的方法。
3. 掌握直线引点或折线引点方法。
4. 掌握矩形样地测设程序及闭合差要求。

技能目标

1. 能在林地中测设矩形样地。
2. 会计算样地测量闭合差。

【知识准备】

在森林资源的外业调查工作中，样地的测设尤为常见。其工作主要包括确定样地、引线定位及矩形样地边界测设等。

5.5.1　确定样地

样地位置的确定主要决定于抽样方法，主要分为系统抽样和随机抽样两种。现以系统抽样为例说明其样地位置的确定的步骤与方法。

(1)确定总体单元及样本单元数

当抽样总体确定后，将同一总体内的所有小班面积进行计算，并根据样本单元的大小，确定调查总体内的总体单元数。

根据总体目测调查结果计算样本单元数。

(2)确定样本单元的位置

根据样本单元的数量与总体单元数量的比例(抽样比)关系或样本单元间距确定。

①按等间距定点　按计算的样点间的距离制作布点图，其比例尺一般不大于1∶25 000，

多在较大比例尺地形图或正射卫星图片上进行，以其网格交叉点作为每个样方定位点，一般将其作为样方的西南角点。

②按等比例定点　按样本单元的大小制作布点图，并根据抽样比，从起点开始，每间隔一定数量的单元点作为抽中的样方定位点。

如按随机方法抽取，则从随机数值表中按顺序查出小于等于总体单元数的数值，其在布点图上对应的单元位置样方的定位点。

5.5.2 引线(点)定位

在图上确定出样地的位置后，还需将其在实地标定出来。为了在实地标定样地，需在其西南角点附近找一明显地物点，即在实地存在，同时在图上又能找到的地物点。以明显地物点为基准点，通过罗盘仪测设相对定位，标定样地现地位置的工作就是引线定位。

在引线定位之前，通常应在地形图上确定明显地物点和样点的位置，使用直尺和量角器量取两点之间的方位角及水平距离。此时应注意坐标方位角与磁方位角的差别。

目前，在林业生产上多使用以下两种方法进行样点定位。

5.5.2.1 GPS

利用GPS(林业上多采用手持GPS，精度相对较低)进行实地直接定位，这种方法比较简单，也容易掌握。相关知识和操作见本教材GPS的相关内容。

5.5.2.2 引线(点)连测

引线(点)连测又分直线连测和折线连测。用皮尺或测绳量距，水平距离 = 斜距 × $\cos\alpha$；由于野外地形复杂致使量距困难，若采用视距法量距，则水平距离 = $Kl\times\cos^2\alpha$。磁方位角以往返测量取平均数值。

起点和终点以5cm×5cm×30cm的木桩标定起点，用砍刀削平桩顶一侧，使用标记笔标记起点桩号A_0及A，或用小刀刻记后用标记笔或油漆标注。中间的过渡测站可在野外就地取材制作木桩(如2cm×2cm×20cm)，点号可用1、2、3…形式，标记方法同前。

(1)明显地物点选择

首先在实地利用地形图，确定一个在地形图和实地都存在的明显地物，如房屋的角点、河流(或山谷)交叉点、小型桥梁(如小木桥)头或尾点、纪念碑、独立大树、小型公路交叉点、小路交叉点或河渠交叉点等。在确定明显地物点时要考虑引线的距离长短和施测方向的困难程度，然后在地形图上查数它的坐标，若不足整公里，采用“内插法”计算余数，从而得到明显地物点的坐标。

(2)计算引线连测的方向和距离

把明显地物点设为A_0，需要引测的样点设为A，它们之间的坐标方位角计算式为：

$$\alpha_{A_0-A} = \arctan[(Y_A - Y_{A_0})/(X_A - X_{A_0})] \tag{5-8}$$

在相应的1:50 000地形图上查图南廓“三北”方向线的“磁坐偏角”(即磁子午线和坐标纵线之间的夹角)，将α_{A_0-A}换算为磁方位角作为引线连测使用罗盘仪放样的方向角，应注意罗差的检验与改正，即在实际观测中，应按修正后的磁方位角进行测定。

明显地物点A_0和引测的样点A之间的水平距离为：

$$D_{A_0-A} = \sqrt{[(X_A - X_{A_0})^2 + (Y_A - Y_{A_0})^2]} \tag{5-9}$$

(3)直线连测

如明显地物点 A_0 和引点 A 之间没有影响罗盘仪测量的障碍物(即为通视)，D_{A_0-A} 不超过一个测站，那么使用罗盘仪在 A_0 处安置仪器，沿着 α_{A_0-A} 方向只需要一个测站完成 D_{A_0-A} 距离的直线连测，即在地面以 5cm×5cm×30cm 的木桩标志；如距离较远，则在 α_{A_0-A} 的方向上逐站施测，中间站以 2cm×2cm×20cm 的木桩标志，直到引线距离 D_{A_0-A} 累减值为 0 时，即到达引点 A，在地面以 5cm×5cm×30cm 的木桩标志。

(4)折线连测

如果两点之间遇到障碍阻隔不能按直线方向施测，那么只能用折线连测。比较容易掌握的方法是，遇到障碍物时连续折转 3 个 90°后回到引线连测 α_{A_0-A} 方向上，形成矩形回路后继续沿着 α_{A_0-A} 方向引测，直到该方向上的 D_{A_0-A} 递减值为 0m 时到达引点 A。

折线连测应注意的要点有 3 个方面：

①折线连测是引线距离 D_{A_0-A} 逐步递减到 0，且是在引测方向为 α_{A_0-A} 的限制下；

②遇到障碍物折转 90°时，参与递减计算的观测距离只能在 α_{A_0-A} 方向测量的水平距离才能纳入；

③也可采用野外携带方便的可编程计算器，自行编写简单的程序进行连续作业；但应注意在使用前应严格检查和测试程序的可用性和严谨性。

5.5.3 矩形样地边界测设

在实地确定样点位置后进行钉桩标志，并以此为样地的西南角点对样地边界进行测设工作。

矩形样方测设中多为正方形。下面就样地(或标准地、标准带)测设的步骤方法进行说明。

(1)标准带测设

当样点定位后，通常沿着与等高线垂直的方向设置标准带(或按照相关要求设定)，此时可在相应地形图上选定一个与等高线垂直的方向，按前述方法在地形图上测量出磁方位角 $\alpha_{带}$，并经罗差校正后得到改正后的标准带中线方向磁方位角，即可按照此方向测量标准带。

①设置标准带宽，为中线左右各 10m(标准带宽 20m)。

②于起点 A 安置罗盘仪，按照设计的中线方向($\alpha_{带}$)瞄准位于适宜安置仪器并方便测量的 B 点花杆，左转 90°后在该方向上量取水平距离 10m 得 a_1，使用野外就地制作的小型木桩(2cm×2cm×20cm)在地面标定；再左转或右转 180°后在该方向上量取水平距离 10m 得 a_2，并用小型木桩(2cm×2cm×20cm)在地面标定。

③安置仪器于 B 点，首先回看 A 点测量磁方位角检验中线方向($\alpha_{带}$)的正确性，误差要求为不大于 ±1°。按照设计的中线方向($\alpha_{带}$)瞄准位于适宜安置仪器并方便测量的 C 点目标花杆，左转 90°后在该方向上量取水平距离 10m 得 b_1，再左转或右转 180°后在该方向上量取水平距离 10m 得 b_2，在 b_1 和 b_2 使用野外就地制作的小型木桩(2cm×2cm×20cm)在地面标定。

④确定 a_1b_1 和 a_2b_2 的边界，如果 a_1b_1 和 a_2b_2 的边界目估不超过尺长，则使用皮尺丈量水平距离；当地面坡度过大则丈量斜距 L，使用罗盘仪竖直度盘测量地面坡度角 α，按

水平距离 $D=L\times\cos\alpha$ 计算，其结果值与丈量的 AB 距离比较，相对误差 $K\leqslant 1/200$；并在 a_1b_1 和 a_2b_2 方向上使用“刀记”法标记其边界。

⑤继续以上方法，直到完成标准带的测设，在每一段（AB，BC，…）测量过程对中线方向（$\alpha_{带}$）的正确性以回测进行检验，而带宽测量是以中线带长（AB，BC，…）与其相应左右边界长（a_1b_1，a_2b_2，…）作比较，相对误差 $K\leqslant 1/200$。为此，应做到“步步检验，保证精度”，最后按要求完成标准带的测设。

（2）样地（样方、标准地）测设

①在样地（标准地）的西南角点 A，以较大木桩（5cm×5cm×30cm）在地面作标志，现以边长为20m的方形样地测量为例。

②确定样点的起始方向边，确定 B 点。以样点的0°方向（根据不同的调查规范要求而定）测量起始边，如通视良好且量距方便，则瞄准位于0°方向20m边长稍远处的某点花杆，使用皮尺在0°方向丈量水平距离20.00m得到 B 点。

如地面坡度较大，丈量斜距 L，使用罗盘仪竖直度盘测量地面坡度角 α，按水平距离 $D=L\times\cos\alpha$ 计算出的水平距离为20.00m，在地面标定 B 点。

如果两点之间遇到障碍阻隔不能按0°直线方向施测，那么只能用折线连测。这时在障碍物前便于测量处，使用就地制作的小型木桩（2cm×2cm×20cm）在地面标定 a_1，折转90°于适宜距离标定 a_2，再折转90°于适宜距离标定 a_3，又折转90°于适宜距离标定 a_4，回到0°方向上继续沿着该方向测量，直到0°方向上的水平距离 D_{AB} 累加值为20.00m时标定 B 点。如果在该边长的测量过程中再遇到其他障碍物，按前述同法进行。

在0°方向上的界外木使用“刀记”法标志，其他各边均同。

③将罗盘仪迁站至 B 点，返测 A 点，检查磁方位角，误差≤30′；如果 AB 线上有中间测站，则每一中间测站均应返测，误差≤30′，余下各边界线都按此要求测量。以90°方向测量并标定 C 点，在其中的测量过程中如遇到障碍物，中间测站标定为 b_1、b_2、…、b_n。

④将罗盘仪迁站至 C 点，以180°方向按照上述方法测量并标定 D 点，在其中的测量过程中如遇到障碍物，中间测站标定为 c_1、c_2、…、c_n。

⑤将罗盘仪迁站至 D 点，以270°方向按照上述方法测量并标定 A' 点，在其中的测量过程中如遇到障碍物，中间测站标定为 d_1、d_2、…、d_n。

⑥地面上 AA' 即为该样地（标准地）的闭合差 f_D，使用皮尺测量闭合差值，相对误差为闭合差与样地（标准地）边长之和的比值，结果值换算成分子为1，分母取整的形式，即：

$$K=\frac{f_D}{\sum D_i}\leqslant 1/200$$

【技能训练】

Ⅰ. 矩形样地测设

一、实训目的

掌握矩形样方测设的方法。

二、仪器材料

罗盘仪，图板，标杆，小钢尺，量角器，比例尺（或直尺），计算器，铅笔，橡皮等；5cm×5cm×30cm的木桩每组10根。

三、训练步骤

1. 引线定位样方的西南角点

(1)在实习林场的林地中确定一个明显地物点，并计算其与样点的方位角及水平距离。

(2)以校正后的磁方位角及水平距离，用直线或折线连测的方法测量确定样地的西南角点 A，定点后以较大木桩(≥5cm×5cm×30cm)在地面标志。

2. 矩形样方测设

以 A 点为起点，向0°、90°、180°、270°这4个方向，按照样地或样方的边长逐边测量，直到回到起点 A，或近起点 A'(样点)，测量闭合差 f_D，以及相对闭合差。

四、注意事项

1. 以5人为一组，相互配合，不得独立行事。

2. 遇到大树或其他障碍物阻挡时，以直转90°改变方向绕开障碍物，然后回到施测方向上，并做好相关记录。

3. 使用罗盘仪测量时，望远镜的目标应瞄准标杆上与仪器高 i 大致等高处，以使瞄准方向和坡面线平行，这样所读取的竖盘读数为该地面坡度角，仰角记"+"，俯角记"-"。

五、技能考核

序号	考核重点	考核内容	分值
1	测设过程	样方设置正确，测量、记录、计算、草图及边界设置等环节正确	70
2	闭合差计算	闭合差计算正确，满足精度要求	30

Ⅱ. 已知坐标点引线连测

一、实训目的

使用罗盘仪对已知坐标点进行引线连测，学会测量及相应推算方法。

二、仪器材料

罗盘仪，标杆，小钢尺，砍刀，小刀，标记笔，量角器，比例尺，计算器，铅笔，橡皮等；5cm×5cm×30cm的木桩每组20根。

三、训练步骤

1. 准备工作

根据起点坐标 A_0(已知给定或从相关地形图上选择明显地物点，使用内插法确定)和目的坐标 A 计算引线连测所需的两个要素，即坐标方位角和水平距离。明显地物点至目标点的坐标方位角为：

$$\alpha_{A_0-A}=\arctan[(Y_A-Y_{A_0})/(X_A-X_{A_0})]$$

两点之间的水平距离为：

$$D_{A_0-A}=\sqrt{[(X_A-X_{A_0})^2+(Y_A-Y_{A_0})^2]}$$

利用相关地形图计算出该区域的磁坐偏角，换算成磁方位角。

2. 标定起点

以5cm×5cm×30cm的木桩标定起点，用砍刀削平桩顶一侧使用标记笔或油漆标记起点桩号 A_0。

3. 测设过程

(1)起点 A_0 和目的坐标 A 之间在没有障碍或通视良好情况下，可直接在两点间用罗盘仪测量磁方位角和水平距离，并按此角度和距离逐站测量，直到距离测量逐步递减为0，即达目的坐标点 A。每个测站都钉木桩标志(点号可用1，2，3…形式，标记点号方法同前)。

(2)如果两点之间遇到障碍阻隔不能在直线方向施测，则用折线连测。比较容易掌握的方法是遇到障碍物时连续折转3个90°后回到待测方向上，形成矩形回路，D_{A_0-A} 递减值为第二个折转90°和第三个折转90°之间的水平距离。

(3)折线连测逐步趋近直到 D_{A_0-A} 递减到0，且此时方向为 α_{A_0-A}。

四、注意事项

1. 如有大比例尺地形图，可用其检验引线连测的准确性。

2. 相对误差≤1/200。

3. 每个测站必须进行后视磁方位角，以便检查测站间磁场异常现象。

4. 视距测量时，均应对每个测站进行前后视测量，误差≤1/200，并取其平均值为水平距离。

五、技能考核

序号	考核重点	考核内容	分值
1	测设过程计算	能逐站计算 α_{A_0-A} 和 D_{A_0-A}，直到逼近目的点，结果正确	40
2	引线连测结果准确度	采用大比例尺地形图检验引线连测的准确度，相对误差小于1/200	20
3	罗盘仪操作能力	熟练掌握磁方位角和视距测量方法	40

Ⅲ. 林业用地面积测算

一、实训目的

采用罗盘仪对某一林业用地(如区划小班的面积核实、征占用林地的面积分割、退耕还林地的营造面积分配或面积检查、林地面积纠纷鉴定、地质灾害损毁林地面积调查、病虫害或自然灾害受灾面积调查等)面积进行测量，熟悉林地的测绘、平差和面积量算过程与方法。

二、仪器材料

罗盘仪，标杆，小钢尺，砍刀，小刀，标记笔，量角器，比例尺，计算器，铅笔，橡皮等；5cm×5cm×30cm 的木桩每组5根。

三、训练步骤

1. 准备工作

确定测量起点时可选择一明显地物点，在相应地形图上最好也能观察到，然后用5cm×5cm×30cm 的木桩标定起点，或使用铁钉、油漆标志。

2. 测量工作

从起点开始，沿着地块边界采用罗盘仪导线形式(见任务5.4 罗盘仪平面图测绘)逐点绕测，每个测站都要反向观测进行校正，在测站上就地取材削制小型木桩(约2cm×2cm×20cm)在地面标志，边界线不明显或阻碍测量作业时，沿途砍伐出测线。当测至近起点时，最后一测站的顺向目标点是起点。

3. 内业工作

(1)误差计算与平差

检查利用外业测量出的罗盘仪导线每一条边的平均边长和平均磁方位角，在坐标方格纸(又称计算纸)上展绘导线平面图，在最后一测站展绘出起点，如二者重合则误差为0，否则按绘图比例尺量算出绝对闭合差，其相对闭合差应≤1/200。若符合此要求，则按“任务5.4 罗盘仪平面图测绘”中平差方法平差，否则重新开展测量。

(2)面积求算

利用平差后的平面图，采用网格法、网点法、平行线法或电子求积仪法、坐标法等计算地块面积，上述面积求算方法在“5.4.3 平面图面积量算”章节中有详细介绍。

四、注意事项

1. 如有可能，采用大比例尺地形图配合使用。

2. 在每一测站上注意检查磁针是否放松，迁站时应拧紧磁针。

3. 每一测站必须返测磁方位角，有利校核误差大小，检查测站有无磁场异常现象。

4. 视距测量时每一边都应在下一测站返测，误差≤1/200，以往返测量的平均值为该边水平距离。

五、技能考核

序号	考核重点	考核内容	分值
1	罗盘仪测量	能正确使用罗盘仪熟练观测磁方位角及距离，结果达精度要求	40
2	误差计算及平差	能使用平均边长和平均磁方位角正确绘图和平差，误差符合要求	30
3	面积求算	能熟练应用网格法、网点法、平行线法、电子求积仪法及坐标法等求算面积	30

【复习思考】

1. 从保护罗盘仪及提高测量精度出发，在测量时应注意哪些方面?

2. 请分析说明查找罗盘仪导线测量错误的方法和适用条件。

3. 鉴于罗盘仪的自身特点，在使用和保管时应注意哪些方面?

4. 试说明对于已知坐标点使用罗盘仪引线连测的方法，如遇到特殊障碍物应如何处理?

5. 试说明林业用地采用罗盘仪测量面积、平差和计算的方法。

6. 说明矩形样方测设的方法与技术要点。

7. 样方引线或边界测设中，如遇到不能迁移的障碍物如何处理?

全球定位系统应用

【教学目标】

1. 了解 GNSS 的基本概念。
2. 熟悉 GNSS 系统导航的基本原理，了解 GNSS 系统组成部分。
3. 掌握 GNSS 控制测量的基本方法及其布网原则。
4. 了解 GNSS 系统在建设中的应用。

【重点难点】

重点：定位的基本原理，接收机的用途分类。

难点：GNSS 控制网的布设，相对定位，RTK 测量。

任务6.1 卫星定位系统认知

【任务介绍】

GNSS系统是利用卫星信号进行导航定位的各种系统的总称，目前已广泛渗透经济建设和科学技术等众多领域。由于它具有定位速度快，成本低，不受天气影响，点与点之间无需通视，仪器轻巧、操作方便等优点，在大地测量、城市和矿山测量、防灾减灾、交通工程、建筑施工、地籍调查、水利测量等诸方面得到了广泛应用。通过本任务的实施将达到以下目标：

知识目标

1. 了解GNSS的种类。
2. 了解导航系统的常规组成。
3. 了解GNSS控制网的基本概念。
4. 了解RTK等测量技术的应用。

技能目标

1. 理解GNSS定位的基本原理。
2. 掌握GNSS在面积测绘、高程测量、控制测量中的基本应用。

【知识准备】

GNSS是global navigation satellite system的缩写，中文译名应为全球导航卫星系统，是利用卫星的测时和测距进行导航构成的全球卫星定位系统。它是无线电通信技术、电子计算机技术、测量技术以及空间技术相结合的高技术产物。

目前，全球定位系统应用已扩展到海洋、陆地、空中的各种军用和民用领域，包括大地测量、地区性测量控制网联测、地球动力学研究、野外勘察、海洋测量、石油勘探、管道与电缆铺设、精密工程测量、车船的导航与定位、飞机导航与进场着陆、空中交通管制、弹药准确投掷、导弹制导与定位、空间飞行器的精密定轨、各种运载器的航空测量以及人们的日常生活。

目前，GNSS包含了美国的卫星全球定位系统(GPS)、俄罗斯的全球导航卫星定位系统(GLONASS)、中国的北斗卫星导航系统(BDS)、欧盟的卫星导航系统系统(Galileo)，可用的卫星数目达到100颗以上。本任务主要以GPS为例，介绍卫星定位技术。

GPS定位技术发展归纳为3个阶段：第一阶段为伪距点定位与相位差分定位；第二阶段为广域差分与相位实时差分；第三阶段为精密点定位和网络RTK。其数据采集、传送、存储以及不同站点间的数据交互方式等也不断变迁。

GPS由空间卫星星座、地面监控系统和用户设备三部分组成。

(1)空间卫星星座部分

GPS空间卫星星座在1993年建成时由24颗卫星组成，目前有30颗工作卫星。这些卫星分布在6个轨道面上，这样分布的目的是保证在地球的任何地方可同时见到4~12颗卫星，从而使地球表面任何地点、任何时刻均能实现三维定位、测速和测时。

(2)地面监控部分

为了监测GPS卫星的工作状态和测定GPS卫星运行轨道，为用户提供GPS卫星星历，必须建立GPS的地面监控系统。它由5个监控站、1个主控站和3个注入站组成。主控制站位于美国科罗拉多州春田市。地面控制站负责收集由卫星传回的信息，并计算卫星星历、相对距离、大气校正等数据。

(3)用户设备部分

GPS的空间卫星星座和地面监控系统是用户应用该系统进行定位的基础，用户要使用GPS全球定位系统进行导航或定位，必须使用GPS接收机接收GPS卫星发射的无线电信号，获得必要的定位信息和观测数据，并经过数据处理而完成定位工作。用户设备主要包括GPS接收机、数据传输设备、数据处理软件和计算机。

【知识拓展】

GNSS定位原理

定位是指测定点的空间位置。如图6-1所示，GPS定位是将GPS卫星作为动态已知点，根据GPS卫星星历求得GPS卫星的已知坐标，由接收机测得卫星发射的无线电信号到达接收机的传播时间Δt，即：

$$\Delta t = t_2 - t_1$$

式中　t_1——卫星发射定位信号时刻；

t_2——接收机接收到卫星定位信号的时刻。

卫星到接收机的观测距离为：

$$\rho' = c\Delta t$$

式中　c——电磁波传播速度。

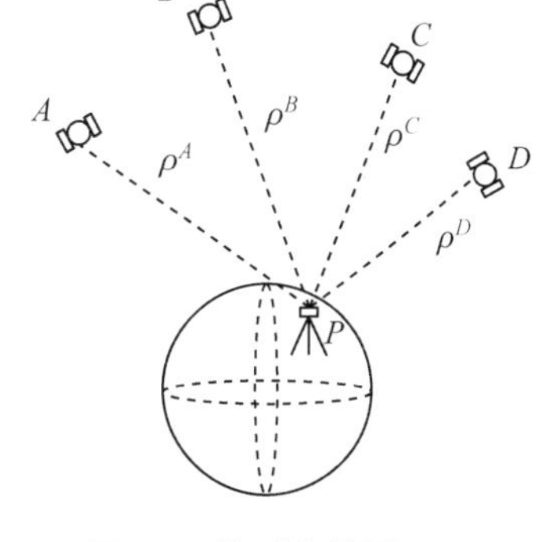

图6-1　绝对定位原理

如用X、Y、Z表示卫星坐标，用x、y、z表示接收机坐标，则星站间真实距离为：

$$\rho = \sqrt{(X-x)^2 + (Y-y)^2 + (Z-z)^2}$$

考虑到接收机钟的误差δt，则可得如下观测值方程：

$$\rho' = \sqrt{(X-x)^2 + (Y-y)^2 + (Z-z)^2} + c \cdot \delta t$$

其中，ρ'为观测量，X、Y、Z为已知量，x、y、z、δt未知量。可见，只要观测4颗以上卫星，即可列出4个以上这样的方程式，便能解出4个未知数x、y、z、δt，从而确定接收机坐标x、y、z，这就是GPS定位的基本原理。

按定位方式，GPS定位分为单点定位和相对定位(差分定位)。单点定位就是根据一台接收机的观测数据来确定接收机位置的方式，它只能采用伪距观测量，可用于车船等的概略导航定位。相对定位(差分定位)是根据两台以上接收机的观测数据来确定观测点之间的相对位置的方法，它既可采用伪距观测量也可采用相位观测量，大地测量或工程测量均应采用相位观测量进行相对定位，如图 6-2 所示。

在 GPS 观测量中包含了卫星和接收机的钟差、大气传播延迟、多路径效应等误差，在定位计算时还要受到卫星广播星历误差的影响，在进行相对定位时大部分公共误差被抵消或削弱，因此定位精度将大大提高。双频接收机可以根据两个频率的观测量抵消大气中电离层误差的主要部分，在精度要求高、接收机间距离较远时(大气有明显差别)，应选用双频接收机。

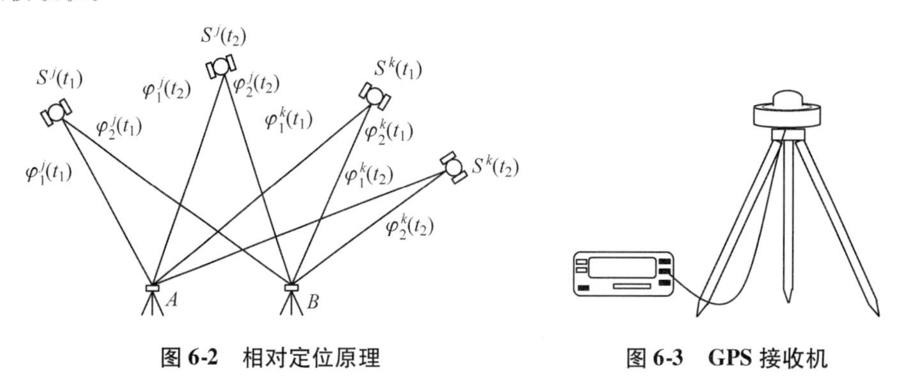

图 6-2　相对定位原理　　　　**图 6-3　GPS 接收机**

GNSS 接收机构成及工作原理为：GPS 接收机的结构分为天线单元和接收单元两部分。接收机一般采用机内和机外两种直流电源。设置机内电源的目的在于更换外电源时不中断连续观测。在用机外电源时机内电池自动充电。关机后机内电池为 RAM 存储器供电，以防止数据丢失，如图 6-3 所示。

接收机的工作过程如下：

1. 选择卫星

用户必须预先知道全部导航星的粗略星历，并从可见星(4～11 颗)中选取几何关系最好的 4 颗星。若接收机刚投入使用，还没有这种数据，则需搜捕卫星信号；只要捕获并跟踪到 1 颗卫星的信号，便可从其第五子帧取得全部卫星的粗略星历。

2. 搜捕和跟踪被选卫星信号

搜捕信号不必一位码一位码地从头到尾进行搜捕，只要粗略地知道用户位置，便可在大概的用户到卫星的距离左右搜捕，一旦捕获到卫星信号并进入跟踪，那么就可以解调出导航信息。

3. 获取粗略伪距并进行修正

用 f_1、f_2 测得的伪距差，对测量伪距进行大气附加延时的修正，只用 C/A 码的接收机无法进行此项工作。

4. 定位计算

实时计算出测站的三维位置，甚至三维速度和时间。

目前，各种类型的 GPS 接收机体积越来越小，重量越来越轻。

GNSS 接收机可以根据用途、工作原理、接收频率等进行不同的分类。

(1)按接收机的用途分类

①导航型接收机　主要用于运动载体的导航，可以实时给出载体的位置和速度。一般采用 C/A 码伪距测量，单点实时定位精度较低，一般为 10m 左右。接收机价格便宜，应用广泛。

②测地型接收机　主要用于精密大地测量和精密工程测量。这类仪器主要采用载波相位观测值进行相对定位，定位精度高。仪器结构复杂，价格较贵。

③授时型接收机　主要利用 GNSS 卫星提供的高精度时间标准进行授时，常用于天文台、无线通信及电力网络中时间同步。

(2)按接收机的载波频率分类

①单频接收机　只接收 L_1 载波信号，测定载波相位观测值进行定位。由于不能有效消除电离层延迟影响，单频接收机只适用于短基线的精密定位。

②双频接收机　可以同时接收 L_1、L_2 载波信号。利用双频对电离层延迟的不同可以消除电离层对电磁波信号的延迟影响，因此双频接收机可用于长达几千公里的精密定位。

(3)按接收机通道数分类

GNSS 接收机能同时接收多颗 GNSS 卫星的信号。分离接收到的不同卫星信号，以实现对卫星信号的跟踪、处理和量测，具有这样功能的器件称为天线信号通道。根据接收机所具有的通道种类可分为：多通道接收机、序贯通道接收机、多路多用通道接收机。

(4)按接收机工作原理分类

①码相关型接收机　利用码相关技术得到伪距观测值。

②平方型接收机　利用载波信号的平方技术去掉调制信号，来恢复完整的载波信号。通过相位计测定接收机内产生的载波信号与接收到的载波信号之间的相位差，测定伪距观测值。

③混合型接收机　该种仪器综合上述两种接收机的优点，既可以得到码相位伪距，也可以得到载波相位观测值。

④干涉型接收机　将 GNSS 卫星作为射电源，采用干涉测量方法，测定两个测站间距离。

目前市场上测量型 GNSS 接收机品牌多、型号多。进口 GNSS 接收机有如天宝 R8 系列、徕卡 GS12、GS15 系列、拓普康 HiPer Ga/Gb 系列。国产 GNSS 接收机有典型代表南方灵锐 S86 系列，南方灵锐 S82c["北斗(compass)+GPS"双频 RTK]、华测 X1、中海达 V9 等系列。

【复习思考】

1. GNSS 的定义是什么？
2. 简述 GPS 卫星定位的基本原理和优点。
3. GPS 由哪些部分组成？各部分的功能与作用是什么？

任务 6.2　卫星定位

【任务介绍】

GNSS 定位按定位模式不同，可以分为绝对定位和相对定位。绝对定位是指直接观测观测点相对于坐标系原点的绝对坐标的一种定位方法。相对定位又叫差分定位，通过采用两台或两台以上的接收机同步跟踪卫星信号，以载波相位测量方式确定接收机天线间的相对位置，通过同步观测相同卫星和多个载波相位观测量之间的线性组合，解算各测点坐标，可大幅削弱或消除卫星钟差、接收机钟差、卫星星历误差、电离层延迟和对流层延迟等误差，得到较高定位精度。通过本任务的实施将达到以下目标：

知识目标

1. 了解实时差分定位基本原理。
2. 了解网络 RTK 的概念。

技能目标

能进行 RTK 基本操作。

【知识准备】

1. GNSS 实时差分定位 RTK(载波相位差分技术)

实时动态差分法是一种新的常用的 GPS 测量方法，以前的静态、快速静态、动态测量都需要事后进行解算才能获得厘米级的精度，而 RTK 是能够在野外实时得到厘米级定位精度的测量方法，它采用了载波相位动态实时差分方法，是 GPS 应用的里程碑，它的出现为工程放样、地形测图、各种控制测量带来了曙光，极大地提高了外业作业效率。

高精度的 GPS 测量必须采用载波相位观测值，RTK 定位技术就是基于载波相位观测值的实时动态定位技术，它能够实时地提供测站点在指定坐标系中的三维定位结果，并达到厘米级精度。在 RTK 作业模式下，基准站通过数据链将其观测值和测站坐标信息一起传送给流动站。流动站不仅通过数据链接收来自基准站的数据，还要采集 GPS 观测数据，并在系统内组成差分观测值进行实时处理，同时给出厘米级定位结果，历时不足 1s。流动站可处于静止状态，也可处于运动状态；可在固定点上先进行初始化再进入动态作业，也可在动态条件下直接开机，并在动态环境下完成整周模糊度的搜索求解。在整周末知数解固定后，即可进行每个历元的实时处理，只要能保持 4 颗以上卫星相位观测值的跟踪和必要的几何图形，则流动站可随时给出厘米级定位结果。

2. 网络 RTK 定位

网络 RTK 也称基准站 RTK，是近年来在常规 RTK 和差分 GPS 的基础上建立起来的一种新技术。通常把在一个区域内建立多个(一般为 3 个或 3 个以上)GPS 参考站，对该区域构成网状覆盖，并以这些基准站中的一个或多个为基准计算和发播 GPS 改正信息，从而对该地区内的 GPS 用户进行实时改正的定位方式称为 GPS 网络 RTK，又称为多基准站 RTK。

它的基本原理是在一个较大的区域内稀疏地、较均匀地布设多个基准站，构成一个基准站网，那么就能借鉴广域差分 GPS 和具有多个基准站的局域差分 GPS 中的基本原理和方法来设法消除或削弱各种系统误差的影响，获得高精度的定位结果。

网络 RTK 是由基准站网、数据处理中心和数据通信线路组成的。基准站上应配备双频全波长 GPS 接收机，该接收机最好能同时提供精确的双频伪距观测值。基准站的站坐标应精确已知，其坐标可采用长时间 GPS 静态相对定位等方法来确定。此外，这些站还应配备数据通信设备及气象仪器等。基准站应按规定的采样率进行连续观测，并通过数据通信链实时将观测资料传送给数据处理中心。数据处理中心根据流动站送来的近似坐标(可据伪距法单点定位求得)判断出该站位于由哪3个基准站所组成的三角形内。然后根据这3个基准站的观测资料求出流动站处所受到的系统误差，并播发给流动用户来进行修正以获得精确的结果。有必要时可将上述过程迭代一次。基准站与数据处理中心间的数据通信可采用数字数据网DON或无线通信等方法进行。流动站和数据处理中心间的双向数据通信则可通过移动电话GSM等方式进行。

【复习思考】

1. 实时差分原理是什么?
2. 什么是网络RTK?

任务6.3　GPS应用

【任务介绍】

地理位置定位一直是森林资源调查、规划、设计、研究和林业经营中重要的基础工作。森林面积、蓄积计算、林区林界划定、固定样地研究等都需要进行地理位置定位。手持GPS是以移动互联网为支撑、以GPS智能手机为终端的GIS系统，是继桌面GIS、WebGIS之后又一新的技术热点。通过本任务的实施将达到以下目标：

知识目标

1. 了解手持GPS在林业中的基本运用。
2. 了解坐标定位和参数转换基本原理。
3. 了解GPS高程的测量方法。

技能目标

1. 能使用手持GPS测量面积。
2. 能进行坐标定位的基本操作。

【知识准备】

GPS信号接收机通过接收3颗卫星信号进行二维定位(经度、纬度)，4颗卫星则可进行三维定位(经度、纬度及高度)。因此，手持GPS给林业测绘界提供了一种新的测量方式。GPS每秒更新一次坐标信息，所以可以记载自己的运动轨迹。定时采样可以规定采样时间间隔，比如1s，每隔间隔时间记一个足迹点。它会把足迹线转化为一条“路线”，路线是GPS内存中存储的一组数据，包括一个起点和一个终点的坐标，还可以包括若干中间点的坐标，路点的选择是由GPS内部程序完成的，一般选用足迹线上大的转折点，通过GPS的定位数据可以对不规则地形进行定位测量。

6.3.1 面积测绘

手持 GPS 主要提供了两种测量面积的方式：航迹法与航线法。

(1)航迹法

在测量面积的起始点定点，在主菜单界面，选择“航迹”，在“记录航迹”后面选择“关闭”，然后选择“打开”，绕着要测量地区的边缘走一圈以后，保存一个终止点，再在“航迹”页面的“记录航迹”选项选择“关闭”，然后选择“保存”，把这条行走的轨迹保存下来。保存的时候要选择起始点，然后选择终点，这样就可以在这条航迹的信息里面读出这块区域的面积。这是人们使用 GPS 较多的一种方式。但 GPS 易因信号漂移、航路折返等因素影响其最终数据精度；优点是使用便捷，可以快速获得面积数据。

(2)航线法

在“主菜单”的“航线”选项里面，新建一条“航线”，可以编辑这条“航线”的名字。然后在所要测量地物边缘的一些拐点处停下来，静止状态下，当估计误差达到 10m 以下，最好为 5~6m 时，接着按“菜单”键，选择“加入航线”，然后选择刚刚新建的这条航线的名称，最后按“输入”键即可。打开“主菜单”，选择“航线”，找到刚才新建的这条航线，按“菜单”键，选择“计算面积”，即可得知所测地物的面积(接着按“输入”键即可更改面积的单位)。这种方式取得的数据精度最高。

6.3.2 坐标定位与参数转换

目前使用的 GPS 大多内置有 WGS84 地图基准下的自定义坐标，由于投影椭球参数等选用的差别，它和我国现行的北京 54 坐标(西安 80 坐标)之间有一系统位移偏差，常用的北京 54、西安 80 及国家 2000 公里网坐标系，属于平面高斯投影坐标系统。北京 54 坐标系，采用的参考椭球是克拉索夫斯基椭球，该椭球参数为：地球长半轴 $a=6\ 378\ 245$m；扁率 $F=1/298.2$。西安 80 坐标系，其椭球的参数为：地球长半轴 $a=6\ 378\ 140$m；扁率 $F=1/298.257$。国家 2000 坐标系，其椭球的参数地球长半轴 $a=6\ 378\ 137$m；扁率 $F=1/298.257$。

手持 GPS 的参数设置：要想测量点位的北京 54、西安 80 及国家 2000 公里网高精度坐标数据，必须科学设置手持 GPS 的各项参数。首先，在手持式 GPS 接收机应用的区域内(该区域不宜过大)，从当地测绘部门收集 1~2 个已知点的北京 54、西安 80 或国家 2000 坐标系统的坐标值；然后在对应的点位上读取 WGS84 坐标系的坐标值；之后采用坐标转换软件，计算出 D_X、D_Y、D_Z 的值。

将计算出的 D_X、D_Y、D_Z 3 个参数与 DA、DF、中央经线、投影比例、东西偏差、南北偏差 6 个常数值输入 GPS 接收机。将 GPS 接收机的网格转换为“UserGrid”格式，实际测量已知点的公里网纵、横坐标值，并与对应的公里网纵、横坐标已知值进行比较，二者相差较大时要重新计算或查找出现问题的原因。

6.3.3 高程确定

GPS 高程测量是利用 GPS 测量技术直接测定地面点的大地高，或间接确定地面点的正常高的方法。在用 GPS 测量技术间接确定地面点的正常高时，当直接测得测区内所有

GPS 点的大地高后，再在测区内选择数量和位置均能满足高程拟合需要的若干 GPS 点，用水准测量方法测取其正常高，并计算所有 GPS 点的大地高与正常高之差(高程异常)，以此为基础利用平面或曲面拟合的方法进行高程拟合，即可获得测区内其他 GPS 点的正常高。此法精度已达到厘米级，应用越来越广。测量中常用的高程系统有大地高系统、正高系统、正常高系统等。

在国内一般使用高程拟合法求水准高，已知点为 1 个时，把已知点上的高程异常改正到其他点上去；已知点为 2 个时，定义了高程平差面，此平面沿着直线方向前进；已知点为 3 个时定义了高程平差面。

【技能训练】

手持 GPS 的使用与面积量算

一、实训目的

1. 了解 Garmin GPS 72 的功能菜单与使用。

2. 掌握航点的记录方法，用航线(航迹)量算面积。

二、仪器材料

手持 GPS 接收机。

三、训练步骤

1. Garmin GPS 72 简介

GPS 72 是一款新型的 12 通道 GPS 接收机(图 6-4)，它采用了内置的螺旋天线。位于前面板上的 9 个按键，可以快捷地调用机器的各项功能(图 6-5)。GPS 72 具有一个 6cm × 4.5cm 的大屏幕，可以更加清晰、方便地看到显示的内容(图 6-6)。它的主要技术指标如下：

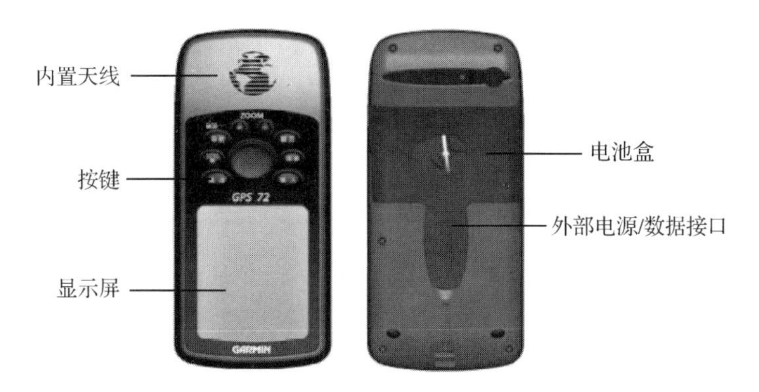

图 6-4　GPS 72 的结构

电源键：按住 2s 开机或关机，按下即放开将打开调节亮度和对比度的窗口。

翻页键：循环显示 5 个主页面。

缩放键："＋ －"，在地图页面放大、缩小显示的地图范围。

导航键：用于开始或停止导航。按住 2s，将会记录下当前位置，并立刻向这个位置导航。

退出键：反向循环显示 5 个主页面，或者终止某一操作退出。

图 6-5　基本按键及其功能

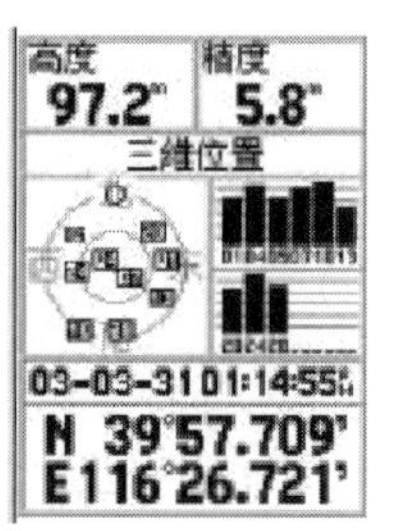

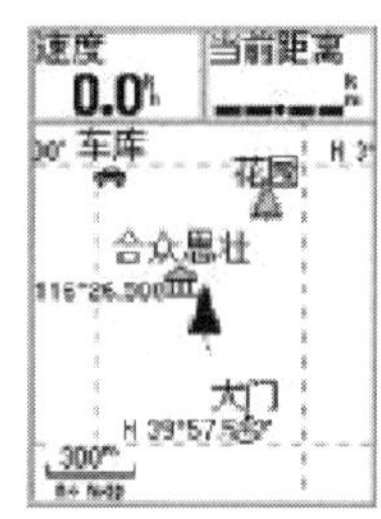

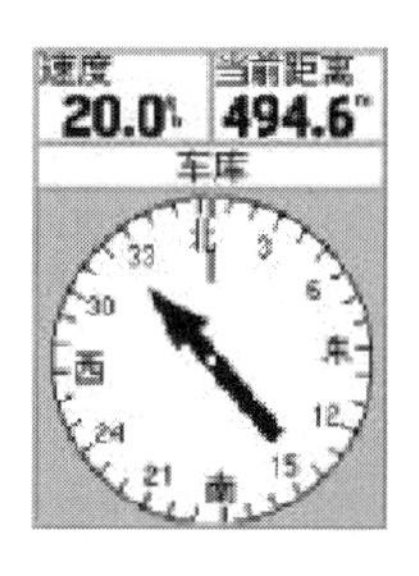

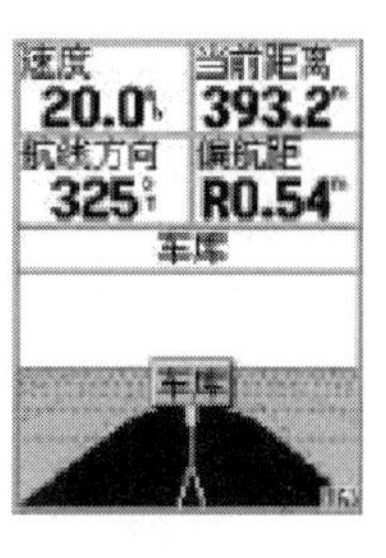

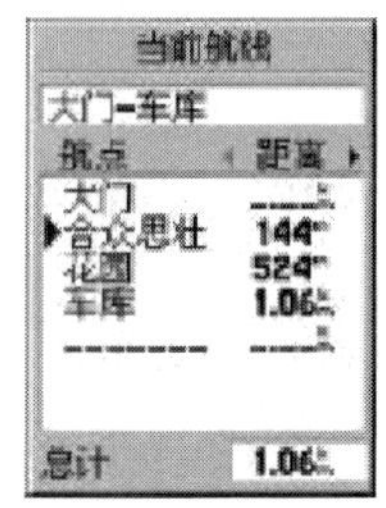

图 6-6　GPS 72 接收机的主要页面

接收机：并行 12 通道，可接收差分信号。

捕获时间：<15s(热启动)；<45s(冷启动)；2min 左右(首次自动定位)。

更新率：1 次/s，连续。

GPS 精度：<15m(单机定位)。

DGPS 精度：1~5m(差分定位)。

速度精度：0.05m/s，稳定状态。

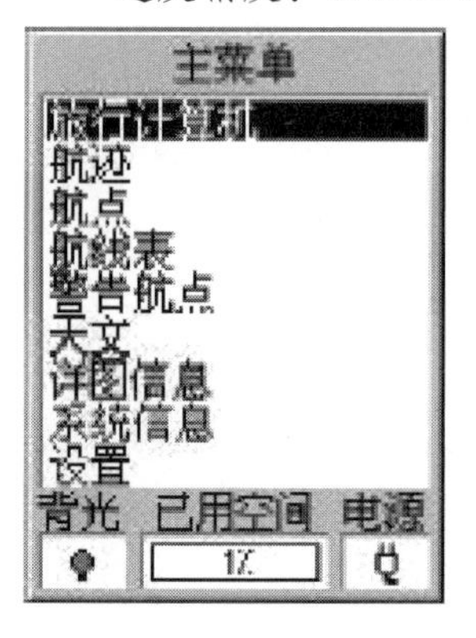

图 6-7　主菜单页面

除了上述 5 个主页面之外，连续两次按下菜单键将打开主菜单页面，主菜单页面中包括了旅行计算机、航点、航线、航迹等各种信息，以及接收机的各种设置(图 6-7)。

2. Garmin GPS 72 基本操作

开机：按住红色的电源键并保持至开机，屏幕首先显示开机欢迎画面和警告页面，按下翻页键后将进入 GPS 信息页面。

保存当前位置：在任何页面中，只要按住输入键 2s 都将捕获当前的位置，此时，只需按下输入键确认，即可保存当前位置。保存在机器中的位置点，称为“航点”。

3. Garmin GPS 72 航点的测量

测量路线时选择一个闭合回路。

沿着以上路线，在道路拐点(转弯处)用“保存当前位置的方法”记录下当前的位置(记录前原地停留 3~5min 以待误差为 10m 左右时记录)，最后回到起点即完成了野外的测量。

4. 用 Garmin GPS 72 接收机量算面积

野外测量完成后，回到实验室，将已测的航点数据量算面积，并完成本次作业的实验结果部分。

量算面积有两种方法，即用航线测量和用航迹测量，其具体步骤分述如下：

(1)用航线测量法

- 按翻页键，进入当前航线页面；
- 按向下键，把活动区移到空白航点上；
- 按菜单键，选择添加航点，按下输入键；
- 选择航点选项，按下输入键；
- 按下翻页键，把活动区移到已测的航点上；
- 用上下键选择 0001 航点，按下输入键；

● 再次按下输入键，确定，即完成一个航点的输入。

利用相同的方法，把所测的航点数据全部添加到航线页面中。

当所有的航点都添加完成后，即可进行面积的量算。方法如下：在当前航线页面中，按下菜单键，选择面积计算，按下输入键，即可计算出所测量路线的面积。

(2)用航迹测量法

● 连续按两次菜单键，进入主菜单页面；

● 选择航迹选项，按下输入键，进入航迹页面；

● 选择存储，按下输入键，确定，即可得到用航迹法测量的面积。

此外，用航迹法还可以计算出周长等信息。

四、注意事项

1. 实验完成后，每人提交一份报告。

2. 说明：报告的内容应包括所测每一航点的经纬坐标、面积计算结果、两种测量面积方法的比较以及操作步骤，并说说对手持 GPS 的使用与心得。

3. 在实验过程中，应爱护仪器，不得损坏，如有疑问，及时与老师联系。

4. 在使用 GPS 接收器时，除了老师讲到的以外，同学也应主动学习其他功能。

五、技能考核

考核重点	考核内容	分值
GPS 面积测量外业	熟练掌握手持 GPS 的基本操作，能熟练掌握航迹法和航线法测量面积的基本操作	100

【知识拓展】

GPS 应用简介

1. 各种控制测量

传统的大地测量、工程控制测量采用三角网、导线网方法来施测，不仅费工费时，要求点间通视，而且精度分布不均匀，且在外业不知精度如何。采用常规的 GPS 静态测量、快速静态、伪动态方法，在外业测设过程中不能实时知道定位精度。如果测设完成后，回到内业处理后发现精度不合要求，还必须返测。而采用 RTK 来进行控制测量，能够实时知道定位精度，如果点位精度要求满足了，用户就可以停止观测了，而且知道观测质量如何，这样可以大大提高作业效率。如果把 RTK 用于公路控制测量、电子线路控制测量、水利工程控制测量、大地测量，则不仅可以大大减少人力强度、节省费用，而且大大提高工作效率，测一个控制点在几分钟甚至于几秒钟内就可完成。

2. 地形测图

过去测地形图时一般首先在测区建立图根控制点，然后在图根控制点上架设全站仪或经纬仪配合小平板测图，现在发展到外业用全站仪和电子手簿配合地物编码，利用大比例尺测图软件来进行测图，甚至于发展到最近的外业电子平板测图等，这些都要求在测站上测四周的地貌等碎部点。这些碎部点都与测站通视，而且一般要求至少 2~3 人操作，在拼图时一旦精度不合要求还要去外业返测。现在采用 RTK，仅需 1 人背着仪器在要测的地貌碎部点呆上 1~2s，并同时输入特征编码，通过手簿就可以实时知道点位精度，把一个区域测完后回到室内，由专业的软件接口输出所要求的地形图，这样用RTK仅需一人操作，不要求点间通视，大大提高了工作效率。采用RTK配合电子手簿可以测设各种地形图，如普通测图、铁路线路带状地形图的测设，公路管线地形图的测设，配合测深仪可以用于测水库地形图、航海海洋测图等。

3. 放样

工程放样是测量的一个应用分支，它要求通过一定方法采用一定仪器把人为设计好的点位在实地标定出来。过去采用很多常规的放样方法，如经纬仪交会放样、全站仪的边角放样等，一般要放样一个设计点位时，往往需要来回移动目标，而且要2~3人操作，同时在放样过程中还要求点间通视情况良好，在生产应用上效率不是很高。有时放样中遇到困难时会借助于很多方法才能放样。如果采用RTK技术放样，仅需把设计好的点位坐标输入到电子手簿中，携带GPS接收机，它会提醒你走到要放样点的位置，既迅速又方便。由于GPS是通过坐标来直接放样的，而且精度很高也很均匀，因而在外业放样中效率会大大提高，且只需1个人操作。

4. 北斗定位系统应用简介

我国的"北斗二代卫星导航定位系统"，称为指南针导航卫星系统(Compass Navigation Satellite System，CNSS)系统，第一期星座是由12颗Compass卫星组成的区域覆盖性星座；它包括5颗在36 000km高度运行的地球同步卫星(GEO)，4颗在21 500km高度运行的中轨卫星(MEO)和3颗分别处于3个轨道上飞行于36 000km高度的斜轨卫星(IGO)。第二期星座是由30颗MEO卫星和5颗GEO卫星构成的(30+5)全球性导航星座。北斗二号定位原理和GPS、GLONASS、GALILUE完全一样，是无线电伪距定位。在太空中建立一个由多颗卫星所组成的卫星网络，通过对卫星轨道分布的合理化设计，用户在地球上任何一个位置都可以观测到至少3颗卫星，由于在某个具体时刻，某颗卫星的位置是确定的，因此用户只要测得与它们的距离，就可以解算出自身的坐标。"北斗二号"卫星导航系统提供两种服务方式，即开发服务和授权服务。开发服务是在服务区免费提供定位、测速和授时服务，定位精度为10m，授时精度为50ns，测速精度达到0.2m/s。授权服务是向授权用户提供更安全的定位、测速、授时和通信服务以及系统完好性信息。

我国本着开放、独立、兼容、渐进的原则，发展自主的全球卫星导航系统，其"三步走"发展路线图为：第一步，2000—2003年，我国建成由3颗卫星组成的北斗卫星导航试验系统，成为世界上第三个拥有自主卫星导航系统的国家。第二步，建设北斗卫星导航系统，于2012年前形成我国及周边地区的覆盖能力。第三步，于2020年左右，北斗卫星导航系统将形成全球覆盖能力。

北斗卫星导航系统将是一个由30余颗卫星、地面段和各类用户终端构成的大型航天系统，技术复杂、规模庞大，其建设应用将实现我国航天从单星研制向组批生产、从保单星成功向保组网成功、从以卫星为核心向以系统为核心、从面向行业用户向面向大众用户的历史性转型，开启我国航天事业的新征程，并将对维护我国国家安全、推动经济社会科技文化全面发展提供重要保障。

北斗应用的五大优势为：同时具备定位与通信功能，无需其他通信系统支持；覆盖中国及周边国家和地区，24h全天候服务，无通信区；特别适合集团用户大范围监控与管理，以及无依托地区数据采集用户数据传输应用；独特的中心节点式定位处理和指挥型用户机设计，可同时解决“我在哪”和“你在哪”；自主系统，高强度加密设计，安全、可靠、稳定，适合关键部门应用。

【复习思考】

1. 简述GPS面积测量的基本方法。
2. 在GPS定位中为什么要转换坐标?
3. GPS高程一般如何测量?

项目 7

地形图测绘及应用

【教学目标】

1. 了解地形图图式。
2. 掌握地形图测绘的基本工作流程。
3. 掌握地形图识图判读的基本技能。

【重点难点】

重点：地形图图式的认识，极坐标法测定原理、面积量算。

难点：地形图图幅号，经纬仪测绘法，地形图野外应用，地形图室内应用。

任务7.1　地形图认知

【任务介绍】

通过对地形图及其构成要素的学习，使学生掌握地物符号、等高线、地形图分幅与编号等地形图的基本知识与应用技能。通过本任务的实施将达到以下目标：

知识目标

1. 了解地物、地貌的基本概念。
2. 了解地物、地貌的基本表示方法。
3. 了解地形图的分幅、编号和构成要素。

技能目标

1. 能计算最新地形图的图幅编号。
2. 能进行地形图的识图。

【知识准备】

按一定数学法则有选择地在平面上表示地球表面的各种自然要素和社会要素的图称为地图。地图分为普通地图和专题地图，普通地图综合反映地面上物体和现象的一般特征，内容包括各种自然要素，如地貌、植被、水系等；社会要素，如居民点、交通线路、境界线等，不突出表现其中某一要素。专题地图则着重表现自然现象和社会现象中某一种或几种要素，如土地利用现状、环境规划、交通旅游、水系分布图等。

地形测量的成果是得到小区域大比例尺的地形图。测图所研究的问题是根据国民经济建设的需要，将客观存在于地表的地物、地貌真实地测绘到图纸上。

7.1.1　地物符号分类

地形是地貌和地物的总称。地面上各种天然和人为的附着物(如植物、河流、道路、建筑物等)称为地物。地球表面高低起伏的形态，称为地貌，如山岭、谷地、平原、盆地等。地形图是地球表面地物和地貌在平面图纸上的缩影，地物和地貌应按国家测绘总局颁发的《地形图图式》中规定的符号表示。

地物在地形图上的表示原则是：凡是能依比例尺表示的地物，将它们水平投影位置的几何形状相似地描绘在地形图上，如房屋、河流、运动场等；或将它们的边界位置表示在图上，边界内再绘上相应的地物符号，如森林、草地、沙漠等；对于不能依比例尺表示的地物，在地形图上则以相应的地物符号表示在地物的中心位置上，如水塔、烟囱、纪念碑、单线道路、单线河流等。

按地图要素分类，地物符号分为测量控制点，居民地，地物，道路，境界、管线和栅栏，水系，土质植被，注记，图廓整饰。这种分类法跟图式的内容一致，便于绘图员从图式中查找符号。

按符号与实地要素比例关系分类，则分为以下几类：

(1)依比例符号——面状或带状符号

这类符号用轮廓线表示其范围，轮廓形状与实地平面图相似，缩小程度与成图比例尺一致，轮廓内用一定符号(填充符号或说明符号)或色彩表示这一范围内地物的性质。

(2)半比例符号——线状符号

用此种符号表示的地物有：各种境界、电力线以及宽度不能依比例表示的道路、河流等。符号延伸方向可按比例尺缩绘，而宽度只能按《地形图图式》的规定表示，见表 7-1。

(3)不依比例符号——独立符号

重要或目标显著的独立地物，面积小，不能按成图比例尺表示时，须用一定形式与一定尺寸的符号表示，称为独立符号。此种符号只能表示物体的位置和意义，不能量测物体的大小。

表 7-1　地物符号的分类表示方法

类别	居民地	道路	灌木	河流
依比例				
半依比例			· ο · ο · ο	
不依比例	■			

由表 7-1 可知，同一要素可能有不同的表示方式。例如，同样是居民地，面积较大时依比例表示，较小时用半依比例或不依比例符号表示。又如同一物体，在地图比例尺较大时依比例符号表示，而比例尺较小时只能用半依比例或不依比例符号表示。这种分类法指出了符号与地图比例尺的关系，以便测绘人员能正确地表示出地面物体。

地形图上用文字和数字对地名、高程、楼房层数、水流方向加以说明者，称为注记符号，见表 7-2。

表 7-2　地形图图式所规定的常见地物符号及注记符号

编号	符号名称	图　例	编号	符号名称	图　例
1	三角点 凤凰山——点名 394. 468——高程	△ 凤凰山 / 394.46	3	水准点	⊗ Ⅱ京石5 / 32.804
2	不埋石的 图根点	⊙ 25 / 62.74	4	一般房屋 混——房屋结构 3——房屋层数	混3

（续）

编号	符号名称	图例	编号	符号名称	图例
5	简单房屋		12	建筑中的等外公路	9
6	水　塔		13	大车路	
7	台　阶		14	电线架	
8	路　灯		15	地面上的输电线	
9	消火栓		16	栅栏、栏杆	
10	独立树		17	水生经济作物地	菱
11	等外公路（9—技术等级代码）	9	18	稻　田	

7.1.2　等高线在地貌中的应用

等高线是目前地形图上常用的表示地貌的符号，它能够真实反映出地貌形态和地面高低起伏变化。

(1)等高线的概念

在图7-1中，有一高地被等距离的水平面 P_1，P_2 和 P_3 所截，在各平面上得到相应的截线，将这些截线沿铅垂方向投影（即垂直投影）到一个水平面上，并按一定的比例尺缩绘在图纸上，便得到了表示该高地的一圈套一圈的闭合曲线，即等高线。所以，等高线就是地面上高程相等的相邻各点连成的闭合曲线，也就是水平面与地面相交的曲线。

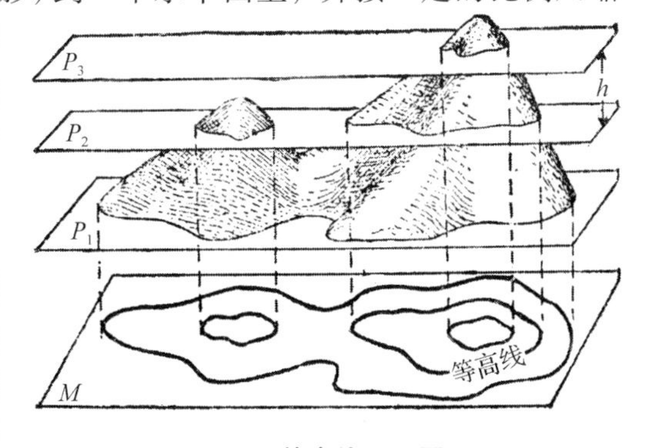

图7-1　等高线原理图

(2)等高距及等高线平距

等高线是一定高度的水平面与地面相截的截线。水平面的高度不同，等高线表示地面的高程也不同，相邻两条等高线之间的高差称为等高距，相邻两条等高线之间的水平距离，称为等高线平距。由地形图了解实际地貌的形状，是通过等高线的形状和等高线平距的变化来实现的。在同一地形图上，等高距是一个常数。而等高线的平距随地形的陡缓而变化，地势越平缓，平距越大，等高线越稀疏。反之，平距越小，等高线越密，地势越陡。因此，由等高线的疏密可以判断地势的陡缓。而地貌的形状，也可以通过等高线的形状看出来。

在同一比例尺地形图中，等高距越小，图上等高线越密，地貌显示就越详细、确切。等高距越大，图上等高线就越稀，地貌显示就越粗略。但不能由此得出结论：等高距越小越好。事物总是一分为二的，如果等高距很小，等高线非常密，不仅影响地形图图面的清晰，而且使用也不便，同时使测绘工作量大大增加。因此，等高距的选择必须根据地形高低起伏程度，测图比例尺的大小和使用地形图的目的等因素来确定。一般基本等高距的标准见表 7-3。必须指出，在同一幅地形图上一般不能有两种不同的等高距。

表 7-3　基本等高距表　　m

比例尺	平坦地区	丘陵地	山地	高山地
1:500	0.5	0.5	0.5(或 1)	1.0
1:1000	0.5	0.5(或 1)	1.0	1.0(或 2)
1:2000	0.5(或 1)	1.0	2.0	2.0

7.1.3　地形图的分幅与编号

为方便管理和使用地形图，对大区域的测绘工作需分块测量，拼接使用，这就需要按照统一的规则对地形图进行分幅和编号。地形图的分幅是指用图廓线分割制图区域，其图廓线圈定的范围为单独图幅，图幅之间沿图廓线按坐标相互拼接使用。为区分不同的图幅，一般按从左到右、自上而下的规则给每幅图编一个编号，称为地形图的编号，它是每个图幅的数码标记。地形图分幅的方法有两种：一是按经纬线分幅的梯形分幅法，用于国家基本地形图的分幅；二是按坐标格网分幅的正方形分幅法，用于工程设计和施工所需的大比例尺地形图的分幅。

7.1.3.1　梯形分幅法

梯形分幅法即国际分幅法，是按一定经纬差的梯形来划分图幅，由经纬线构成每幅地形图图廓的分幅方法，故又称经纬线分幅。该分幅法由国际统一规定的经线为图的东西边界，纬线为图的南北边界，因各经线向南北极收敛而使整个图幅呈梯形。

(1)梯形分幅与编号

①1:1 000 000 地形图的分幅与编号　国际上规定，全球 1:1 000 000 地形图实行统一的分幅和编号。其方法是从赤道起，向南、北两极每隔纬差 4°为一横列，到南北 88°止，将南北半球各分为 22 个横列，依次以字母 A ~ V 表示；由经度 180°起算，自西向东，每隔经差 6°为一纵行，将整个地球表面用经线分为 60 个纵行，依次以阿拉伯数字 1 ~ 60 表示。如图 7-2 所示，每一梯形小格为一幅 1:1 000 000 地形图，其编号用“横列号-纵行号”表示。如北京某地的经纬度分别为东经 116°24′30″和北纬 39°50′30″，则可在图 7-2 中查出其所在的 1:1 000 000 地形图的图号为 J-50。

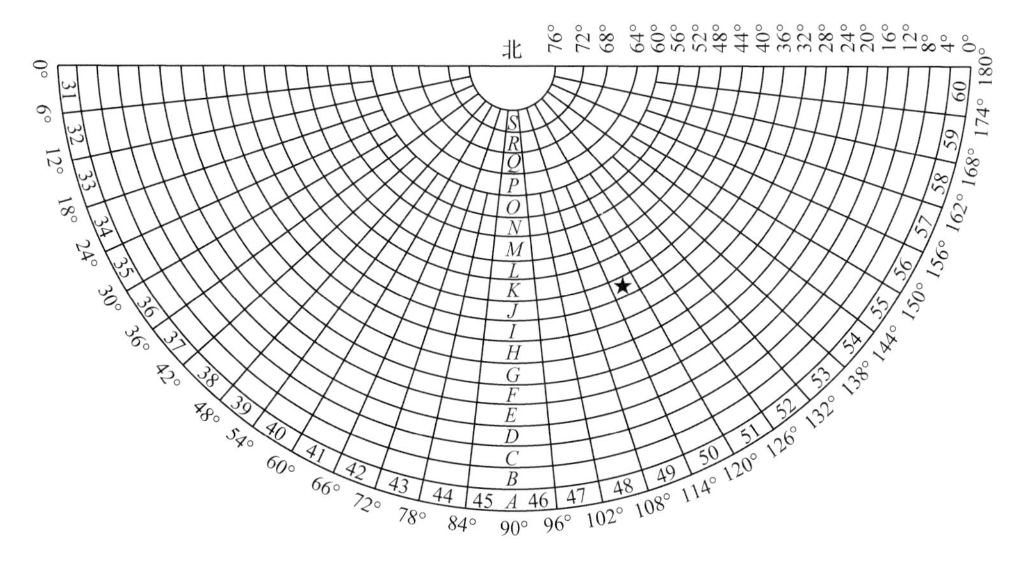

图 7-2　北半球东侧 1:1 000 000 地形图的分幅与编号

根据某地的经纬度，可在图 7-2 中直接查取所在的 1:1 000 000 地形图的图号。如果没有分幅图，也可根据其所在的经纬度通过下式计算：

$$\left.\begin{aligned}\text{横行号} &= \left[\frac{\phi}{4^{\circ}}\right]+1\\ \text{纵行号} &= \left[\frac{\lambda}{6^{\circ}}\right]+31\end{aligned}\right\}\qquad(7\text{-}1)$$

式中　[　]——取商的整数；

ϕ——某地纬度；

λ——某地经度。

1:1 000 000 以下图幅的分幅与编号是在 1:1 000 000 图幅的基础上进行的，如图 7-3 所示。

②1:500 000、1:250 000、1:100 000 地形图的分幅与编号　如图 7-4 所示，这 3 种比

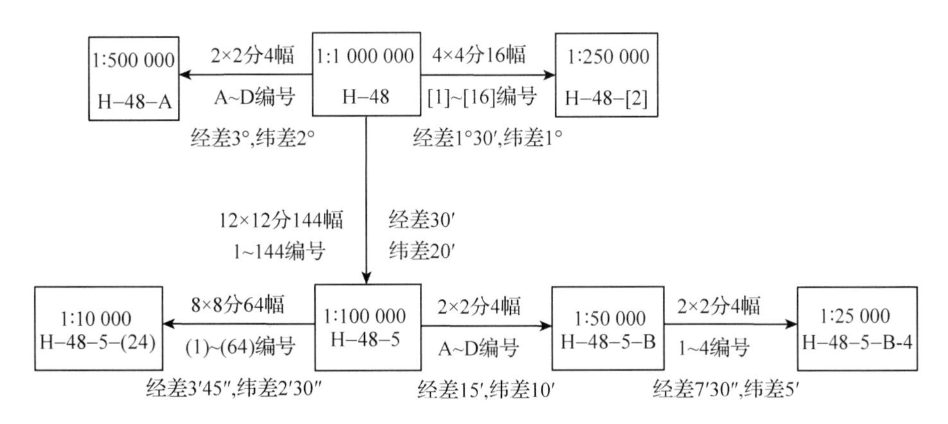

图 7-3　我国基本地形图分幅关系图

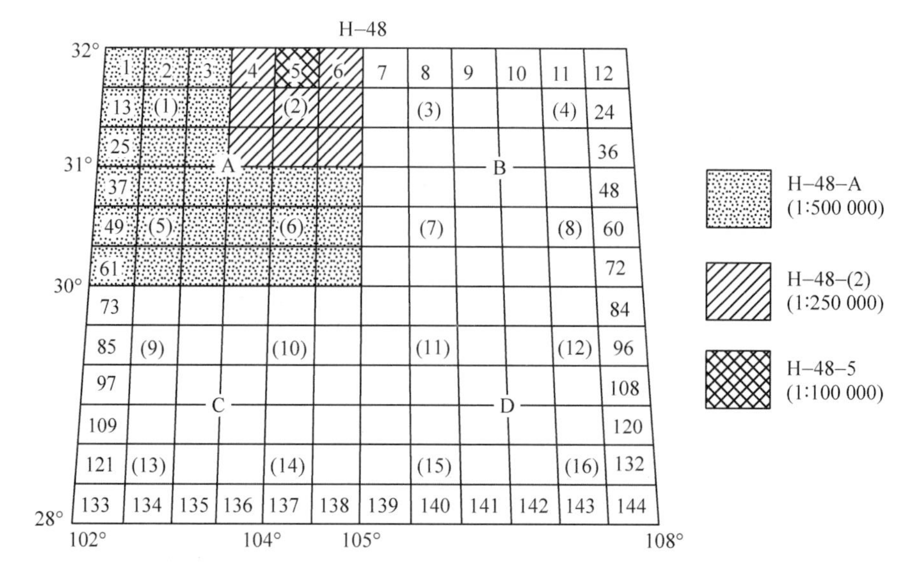

图 7-4　1:500 000、1:250 000 和 1:100 000 地形图分幅与编号

例尺地形图编号都是在 1:1 000 000 地形图图号后分别加上自身的代号组成。即每幅 1:1 000 000 地形图，按经差 3°、纬差 2°分成 4 幅 1:500 000 的地形图，分别以 A、B、C、D 表示；按经差 1°30′、纬差 1°分成 16 幅 1:250 000 的地形图，分别以[1]~[16]表示；按经差 30′、纬差 20′分成 144 幅 1:100 000 的地形图，分别以 1～144 表示。

③1:50 000、1:25 000、1:10 000 地形图的分幅与编号　如图 7-5 所示，1:50 000 和 1:10 000地形图编号是在 1:100 000 地形图图号后分别加上自身的代号所组成。即一幅 1:100 000地形图按经差 15′、纬差 10′分成 4 幅 1:50 000 地形图，分别以 A、B、C、D 表示；按经差 3′45″、纬差 2′30″分成 64 幅 1:10 000 地形图，分别以(1)、(2)、…、(64)表示。

而 1:25 000 地形图是在 1:50 000 地形图图号后分别加其代号组成。即一幅 1:50 000 地形图按经差 7′30″、纬差 5′分成 4 幅 1:25 000 的地形图，分别以 1、2、3、4 表示。

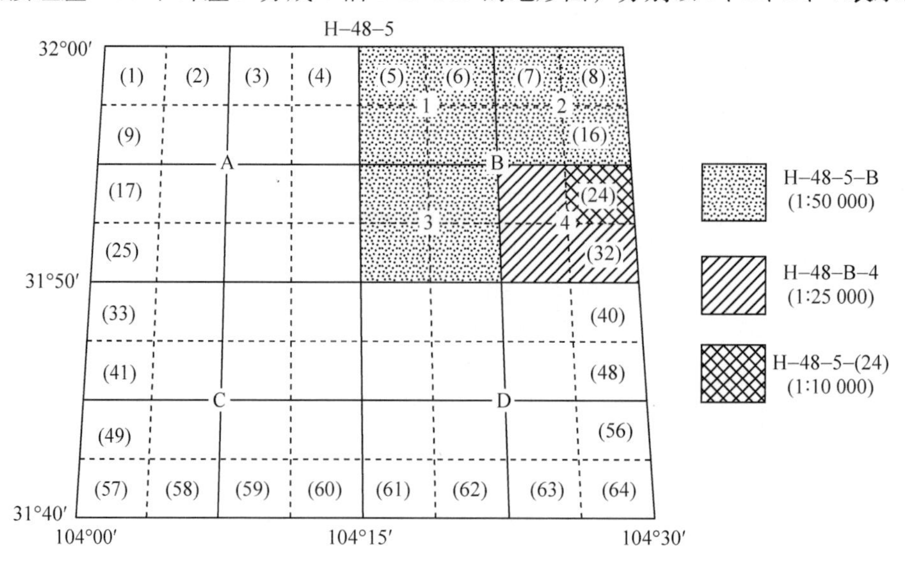

图 7-5　1:50 000、1:25 000 和 1:10 000 地形图分幅与编号

(2)国家基本比例尺地形图新的分幅方法

1992 年 12 月颁布了《国家基本比例尺地形图分幅和编号》的新国家标准，规定 1993 年 3 月起新测和更新的基本比例尺地形图，均须按新标准进行分幅和编号，它有以下特点：

• 1:5000 地形图列入国家基本比例尺地形图系列，使基本比例尺地形图有 1:1 000 000、1:500 000、1:250 000、1:100 000、1:50 000、1:25 000、1:10 000 及 1:5000 共 8 种。

• 分幅仍以 1:1 000 000 地形图为基础，经纬差也没有改变，但划分的方法不同，即全部以 1:1 000 000 地形图为基础加密划分而成；此外，过去的列、行改为行、列。

• 编号仍以 1:1 000 000 地形图编号为基础，后接比例尺的代码，再接相应比例尺图幅的行、列所组成的代码。

综上所述，所有 1:5000～1:500 000 地形图的图号均由 5 个元素 10 位代码组成。编码系列统一为一个根部，编码长度相同，方便计算机处理和识别。

①地形图的分幅　一幅 1:1 000 000 的地形图与其他比例尺地形图的关系见表 7-4。

表 7-4　1:1 000 000 地形图分为其他比例尺地形图的关系

比例尺	1:1 000 000	1:500 000	1:250 000	1:100 000	1:50 000	1:25 000	1:10 000	1:5000
行列数	1×1	2×2	4×4	12×12	24×24	48×48	96×96	192×192
图幅数	1	4	16	144	576	2304	9216	36 864
经差	6°	3°	1°30′	30′	15′	7′30″	3′45″	1′52. 5″
纬差	4°	2°	1°	20′	10′	5′	2′30″	1′15″

②地形图的编号　1:1 000 000 地形图的编号，与国际梯形分幅编号一致，只是行和列的称谓相反，其图号是由该图所在的行号(字符码)和列号(数字码)组合而成，中间不加连接符。如北京所在 1:1 000 000 地形图的图号为 J50。

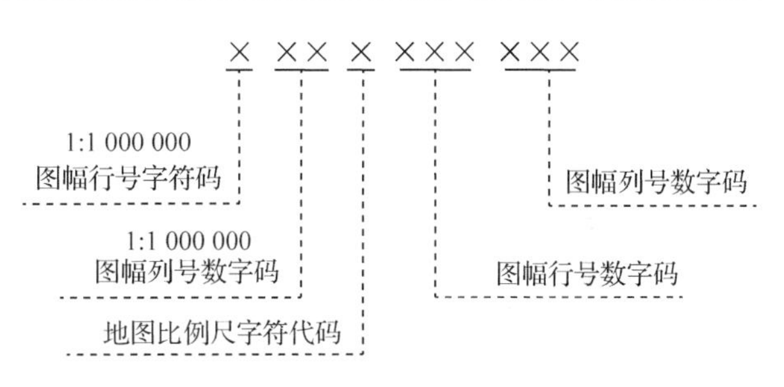

图 7-6　1:5000～1:500 000 地形图图号构成

1:5000～1:500 000 地形图的编号均以 1:1 000 000 地形图编号为基础，采用行列编号方法，如图 7-6 所示。即将 1:1 000 000地形图按所含比例尺的经、纬差划分为若干行和列，横行从上到下、纵列由左至右按顺序分别用数字编号组成数字码，采用 3 位数字表示，不足 3 位时前面补零。取行号码在前、列号码在后的排列形式，加在比例尺字符代码之后。比例尺采用的字符代码见表 7-5。

计算所求比例尺地形图在 1:1 000 000 地形图图号后的行、列编号可用下式计算：

表 7-5　各种比例尺的字符代码

比例尺	1:500 000	1:250 000	1:100 000	1:50 000	1:25 000	1:10 000	1:5000
比例尺代码	B	C	D	E	F	G	H

$$\left.\begin{aligned} \text{行号} &= \frac{4^\circ}{\Delta\phi} - \left[\frac{(\phi/4^\circ)}{\Delta\phi}\right] \\ \text{列号} &= \left[\frac{(\lambda/6^\circ)}{\Delta\lambda}\right] + 1 \end{aligned}\right\} \tag{7-2}$$

式中 [ ]——取商的整数；

( )——取商的余数；

$\Delta\phi$——所求比例尺地形图图幅的纬差；

$\Delta\lambda$——所求比例尺地形图图幅的经差。

例如，某地的经度为东经118°28′30″，纬度为北纬39°54′20″，求 1:500 000 地形图的新编号。把其经纬度代入式(7-2)计算，或通过图 7-7 查取，得到行号为 001，列号为 002，则新的编号为 J50B001002。

7.1.3.2 正方形分幅法

一般专业性测图(如城市建设、工程设计或施工放样等)所涉及的测区范围均较小，但测图比例尺较大，通常为 1:500、1:1000、1:2000 和 1:5000 等。这些地形图的分幅一般采用正方形或矩形分幅法。它是以直角坐标的整千米数或整百米数的坐标格网来划分图幅，其中正方形分幅(50 × 50)最常用。

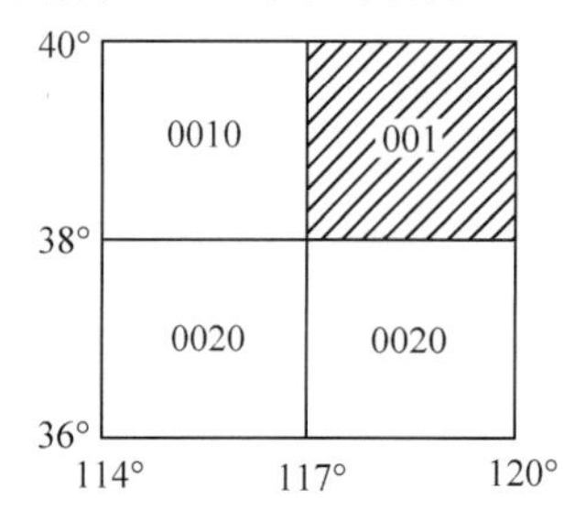

图 7-7 1:500 000 地形图

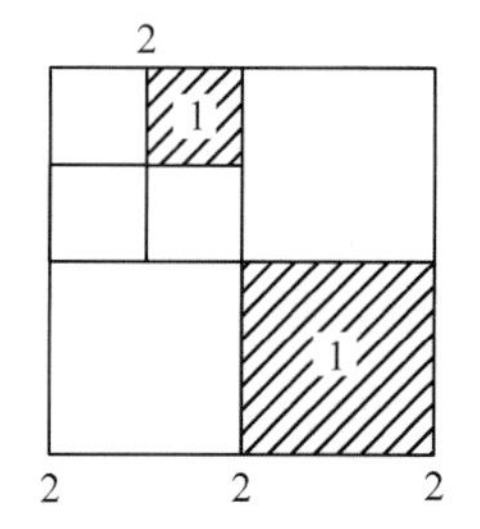

图 7-8 矩形分幅法

正方形分幅是以 1:5000 地形图为基础一分为四。即一幅 40cm × 40cm 的 1:5000 地形图分成 4 幅 50cm × 50cm 的1:2000 地形图，再将一幅 1:2000 地形图分成 4 幅 1:1000 的地形图，一幅 1:1000 的地形图又可分成 4 幅 1:500 的地形图。正方形图幅的编号，是取其图幅西南角 x 坐标和 y 坐标，以千米为单位，中间用连接符连接。编号时，1:5000 地形图，坐标值取至 1km；1:2000、1:1000 地形图，坐标值取至 0. 1km；而 1:500 地形图，坐标值取至 0. 01km。如图 7-8 所示，图中斜线部分表示相应的分幅，1:1000 地形图图幅西南角坐标分别为 $x = 25.0$km，$y = 25.5$km，故其编号为 25. 0 ~ 25. 5；1:500 地形图图幅西南角坐标分别为 $x = 25.75$km，$y = 25.25$km，则其编号为 25. 75 ~ 25. 25。

7.1.4 地形图的基本内容

地形图能详尽、精确、全面地反映制图区域内的自然地理条件和社会经济状况，为人们认识、利用和改造客观环境提供可靠的地理和社会经济方面的信息。要认识和使用地形图，就必须了解地形图的基本内容：辅助要素、地理要素和数学要素。

7.1.4.1 辅助要素

(1)图名、图号、接图表和密级

如图 7-9 所示，图名是用图幅内最著名的地物地貌的名称来命名的。图号即图幅的编号。图名和图号标在北图廓外的正中央。接图表位于图廓外的左上角，由 9 个小格组成，中间绘有斜线的一格代表本图幅的位置，四邻分别注明相应的图名，表明该图幅与四邻图

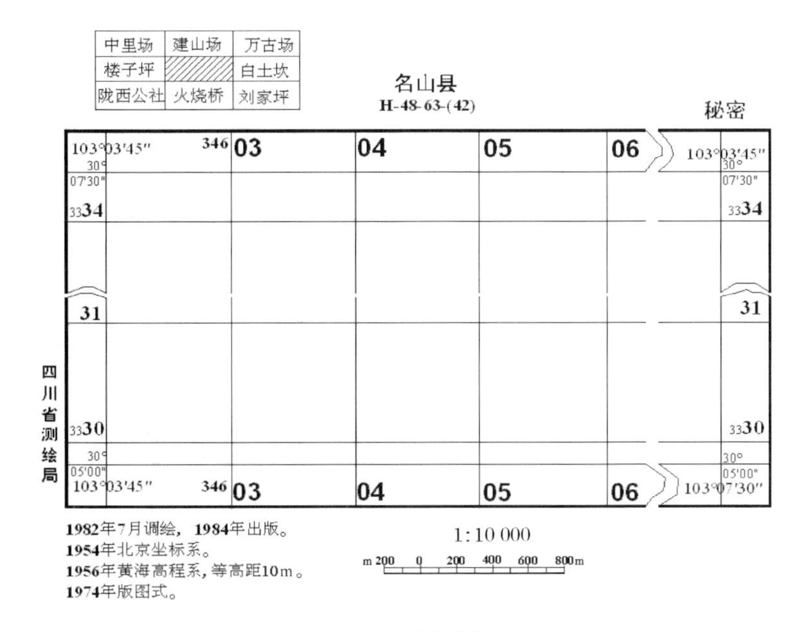

图 7-9 地形图辅助要素

幅的相互关系。另外在 1:50 000 地形图上还把相邻图幅的图号分别注在四周图廓线的中间。在北图廓外右上角注有保密等级，以便按规定保管和使用这些保密资料。

(2) 比例尺

在每幅图的南图廓外的正中央除注记有数字比例尺外，还有直线比例尺。利用直线比例尺可图解确定图上直线的实地距离，或将实地距离换算成图上长度。

(3) 三北方向线

为便于在实地进行地形图定向，在图的南图廓线右下方，绘有真子午线、磁子午线以及坐标纵线三者的角度关系示意图，称为三北方向线，如图 7-10 所示。利用三北方向线可对图上任一方向的真方位角、磁方位角和坐标方位角相互换算。

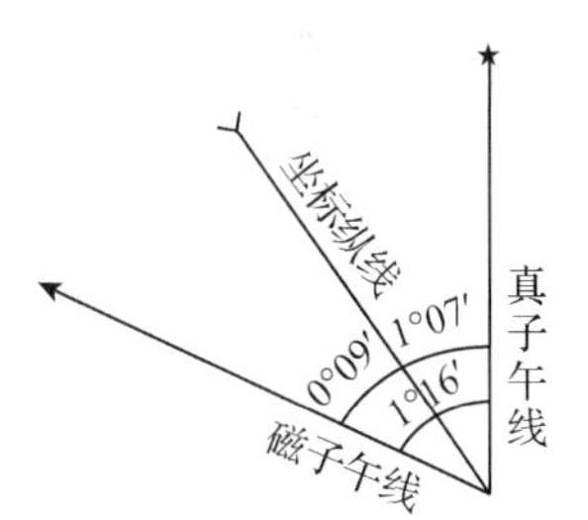

图 7-10 三北方向线

(4) 坡度尺

坡度尺是用于在地形图上量测地面坡度或倾角的图解工具。按规定在 1:25 000 或更小比例尺地形图的南图廓外均绘有坡度尺，如图 7-11 所示，可量取两相邻等高线间的坡度，也可量取相邻 6 条等高线间的坡度。

坡度尺是按下列关系制成的：

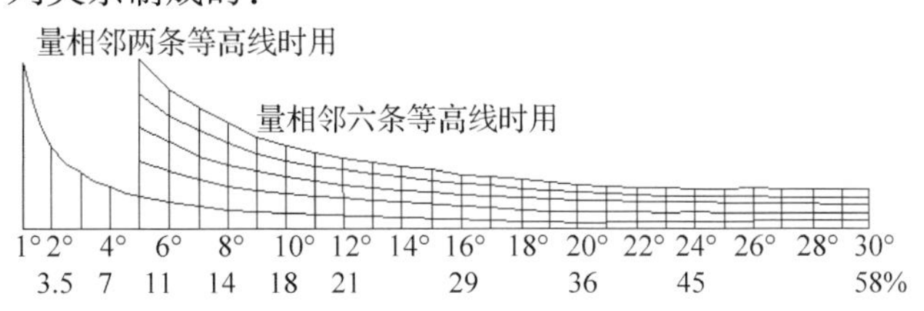

图 7-11 坡度尺

$$i = \tan\alpha = \frac{h}{d \cdot M} \tag{7-3}$$

式中 i——地面坡度；

α——地面倾角；

h——等高距；

d——相邻等高线平距；

M——比例尺分母。

(5)其他辅助要素

基本等高距用以说明图上相邻两条基本等高线间的高程差，以便用图时了解地形图显示地貌的详略程度和判读等高线高程。

①坐标系统 说明本图幅所采用的坐标系统为1954年北京坐标系或1980西安坐标系。

②高程系统 用以说明本图幅所采用的高程基准为1956年黄海高程系或1985国家高程基准。

③地形图图式 说明了本图采用的是哪年的图式版本。不同版本的图式，个别地物的表示是不同的。

④测图时间 反映了本图是何时的现状，用于分析地形图的精确性和现势性。

⑤出版机关 用以说明地形图的测制出版单位，可供分析地形图质量时参考。

7.1.4.2 地理要素

地理要素反映地面上自然和社会经济现象的地理位置、分布特点及相互联系，是地形图的主体内容。

(1)图的注记和颜色

地形图上的文字、数字统称为地形图的注记。它将地理要素中的名称、数量、意义等表示出来。地形图注记分为名称注记(如河流、山脉、道路以及村庄等)、数字注记(如楼的层数、河深、高程等)和说明注记(如路面材料、树种、井泉性质等)。

另外，为了使地形图上显示的地形醒目易读，图的颜色采用四色套印。地物符号和注记用黑色，地貌为棕色，水系为蓝色，植被为绿色。

(2)地物要素

地形图上的居民地、工矿企业建筑物、公共设施、独立地物、道路及其附属设施、管线和垣栅、水系及其附属设施等均属于地物要素。地物要素在地形图上是用各种地物符号表示出来的，这些都是按《地形图图式》规定的符号描绘。

从地形图上可看出居民地的分布情况及房屋的外围轮廓和建筑结构特征；可了解建筑物和公共设施的位置、形状和性质特征；可判别道路的类别(如铁路、公路等)、等级及其分布状况；可了解管线、垣栅的分布及走向；可区分河流、湖泊等水系、行政界限及土质、植被等的分布情况。

(3)地貌要素

地貌要素是地形图最重要的地理要素之一，在地形图上主要用等高线表示。等高线能精确地表示地面的高程和坡度，正确地反映出山顶、山背、山脊、山谷、鞍部等地貌形态，清晰地显示出区域地貌的类型、山脉的走向；而且又能表示出不同地区地貌的切割程度以及地貌结构线、特征点的位置和名称注记。地貌按其形态和高度可分为平原、丘陵、山地、高原和盆地5种类型。

①平原　地面起伏微缓，相对高度一般小于50m的广大坦荡平地称为平原。

②丘陵　地面坡度较小，相对高度在100m以下的隆起地貌称为丘陵。

③高原　地势较高，地面比较平缓的地区称为高原。其海拔一般在500m以上。

④山地　地面起伏显著，群山连绵交错，高差一般在200m以上的地区称为山地。一般山地都呈线状延伸，由许多条岭谷相间的山体组成。

⑤盆地　周围有山岭环绕而中央低凹的盆形地貌，称为盆地。

7.1.4.3　数学要素

(1)图廓

如图7-12所示，图廓由内、外图廓及分度带组成。内图廓是地形图分幅时的经纬线或坐标格网，是图的实际范围线。对于梯形分幅，内图廓是由上、下两条纬线和左、右两条经线构成的；对于矩形分幅，内图廓是由两条平行于 X 轴的直线和两条平行于 Y 轴的直线构成。外图廓只是为了使整个图幅装饰美观而绘制的。分度带绘在内、外图廓之间，由黑、白相间的线条组成，是内图廓经纬线的加密分划，以内图廓线的角点经纬度为起点，按经差1′和纬差1′交替涂成黑白线条。

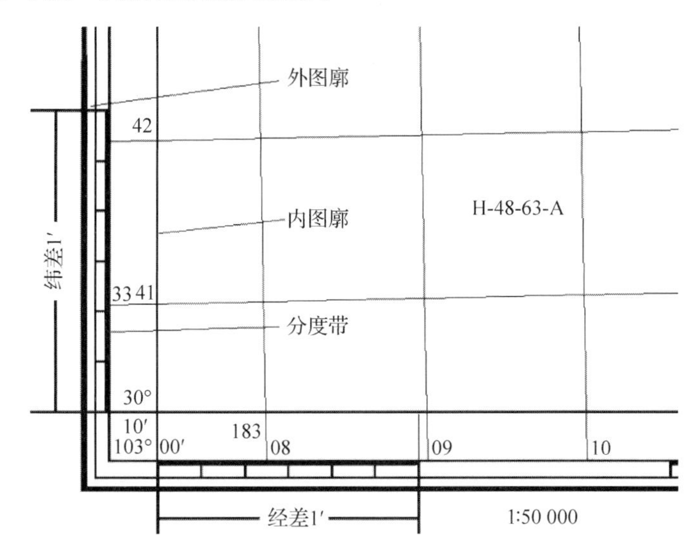

图7-12　图廓及坐标网

(2)坐标网

为测绘和编制地形图时控制绘制精度，方便在图上量算方位、距离、坐标和提取地形图要素信息等，而绘在图上的直角坐标网和经纬网，称为坐标网。

①经纬网　为了以确定点的地理坐标，在1∶10 000～1∶100 000地形图的内、外图廓间，绘有黑白相间的线段，表示经差和纬差分别为1′的分度带，而不在图内绘经纬线。而1∶250 000和1∶500 000地形图除在内外图廓间绘经纬线外，还在图幅内加绘了经纬网。

②直角坐标网　中小比例尺地形图上绘有两组互相垂直的直角坐标网线，用以确定点的直角坐标。直角坐标网的边长是1km，所以也称为公里方格网。公里数的注记是在内、

外图廓线之间，纵横注记的字头一律向北。

(3)测量控制点

测量控制点包括三角点、天文点、图根点和水准点等，它们是测绘地形图及工程测量施工、放样的主要依据。控制点不但要在地面上建造测量标志加以固定，而且用专门的符号在地形图上表示出来。地形图上各测量控制点符号的几何中心，表示实地控制点的中心位置。

【复习思考】

1. 什么是地图和地形图？什么是地物、地貌？
2. 地物在地形图上的表示原则是什么？
3. 比例符号、非比例符号和半比例符号分别在什么情况下使用？
4. 什么是等高线、等高距、等高线平距？试用等高线绘出山头、洼地、山脊、山谷和鞍部等典型地貌。
5. 简述我国现行图幅编号的计算方法。

任务 7.2　大比例尺地形图测绘

【任务介绍】

通过对大比例尺地形图测绘工作流程的了解，使学生理解从整体到局部、先控制后碎部的测绘原则和测绘方法，并学会地形图成图的基本流程和方法。通过本任务的实施将达到以下目标：

知识目标

1. 了解地形图测绘的工作流程。
2. 掌握碎部测量原理及方法。

技能目标

1. 能正确应用极坐标法测绘地形图。
2. 能正确进行地形图的修测。

【知识准备】

大比例尺地形图主要指是指 1∶500、1∶1000、1∶2000 比例尺的地形图。其测绘遵循从整体到局部、先控制后碎部的原则，在控制测量的基础上，以控制点为依据，利用经纬仪、平板仪、全站仪等仪器测定各种地物地貌的平面位置和高程，按规定比例尺绘制成地形图。

7.2.1　地形图测绘的工作流程

7.2.1.1　控制测量概述

控制网具有控制全局、限制误差累积的作用，是各项测量工作的依据。控制网的布设应遵循整体控制、局部加密，高级控制、低级加密的原则。即先进行整个测区的控制测量，再进行局部的碎部测量。控制测量是测量控制点的平面位置和高程。因此地形图控制测量分为平面控制测量和高程控制测量。平面控制测量主要涉及控制网图形选择、控制网精度选择和控制网内外业计算及控制点加密测量。而高程测量常规的一般涉及三、四等水准测量和三角高程测量。

7.2.1.2　控制网的布设方法

常规的平面和高程控制如下：

(1)常规三角网

在全国范围内建立一等三角网作为骨干控制网，在一等三角网内布设二等三角网。三、四等三角网是以一、二等三角网为基础加密而成。

(2)GPS 控制网

按国家规范将 GPS 测量划分成 A、B、C、D、E 5 个等级。其构网形式基本为三角网或多边形格网(闭合环或附合线路)。

(3)导线网

相邻控制点间的连线构成的连续折线图形，称为导线。转折点称为导线点，各段折线称为导线边，各转折角称为导线角。导线测量就是依次序测定各导线边的长度以及各导线角，并根据起算数据投算各导线边的坐标方位角，从而求得各导线点的坐标。导线测量的外业工作主要包括：踏勘选点、建立标志、量边、测角和连测。

(4)图根控制网

在等级控制点基础上直接以测图为目的建立的控制网称为图根控制网。其控制点为图根点。图根控制网应尽量与高级控制网连接，纳入国家坐标系统，个别困难地区可建立独立图根控制网。

(5)高程控制网

对于国家高程控制网一般采用精密水准测量，在全国范围内建立高精度的一、二等水准网，然后用三、四等水准网加密作为地形和工程测量的高程控制网。在山区由于条件限制，可以采用观测各边端点的竖直角，利用已知点高程和边长的测量技术和方法建立三角高程测量。

7.2.1.3　测图前的准备工作

地形控制测量结束后、碎部测量前必须做好以下各项准备工作：

(1)踏堪、了解测区的地形

抄录控制点的平面及高程成果并了解其完好情况。按测图技术规范要求，确定比例尺和选择等高距，进行测图技术设计，撰写测图技术说明书。

(2)准备工具、器材和材料

对测图用的仪器进行必要的检验和校正；拟定作业计划以及选用图纸，进行图幅划分，绘制坐标格网和展绘控制点。

(3)选用图纸

目前作业单位已广泛地采用聚酯薄膜代替图纸进行测图。测图时，在测图板上先垫一张硬胶板和浅色薄纸，衬在聚酯薄膜下面，然后用胶带纸或铁夹将其固定在图板上，即可进行测图。

(4)绘制坐标格网

地形图的精确性，除与控制点测量和地形测图的精度有关外，也与控制点展绘在图上的位置、精度有关。控制点是根据其直角坐标的 x、y 值，先展绘在图纸上，然后到野外测图，为了能使控制点位置绘得比较精确，需在图纸上先绘制直角坐标格网(又称方格网)。可以采用对角线法、格网尺法、坐标格网板法等绘制方格网。

坐标格网是由等边的正方形组成，方格边长一般为10cm。对角线法是根据矩形的对角线相等且相互平分的性质来绘制的。

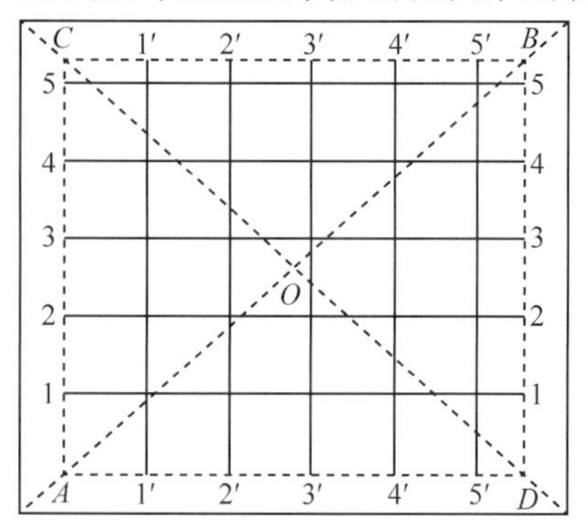

图7-13 用对角线法绘制坐标方格网

如图7-13所示，首先，用经检定合格的直线尺绘制图纸的两条对角线交于 O 点，以 O 为圆心，以略大于图幅对角线长度1/2为半径，分别截取线段 $OA = OB = OC = OD$。得 A、B、C、D 4点，连接此4点即成一矩形 $ACBD$。在矩形的 AC 和 AD 边上分别从 A 点开始，每隔10cm截取一点，再在矩形的 CB 边与 DB 边上，分别从 C、D 点开始，以同样方法截点，连接相应各点即得坐标格网。

方格网绘制的准确性，直接影响到解析点展绘的精度。因此，无论用什么方法绘制的方格网，都必须加以检查。检查的项目与精度要求如下：

①方格网线粗不应超过0.1mm，并且均匀。

②用标准直尺检查方格网线段的长度与理论值相差不得超过0.2mm。

③将直尺边与方格网的对角线重合，各相应的方格顶点应在同一直线上，偏离不应大于0.2mm。

④方格网对角直线长度误差应小于0.3mm，如超过规定的限差应重新绘制。如从测绘用品商店购买已绘制好坐标格网的聚酯薄膜，应认真进行上述几项检查，检查合格后，方可使用。

7.2.1.4 展绘控制点

根据测区“平面控制布置及分幅图”，抄录并核对有关图幅内控制点的点号及坐标、高程、等级及相邻点间的距离等，用来进行展点并留作测图时检查之用。

展绘控制点就是把测区内的所有控制点根据其坐标按照测图比例尺画在图纸上，并在旁边注明相应的点号和高程。

在展点时，首先确定控制点所在的方格。如图7-14所示中，1:1000的比例尺，控制点 C 的 x 坐标为1352.136m，y 坐标为961.007m，根据点 C 的坐标，知道它是在 $lmnp$ 方格内，然后从 p 点和 n 点向上用比例尺量取52.136m，得出 a、b 两点，再从 p、l 向右用比例尺量61.007m，得出 c、d 两点。ab 和 cd 的交点即为 A 点的位置。

同法将其他各点展绘在坐标方格网内，各点展绘好后，也要认真检查一次，此时可用

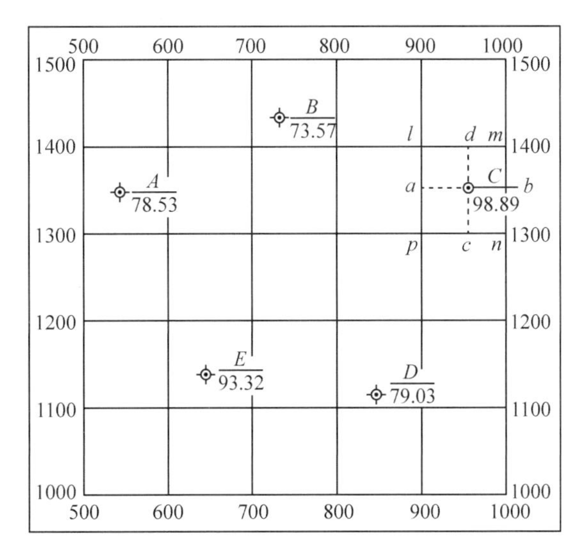

图7-14　控制点的展绘

比例尺在图上量取各相邻控制点之间的距离，和已知的边长相比较，其最大误差在图纸上不得超过0.3mm，否则应重新展绘。

当控制点的平面位置绘在图纸上后，按图式要求绘出相应控制点的符号，还应注上点号和高程。高程注记到毫米。

7.2.2　碎部测量原理及方法

7.2.2.1　测绘地物的一般原则

地物测绘主要是将地物的形状特征点测定下来，如地物的转折点、交叉点、曲线上的弯曲变换点、独立地物的中心点等。连接这些特征点，便得到与实地相似的地物形状。

测绘地物必须根据规定的测图比例尺，按规范和图式的要求，对地物进行综合取舍，将各种地物表示在图上。国家测绘总局和有关的勘测部门制定的各种比例尺的规范和图式，是测绘地形图的依据，必须遵守。例如，规范规定，对于1∶500和1∶1000比例尺地形图，房屋一般不综合测绘，即每一幢房屋均单独测绘，临时性建筑物(如工棚等)可舍去不测，对1∶2000比例尺测图，图上宽度小于0.5m的次要街巷可不表示。不管比例尺多大，只要建筑物的轮廓凹凸小于图上0.4mm，简单房屋凹凸小于图上0.6mm，均可用直线连接而不表示其凹凸形状。这样处理，既可反映建筑物的形状特征，又使图面清晰易读。

对于各种等级的三角点、水准点、图根点及有方位意义的独立地物和重要标志等，均应准确测定，并以规定符号加以表示。对于专用地图，应根据不同的用图要求决定测绘内容的取舍。

地形测图就是根据图上图根点的位置测绘附近碎部点，并勾绘出地物和地貌的形状后获得地形图。开始测图前，首先考虑图根点是否够用。相邻图根点的距离一般不应超过最大视距两倍的95%，而在荫蔽地区不能使用最大视距的地方，其间隔还要适当缩短。一般规定控制点的密度见表7-6。

表 7-6 图根控制点的密度

测量比例尺	正方形分幅图幅大小（cm × cm）	每幅图控制点数	每平方千米控制点数	一幅 1:5000 图所含幅数
1:5000	40 × 40	20	5	1
1:2000	50 × 50	14	14	4
1:1000	50 × 50	10	40	16
1:500	50 × 50	8	128	64

图根点应选择在视野广阔、观察地物和地貌清楚、工作方便的地方，如果图根点过于稀疏，不能直接施测碎部点，则以经纬仪支导线，平板仪前方交会、侧方交会和平板仪导线方法增设测站点，然后进行测图。

7.2.2.2 碎部点的选择

测绘地物地貌时，碎部点应选择地物和地貌的特征点。特征点就是地物和地貌在平面上方向转折点和坡度变化点。把绘到图上的碎部点按实际地形连接起来，就得到地物和地貌的轮廓线，因此，在测绘地形图中正确选择地形特征点，对成图的质量和速度都有直接影响。如果点位选择合适，就可以真实地显示地形现状，保证测图精度，否则测出的地形图就会失真，而影响使用。在实测中，应根据测量比例尺和实际地形情况，以表现地形全貌和主要特征为原则，对地形特征点进行综合取舍。

(1)地物点的选择

能用依比例符号表示的地物，主要是选择地物轮廓线上的转折点，如房角，道路、河流的起点终点、交叉点和拐弯点，森林农田边界的折角点。有些地物的形状极不规则，一般规定在图上凹凸小于 0.4mm 的转折点可以按直线测绘，但比例尺不同，0.4mm 相应的实地距离也不相同。例如，测 1:500 比例尺图时，地物轮廓上离开直线部分 0.2m 的转折就需测出，而测 1:1000 地形图时，0.4m 的转折才需测出。不能按依比例符号表示的独立地物(如电线杆、水井等)，应选择地物的中心点。

(2)地貌点的选择

可以把各种地貌看作是带有无数棱线的多面体，棱线如果能确定，则地貌的形状也就确定了。地面上主要的地性线是分水线(山脊线)、合水线(山谷线)及倾斜变换线。因此地貌点要选在山顶、山脊、鞍部、山脚、谷底、谷口、倾斜变换点、陡壁上下等处。除了测出坡度变化的地形点外，在坡度一致的线段，还要参考表 7-7 的规定间距，测定足够的地形点。

在碎部测量中，立尺员要和测站配合好。在平坦地区跑尺，可由近及远，再由远至近

表 7-7 城市测量碎部点的最大间距和最大视距 m

比例尺	地形点最大间距	最大视距	
		地物点	地貌点
1:500	15	40	70
1:1000	30	80	120
1:2000	50	150	200

地跑尺，立尺结束时处于测站附近。在地性线明显的地区，可沿山谷线、山脊线等地性线跑尺，也可大致沿等高线处跑尺。立尺点要分布均匀，一点多用。观测员应尽可能测完一个地物后再测另外一个地物，并立即绘出地物的轮廓线。地形特征点也应测一点连一点，测完后地性线也连出来了，这样才不会发生遗漏和弄错。

7.2.2.3　测定碎部点位置的方法

测定碎部点的基本方法有极坐标法和方向交会法两种。

(1)极坐标法

极坐标法是根据测站点上的一个已知方向，测定已知方向与所求点方向间的角度和量测测站点至所求点的距离，以确定所求点位置的一种方法。

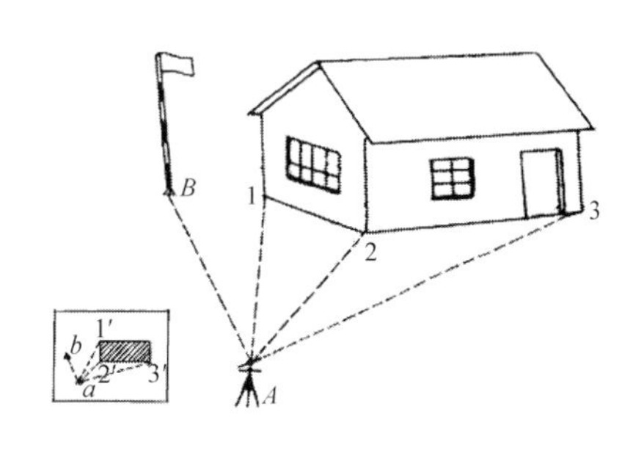

图 7-15　极坐标法

在图 7-15 中，A、B 为地面上两个已知测站点，在图上的相应点为 a、b。今欲将房屋测绘到图纸上，安置仪器(经纬仪、全站仪等)于 A 点上，经对中、整平，以 AB 进行定向后，用照准仪瞄准房屋的房角 1，测定测站点至定向点的方向与测站点至房角 1 方向之间的水平夹角 β，在图纸上绘出 $a1'$的方向线，用视距(或用皮尺丈量、光电测距等)测出 $A1$ 的水平距离 D，根据所用的测图比例尺换算得图上长度为 $a1'$，则地面上房角 1 在图上的位置为 $1'$。用同样的方法可测得房角 $2'$、$3'$，根据房屋的形状，在图上连接 $1'$、$2'$、$3'$各点便可得到房屋在图上的平面位置。其高程用碎部点的高程计算公式：

$$H = H_{测站} + D\tan\alpha + i - v$$

式中　D——测站点至碎步点的水平距离；

α——仪器照准碎步点标尺视线的竖直角；

i——仪器高；

v——标尺的中丝读数。

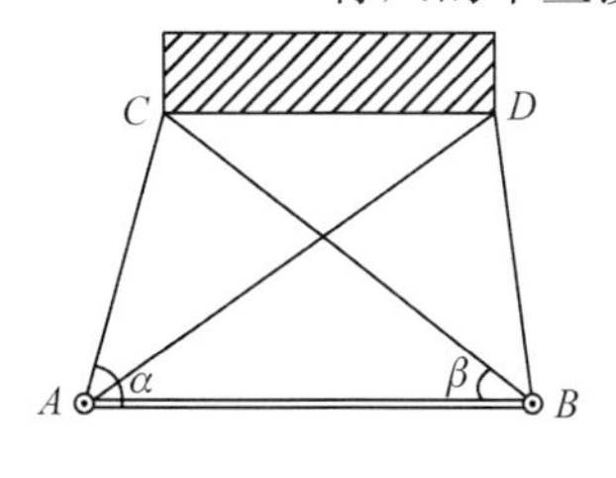

图 7-16　方向交会法

(2)方向交会法

方向交会法(又称角度交会法)，是分别在两个已知测站点上对同一个碎部点进行方向交会，以确定碎部点位置的一种方法。

如图 7-16 所示，从地面上两个已知测站点 A、B 上，分别测得水平角 α、β，以此确定 C 点的平面位置。此方法常用于测绘易于瞄准目标的碎部点，如电杆、烟囱等，也可用于不易测量距离的地方。采用方向交会法时，交会角宜在 30°~ 120°之间。其高程的获得可通过测得的水平角 α、β 及两控制点之间的距离，根据正弦定理计算碎部点到一已知测站点的距离，参照极坐标法计算碎部点的高程。

施测完碎部点的平面位置和高程以后，在图上标定碎部点位置的方法有两种：一种是在碎部点旁注记该碎部点的高程。如“. 53. 2”或“. 48. 7”(高程以 m 为单位)；另一种是以高程注记点的小数点位当作碎部点的点位。如“53. 2”或“48. 7”。这两种标定碎部点的方法都可使用，但在一幅图中，必须采用统一的方法，以免混淆。

7.2.2.4　地形图测绘的方法

地形图测绘的方法主要有经纬仪测绘法、大平板仪测绘法及数字化测图。本任务主要介绍经纬仪测绘法。

经纬仪测绘法的原理是极坐标法。将经纬仪置于测站点上，绘图板安置在测站旁边。经纬仪整平、对中后，瞄准一个已知点作为起始方向(或称零方向)，然后用经纬仪测定碎部点与已知方向之间的水平角，并测出测站点至碎部点的水平距离和高差，在实地，根据所用测图比例尺，用量角器和直尺将碎部点绘到图板上，并注上高程，这种方法称为测绘法。也可将数据记录，然后在室内按所用测图比例尺将碎部点画在图上，这种方法称为测记法。经纬仪测绘法测绘地形图操作简单、灵活，适用于各种类型的测区。

现以经纬仪测绘法在一个测站的测绘工序为例，讲述其实施步骤：

(1)安置仪器和图板

如图 7-17 所示，观测员安置仪器于测站点(控制点)A 上，对中、整平，量取仪器高 i，绘图员将图板安置于测站旁。

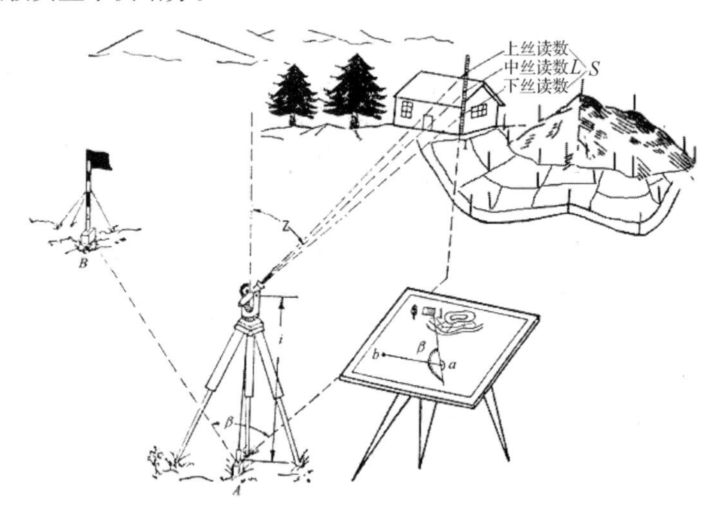

图 7-17　经纬仪测绘法

(2)定向

将仪器盘左照准另一个已知控制点 B(AB 边为定向边)，配置水平度盘读数为 $0°00'00''$。绘图员在图纸上沿测站点与定向点连线方向画一短直线，短线应在量角器刻划附近并稍长于量角器的半径，作为量角器读数的起始方向线。

(3)立尺

立尺员依次将标尺立在地物、地貌特征点上。立尺前，根据施测范围和实地地形概况，立尺员应与观测员、绘图员共同商定立尺路线。

(4)观测

观测员照准标尺，直接读取视距 S(为了直接读出视距，将望远镜十字丝上丝(使用正像经纬仪时应为下丝)对准标尺整数分划(如 1m、1.5m 等)，下丝减去整数分划乘 100 即得视距 S)、中丝读数 L(读到 cm)、水平角 β(读到′)、竖盘读数 Z(估读到分)。

（5）计算

绘图员将观测数据依次输入计算器中，按下式计算平距和立尺点高程：

$$D = S \times (\sin Z)^2$$

$$H = H_{测站} + D/\tan Z + i - L$$

（6）展绘碎部点

绘图员转动量角器，将量角器上等于β角值的刻划对准定向方位线（起始零方向），此时量角器零刻划方向便是立尺点的方向，根据计算出的平距和测图比例尺，用量角器的直尺边刻划定出立尺点的位置，用铅笔在图上点示（或用针刺），并在点的右侧注记高程。

（7）测站检查

为了保证测图正确、顺利地进行，必须在每个测站工作开始前，进行测站的检查。检查方法是在新测站上，除了验证检查方向符合精度要求，在定向时通过读取测站至定向点的视距间隔S来判断仪器是否架错站外，还要抽样复测上站已测过的碎部点，检查重复点精度在限差内即可。此外，在工作中间每测20～30个点和结束前，观测员应照准定向点进行归零检查，归零差应不大于4′。在每测站工作结束时进行检查，确认地物地貌无漏测或错测时，方可迁站。

经纬仪测绘法操作简单，但由于要量算角度，野外绘图速度较慢，现在野外用得较多的是经纬仪坐标测绘法，它主要用计算器程序直接输出点的坐标，再按其坐标将碎部点展绘在图纸上。

7.2.3　地形图的拼接、检查与整饰

7.2.3.1　地形图拼接

当测区面积较大，整个测区必须分为若干图幅施测，各幅图测完后，相邻图边要进行拼接。由于有测量误差的存在，使图幅相邻地方的地物轮廓和等高线不完全衔接。如图7-18所示，左边是图幅Ⅰ，右边是图幅Ⅱ，相邻处的小路、房屋、等高线都有可能不完全吻合。因此，为了保证相邻图幅的互相拼接，每一幅图的四边，一般均须测出图廓外0.5～1cm，对地物应测完其主要角点，为了测出电杆等直线形地物的方向，应多测出一些距离。

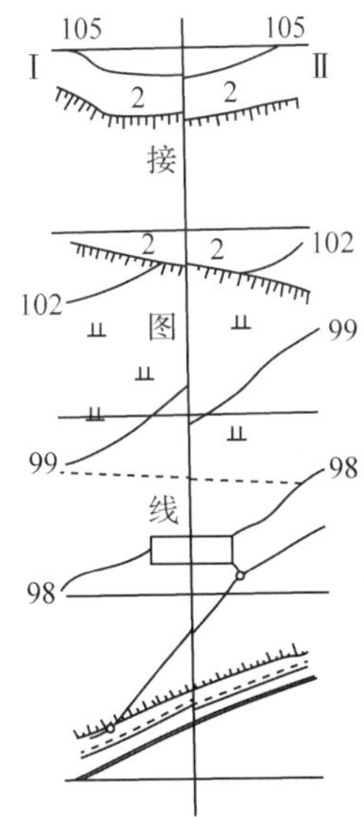

图7-18　地形图拼接

当布设地形控制点时，应当考虑到图边测图的需要，如果图廓边没有足够的解析点，可增设图边公共测站点，利用公共点测图将有利于相邻图幅的拼接，并有利于图边的测图精度。完成图边测图后，白纸测图则需将图边蒙绘于透明纸上，一般每幅图仅描绘东、南两个图边，这就是接图边。如用聚酯薄膜测图，可以不用透明纸描摹图边，而直接将相邻图幅重叠对准方格网便可拼图。

在接图边上应绘出相应的图廓线及坐标格网线，并注出坐标数值，然后映绘图廓内、外所有地物、地貌。图内绘出1～1.5cm，图外则按图边规定的所测宽度。并注明相应图幅编号、接图日期。为了区分不同图幅的地物、地貌，透写时可用不同的颜色。

拼接时，检查相同地物和等高线的差异，两幅图接图的校差视地形图测绘精度的要求而异。各作业规范对各种比例尺测图的地物

和等高线的精度都有明确规定。一般规定明显地物(如房屋、道路等)的位置不得超过2mm，不明显地物位置不得超过3mm；同高程等高线平面位置在平地不得大于相邻等高线一个平距，在山地不得大于两个平距。如在接图限差以内，先在透明纸上按平均位置改正，再改正相邻两图幅。

7.2.3.2 地形图检查

测绘工作是十分细致而复杂的工作。为了保证成果的质量，测量人员必须具有高度的政治责任感、严肃认真的工作态度和熟练的操作技术。同时还必须有合理的质量检查制度。测量人员除了平时对所有观测和计算工作做充分的检核外，还要在自我检查的基础上建立逐级检查制度。

(1)自检

自检是保证测绘质量的重要环节。测绘人员应经常检查自己的操作程序和作业方法。自检的内容有：所使用的仪器工具是否定期检验并符合精度要求；地形控制测量的成果及计算是否充分可靠；图廓、坐标格网及地控点的展绘是否正确；地控点的高程是否与成果表相符等，测图开始前，应选择一个通视良好的测站点设站，先以一远处清晰目标定向，然后瞄准其他已知点，来检查测板定向和已知点位置的正确性。每一测站，以一个方向定向，还至少以另一方向检查，同时检查高程无误后，才可以测图。每站测完后，应对照实地地形，查看地物有无遗漏，地貌描绘是否与实地相像，符号应用是否恰当，线条是否清晰，注记是否齐全正确等。当确认图面完全正确无误后，再迁到下一站进行测绘。测图员要做到随测随画，要做到一站工作当站清，当天工作当天清，一幅测完一幅清。

(2)全面检查

测图结束后，先由作业员对地形图进行全面检查，而后组织互检和由上级领导组织的专人检查。检查的方法分室内检查、野外巡视检查及仪器检查。

①室内检查　室内检查首先是对所有地形控制资料做全面详细的检查，包括：观测和计算手簿的记载是否齐全、清楚和正确，各项限差是否符合规定。也可视实际情况重点抽查其中的某一部分。原图的室内检查，主要查看格网及控制点展绘是否合乎要求，图上控制点及埋石点数量是否满足测图要求，图面地形点数量及分布能否保证勾绘等高线的需要，等高线与地形点高程是否适应，综合取舍是否合理，符号应用是否合乎要求，图边是否接合，等等。室内检查可以用蒙在原图上的透明纸进行，并以此为根据决定野外检查的重点与巡视的线路。

②野外巡视检查　野外巡视检查应根据室内检查的重点按预定的路线进行。检查时将原图与实地对照，查看原图上的综合取舍情况，地物、地貌有无遗漏，地貌的真实性，符号的运用，名称注记是否正确，等高线是否逼真合理等。巡视检查也要在图板上覆一透明纸，以备修正和记载错误之用。

③仪器检查　仪器检查是在内业检查和外业巡视检查的基础上进行的。除将以上发现的重点错误和遗漏进行补测和更正外，对发现的怀疑点也要进行仪器检查。仪器检查一般用散点法进行，即在测站周围选择一些地形点，测定其位置和高程，检查时除对本站所测地形点重新立尺进行检查外，还应注意检查其他测站点所测地形点是否正确。另外，应利用方向法照准各突出目标，视其位置是否正确。仪器检查的另一种方法是断面法，它是沿测站的某一方向线进行，以测定该方向线上各地形特征点的平面位置和高程，然后与地形

图上相应地物点、等高线通过点进行比较。断面法测定点的位置和高程可仍用测图时的仪器，也可用钢尺量距，或直接用水准测量测定各断面点的高程。检查结果，各项误差应不超过规范所规定的要求。

在检查过程中，对所发现的错误和缺点，应尽可能予以纠正。如错误较多，应按规定退回原测图小组予以补测或重测。

测绘资料经全面检查认为符合要求，即可予以验收，并按质量评定等级。

检查验收工作是对成果成图进行的最后鉴定。通过这项工作，不仅要评定其质量，更重要的是最后消除成图中可能存在的错误，保证各项测绘资料的正确、清晰、完整，真实地反映地物地貌，有利于工程建设的顺利进行。

技术检查工作的主要依据是技术计划和测量技术规范。

7.2.3.3　地形图的整饰

地形图整饰的目的是使图面更加合理、清晰、美观。整饰的顺序是先图内后图外，先地物后地貌，先注记后符号。地形图上的线条粗细、采用字体、注记大小等均按地形图图式规定。文字注记（如地名、河名、道路去向和等高线高程等）应该在适当位置，既能说明注记的地物和地貌，又不遮盖符号，字头一般朝北。图上的注记、地物和地貌均按规定的符号进行注记和绘制，最后按图式要求写出图名、图号、比例尺、坐标系统及高程系统、施测单位、测绘人员及测绘日期等。

【知识拓展】

地形图的数字测图

地形图的数字化包括数据采集、数据处理和成果输出3个阶段。

在数据采集中，野外数据采集模式有电子平板采集和草图法数字测记模式。电子平板采集是通过安装数字化软件的平板或掌上电脑，将测量数据实时从全站仪记录，现场加入地理属性和连接关系后直接成图。草图法数字测记是野外测记、室内成图的数字测图方法，通过将野外采集数据记入内存，加上标注测点点号的工作草图，室内进行人机交互编辑形成地形图。

通过全站仪采集碎部点是现在生产单位测绘数字地图的主要方法。在野外测绘时，将全站仪安置在控制点上，定向后测得碎部点的角度与距离，将其转化为坐标记录到存储器中。由于其精度较高，因此测站覆盖范围大。RTK野外采集随着技术的发展与价格的降低，在开阔地测量中有替代全站仪的趋势。RTK测量时，通过基站输入的必要坐标，将流动站测杆立在特征点上，利用数据链相位差分进行实时处理，得出碎部点的实时坐标，加上特征编码进行数字测图。

普通地形图的数字化

普通地形图的数字化通常有手扶跟踪数字化和扫描数字化两种方法。手扶跟踪数字化是将地图放在数字化仪的平台上，用游标采集记录平面坐标，人工输入高程，适用于小批量的地形图数字化。地图扫描数字化是利用平台或滚筒扫描仪，将地图扫描转化成栅格形式地形图，利用矢量化软件采用逐点采集、半自动或自动跟踪识别的方法将栅格数据转化成矢量数据，具有精度高、速度快和自动化程度高等特点。

【复习思考】

1. 测图前，如何绘制坐标格网和展绘控制点？应进行哪些检核和检查？
2. 什么是地物特征点和地貌特征点？
3. 测绘碎部点的位置的基本方法有哪两种？地形图测绘的方法有几种？
4. 简述经纬仪坐标法碎部测量的步骤及其原理。
5. 简述地物描绘和地貌勾绘的原则。
6. 简述地形图的拼接、检查、整饰过程及方法。

任务7.3 地形图识读与应用

【任务介绍】

在对地形图判读程序及方法的认识基础上，通过基本知识学习和技能训练，重点学会地形图的室内外应用方法。通过本任务的实施将达到以下目标：

知识目标

1. 掌握地形图野外应用。
2. 理解地形图室内基本应用。
3. 了解土地平整、面积量算等基本原理及方法。

技能目标

1. 能在室内外正确使用地形图。
2. 能在实践中应用地形图。

【知识准备】

地形图遵循一定数学法则，保证了地形图具有可量性和可比性，使用者可以根据需要借助常规的测量工具直接从地形图上获取相关信息。

7.3.1 地形图的判读

地形图能全面、详细而精确地反映区域的地理面貌，在进行区域研究、规划、工程设计时，可借助地形图上的阅读分析，作为野外调查与填图和规划设计的基础资料。

7.3.1.1 读图的方法及程序

(1)读图方法

在熟悉图式符号和了解区域地理概貌之后，按要素或地区详细地阅读，最终理解整个区域的全部内容。在阅读时应以综合的观点，尽可能正确读出地形图上隐含的各种地理特征及其现象之间的相互关系。

例如，研究居民地时，就要了解它与地形、交通、水系的关系；研究区域内土地利用时，不仅要了解和研究土质、植被的分布，而且必须与地貌、水系、居民地的分布联系起来，研究它们的相互关系；而研究植被时需要了解它与地形、土壤之间的内在联系。

因而在进行地形图内容判读时，不能孤立地进行，必须将各种有关要素联系起来并结合专业知识研究分析，找出它们之间的相互关系。

(2)读图程序

①选择地形图　依据工作的性质、任务和要求，选择相应的地形图，并从地形图比例尺、内容的完备性、精确性、现势性、图外资料说明的详细程度等方面进行分析评价，从中挑选出合适的地形图作为工作地图，使其能满足工作需要。此外，还应收集区域内的地形地貌、水系、人口和经济等方面的文字材料。

②熟悉辅助要素　阅读和使用地形图之前，须对地形图的辅助要素进行了解，如图号、图例、比例尺、坐标系与高程系、等高距、坡度尺、三北方向线、测图时间等。这将有助于详细、准确地理解地形图的内容，提高读图速度。

③概略读图　应首先概略地浏览整个地区的地物和地貌，了解区域内地理要素的一般分布规律及其特征，对该区域建立一个整体的印象。

④详细读图　根据用图的目的和要求，对区域内的地物和地貌进行深入细致的研究，阅读时可以分要素进行，也可以分区域进行。如详细阅读各种地貌形态、水系的组成特征和植被的分布等；观察和量测地面的相对高度、河谷的宽度、山体坡度等；研究居民地的分布与道路的联系以及与地形的相互关系；了解其他社会经济现象及其与居民地、道路和地形的联系等。

7.3.1.2　地物判读

地物判读，主要依靠各种地物符号和注记。为了正确识读各种地物，必须首先熟悉《地形图图式》和常用的地物符号。这些符号的大小、形状、颜色、意义在《地形图图式》中都有具体的规定，它们都是识图和用图的工具。符号是地形图的语言，有了它就能在某种程度上反映出地物的外表特征，使用图时一目了然，能了解它所代表的地物，可以直观地表示出地物的分布情况。

对于多色地形图还可以颜色作为地物判读的依据，如蓝色表示水系，棕色表示地貌，绿色表示植被等。

7.3.1.3　地貌判读

要正确认识类型复杂的地貌，应首先熟悉等高线表示基本地貌的方法以及等高线的特性。尽管地貌形态各异，但仍有规律可循，概括地说，它们都是由山顶、山背、山脊、山谷、凹地、鞍部等组成。只要抓住这些基本特征，识别地貌就比较容易了。

例如，在地形图上，一般最小的闭合小环圈是山顶，根据环圈的大小和形态，还能分辨出是尖顶山、圆顶山或平顶山。以山顶为准，等高线向外凸出的是山脊，向里凹入的就是山谷，两个山顶之间，两组等高线凸弯相对的就是鞍部，若干个相邻山顶与鞍部连接的凸棱部分就是山脊。从山顶到山脚的倾斜部分称为斜坡。另外，由于地壳的升降、剥蚀和堆积作用，一些局部地区改变了原来的面貌，产生了如雨裂、冲沟、悬崖、绝壁等特殊地貌。因其形状奇特，一般用特殊地貌符号来表示。

根据等高线表示地貌的原理和特点，结合特殊地貌符号，再考虑到自然习惯(如等高线上高程注记的字头总是朝上坡方向，示坡线指向下坡)进行判读，地貌就清楚了。也可先在图上找出地性线，根据地性线构成的地貌骨架对实地的地貌有一个较全面的了解。由山脊线就可看出山脉连绵，由山谷线便可了解水系分布等。

要想从曲折致密的等高线中判读整个地貌分布组成情况，一般应先分析它的水系，根据河流的位置找出最大的集水线，称一等集水线；在一等集水线的两侧可以找出二等集水线，同样也可以找出三等集水线，等等。不同等级的集水线又形成相互联系的网络，形状如树枝。俗话"无脊不成谷"，在集水线中间总是由明显或不明显的山脊分开，这些如树枝状的网脉又分布在各山谷线之间，这样再与各种地貌形态联系起来，就可对整个地貌有比较完整的了解。

7.3.2 地形图的室内应用

在地形图上可以获得坐标、长度、角度、面积等要素。正确应用地形图是技术人员必备的基本技能。

7.3.2.1 确定点的坐标

根据地形图上的格网，可以求出图上点的坐标。如图 7-19 所示，欲求 A 点的坐标，可通过 A 点作平行于格网的直线，用比例尺或专用设备量测线段 δ'_x、δ'_y 根据该格网西南角的坐标值求得 A 点的坐标，如果检验，则量测 δ''_x、δ''_y。

为了提高坐标量测精度，在顾及图纸伸缩变形的影响，计算 A 点的坐标公式为

$$x_A = x_0 + \frac{\delta'_x}{\delta'_x + \delta_x''} \times l$$

$$y_A = y_0 + \frac{\delta'_y}{\delta'_y + \delta_y''} \times l \tag{7-4}$$

式中 x_0，y_0——A 点所在格网西南角的坐标，m 或 km；

l——方格网理论边长。

求点的地理坐标要根据地形图的经纬度注记和黑白相间的分度带，通过丈量相应网格长度的经差和纬差来计算。

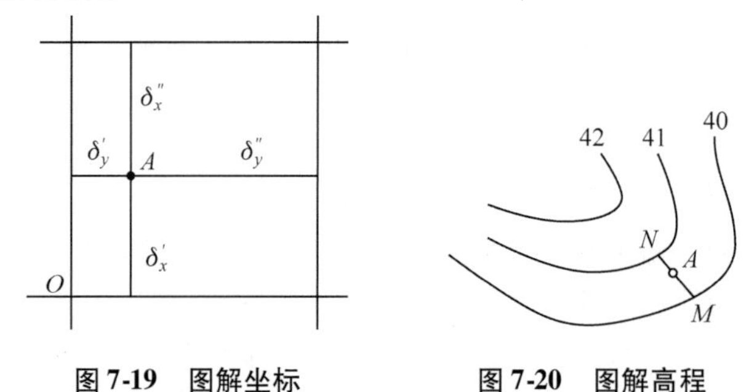

图 7-19 图解坐标　　图 7-20 图解高程

7.3.2.2 确定点的高程

在地形图上求算某点的高程：确定点的高程有几种方法，如点刚好位于某条等高线上，则该点高程就等于等高线高程。如该点位于等高线之间，如图 7-20 所示，则可用线性比例内插法计算。

$$H_A = H_M + \frac{MA}{MN} h \tag{7-5}$$

实际应用中，可以根据上述原理采用目估法求的 A 点高程，其误差要求满足测量规范要求。

7.3.2.3　确定两点间的距离

（1）直线距离的量测

在地形图图上确定线段的长度有两种常见方法：

①图解法　精度较低时可用圆规结合直线比例尺量出或三棱尺直接在地形图上量出该直线长度，也可用直尺量测出距离，再换算出实地距离。

②解析法　在精度要求较高时采用，欲测 A、B 两点的距离，可以先求出两点平面坐标，通过坐标计算出两点距离。

$$D_{AB} = \sqrt{(x_B - x_A)^2 + (y_B - y_A)^2} \tag{7-6}$$

（2）曲线距离的量测

在地形图上量测曲线长度和折线长度，可以用一条细线，使它与曲线或折线密合，记下始末标记，然后将线拉直，用量取直线距离的方法求得曲线或折线的实地水平距离。在精度要求较高时可以采用曲线计来计算。

7.3.2.4　确定直线的方向

确定直线的坐标方位角也可以采用图解法和解析法。图解法是直接用量角器结合坐标纵线直接量出该直线的坐标方位角。当精度要求较高时，或直线两端点不在同一图幅内时，可先求出直线两端点的坐标，利用坐标反算计算出直线的方位角。坐标方位角计算公式如下：

$$R_{AB} = \tan^{-1}\frac{Y_B - Y_A}{X_B - X_A} = \tan^{-1}\frac{\Delta Y_{AB}}{\Delta X_{AB}} \tag{7-7}$$

值得一提的是，R_{AB} 为象限角，因此必须根据 ΔX_{AB}、ΔY_{AB} 的符号来判定直线 AB 所在象限，最后确定坐标方位角。

7.3.2.5　确定直线的坡度

直线的坡度是其两端点的高差与水平距离的比值，一般用 i 表示。坡度 i 常以百分率或千分率表示。计算公式如下：

$$i = \frac{h}{D} = \frac{h}{dM} \tag{7-8}$$

式中　d——两点在图上的长度，m；

　　M——地形图比例尺分母。

按上面公式，在地形图上量出线段的长度，计算两点间的高差，算出该线段的坡度。也可以在地形图上量测 2～6 条相邻等高线的宽度，利用坡度尺进行比量。对于计算区域的平均坡度，可以将该区域划分若干同坡小区，先求每个小区最大坡度，最后求各小区平均坡度。

7.3.2.6　确定纸质地形图的面积

地形图上求平面面积的方法主要有图解法和解析法。

（1）图解法

将计算的复杂图形分割成简单的三角形、平行四边形等再进行计算。当精度要求不高时，可以采用透明网格法、平行线法计算，如图 7-21、图 7-22 所示。

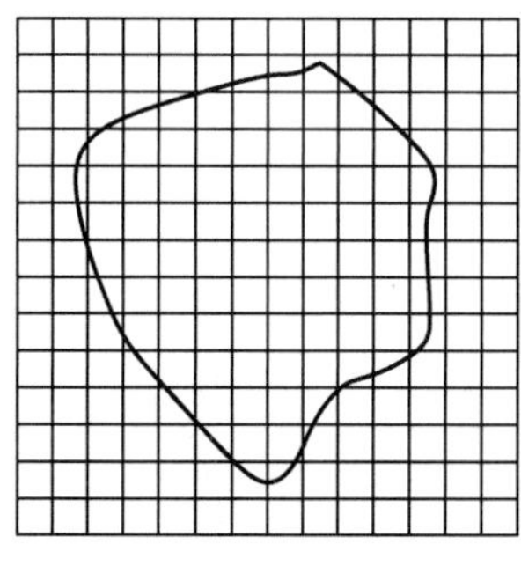

图 7-21　透明网格法

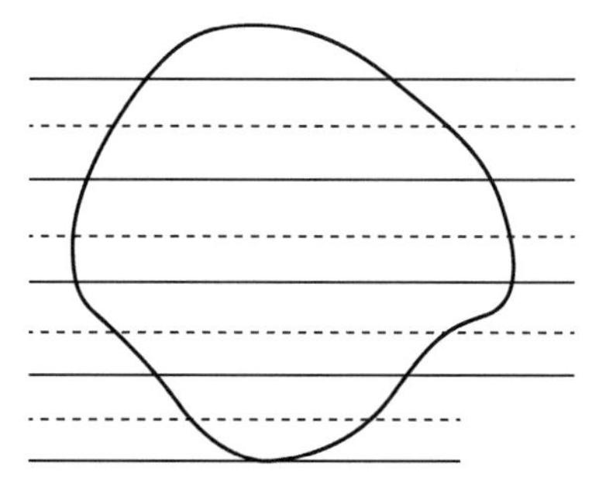

图 7-22　平行线法

(2)解析法

解析法是对于任意多边形，如果知道各顶点的坐标，则可以用如下公式计算多边形的面积。

$$S = \frac{1}{2}\sum_{k=1}^{n} X_k(Y_{k-1} - Y_{k+1}) \quad 或 \quad S = \frac{1}{2}\sum_{k=1}^{n} Y_k(X_{k+1} - X_{k-1}) \tag{7-9}$$

7.3.3　地形图的野外应用

利用地形图进行野外调查和填图工作，就是地形图的野外应用。地形图是野外调查的工作底图和基本资料，任何一种野外调查工作都必须利用地形图。根据野外用图的技术需求，在野外使用地形图须按准备、定向、定站、对照、填图的顺序进行，分述如下。

7.3.3.1　准备工作

(1)器材准备

调查工作所需的仪器、工具和材料，视调查的任务和精度要求而定。一般包括测绘器具(如量距尺、三角板、三棱尺、圆规、量角器等)，量算工具(如曲线计、求积仪、透明方格片、计算器等)，野外调查手簿和内业计算手簿等。

(2)资料准备

根据调查地区的位置范围与调查的目的和任务，确定所需地形图的比例尺和图号，准备近期地形图以及与之匹配的最新航片。此外，还要收集各种有关的资料，如土地利用现状调查，则需收集调查区的地理环境(如地貌、气候、水文、土壤、植被等)和社会经济(如人口、劳力、用地状况，农、林、牧生产资料等)等方面的地图、文字和统计资料。

(3)技术准备

对收集的各种资料进行系统的整理分析，供调查使用。在室内阅读地形图和有关资料，了解调查区域概况，明确野外调查的重点地区和内容，确定野外工作的技术路线、主要站点和调研对象。

7.3.3.2　地形图的定向

在野外使用地形图，首先要进行地形图定向。地形图定向就是使地形图的东南西北与实地的方向一致，使图上线段与地面上的相应线段平行或重合。

地形图定向常用的方法有以下几种：

(1)借助罗盘仪定向

可依据磁子午线定向，将罗盘仪的度盘零分划线朝向北图廓(图7-23)，并使罗盘仪的直边与磁子午线吻切，转动地形图使磁针北端对准零分划线，这时地形图的方向便与实地一致了。

(2)用直长地物定向

当站点位于直线状地物(如道路、渠道等)上时，可依据它们来标定地形图的方向：先将照准仪(或三棱尺、铅笔)的边缘，吻切在图上线状符号的直线部分上，然后转动地形图，用视线瞄准地面相应线状物体，这时，地形图即已定向。

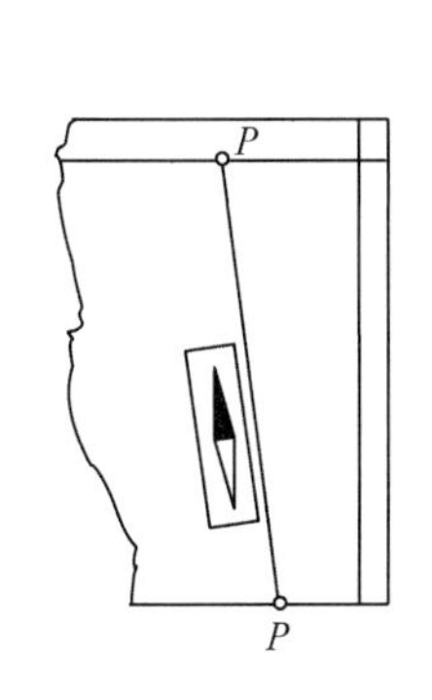

图7-23　罗盘仪定向

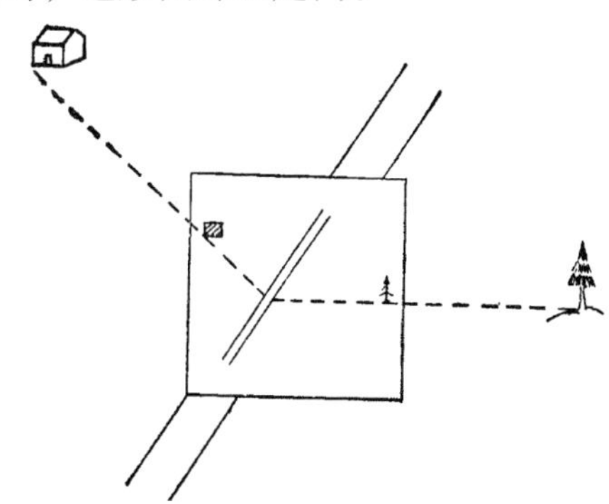

图7-24　方位物定向

(3)按方位物定向

当用图者能够确定站立点在图上的位置时(图7-24)，可根据三角点、独立树、水塔、烟囱、道路交点、桥涵等方位物进行地形图定向：先将照准仪(或三棱尺、铅笔)吻切在图上的站点和远处某一方位物符号的定位点的连线上，然后转动地形图，当照准线通过地面上的相应方位物中心时，地形图即已定向。

(4)利用太阳和手表标定

如果带着手表，可以根据太阳利用手表标定地形图的方向：先把手表放平，以时针所指时数(以每天24h计算)的折半位置对向太阳，表盘中心与“12”指向就是北方。如在某地14:00标定。其折半位置是7，即以“7”字对向太阳，12指向就是北方。定向的口诀是“时数折半对太阳，12指向是北方”。把地形图置于“12”指向，标定就完成了。

7.3.3.3　确定站立点在图上的位置

利用地形图进行野外调查过程中随时要找到调查者在地形图上的位置，调查者安置图板于观察填图的地点，叫作测站点或站立点，简称站点。确定站点的主要方法有以下几种：

(1)比较判定法

按照现地对照的方法比较站点四周明显地形特征点在图上的位置，再依它们与站立点的关系来确定站点在图上位置的方法，这是确定站点最简便、最常用的基本方法。站点应尽量设在利于调绘的地形特征点上，这时，从图上找到该特征点的符号定位点，就是站立点在图上的位置。

(2)截线法

若站点位于线状地物(如道路、堤坝、渠道、陡坎等)上或在过两明显特征点的直线

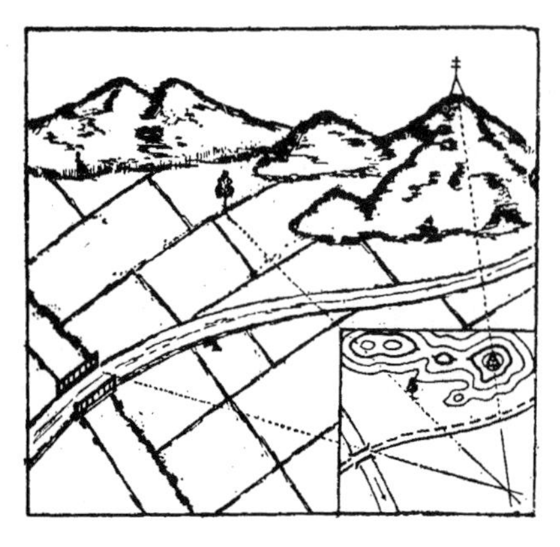
图 7-25 后方交会法

上。这时，在该线状地形侧翼找一个图上和实地都有的明显地形点，将照准工具切于图上该物体符号的定位点上，以定位点为圆心转动照准工具瞄准实地这个目标，照准线与线状符号的交点即为站点在图上的位置。

(3)后方交会法

①明显地物后方交会法　用罗盘仪标定地形图方向，选择图上和实地都有的两个或 3 个同名目标，用图上一个目标的符号定位点上竖插一根细针。使直尺紧靠细针转动。照推实地同名目标，向后绘方向线，用同样方法照准其他目标、画方向线，其交点就是站点的图上位置。

②透明纸后方交会法　如图 7-25 所示，先在站点置平图扳。在地形图上固定一张透明纸。选择 3 个同名目标描绘方向线。然后松开并移动透明纸，当各方向线都同时通过图上相应目标点时，将纸上站点刺到图上就是地面站点的图上位置。最后以三方向线中最长的方向线标定地形图方向。

7.3.3.4 地形图与实地对照

确定了地形图的方向和站点的图上位置后。将地形图与实地地物、地貌进行对照读图。即依照图上站点周围的地理要素，在实地上找到相应的地物与地貌；或者观察地面地点周围的地物地貌，识别其在图上的位置和分布。读图的方法是：由左向右，由近及远，由点而线。即先控制后碎部、从整体到局部，与测图过程一致。先对照主要、明显的地物地貌，再以它为基础依相关位置对照其他一般的地物地貌。例如，作地物对照可由近而远，先对照主要道路、河流、居民地和突出建筑物等，再核这些地物的分布情况和相关位置，逐点逐片地对照其他地物。作地貌对照，可根据地貌形态、山脊走向，先对照明显的山顶、鞍部，然后从山顶顺岭脊向山麓、山谷方向进行对照。若因地形复杂某些要素不能确定，可用照准工具的直边切于图上站点和所要对照目标的符号定位点上，按视线方向及距站点的距离来判定目标物。

目标物到站点的实地距离可用简易测量方法，如用步测、目测的方法测定。

【技能训练】

地形图的应用

一、实训目的

1. 掌握地形图上相关信息，求取点的坐标、高程、直线的坐标方位角、线段坡度等常规应用。

2. 理解面积计算和土地平整的基本量算工作。

二、仪器材料

三角板，量角器，计算器。

三、训练步骤

根据图 7-26 完成以下内容：

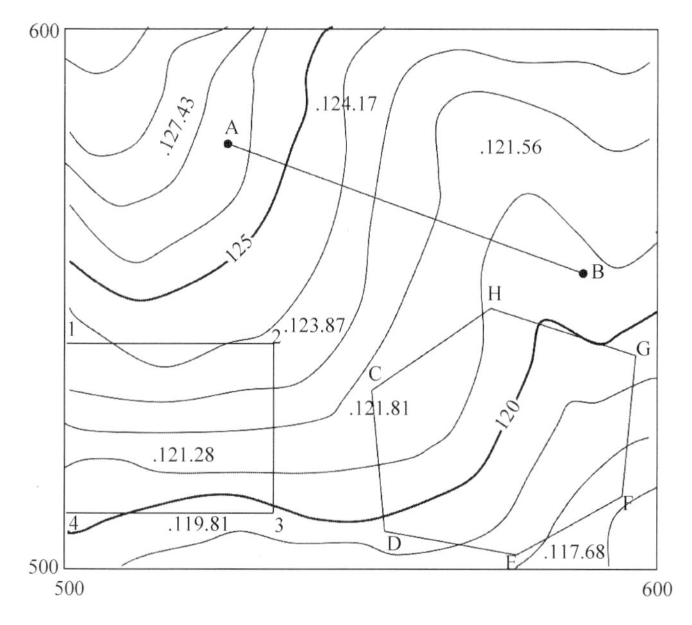

图7-26　地形图应用

(1)求下列各项：x_A，y_A，H_A，x_B，y_B，H_B，D_{AB}，α_{AB}，i_{AB}。

(2)求出图形 *CDEFGH* 的面积。

(3)根据挖填平衡原则估算图中1、2、3、4范围内的设计高程，绘制填挖边界线，用方格法计算挖填土方量。

四、注意事项

1. 按测量规范和地形图的基本原理进行数据采集。

2. 要求实训过程中细心，认真。

五、技能考核

序号	考核重点	考核内容	分值
1	点位坐标及高程计算	点位坐标计算方法及结果正确，点位高程计算结果正确	60
2	坡度及方位角计算	坡度和方位角计算方法和结果正确	40

【知识拓展】

断面图绘制

1. 在地形图上按一定方向绘制断面图

根据地形图可以沿任一方向绘制断面图。该断面图可以直观表示该方向线的地势起伏和坡度，在土建工程、管线规划的设计或施工中有重要作用。断面图的绘制方法如图7-27所示。

欲测设图7-27中 *AB* 方向断面，先规定断面图的水平与垂直比例尺，一般水平比例尺与地形图比例尺一致，垂直比例尺比水平比例尺大5~20倍，因为绝大多数情况下，地面高差远小于断面长度。

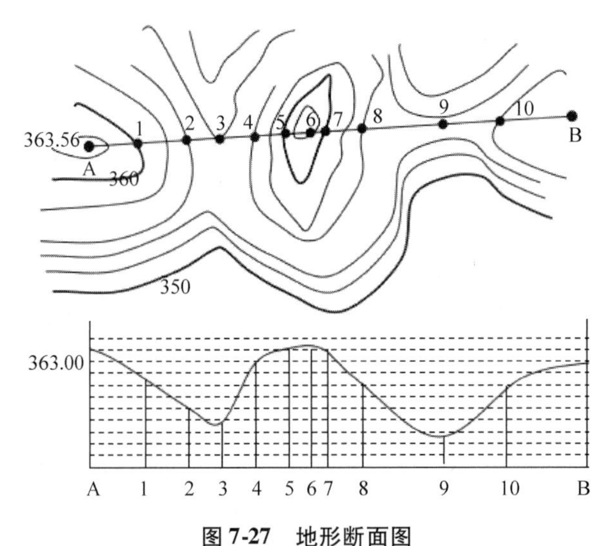

图 7-27　地形断面图

（水平比例 1:2000；垂直比例 1:200）

按 AB 长度绘水平线，再将地形图上 AB 线与各高程线的交点即 AB 线上高度发生变化的各特征点高程求算出来，在地形图上沿断面线 AB 量出 A-1、A-2 等各段距离，将它们标注在断面基线上，得到各段距离，在通过这些点作基线的垂线，垂线的端点高程按各点高程确定。将各垂线的端点连接起来，即得到表示实地断面方向的断面图。在实际中一般用毫米方格纸绘画断面。

2. 地形图在平整场地中的应用

在工程建设中，常常要平整场地，一种是平整成水平场地；另一种是平整成倾斜场地。在地形起伏较大的地区，可以用断面法来估算土方量。断面法是在施工场地范围内，以一定间隔绘出断面图，求出各断面上设计高程线与地面线所围成的填、挖面积，然后计算相邻断面的土石方量，最后求和得总土方量。如图 7-28 所示，在图中施工场地设计标高为 412m，那么在场地范围内先绘出互相平行、间距 $H = \alpha D\beta$ 的断面方向线 1-1、2-2、…、5-5，在图左边绘出相应断面图，分别求出各断面设计高程与地面线所包围的挖、填面积 A_W、A_T，然后计算相邻两端面间的挖、填方量。

网格法土方量适用于地形起伏不大、地面坡度规律、施工场地面积较大的场地。如图 7-29所示。步骤如下：

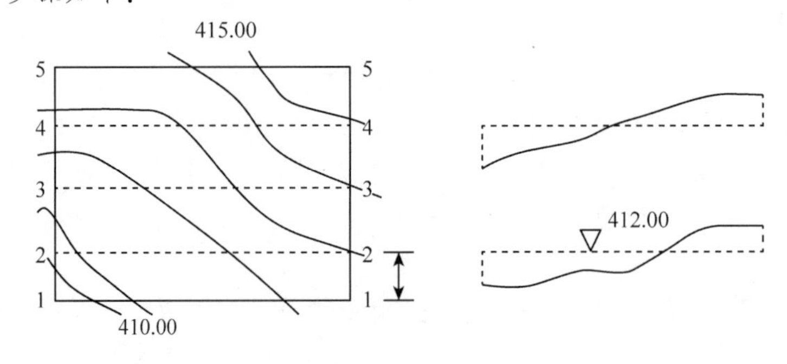

图 7-28　断面法

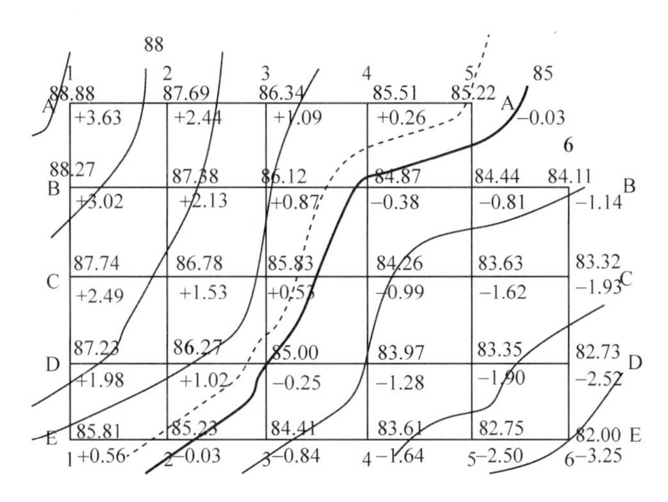

图7-29 方格网法

①打方格，在地形图上施工范围内打上方格，方格边长一般取10cm×10cm、20cm×2cm等，边长大小取决于土方计算精度。

②内插出方格各顶点的高程。

③计算设计高程，把每一个方格4个顶点的高程相加，除以4得到每一个方格的平均高程，再把各个方格的平均高程加起来，除以方格数，得到设计高程，从而使挖填方量平衡。由于各方格网顶点在计算中应用次数不同，角点高程*A*1、*A*5、*B*6、*E*6、*E*1用到1次，边点高程*A*2、*A*3、…、*B*1等用到2次，拐点高程*B*5用到3次，中点高程*B*2、*B*3、…、*D*5等用到4次。设计高程可以用下式来计算：

$$H_{设} = \frac{\sum H_{角} \times 1 + \sum H_{边} \times 2 + \sum H_{拐} \times 3 + \sum H_{中} \times 4}{4n}$$

式中 n——方格网总数。

求出图中设计高程为85.25，在地形图中按内插绘出85.25的等高线(虚线)，该线即为填挖的分界线(零线)。

④计算填挖高度

$$h = H_{地} - H_{设}$$

式中 h——施工高度(填挖高度)，正数为挖深、负数为填高；

$H_{地}$——地面高程；

$H_{设}$——设计高程。

⑤计算挖填方量 挖填方量按下式计算：

$$角点：h \times \frac{1}{4}方格面积$$

$$边点：h \times \frac{2}{4}方格面积$$

$$拐点：h \times \frac{3}{4}方格面积$$

$$中点：h \times \frac{4}{4}方格面积$$

式中　h——挖填高度。

挖填方计算一般在表格中进行。将所得的挖、填方量各自相加，得到总的挖、填方量，两者应基本相等。

【复习思考】

1. 简述地形图在野外定向的操作步骤和具体方法。
2. 简述在地形图上量测点的经纬度、坐标和高程的方法。
3. 如何绘制指定路线的断面图？
4. 简述网格法土方量平衡的计算方法。

单元2

森林调查技术及应用

森林调查主要是指为森林开发、森林经营、规划设计、科学研究等工作对森林所开展的调查工作及相关技术资料的统计分析工作。本单元以工作过程结构化分析法为引导，教学内容以单木、林分及大面积森林测定为主线，主要对单木的测定技术和方法，林分及大面积森林的蓄积量、生长量、出材量的调查技术，森林立地条件调查与质量评价方法进行了详细的叙述，突出了林业生产中森林调查任务的执行、调查工具的使用以及数据的处理与分析，体现了对林学专业职业性的分析和整合的理解。本单元包括 8 个项目，28 项任务。

项目8 林分结构测定

【教学目标】

1. 了解单木及林分调查因子的概念。
2. 掌握单木测定及林分调查的方法。
3. 掌握林分直径结构规律及其估计方法。
4. 了解林分树高及材积结构特点。

【重点难点】

重点：单木测定及标准地调查的步骤与方法。
难点：林分结构规律与估计方法。

任务 8.1 单木测定

【任务介绍】

森林是由林木个体构成的，因而单木测定是林分调查的基础，是估计林分相关因子的基本调查手段。单株树木的测树因子主要包括：地径、胸径、树高、枝下高、冠幅、树干横断面积、树干材积、形数、形率等。通过本任务的实施将达到以下目标：

知识目标

1. 掌握各主要测树因子的概念及测定方法。
2. 掌握测定工具原理以及使用方法。
3. 了解树干形状及树干曲线理论。

技能目标

1. 能熟练完成直径、树高的测定与计算。
2. 能完成相关测树因子的测定、调查与计算。

【知识准备】

8.1.1 测树因子

生长着的树木称为立木(standing tree)。立木伐倒后打去枝叶所剩余的主干称为伐倒木(felled tree)。树木的直接测定因子(如树干的直径、树高等)及其派生的因子(如树干横断面积、树干材积、形数等)称为基本测树因子。

(1)直径

树干直径是指垂直于树干轴的横断面上的直径(diameter)，用 D 或 d 表示。

树干直径分为带皮直径(diameter outside bark，DOB)和去皮直径(diameter inside bark，DIB)两种，测量单位是厘米，一般要求精确至 0.1cm。树干直径随其在树干上的位置不同而变化，从根颈至树梢，树干直径呈现出由大到小的变化规律。其中，位于距根颈 1.3m 处的直径，称为胸高直径，简称为胸径(diameter at breast height，DBH)。由于胸径在立木条件下容易测定，所以胸径是一个重要的测树因子。

(2)树高

树干的根颈处至主干梢顶的长度称为树高(tree height)，测量单位是米(m)，一般要求精确至 0.1m。树高通常用 H 或 h 表示。

(3)树干横断面积

树干横断面积同树干直径一样，也有许多种，其中位于胸高处的横断面积是一个重要测树因子，通常简称为树木的胸高断面积(basal area of breast-height)，用 g 表示，测量单位是平方米。

(4)树干材积

树干材积是指根颈(伐根)以上树干的体积(volume)，用 V 表示，单位是立方米(m^3)。

(5)形数

①胸高形数　是指树干材积与以胸高断面积为底面积、以树高为高的比较圆柱体体积之比，以符号 $f_{1.3}$ 表示。

$$f_{1.3} = V/g_{1.3}H$$

式中 $f_{1.3}$——胸高形数；

V——树干材积；

$g_{1.3}$——胸高断面积；

H——树高。

②实验形数　是林昌庚在 1961 年根据大量实验材料演算出的一种立木干形指标。其定义为：树干的材积与以其胸高断面为底断面积、以其树高加 3m 为高的圆柱体体积之比，其表达式为：

$$f_{\partial} = \frac{V}{g_{1.3}(H+3)}$$

式中 f_{∂}——实验形数。

(6)形率

形率是指树干某一位置的直径(d_x)与比较直径(d_X)之比，用 q 表示。

$$q = d_x/d_X$$

式中 q——形率；

d_x——树干某一位置直径；

d_X——树干下部某一位置直径。

当 d_x 为中央直径，d_X 为 $d_{1.3}$ 时，则为胸高形率记为 q_2。

8.1.2 测树工具

8.1.2.1 树干直径测定工具

测定直径的工具种类很多，常用的有轮尺、直径卷尺和钩尺等。

(1)轮尺

轮尺又称卡尺(caliper)，其构造如图 8-1 所示。

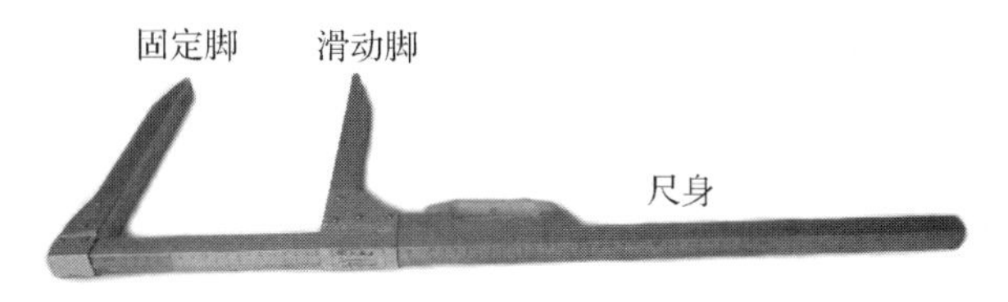

图 8-1 轮尺

轮尺可分为固定脚、滑动脚和尺身三部分。固定脚固定在尺身一端，滑动脚可沿尺身滑动，尺身上有厘米刻度，根据滑动脚在尺身上的位置读出树干的直径。

轮尺不仅用于测定单株树木的直径，也可作为森林调查中测定大量立木直径的工具，其刻度是从固定角内侧从零开始，按厘米刻划。可精确到 0.1cm，用以量测实际直径。

表 8-1 径阶范围划分 cm

径阶	2cm 径阶范围	径阶	4cm 径阶范围
2	1.0~2.9	4	2.0~5.9
4	3.0~4.9	8	6.0~9.9
6	5.0~6.9	12	10.0~13.9
8	7.0~8.9	16	14.0~17.9
10	9.0~10.9	20	18.0~21.9
⋮	⋮	⋮	⋮

在森林调查时，为了读数和统计方便，一般是按 1cm、2cm、4cm 分组，所分的直径组称为径阶(diameter class)，用中值表示。当按 1cm、2cm、4cm 分组时，其最小径阶的中值分别为 1cm、2cm、4cm。径阶整化常采用上限排外法，见表 8-1。

轮尺测径时应注意以下事项：

①测径时应使尺身与两脚所构成的平面与中轴垂直，且 3 点同时与所测树木断面接触。

②测径时应先读数，然后从树干上取下轮尺。

③树干横断面不规则时，应测定其互相垂直的两个或多个方向的直径，取其平均值为该树干直径。

④若测径部分有节瘤或畸形，可在其上、下等距处测径取其平均值。

(2)直径卷尺

直径卷尺又称作围尺(diameter tape)。根据制作材料的不同，又有布围尺、钢围尺之分。通过围尺量测树干的圆周长，换算成直径，一般长 1~3m。围尺采用双面(或在一面的上、下)刻划，一面刻普通米尺；另一面刻上与圆周长相对应的直径读数，即根据 $C=\pi D$ 的关系(C 为周长，D 为直径)进行划分，如图 8-2 所示。

图 8-2 直径卷尺

围尺比轮尺携带方便且测定值比较稳定。使用时，围尺要拉紧并与树干保持垂直。用围尺量树干直径换算的断面积，一般稍偏大。这是因为树干横断面不是正圆。而在周长相等的平面中，以圆的面积最大。唐守正(1977)经过理论论证后认为，不管树干形状如何，轮尺各项平均直径恒等于其围尺测树直径。

8.1.2.2 树高测定仪器

树高一般用测高器测定。测高器(hypsometer)的种类很多，但其测高原理均比较简单，有相似三角形和三角函数两种。

(1)布鲁莱斯测高器

布鲁莱斯(Blume-Leiss)测高器是目前我国最常用的测高器，其构造及测高原理如图 8-3、图 8-4 所示。全树高为：

$$H = AB \cdot \tan\alpha + AE \tag{8-1}$$

式中　AB——水平距；

$H = CB + BD$；

AE——眼高(仪器高)；

α——仰角。

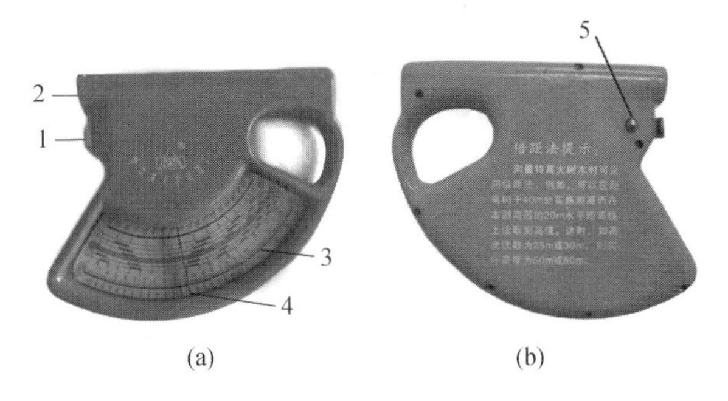

图 8-3　布鲁莱斯测高器构造

1. 制动按钮；2. 瞄准器；3. 刻度盘；4. 摆针；5. 启动钮

图 8-4　布鲁莱斯测高原理示意

在布鲁莱斯测高器的指针盘上，分别有几种不同水平距离的高度刻度[图 8-3(a)]。使用时，先要测出测点至树木的水平距离，且要等于整数 10m、15m、20m、30m。测高时，按动仪器背面启动按钮，让指针自由摆动，用瞄准器对准树梢后，稍停 2～3s，待指针停止摆动呈铅锤状态后，按下制动钮，固定指针，在刻度盘上读出对应于所选水平距离的树高值，再加上测者眼高 AE 即为树木全高 H。

在坡地上，先观测树梢，求得 h_1；再观测树基，求得 h_2。若两次观测符号相反(仰视为正，俯视为负)，则树木全高且 $H = h_1 + h_2$[图 8-5(a)]；若两次观测值符号相同，则 $H = h_1 - h_2$[图 8-5(b)(c)]。

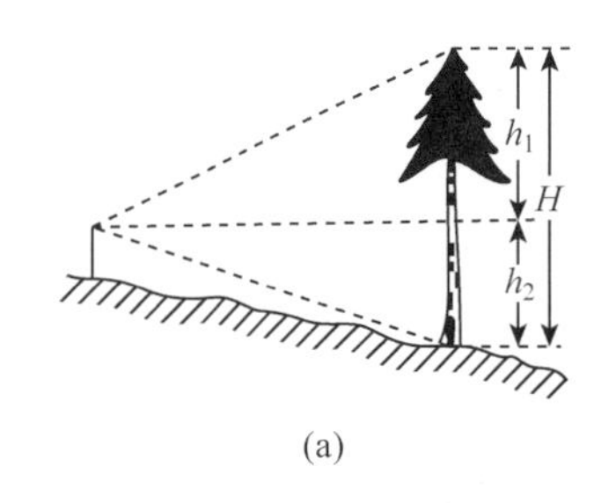

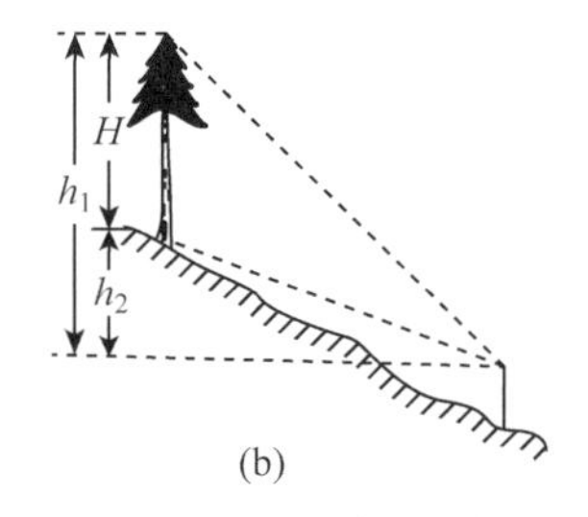

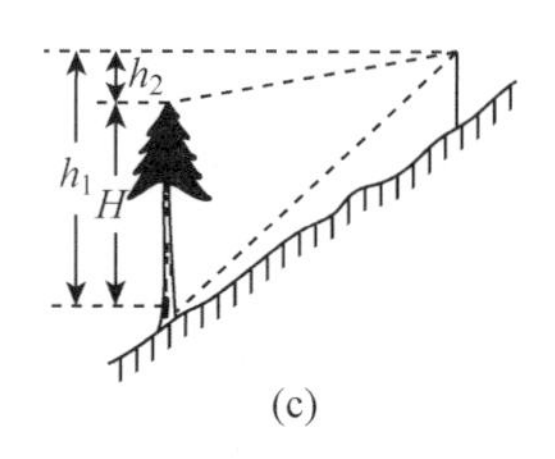

图 8-5　在坡地上测高

使用布鲁莱斯测高器，其测高误差为 ±5%。为获得比较准确的树高值，一般应注意以下几点：

①选择的水平距应尽量接近树高，在这种条件下测高误差比较小。

②当树高太小(小于5m)时，不宜用布鲁莱斯测高，可采用长杆直接测高。

③对于阔叶树应注意确定主干梢头位置，以免测高值偏高或偏低。

除布鲁莱斯测高器外，还有两种按照相似三角形原理设计的测高器，它们是圆筒测高器和克里斯顿测高器。

(2)超声波测高器

超声波测高器是通过超声波信号发送与接收来获得准确的距离，高度由距离和角度的三角函数关系确定。超声波测高器可用来测量物体的高度和测量距离、角度、坡度和空气温度。超声波测高器由信号接收器和测高器组成。其测高范围为 0～999m，测高误差为 0. 1m；坡度测量范围为 －55°～85°，测量精度为 0. 1°；测距范围为 40m，测距误差为0. 01m。

8. 1. 2. 3　多用测树仪

近二三十年，具有多用途的综合测树仪的研制取得了较大的进展。目前，国内外已设计和生产了多种型号的综合测树仪，其共同特点是一机多能，使用方便，能测定树高、立木任意部位直径、水平距离、坡度和林木每公顷胸高断面积总和等多项因子，在林业生产和科研教学工作中发挥了重要作用。这里仅就我国生产和使用的多用测树仪——林分速测镜做简要介绍。

林分速测镜(mirror relascope，spiegel relaskop)是综合性的袖珍光学测树仪，由奥地利毕特利希(Bitterlich W，1952)首创，我国于 1963 年仿制，定名 LC-1 型。林分速测镜的关键构件为鼓轮及贴在鼓轮上的刻度纸。刻度纸上有宽窄不同和黑白相间的带条标尺，全部测量用的标尺都刻划在这个鼓轮表面，它们通过透镜及反射镜而投入观测者的眼睛。由于鼓轮能随着仰角或俯角而自如转动，使各种标尺具有自动改平的优点。能够测定立木上部直径、树高、水平距离等项因子(图 8-6)。

图 8-6　林分速测镜

此外，目前国内外还有多种型号的多功能测树仪，如巴尔斯-特劳测树仪(FO-15 型)、TGC-300 型光学测树仪、DQC-1 型光学测树仪、DCW-3 型光学测树仪、DQW-1 型罗盘仪和 DQS-A 无标尺森林罗盘仪等。这些多功能的光学测树仪的发展，使伐倒木的区分求积的基本方法已逐步应用于立木材积测定，对于尽快实现直接测定立木材积推算蓄积量(不用材积表)提供了广阔的前景。

8.1.3　树干形状测定

树干的形状通称干形(stem form)。树木的干形，一般有通直、饱满、弯曲、尖削等。造成树木间干形差异的原因，除受遗传性、年龄和枝条着生情况等内因的影响外，还受生长环境，如立地条件、气候因素、林分密度和经营措施等外因的影响。一般来说，针叶树和生长在密林中的树木，其主干较通直且较高，干形比较规整饱满；阔叶树和散生孤立木，一般树枝着生多，形成树冠较大，使主干低且短，干形比较尖削且不规整(图 8-7)。

图 8-7　密林与疏林中树木形状差异

树干形状尽管变化多样，但可归纳为由树干横断面形状和纵断面形状综合而成。下面将分别对其进行阐述。

(1)树干横断面的形状

①树干横断面形状的定义　假设过树干中心有一条纵轴线，称为干轴；与干轴相切的面称为树干横截断面，其面积称为断面积，记为 g。所谓树干横断面的形状是指树干横断面的闭合曲线的形状(图 8-8)。

②树干横断面形状的一般特征　树木自下而上，其横断面形状除靠近基部因根部扩张多不规整外，从面积对比结果看，总地认为近似圆形或椭圆形。

前苏联学者奥歇特洛夫(Ocetpob C. E.，1905)研究过 27 株云杉、13 株松树和 10 株落叶松胸高处横断面的形状。结果表明，按照圆和椭圆的公式求得的面积均大于树干的实际横断面积，其计算误差与树皮厚薄有关。薄皮树(云杉)计算的断面积比实际断面积平均偏大 1% 左右，树皮粗而厚的树(落叶松)偏大 4%~5%，树皮厚度中等的树(松树)偏大 2% 左右(表 8-2)。

图 8-8　树干横断面形状

表 8-2 按照圆和椭圆的公式求得的面积与实际横断面积的偏差

偏差的性质	按公式求得的面积与实际横断面积的偏差(%)			
	椭圆	圆	椭圆	圆
	最大、最小两直径		互相垂直两直径	
云杉				
算术平均值	0.81	0.94	1.04	1.07
最大正数	2.51	2.68	3.21	3.23
最大负数	-0.39	-0.28	-0.3	-0.26
松树				
算术平均值	1.77	1.93	2.66	2.71
最大正数	5.35	5.46	6.12	6.13
最大负数	-0.51	-0.49	0	0
落叶松				
算术平均值	3.45	3.55	5.23	5.25
最大正数	5.45	5.48	7.91	7.91

由此可见，树干的横断面并不是规整的几何形状。抽象看待树干的横断面，它的边界曲线一般是闭凸线，郎奎健(1985)提出将其看成卵形线，是一种更确切的观点。因为圆和椭圆均是卵形线的特例。

影响树干横断面形状的因子很多，如树皮厚薄粗细和开裂程度，去皮的树干横断面较带皮的规整些；树干断面形状与树干部位有关，根据阿努钦(Anuqin. B. A.)的研究，针叶树干在树干下部 1/3 处的两个相互垂直的直径平均相差 3.7%，而在树干中央则相差 3.1%；此外与树种和年龄也有一定关系。

在实际工作中不论用圆或椭圆公式求算树干横断面积都只能得到近似的结果。从表 8-2中可以看出：按圆形计算横断面积要大于或等于按椭圆计算的面积。

为了便于树干横断面积和树干材积计算，通常把树干横断面看作圆形。树干的平均粗度作为圆的直径。用圆面积公式计算树干横断面面积，其平均误差不超过 ±3%。这样的误差在测树工作中是允许的。因此，树干横断面的计算公式为：

$$g = \frac{\pi}{4}d^2 \tag{8-2}$$

式中 g——树干横断面；

d——树干平均直径。

(2)树干纵断面的形状

①树干曲线定义 沿树干中心假想的干轴将其纵向剖开(或沿树干量测许多横断面的直径)，即可得树干的纵断面。以干轴作为直角坐标系的 x 轴，以横断面的半径作为 y 轴，并取树梢为原点，按适当的比例作图即可得出表示树干纵断面轮廓的对称曲线，这条曲线通常称为干曲线(stem curve)。

②树干纵断面形状的一般特征 树干纵断面形状实际上就是干曲线的类型。根据前人的研究，干曲线自基部向梢端的变化大致可归纳为凹曲线、平行于 x 轴的直线、抛物线和

相交于 y 轴的直线这 4 种曲线类型(图 8-9 中的 Ⅰ、Ⅱ、Ⅲ、Ⅳ各段曲线)。

如果把树干当作干曲线以 x 轴为轴的旋转体，则对应于上述 4 种曲线的体型依次分别近似于截顶凹曲线体、圆柱体、截顶抛物线体和圆锥体(图 8-10)。这 4 种类型在各树干上的相对位置基本是一致的，其变化是逐渐的，且因树种、年龄、立地条件不同所占的比例有所差异。一般生长正常的树干以圆柱体和抛物线体占全树干的绝大部分，凹曲线体和圆锥体所占比例很小。据此特点，基本上可以按抛物线体和圆柱体的求积公式计算树干材积。

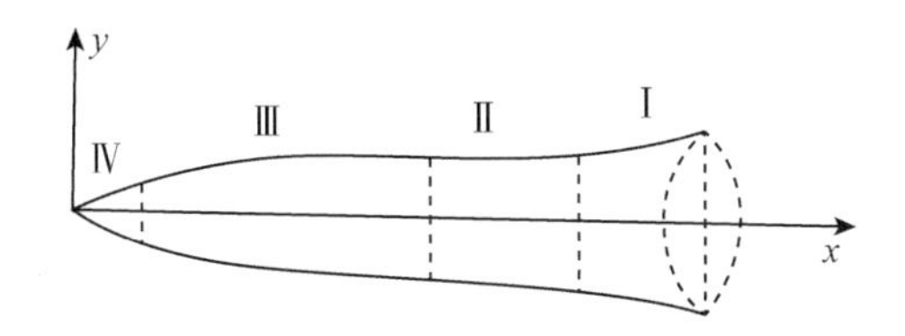

图 8-9　树干纵断面与曲干线

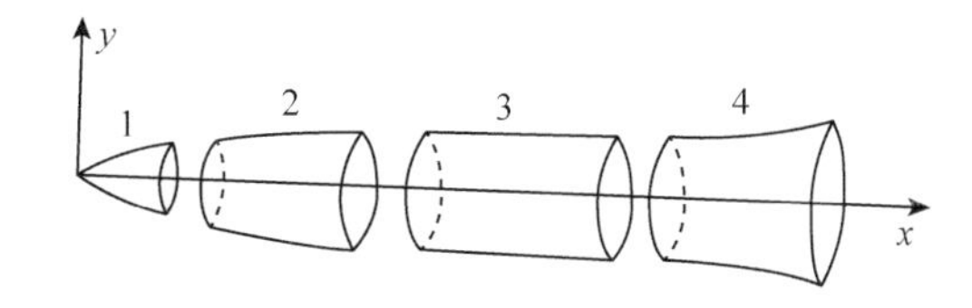

图 8-10　树干不同部位的干曲线及其旋转体

1. 相交于干轴的直线，圆锥体；2. 抛物线，抛物线体；3. 平行于干轴的直线，圆柱体；4. 内凹曲线，凹曲线体

③孔兹(Kunze M.，1873)干曲线式

$$y^2 = Px^r \tag{8-3}$$

式中　y——树干横断面半径；

x——树干梢头至横断面的长度；

P——系数；

r——形状指数。

这是一个带参变量 r 的干曲线方程，r 的变化一般在 0~3，当 r 分别取 0、1、2、3 时，则可分别表达上述 4 种类型，见表 8-3。

表 8-3　形状指数不同的曲线方程及其旋转体

形状指数	方程式	曲线类型	旋转体
0	$y^2 = P$	平行于 x 轴的直线	圆柱体
1	$y^2 = Px$	抛物线	截顶抛物线体
2	$y^2 = Px^2$	相交于 x 轴的直线	圆锥体
3	$y^2 = Px^3$	凹曲线	凹曲线体

树干上各部位的形状指数可近似用下式计算：

$$r = 2\frac{\ln(y_1) - \ln(y_2)}{\ln(x_1) - \ln(x_2)} \tag{8-4}$$

式中　x_1、y_1，x_2、y_2——分别为树干某两点距梢端的长度及半径。

研究表明，树干各部分的形状指数一般都不是整数。这说明树干各部分只是近似于某种几何体。因此，孔兹干曲线只能近似地表达树干某一段的干形，而不能充分完整地表达整株树干的形状。

8.1.4 树冠形状测定

树木的地上部分是由干、枝、叶组成的，而树冠作为光合作用的主要场所，其大小决定了树木的生长活力和生产力。因此，研究树冠形状的测定对探讨林木生长具有重要意义。目前主要用非线性回归模型预估树冠几何形状。

(1)投影断面形状

树冠形状常常分别从投影横断面形状和纵断面形状来研究。树冠横断面形状是指树冠内部不同高度处 h 的横断面形状，一般可视其为圆形，故主要从树冠投影断面形状来测定树冠形状。

(2)正立面形状

树冠正立面形状比较复杂，其与树木的生物学特性有关，同时也与所处的自然环境、经营状态、经营措施等有关。一般而言，针叶树多为近似卵形或圆锥形，而阔叶树则比较复杂，但通常较大，呈近似球形或椭圆球形。目前，树冠正方面形状测定较困难，因而对其研究较少。

【知识拓展】

形数、形率与树高、胸径的关系

从形数、形率与树高关系的分析，在形率相同时，树干的形数随树高的增加而减小；在树高相同时则形数随形率的增加而增加。希费尔据此提出用双曲线方程式表示胸高形数与形率和树高之间的依存关系，见下式和图8-11。他先后用云杉、落叶松、松树和冷杉的资料求得双曲线方程式中各参数值，即得：

$$f_{1.3} = 0.140 + 0.66q_2^2 + \frac{0.32}{q_2 h}$$

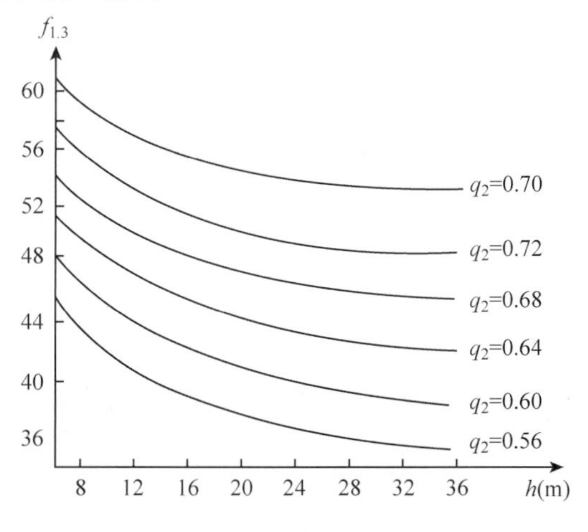

图 8-11　形数、形率与树高的关系

后来发现并证明云杉的经验方程式适用于所有树种，且计算的形数平均误差不超±3%。被推荐为一般式(并称为希费尔公式)，应用较广。

在同龄纯林中，即使林木的直径、树高相同，其形数和形率也不会完全相等。但是，如果以径阶或树高组为单位，计算出相应的平均胸高形数和平均形率后，则会发现形数和形率随胸径、树高的变化规律(表8-4、表8-5)。即林木的形数和形率依胸径、树高的增加而减小，分别形成反"J"型曲线变化规律，并可以用下列几个类型的曲线方程式表示它们之间的关系。

$$f_{1.3} = a_0 + \frac{a_1}{d}$$

$$f_{1.3} = a_0 + \frac{a_1}{h}$$

$$q_2 = a_0 + a_1 \lg(d)$$

$$q_2 = a_0 + \frac{a_1}{h}$$

式中　a_0，a_1——方程参数。

表 8-4　落叶松形数、形率—胸径相关表

胸径(cm)	12	16	20	24	28	32	36
形数($f_{1.3}$)	0.52	0.502	0.487	0.473	0.461	0.454	0.447
形率(q^2)	0.721	0.708	0.698	0.688	0.679	0.674	0.668

[引自《测树学》(第三版)，孟宪宇]

表 8-5　落叶松形数、形率—树高相关表

树高(m)	10	12	14	16	18	20	22	24
形数($f_{1.3}$)	0.588	0.54	0.526	0.514	0.503	0.492	0.482	0.474
形率(q_2)	0.767	0.735	0.725	0.717	0.709	0.701	0.694	0.688

[引自《测树学》(第三版)，孟宪宇]

【复习思考】

1. 实际工作中，树干横断面主要有哪些形状？
2. 目前，研究树干曲线方程主要采用哪些类型？为什么？
3. 你对研究树干形状的方法有何建议？

任务 8.2　林分调查

【任务介绍】

林分调查是森林测定的重要方法。林分调查主要以树种组成、年龄、平均直径、平均树高、林层、密度、蓄积、地位级、立地指数、海拔、坡度、坡位、坡向、土壤、植被等调查因子为调查对象，提供森林经营、林分数量特征等基础信息，这是常规森林资源的调查项目。因此，林分调查是森林经营、数表编制、森林预测的重要基础。通过本任务的实施将达到以下目标：

知识目标

1. 掌握标准地调查的设置方法。
2. 掌握标准地调查的基本要求。

3. 掌握每木调查的基本方法。

4. 了解环境因子调查及方法。

技能目标

1. 能完成标准地调查及各林分调查因子的计算。

2. 能进行环境因子的调查和数据处理。

【知识准备】

8.2.1 林分调查认知

林分是区划森林的最小地域单位，在森林经营管理中称其为小班，是森林经营的最小单位。只有通过对林分特征的调查和研究，才能掌握森林的特征及其变化规律，并为经营森林提供依据。经营森林，首先就是要将森林划分为林分，其划分的重要依据就是能够客观反映林分特征的因子，这些因子称为林分调查因子(stand description factor)。只有通过对林分进行调查才能掌握其调查因子的数量特征。林分调查因子的测定和计算方法，林分调查因子之间、林分调查因子与森林生态环境因子之间的相关关系及变化规律不仅是森林经理的基础，同时也是森林培育学、森林生态学以及其他林学学科的专业基础。

林分调查(stand survey)是指通过对林分的树木进行测树因子及环境条件的测定与调查，统计和计算林分调查因子，并对森林资源数量与质量进行估算的过程。

林分调查主要以树种组成、年龄、平均直径、平均树高、林层、密度、蓄积、地位级、立地指数、海拔、坡度、坡位、坡向、土壤、植被等调查因子为对象，提供森林经营、林分数量特征等基础信息。因此，林分调查是森林经营、数表编制、森林预测的重要基础。

林分调查是通过标准地调查来实现的。标准地则是林分中具有平均状态或代表性的地段，其形状可设为方形、长方形、圆形或带状等。其面积大小则根据不同的调查目的和精度要求而定。

8.2.2 标准地设置

(1)选择标准地的基本要求

①标准地必须对所预定的要求有充分的代表性。

②标准地必须设置在同一林分内，不能跨越林分。

③标准地不能跨越小河、道路或伐开的调查线，且应离开林缘(至少距林缘1倍林分平均高的距离)。

④标准地设在混交林中时，其树种、林木密度分布应均匀。

标准地的选择，首先进行现地踏查，了解调查区的林分状况及森林分布特点，目测主要调查因子，了解其平均状态，以此为依据选择适当地段设定为标准地，在选择时应尽量避免主观性。根据其不同的用途，可分为永久(固定)性标准地与临时标准地两种。

(2)标准地的形状和面积

标准地的形状一般为正方形或矩形，有时因地形变化也可为多边形。

标准地面积应依据调查目的、林分状况如林龄及林分密度等因素而定。一般面积不宜过小，否则难以保证标准地具有充分的代表性；但面积过大，其工作量和成本则增大。原林业部（现国家林业局）颁布的《林业专业调查主要技术规定》中规定：天然林标准地面积一般在寒温带、温带林区采用 $500 \sim 1000\text{m}^2$，亚热带、热带林区采用 $1000 \sim 5000\text{m}^2$。此外，也可用林木株数控制标准地面积，一般采用主林层林木株数200株左右。人工林和幼林标准地面积可以酌情减小。

在实际调查工作中，为了确定标准地的面积，可预先选定 400m^2 的小样方，查数林木株数，据以推算应设置的标准地的面积。

例如，根据林分状况，要求设置的标准地林木株数不少于250株，选定 400m^2 的小样方查数林木株数为13株，则标准地的最小面积应为：

$$S = \frac{250}{13} \times 400 = 7692.3(\text{m}^2) \tag{8-5}$$

（3）标准地的周界测量

为了确保标准地的位置和面积，需要进行标准地的周界测量。传统的方法通常是用罗盘仪测角，皮尺或测绳量水平距。当林地坡度大于5°时，应将测量的斜距按实际坡度改算为水平距离。在进行标准地周界测量时，规定测线周界的闭合差不得超过1/200。

现代测量技术发展很快，在标准地的境界测量中，目前可以采用的手段也很多，例如，采用全站仪进行精确的周界确定，求算标准地面积。这种方法主要用于永久（固定）标准地的设置。

为使标准地在调查作业时保持明显的边界，应将测线上的灌木和杂草清除。测量四边周界时，边界外缘的树木在面向标准地一面的树干上要标出明显标记，以保持周界清晰。根据需要，标准地的四角应埋没临时简易或长期固定的标桩，便于辨认和寻找。

（4）标准地的位置及略图

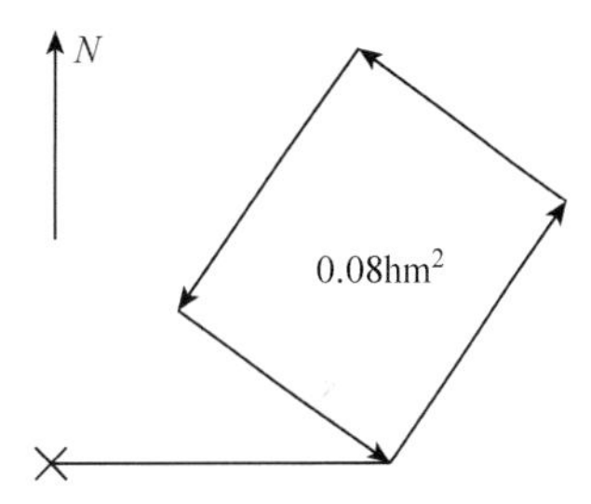

图8-12　标准地略图

标准地设置好以后，应标记标准地的地点、GPS定位坐标及在林分中的相对位置，并将标准地设置的大小、形状在标准地调查表上按比例绘制略图（图8-12）。

8.2.3　标准地调查

8.2.3.1　每木调查

在标准地内进行的每株树木的实测称为每木调查（tally），也称每木检尺，是标准地调查中最基本的工作。

每木调查的主要工作是分别林层、树种、起源、年龄（或龄级）、活立木、枯立木测定每株树木的胸径，并按整化径阶记录、统计各径阶林木株数，取得林木株数按直径分布序列。

每木调查的工作步骤简述如下：

（1）径阶大小的确定

每木调查时，一般是按径阶进行记载、统计调查结果。径阶整化范围的大小对调查结果的精度有很大影响。因此，在每木调查之前，必须确定合适的径阶范围。

径阶整化是以径阶中值代表该径阶全部林木的直径，由此必然产生径阶整化误差。孔兹(Kunze M.，1891)对这种误差大小的近似值进行了如下理论分析：

以 a 表示径阶大小，d 表示径阶中值，则该径阶的最大直径为 $d+\frac{a}{2}$，最小直径为 $d-\frac{a}{2}$，其对应的材积别为：

$$V_1=\frac{\pi}{4}\left(d+\frac{a}{2}\right)^2 fh$$

$$V_2=\frac{\pi}{4}\left(d-\frac{a}{2}\right)^2 fh \tag{8-6}$$

径阶中值对应的材积为：

$$V=\frac{\pi}{4}d^2 fh \tag{8-7}$$

相比较的材积误差为：

$$\Delta_V=\frac{V_1+V_2}{2}-V=\frac{\pi}{4}\left\{\frac{1}{2}\left[\left(d+\frac{a}{2}\right)^2+\left(d-\frac{a}{2}\right)^2\right]-d^2\right\}fh=\frac{\pi}{4}\cdot\frac{a^2}{4}fh \tag{8-8}$$

材积误差百分数为：

$$P_V=\frac{\Delta_V}{V}\times 100(\%)=\frac{\frac{\pi}{4}\cdot\frac{a^2}{4}fh}{\frac{\pi}{4}d^2 fh}\times 100(\%)=\left(\frac{5a}{d}\right)^2(\%) \tag{8-9}$$

由式(8-9)可以看出，径阶阶距越大或直径越小，其误差越大。例如，某林分平均直径为20cm，按4cm整化径阶调查，代入式(8-9)，则由整化径阶所引的材积误差理论上应为1%；若林分平均直径为12cm，仍按4cm整化径阶调，则材积误差为2.8%；这时如按2cm整化径阶调查，材积误差仅为0.7%。因此，为了控制误差，整化径阶阶距的大小应由林分平均直径确定。

《森林资源规划设计调查主要技术规定》(2003)规定，林木调查起测胸径为5.0cm，视林分平均胸径以2cm或4cm为径阶距并采用上限排外法。在实际工作中，林分平均胸径小于12cm时，采用2cm为一个径阶距；而林分平均胸径小于6cm时，采用1cm为一个径阶距。当采用2cm或4cm径阶距进行径阶整化时，各径阶中值应为偶数。

径阶大小确定得合适与否，直接影响林分直径分布规律，调查因子的精确程度，尤其是对林分平均直径影响最大。

(2)起测径阶

起测径阶是指每木检尺的最小径阶。根据林分结构规律，同龄纯林中最小林木的直径近似为林分平均直径的0.4倍，林木胸径小于这个数值的林木可作为第二代林木或幼树，不进行每木检尺。因此，一般以林分平均直径0.4倍的值作为确定起测径阶的依据。如某林分，目测林分平均直径为14.0cm，则林分中最小林木的直径为14×0.4=5.6cm，则该林分的起测径阶为6cm。在森林资源调查中，一般起测径阶定为6cm(起测胸径为5.0cm)。但在营林工作中，也可根据调查目的确定起测径阶。

(3)划分材质等级

每木调查时，不仅要按树种记载，而且对于近、成、过熟林还要按林木质量等级分别统计。

(4)每木检尺注意事项

在标准地内进行每木检尺时应注意以下几点：

①测定者从标准地的一端开始，由坡上方沿着等高线按“S”形路线向坡下方进行检尺，如图8-13所示。

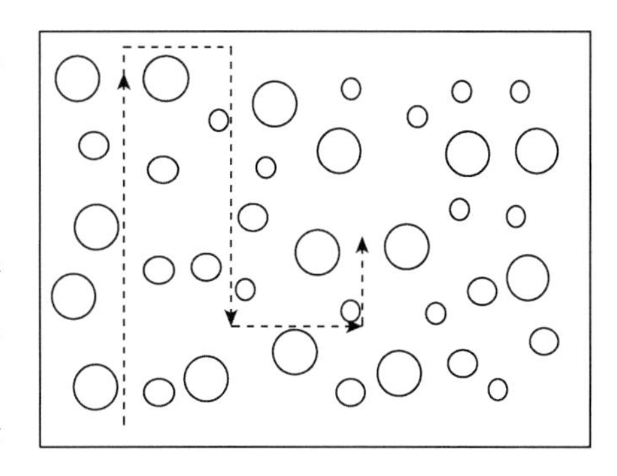

图8-13　每木检尺路线示意

②用轮尺或围尺测定每株树木离根颈1.3m高处的直径(胸径)。在坡地应站在坡上方测定，1.3m以下分叉树应视为2株，分别检尺。

③使用轮尺时必须与树干垂直，若遇干形不规则的树木应垂直测定两个方向的直径或量测胸径上下两个部位的直径，取其平均值。

④正好位于标准地境界线上的树木，本着一边取另一边舍的原则(或计半株)，确定检尺树木。

⑤要防止重测或漏测。一般每木检尺时，测者每测定一株树，应高声报出该树的树种、林木质量等级和直径大小，等记录者复诵后再取下测尺，并用粉笔在测过的树干上作记号。记录者及时在每木调查记录表的相应栏中按径阶记入，用“正”字表示(表8-6用数字计数，实际调查中，应用“正”字计数)。每木调查记录表见表8-6。

表8-6　每木调查记录表(树种：白桦；林层：单层)

径阶(cm)	商品用材树(株)	半商品用材树(株)	薪材树(株)	株数小计	断面积(m^2)合计	枯立木	倒木
4	3			3	0.0038		
6	27	10	2	39	0.1103		
8	43	5	3	51	0.2564		
10	63	3	1	67	0.5262		
12	75	5	5	85	0.9613		
14	50	2	1	53	0.8159		
16	27			27	0.5429		
18	10			10	0.2545		
20	2			2	0.0628		
合计	300	25	12	337	3.5341		

[引自《测树学》(第三版)，孟宪宇]

(5)林分平均直径计算

根据每木调查记录，采用平均断面积法计算林分平均直径：

$$D_g = \sqrt{\frac{4}{\pi} \cdot \frac{G}{N}} = \sqrt{\frac{40\,000}{\pi} \times \frac{3.5341}{337}} = 11.6(\text{cm}) \tag{8-10}$$

或

$$D_g = \sqrt{\frac{1}{N}\sum_{i=1}^{k} n_i d_i^2}$$

$$= \sqrt{\frac{1}{337} \times (3 \times 4^2 + 39 \times 6^2 + 51 \times 8^2 + 67 \times 10^2 + 85 \times 12^2 + 53 \times 14^2 + 27 \times 16^2 + 10 \times 18^2 + 2 \times 20^2)}$$

$$= 11.6(\text{cm}) \tag{8-11}$$

8.2.3.2 树高测算

(1)林分条件平均高的求算方法

得到林分条件平均高或各径阶平均高的方法有图解法和数式法。

①图解法 在标准地内，随机选取部分林木测定树高和胸径的实际值，一般每个径阶内应选择3~5株林木，平均直径所在的径阶测高的林木株数要多些，其余递减，使测高木株数形成正态分布。测高木株数一般不少于25~30株，并将量测结果记入测量记录表中，分别径阶利用算术平均法计算出各径阶的平均胸径、平均高及株数(表8-7)。

表8-7 测高记录表(树种：山杨；起源：实生)

径阶	各株树木直径(cm)/树高(m)实测值	株数	平均直径/树高
8	7.1/9.8，8.5/11.5，9.2/14.4，9.8/12.2	4	8.7/12.0
12	10.9/15.0，11.2/17.1，11.5/15.7，11.7/15.1，12.5/15.7，13.0/17.4，13.5/18.1，13.6/17.2	8	12.2/16.4
16	14.6/16.5，14.8/18.5，15.5/20.8，16.5/20.4，16.9/17.2，17.2/21.0，17.7/19.6	7	16.2/19.1
20	18.1/22.3，18.5/19.8，18.7/22.0，19.0/20.9，20.7/24.5，20.8/21.9，21.2/22.4，21.9/22.4	8	19.8/22.0
24	22.5/24.4，23.5/22.0，23.5/23.2，24.0/25.024.0/23.7，25.0/24.5，25.2/24.4	7	24.0/23.9
28	26.0/25.4，26.3/24.0，26.6/25.2，27.2/26.1，28.0/23.0，28.2/27.2，29.0/26.4	7	27.3/25.3
32	30.0/27.1，31.1/27.6，32.0/25.0，31.1/26.6	4	31.0/26.6
36	35.4/25.8，36.1/25.6，35.8/25.7	3	35.8/25.7
40	38.7/28.5，38.4/28.1，40.0/28.9	3	38.7/28.5

[引自《测树学》(第三版)，孟宪宇]

在方格纸上以横坐标表示胸径(D)、纵坐标表示树高(H)，选定合适的坐标比例，将各径阶平均胸径和平均高点绘在方格纸上，并注记各点代表的林木株数。根据散点分布趋势随手绘制一条均匀圆滑的曲线，即为树高曲线(图8-14)。要用径阶平均胸径对应的树高值与曲线值和株数进行曲线的调整。利用调整后的曲线，依据林分平均直径(D_g)由树高曲线上查出相应的树高，即为林分条件平均高。同理，可由树高曲线确定各径阶的平均高。

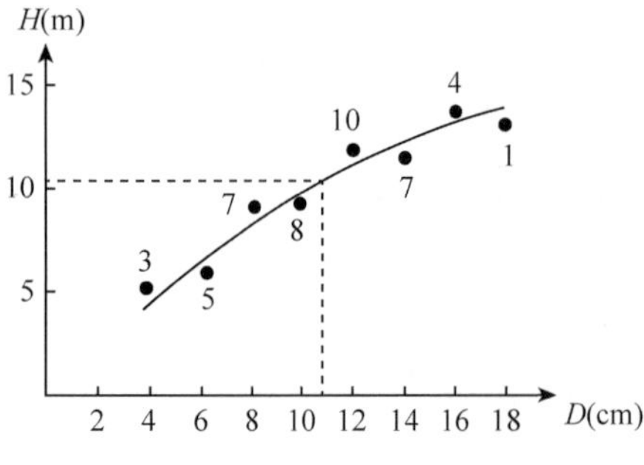

图8-14 树高曲线

采用图解法绘制树高曲线，方法简便易行，但绘制技术和实践经验要求较高，必须保证树高曲线的绘制质量。

②数式法　树高和直径的相关关系可以用许多方程表示，根据表8-7中各径阶的平均数据，可选用适当的回归曲线方程拟合树高曲线。

采用数式法拟合树高方程时，因树高变化很大，一般应选试几个回归曲线方程，从中选择拟合效果最佳的一个方程作为树高曲线方程。当树高曲线方程确定后，将林分平均直径D_g代入该方程中，即可求出相应的林分条件平均高。同样，若将各径阶中值代入其方程，也可求出径阶平均高。

对于混交林分中的次要树种，一般仅测定3~5株近于该树种平均胸径树木的胸径和树高，以算术平均值作为该树种的平均高。对于复层异龄混交林，分林层，按照上述原则和方法确定各林层及林分平均高。

(2)优势木平均高的求算方法

为了评价立地质量，在标准地内选取一些粗大的优势木或亚优势木测定树高，以算术平均值作为优势木平均高。

在实践中，确定量测优势木的株数和做法是：在林分中每100m^2的面积上，量测最高或最粗林木的高度，求算其算术平均数作为优势木平均高。实践表明，在标准地中均匀设3~6个观测点，在每个点上以10m为半径的范围内量测一株最高树的高度，求算术平均值，即为林分优势木平均高。以采用6株树木的算术平均高代表林分优势高的效果为好，这种方法在我国编制和使用地位指数表时采用。

8.2.3.3　林分年龄测定

在标准地调查中，可以利用生长锥钻取木芯或伐倒木(或已往伐根)确定各树种的年龄。对于复层异龄混交林，一般仅测定各林层优势树种的年龄，并以主林层优势树种的年龄为该林分的年龄。通常，幼龄林以年为单位表示林分年龄，中、成过熟林以龄级为单位表示林分年龄。

8.2.3.4　其他林分因子测定

在标准地外业调查中，还要调查和计算树种组成，如地位级(或地位指数)、疏密度(或郁闭度)、株数密度、断面积、蓄积量、出材级、林木生物量等因子。对于复层异龄混交林，按照规定和要求，计算出各林层调查因子及全林分调查因子。

(1)树种组成

按各树种蓄积量(或断面积)占总蓄积量(或总断面积)的成数，称为树种组成计算，并用十分法表示。

(2)疏密度

林分每公顷胸高断面积(或蓄积)与相同立地条件下标准林分每公顷胸高断面积(或蓄积)之比，称为疏密度(density of stocking)。

$$疏密度=\frac{现实林分每公顷断面积(蓄积量)}{标准林分每公顷断面积(蓄积量)}$$

(3)各径阶、各树种材积计算

根据径阶中值从树高曲线上读出径阶平均高，再依据径阶中值和径阶平均高(取整数或用内插法)，从树种二元材积表上查出各径阶单株平均材积；也可将径阶中值和径阶平均高带入二元材积式计算出各径阶单株平均材积，再乘以径阶林木株数，即可得到径阶材积。各径阶材积之和就是该树种标准地蓄积量。

(4)蓄积量计算

用各树种的标准地蓄积量之和及标准地面积计算每公顷林分蓄积量，再乘以林分面积，求出林分蓄积量。

(5)地位级

根据林分平均年龄，平均高查地位级表确定地位级。

(6)地位指数

根据优势树种平均年龄和上层木平均高，查该树种地位指数表确定地位指数。

8.2.4 环境及立地因子调查

从森林环境上看，林分是乔木、灌木、地被物、地理位置、土壤、气候等环境因子的有机统一体。即林分生长与其环境密切相关。因此，为了研究、分析、比较林分的生长规律，制订营林措施等，在标准地调查工作中，应详细调查林分环境因子。调查主要内容包括：

(1)幼树、下木、活地被物及生物多样性调查

在标准地内，应分别对树种、下木及活地被物调查它们的盖度、平均高、单位面积(m^2)上的幼树株数及生物多样性。了解其生长状况及分布特点，评价乔木林的群落结构，并根据调查结果计算出总盖度(%)。具体内容一般有以下几项：

①植被调查　标准地内灌木、草本和地被物的主要种类。

②灌木覆盖度　标准地内灌木树冠垂直投影覆盖面积与标准地面积之比，以百分数表示。采用对角线截距抽样或目测方法调查。

③灌木平均高　标准地内灌木层的平均高采用目测方法调查，以米为单位。

④草本覆盖度　标准地内草本植物垂直投影覆盖面积与标准地面积之比，以百分数表示。采用对角线截距抽样或目测方法调查。

⑤草本平均高　标准地内草本层的平均高采用目测方法调查，以厘米为单位。

⑥植被总覆盖度　标准地内乔木、灌木、草本垂直投影覆盖面积与标准地面积之比，以百分数表示。采用对角线截距抽样或目测方法调查，或根据郁闭度与灌木和草本覆盖度的重叠情况综合确定，以百分数表示。

⑦幼树株数　分别不同的高度级调查幼树的株数，然后换算为每公顷的相应株数，以备评定天然更新等级。高度级一般划分为31cm以下、31~50cm、50cm以上3个级别。

⑧生物多样性　生物多样性包括生态系统多样性、物种多样性和遗传多样性3个层次。标准地调查一般调查物种多样性，多样性指标采用Shannon指数(S_n)和Simpson指数(S_p)计算，其计算式为：

$$S_n = -\sum_{i=1}^{s} p_i \cdot \lg p_i$$

$$S_p = 1 - \sum_{i=1}^{s} p_i^2 \tag{8-12}$$

式中　S——物种数；

p_i——第i个物种的数量占全部物种数量的比例。

在进行标准地内物种多样性计算时，考虑到乔木树种在林分中的重要作用，应该分乔

木树种、灌木树种和草本层计算才有意义。而且乔木、灌木、草本的物种数量本身也表示了多样性。

(2)土壤调查

在标准地内通过土壤剖面调查土壤名称、土壤厚度以及土壤表面的枯枝落叶厚度和腐殖质层厚度等。土壤名称根据中国土壤分类系统记载到土类，如棕壤、暗棕壤、黑钙土、栗钙土等，土壤厚度以及土壤表面的枯枝落叶厚度和腐殖质层厚度见表 8-8 至表 8-10。

表 8-8　土壤厚度等级表　　cm

等级	土层厚度	
	亚热带山地丘陵、热带	亚热带高山、暖温带、温带、寒温带
厚	≥80	≥60
中	40~79	30~59
薄	<40	<30

表 8-9　枯枝落叶厚度等级　　cm

等级	枯枝落叶厚度
厚	≥10
中	5~9
薄	<5

表 8-10　腐殖质厚度等级表　　cm

等级	腐殖质厚度
厚	≥20
中	10~19
薄	<10

(3)地形地貌因子调查

调查标准地所处位置的地貌、坡向、坡位、坡度等因子。

①地貌　划分为山地、丘陵和平原。其中，山地根据海拔高度的不同，又划分为极高山、高山、中山、低山，具体标准见表 8-11。

表 8-11　地貌划分标准

地貌类型		划分标准
山　地	极高山	海拔≥5000m 的山地
	高　山	海拔为 3500~4999m 的山地
	中　山	海拔为 1000~3499m 的山地
	低　山	海拔为<1000m 的山地
丘　陵		没有明显的山脉脉络，坡度较缓和，且相对高差小于 100m
平　原		平台开阔，起伏很小

②坡向　坡向即坡面朝向，根据坡面的方位角划分为 8 个坡向(表 8-12)，需要说明的是：地形坡度<5°的坡面为无坡向。

③坡位　即所处的坡面位置，分为脊部、上坡、中坡、下坡、山谷、平地。具体划分标准见表 8-13。

④坡度　按坡面倾斜角划分为 5 级，具体划分标准见表 8-14。

表 8-12 坡向划分标准

坡　向	划分标准	坡　向	划分标准
北　坡	方位角 338°~22°	南　坡	方位角 158°~202°
东北坡	方位角 23°~67°	西南坡	方位角 203°~247°
东　坡	方位角 68°~112°	西　坡	方位角 248°~292°
东南坡	方位角 113°~157°	西北坡	方位角 293°~337°

表 8-13 坡位划分标准

坡　位	划分标准
脊　部	山脉的分水岭及其两侧各下降垂直高度 15m 的范围
上　坡	从脊部以下至山谷范围内的山坡三等分后的最上等部位
中　坡	从脊部以下至山谷范围内的山坡三等分后的中部
下　坡	从脊部以下至山谷范围内的山坡三等分后的最下等分部位
山谷(或山洼)	汇水线两侧的谷地

表 8-14 坡度划分标准

坡度级	划分标准	坡度级	划分标准
Ⅰ级(平坡)	坡面倾斜角 <5°	Ⅳ级(陡坡)	坡面倾斜角 25°~34°
Ⅱ级(缓坡)	坡面倾斜角 5°~14°	Ⅴ级(急坡)	坡面倾斜角 35°~45°
Ⅲ级(斜坡)	坡面倾斜角 15°~24°	Ⅵ级(险坡)	坡面倾斜角 45°以上

标准地调查的内容不是一成不变的，在进行标准地调查时，往往根据调查的目的和任务确定调查项目，并对测定方法进一步做出详细的规定。如为了研究林分的直径分布规律，在测定林木的直径时，就应该对达到胸高以上的林木全部测定，若规定起测径阶，有时会影响直径分布曲线的形状，特别是在幼、中林的调查时。

【技能训练】

标准地调查

一、实训目的

1. 熟悉标准地的选设原则。
2. 掌握标准地的周界测量方法。
3. 掌握调查因子实测方法及计算。

二、仪器材料

罗盘仪，计算器，花杆，轮尺，围尺，皮尺，测绳，测高器，生长锥，直尺，调查记录表，记录夹。

三、训练步骤

1. 调查分组

每组 3~4 人，并配备所需的工具和记录表。

2. 标准地选择

具体要求见知识准备。

3. 标准地周界测量

为了确保标准地的位置和面积，需要进行标准地的周界测量。传统的方法通常是用罗盘仪测角，皮尺或测绳量水平距。当林地坡度大于5°时，应将测量的斜距按实际坡度改算为水平距离。在进行标准地周界测量时，规定测线周界的相对闭合差不得超过1/200，记录表见表8-15。

4. 标准地调查

(1)每木调查。

①确定径阶大小：幼、中龄林以2cm，成过熟林以4cm，人工林以1cm为一个径阶。

②划分林层。

③确定起测径阶。

④划分材质等级。

⑤每木检尺：在标准地用轮尺或围尺测定每株树木的胸径，以3人为一组进行，2人用轮尺(或围尺)测径，1人填写记录表(表8-16)。

(2)测定树高：测得的胸径与树高记入测高记录表(表8-17)。

(3)年龄调查(调查结果填入表8-18)。

(4)林分起源调查。

(5)郁闭度调查：采用样点法目测确定。

(6)地形地势调查：坡度级、坡向、坡位、海拔。

(7)土壤调查。

(8)植被调查。

5. 林分调查因子计算

①计算平均直径。

②计算平均高。

③计算平均年龄。

④计算每公顷株数与断面积。

⑤计算树种组成。

⑥计算疏密度。

⑦计算标准地各径阶、各树种材积。

⑧计算每公顷蓄积量。

⑨计算地位级。

⑩计算地位指数。

表 8-15 标准地/样　地罗盘仪测量记录表

西南角点：X：　　　　Y：　　　　GPS 坐标：X：　　　　Y：

测点号	观点号	方位角			垂直角		距　离	
		观测值	平均值	改正后方位角	观测值	改正后垂直角	斜　距	水平距
草图及备注						罗盘仪号码： 罗差： 垂直角指标差： 测绳改正系数： 视距乘常数： 闭合差：________cm 相对闭合差：1/______		

测量者：　　　　计算者：　　　　检查者：　　　　　　　　年　　月　　日

表 8-16 每木检尺记录表

林班：　　　　　　　　　　　　号样地(标准地)：

小班：　　　　　　　　　　　　面积：　　　　hm^2

树种：

径阶(cm)	活立木株数(株)			树高(m)	材积(m^3)	枯立木		倒木	
	用材	半用材	薪材			株数	材积	株数	材积
合计									
平均直径：__________ cm						平均高：__________ m			

检尺者：　　　　记录者：　　　　计算者：　　　　检尺者：

表 8-17　测高记录表

树种	径阶(cm)	实际胸径(cm)	距离测定			树高测定					
			倾斜角	斜距(m)	水平距(m)	望梢角	望梢高 H_1(m)	望基角	望基高 H_2(m)	实量高 H_3	全树高

注：望梢角、望基角注明 ±。

观测者：　　　　计算者：　　　　检查者：　　　　　　　　年　　月　　日

表 8-18 标准样地技能训练表

标准地/样地 蓄积量实测调查卡片

________省________ 自治州(地区、市)________ 林业局(县)________ 林场(乡)________ 作业区

________林班(村) ________小班 ________总体 地形图图幅号或航空像片号__

样地号________ 样地长度________m 样地宽度________m 样地面积________hm^2

标准地号________ 标准地长度________m 标准地宽度________m 标准地面积________hm^2

标准地 GPS 起点：X：________ Y：________ 标准地 GPS 终点：X：________ Y：________

标准地、样地林况地况目测调查记录

树种组成________ 年龄________ 平均高度________m 平均直径________cm 郁闭度________林种___

每公顷株数________株 每公顷蓄积________m^3 地位级或立地指数级________ 林型________ 疏密度______

幼树：组成________ 年龄________年 每公顷株数________株 高度________m 分布__________

下木：种类________ 高度________m 总覆盖度________% 分布______________

地被物：种类________ 高度________m 总覆盖度________% 分布______________

土壤：名称________ 结构________ 质地________ 厚度________cm 湿度__________

地形地貌：部位________ 坡型________ 坡向________ 坡度________ 海拔________m

林分特点及其他记载：____

标准地、样地实测调查汇总表

树种名称	组成	年龄	平均高度(m)	平均直径(cm)	活立木蓄积(m^3)		活立木株数		出材级	每公顷蓄积	
					标准地(样地)	每公顷	标准地(样地)	每公顷		枯立木	倒木

实测郁闭度： 疏密度：

调查者： 计算者： 检查者： 年 月 日

四、注意事项

1. 准备工作前，清点好工具。

2. 在实验地进行实地调查时，保证自身安全，严格听从老师或小组组长的要求。

3. 实验地环境因子调查时注意天气对环境因子的影响，尽量在较为良好的天气状况下进行调查。

4. 调查结果应填入标准地调查记录表中，计算结果在相应表格中完成。

五、技能考核

序号	考核重点	考核内容	分值
1	标准地的选取和设置	具有代表性，测设方法正确，闭合差达1/200要求	35
2	林分及环境因子调查	主要因子调查方法正确，误差在5%以内	30
3	林分因子计算	计算方法及结果正确	35

【复习思考】

1. 标准地的选择过程中应主要注意哪些问题?
2. 每木检尺中应注意哪些问题?
3. 你认为边界木的取舍应如何处理? 为什么?
4. 以森林经营为调查目的，你认为应调查哪些环境因子? 为什么?

任务8.3　林分直径分布调查

【任务介绍】

林分特征主要以树种组成、年龄、直径、树高、形数、林层、密度和蓄积等指标描述。林分直径结构是林分特征的重要内容，是森林经营的理论基础；它提供了森林经营的基础信息，是传统森林资源的调查项目。林分直径分布的测定对森林经营技术方案的制订、森林经营数表编制及林分预测都有重要意义。通过本任务的实施将达到以下目标：

知识目标

1. 熟悉同龄纯林直径结构规律及其分布估计。
2. 熟悉直径分布调查的程序及方法。
3. 了解林分树高、材积结构与直径分布的关系。

技能目标

1. 能利用每木检尺结果，对林分直径分布进行统计。
2. 能利用统计软件对直径分布进行拟合。

【知识准备】

林分特征包含着林分所有的信息，决定着林分功能与作用，反映了林分特征因子的变化规律及其相互关系。由于森林结构的复杂性，这里所涉及的林分直径结构主要以同龄纯林作为研究对象，以简化研究方法，便于学习和掌握。

8.3.1　林分直径结构估计

(1)同龄纯林直径分布拟合

主要采用相对直径法(method of relative diameter)表示林分直径结构规律，便于不同平均直径、不同株数的林分置于同一尺度上进行比较，同时其方法简单易行。具体方法步骤为：

①计算相对直径及株数累积百分数　根据林分每木调查结果，统计各径阶林木株数，利用林分平均直径(D_g)及各径阶上、下限值，由式(8-13)计算相对直径值及至各径阶上限的株数累积百分数(表8-19)。

$$R_i = d_i/D_g \tag{8-13}$$

式中　d_i——各株林木胸径；

D_g——林分平均直径。

表8-19　一个小叶青冈林分的相对直径与株数累积(D_g = 28.9cm)

径阶(cm)	径阶上下限(cm)	上下限相对(R)	株数	N(%)	株数累积(%)
	10	0.346		0.0	0.0
12			6		
	14	0.484		1.9	1.9
16			11		
	18	0.623		3.5	5.4
20			31		
	22	0.761		9.8	15.2
24			68		
	26	0.900		21.6	36.8
28			83		
	30	1.038		26.4	63.2
32			67		
	34	1.176		21.3	84.4
36			24		
	38	1.315		7.6	92.1
40			18		
	42	1.453		5.7	97.8
44			6		
	46	1.592		1.9	99.7
48			1		
	50	1.730		0.3	100.0
合计			315	100.0	

[引自《测树学》(第三版)，孟宪宇]

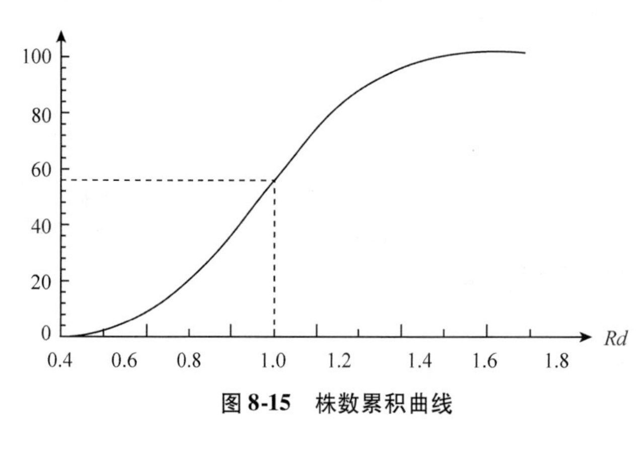

图8-15　株数累积曲线

②绘制株数累积百分数曲线　株数累积百分数曲线又称肩形曲线。其绘制方法为：以相对直径 R 为横坐标，株数累积百分数为纵坐标绘制散点图，将各点逐个连接起来即为株数累积百分数折线图。然后可根据折线趋势，手绘曲线绘制出一条均匀圆滑的曲线，即肩形曲线(图8-15)。

肩形曲线近于三次抛物线，可用式(8-14)或选择曲线类型相似的方程拟合。

$$y = a + bx + cx^2 + dx^3 \tag{8-14}$$

根据肩形曲线，只要已知林分中任一林木的直径，就能求出小于这一直径的林木占林分总株数的百分数。相反，若已知株数累积百分数值，从肩形曲线上也能查出它所对应的相对直径，再根据林分平均直径计算出所相对应的林木直径。

(2)异龄林直径分布拟合

由于其结构的复杂性，在研究异龄林直径结构规律时，应视其结构特征选择相对直径、概率分布函数等方法。针对异龄林直径分布曲线类型多样、变化复杂的特点，应选择适应性强、灵活性大的分布函数。佐勒尔(1969、1970)、寇正文(1982)、孟宪宇(1982)等人的研究证明，不论近似正态的直径分布或左偏、右偏乃至反J形的递减直径分布，使用β分布函数表现了很大的灵活性和良好的适应性，如图8-16所示。

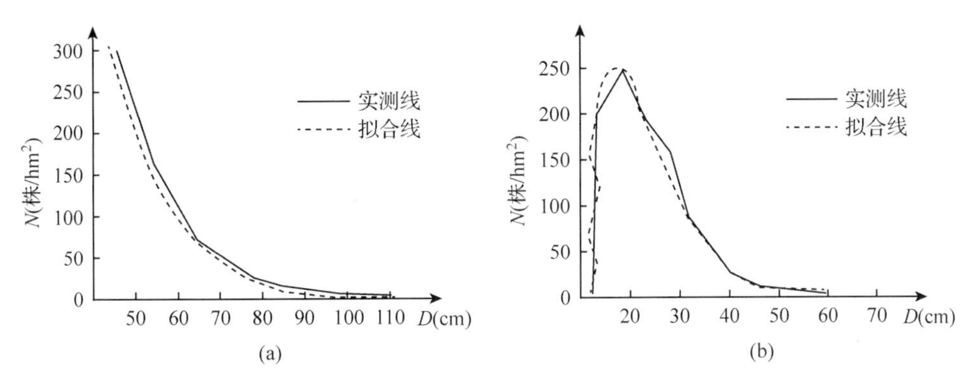

图8-16　用β分布拟合的不同林木直径分布图

(a)反J型；(b)左偏

美国迈耶(H. A. Meyer，1953)研究了称作均衡异龄林的结构。均衡异龄林的定义为“可以定期伐掉连年生长量而仍保持直径分布和起始材积的森林”。迈耶指出，一片均衡异龄林趋于一个可用指数方程表达的直径分布：

$$Y = Ke^{-aX} \tag{8-15}$$

式中　Y——每个径阶的林木株数；

X——径阶；

e——自然对数的底；

a、K——表示直径分布特征的常数。

该研究指出，典型的异龄分布可通过确定上述公式(8-15)中的常数a和K值来表示。a值表示林木株数在连续的径阶中减小的速率，K值表示林分的相对密度。迈耶的研究表明：两个常数有很好的相关性。a值大，说明林木株数随直径的增加而迅速下降；当a值和K值都大时，表明小树的密度较高。

莫塞(Mose，1976)提出了一种用断面积、树木—面积比率或树冠竞争因子来表示反J型直径分布的方法。米尔菲和法尔伦(Murphy&Farran，1982)介绍了以双截尾指数概率密度函数表示异龄林结构的方法。由于Weibull分布函数中的3个参数与林分特征因子具有较大的相关性，以及其求解方法多而简单，目前已得到广泛应用。

8.3.2 林木树高与胸径的关系

(1)林木树高随胸径的变化规律

一般来说，在林分中林木胸径越大，林木也越高，即林木高与胸径之间存在着正相关关系。为了全面反映林分树高的结构规律及树高随胸径的变化规律，可将林木株数按树高、胸径两个因子分组归纳列成树高—胸径相关表(表 8-20)。由此表可以看出树高有以下变化规律：

①树高随直径的增大而增大。

②在每个径阶范围内，林木株数按树高的分布也近似于正态，即同一径阶内最大和最小高度的株数少，而中等高度的株数最多。

③树高具有一定的变化幅度。在同一径阶内最大与最小树高之差可达 6~8cm；而整个林分的树高变动幅度更大些。树高变动系数的大小与树种和年龄有关，一般随年龄的增大其树高变动系数减小。如松树的树高变动系数 C_H，在Ⅲ龄级时为 22%，Ⅴ龄级时为 15%，Ⅶ龄级时则仅为 7%。

④从林分总体上看，株数最多的树高接近于该林分的平均高 H_D。

(2)树高曲线方程

根据表 8-20 中的数据，林分各径阶算术平均高随径阶呈现出一定的变化规律。若以纵坐标表示树高、横坐标表示径阶，将各径阶的平均高依直径点绘在坐标图上，并依据散点的分布趋势，可绘一条匀滑的曲线，它能明显地反映出树高随直径的变化规律，这条曲线称为树高曲线(图 8-14)。反映树高随直径而变化的数学方程称作树高曲线方程或树高曲线经验公式。常用的表达树高依直径变化的方程有：

$$h = a_0 + a_1 \lg d \tag{8-16}$$

$$h = a_0 + \frac{a_1}{d + K} \tag{8-17}$$

$$h = a_0 + a_1 d + a_2 d^2 \tag{8-18}$$

$$h = a_0 \mathrm{e}^{-a_1/d} \tag{8-19}$$

$$h = a_0 d^{a_1} \tag{8-20}$$

$$h = a_0 + \frac{a_1}{d} \tag{8-21}$$

式中 h——树高；

e——自然对数的底；

d——直径；

K——常数；

a_0、a_1、a_2——方程参数。

在实际工作中，可依据林分调查资料，绘制 H-D 曲线的散点图，根据散点分布趋势选择几个树高曲线方程进行拟合，从中挑选拟合度最优者作为该林分的 H-D 曲线方程。

表 8-20 树高与胸径的相关表

株数 / 树高(m)	径级(cm)											总计
	16	20	24	28	32	36	40	44	48	52	56	
29								1	1			2
28				1	2	4	3	6	2	1	1	20
27				1	8	12	16	8	4	2	1	52
26				7	20	20	21	12	3	1		84
25			4	14	22	24	11	3	1			79
24		1	7	19	21	15	2	1	1			67
23		2	12	14	12	3	2					45
22		4	10	10	3	1						28
21		6	7	3								16
20		4	2									6
19	3	2	1									6
18	1	1										2
17	1											1
总计	5	20	43	69	88	79	55	31	12	4	2	408
各径阶平均高	18.6	21.2	23	24.4	25.2	25.7	26.2	26.8	27	27.4	27.8	24.8

[引自《测树学》(第三版)，孟宪宇]

8.3.3 林分材积与胸径的关系

由于林分径阶材积分布序列与林分直径分布序列有着密切关系，因此，材积按径阶的分布序列与林木株数按直径的分布序列一样，具有近似正态分布曲线的特征。

根据材积按径阶分布序列，只能比较各径阶之间材积变化规律。但是，根据树高与直径的关系可知，在同一径阶内，尽管直径相同，但树高却不同，其林木材积也不相同。因此，需要根据林分材积—胸径相关表研究林分的材积与胸径的关系及变化规律。利用表 8-21 中松林的原始资料，将同一径阶内的林木再按材积的大小分成若干个组，则可以构成材积—胸径相关表(表 8-22)。

表 8-21 松林材积按径阶分布序列

径阶	16	20	24	28	32	36	40	44	48	52	56	总计
株数	5	20	43	69	88	79	55	31	12	4	2	408
%	1.2	4.9	10.5	17	21.6	19.4	13.5	7.6	2.9	0.9	0.5	100
蓄积量(m^3)	1.03	10.2	29.5	60.5	99.5	108.8	91.3	60.8	27.5	10.2	5.86	505.2
%	0.2	2	5.8	12	19.7	21.5	18.1	12	5.5	2	1.2	100

[引自《测树学》(第三版)，孟宪宇]

表 8-22 材积—胸径相关表

株数 材积(m^3)	径阶(cm)											总计
	16	20	24	28	32	36	40	44	48	52	56	
3											2	2
2.75									1	2		3
2.5								1	4	1		6
2.25								7	5	1		12
2							6	12	1			20
1.75						4	26	8				38
1.5						34	20	3	1			58
1.25				1	48	39	3					91
1				33	38	2						73
0.75			32	35	2							69
0.5		20	11									31
0.25	5											5
总计	5	20	43	69	88	79	55	31	12	4	2	408
平均材积	0.2	0.5	0.7	0.9	1.1	1.4	1.7	2	2.3	2.5	3	1.48

[引自《测树学》(第三版)，孟宪宇]

由表 8-21 和表 8-22 中可以明显地看出如下变化规律：

①从林分总体看，如果以横坐标表示胸径，纵坐标表示各径阶的平均材积，绘制材积—径阶散点图，并把各点连接起来，则可以构成一条曲线，这条曲线称作材积—直径曲线。

②在各径阶内，材积变动范围很大，例如，36cm 径阶内，材积变动范围为 $1.00 \sim 1.75m^3$，在 48cm 径阶内，材积变动范围为 $1.50 \sim 2.75m^3$。

③如果以林分平均材积为 100%，则最小径阶林木平均材积仅为 20%，而最大径阶林木平均材积为 270%。

由表 8-22 分析可以看出，林分的材积变动系数比其他任何调查因子的变动系数都要大些。材积的变动系数与其他调查因子的变动系数一样，与树种和年龄有关，一般成、过熟林的较幼龄林的小些。

④由表 8-22 中林木株数按材积组的分布序列可以看出，林分材积结构近于正态分布。并且该林分由材积分布所得到的平均材积($1.238m^3$)在材积—胸径相关曲线上与林分平均直径($D_g = 34.1$cm)所对应的材积($1.250m^3$)十分接近，这为利用标准木法测定林分材积提供了理论依据。

【技能训练】

直径分布统计与拟合

一、实训目的

1. 熟悉直径整化方法。

2. 掌握直径分布拟合方法及计算过程。

二、仪器材料

计算机，安装 Excel 及 SPSS 或 Origin 统计软件。

三、训练步骤

1. 分组

每组2人，配备所需设备和每木检尺记录。

2. 检尺结果整理

对表中测定结果按2cm进行整化，并将结果记录在表中(表8-23)。

表8-23　标准地每木测径一览表

序号	胸径	径阶	序号	胸径	径阶	序号	胸径	径阶	序号	胸径	径阶
1	23.8		29	22.1		57	25.2		85	25.5	
2	20.2		30	16.5		58	18.0		86	19.4	
3	12.0		31	19.8		59	20.0		87	15.2	
4	14.2		32	35.5		60	31.8		88	18.5	
5	10.0		33	28.0		61	29.4		89	34.5	
6	17.0		34	26.4		62	18.6		90	25.0	
7	13.0		35	27.5		63	16.4		91	14.2	
8	14.2		36	22.5		64	35.0		92	18.3	
9	18.6		37	33.7		65	9.2		93	17.5	
10	32.3		38	25.0		66	9.7		94	34.4	
11	19.5		39	17.1		67	10.4		95	27.2	
12	20.8		40	30.5		68	9.6		96	20.2	
13	15.8		41	20.0		69	8.8		97	25.0	
14	19.2		42	40.2		70	20.0		98	24.8	
15	15.5		43	23.6		71	24.5		99	30.7	
16	17.4		44	23.4		72	17.0		100	22.0	
17	12.8		45	32.8		73	23.3		101	26.8	
18	16.0		46	31.2		74	25.2		102	29.0	
19	8.4		47	31.0		75	18.5		103	26.4	
20	15.5		48	23.0		76	27.8		104	19.0	
21	12.6		49	22.3		77	26.4		105	11.6	
22	20.3		50	16.2		78	37.0		106	17.5	
23	19.2		51	26.6		79	21.8		107	19.1	
24	20.8		52	20.0		80	28.0		108	13.6	
25	13.1		53	23.0		81	23.4		109	15.3	
26	19.5		54	25.0		82	27.2		110	22.6	
27	11.9		55	18.3		83	37.9		111	33.6	
28	24.2		56	28.4		84	29.6		112	22.6	

（续）

序号	胸径	径阶	序号	胸径	径阶	序号	胸径	径阶	序号	胸径	径阶
113	31.0		149	25.6		185	21.5		221	34.1	
114	31.2		150	23.6		186	14.7		222	20.1	
115	29.2		151	22.0		187	17.7		223	31.1	
116	13.3		152	24.0		188	27.0		224	29.2	
117	38.2		153	30.3		189	14.8		225	30.1	
118	28.2		154	16.0		190	33.5		226	25.3	
119	21.5		155	28.0		191	6.5		227	23.1	
120	22.4		156	26.5		192	24.0		228	29.1	
121	29.5		157	29.0		193	18.2		229	31.2	
122	18.0		158	30.4		194	17.5		230	22.5	
123	18.1		159	21.8		195	33.4		231	20.6	
124	24.0		160	18.5		196	20.5		232	26.1	
125	23.0		161	19.8		197	29.8		233	12.3	
126	27.5		162	15.6		198	28.0		234	14.5	
127	19.6		163	25.2		199	29.7		235	8.6	
128	21.0		164	21.1		200	26.6		236	32.3	
129	28.0		165	26.5		201	25.0		237	16.5	
130	15.6		166	21.8		202	28.0		238	7.8	
131	23.6		167	22.8		203	30.0		239	13.2	
132	33.8		168	24.2		204	23.0		240	39.3	
133	17.6		169	23.4		205	20.4		241	25.4	
134	28.0		170	22.6		206	26.1		242	26.8	
135	27.8		171	28.0		207	13.2		243	26.1	
136	32.0		172	19.6		208	25.5		244	12.3	
137	16.0		173	30.5		209	16.3		245	11.9	
138	31.2		174	16.8		210	21.1		246	21.3	
139	23.2		175	28.8		211	22.4		247	21.9	
140	33.0		176	30.6		212	15.4		248	22.5	
141	23.6		177	22.6		213	16.8		249	36.2	
142	34.3		178	21.2		214	28.1		250	35.8	
143	32.5		179	30.8		215	15.3		251	35.4	
144	33.0		180	27.3		216	34.1		252	25.7	
145	18.2		181	14.5		217	6.6		253	26.1	
146	17.7		182	25.0		218	24.2				
147	19.5		183	15.8		219	18.6				
148	27.3		184	20.2		220	17.9				

3. 统计直径分布

将表中结果按径阶统计到表8-24中。

4. 拟合直径分布

以径阶和株数累计(%)作为成对值，在软件平台中统计计算，得到统计分布函数(即肩型曲线)。

5. 计算理论值

将径阶值代入肩型曲线中，计算对应的理论值。

6. 计算误差

计算株数累计与理论值之间的误差，保留正负符号。

表8-24　标准地直径分布统计计算表

径阶(cm)	株数(N)	N(%)	株数累计(%)	理论值(%)	误差(%)
6					
8					
10					
12					
14					
16					
18					
20					
22					
24					
26					
28					
30					
32					
34					
36					
38					
40					
合计					

四、注意事项

1. 用平均断面积法计算平均直径。
2. 拟合计算时，应选择不同的分布函数模型进行计算，使其达到较高的拟合精度。
3. 计算过程中要相互配合，保证计算结果正确。
4. 实验中要听从实验室指导老师的安排，不要随意开关计算机，更不要影响他人。
5. 计算结果要进行交互检查。

五、技能考核

序号	考核重点	考核内容	分值
1	直径的整化	全部整化结果正确无误	40
2	直径分布的拟合	株数统计、株数累计计算正确，拟合模型选择适当，结果误差在 ±5% 以内	40
3	平均直径的计算	计算方法及结果正确	20

【复习思考】

1. 研究林分直径结构有何重要意义？
2. 同龄纯林直径结构规律的特征是什么？
3. 林木高随胸径的变化规律是什么？在林分调查中有何作用？
4. 研究林木材积与直径的关系有何意义？

项目9 单木材积测定

【教学目标】

1. 掌握伐倒木材积测定及计算方法。
2. 掌握活立木材积测定及计算方法。
3. 能正确测定伐倒木和单株活立木材积测算的各项因子。
4. 能正确计算伐倒木材积。
5. 能正确计算活立木单株材积。

【重点难点】

重点：伐倒木测定与材积计算、立木测定与材积计算。

难点：倒伐木区分及求积。

任务 9.1 伐倒木材积测定

【任务介绍】

单株树木是由树干、树根和枝叶构成的，从利用木材的观点出发，树干价值最高，且在整个树木体积中占比例最大，约占 2/3，而根和枝叶只各占 1/6 左右，故从林分调查的角度来看，测定树干的材积是林分调查乃至测树学的主要任务之一。按树木的状态分立木和伐倒木，因其测定条件不同，树干材积测定方法也有所不同。伐倒木材积测定任务是通过对树干形状的认识，推导伐倒木材积近似求积式，从而计算伐倒木材积，为林分蓄积测定奠定基础。通过本任务的实施将达到以下目标：

知识目标

1. 掌握伐倒木材积近似求积式计算材积。
2. 掌握伐倒木区分求积式的基本概念。
3. 掌握伐倒木区分区求积的方法。

技能目标

1. 能正确进行伐倒木材积测算因子的测定。
2. 能正确运用伐倒木近似求积式计算材积。
3. 能正确运用伐倒木区分求积法计算材积。

【知识准备】

9.1.1 伐倒木近似求积式

(1)平均断面积近似求积式

$$V = \frac{1}{2}(g_0 + g_n)L = \frac{\pi}{4}\left(\frac{d_0^2 + d_n^2}{2}\right)L \tag{9-1}$$

式中 d_0——伐倒木大头直径；

d_n——伐倒木小头直径；

L——伐倒木长度。

树干横断面积(g)采用圆面积公式进行计算：

$$g = \frac{\pi}{4}d^2 \tag{9-2}$$

(2)中央断面积近似求积式

$$V = g_{1/2}L = \frac{\pi}{4}d_{1/2}^2 L \tag{9-3}$$

（3）牛顿近似求积式

$$V = \frac{1}{3}\left(\frac{g_0 + g_n}{2}L + 2g_{1/2}L\right) = \frac{1}{6}(g_0 + 4g_{1/2} + g_n)L \tag{9-4}$$

9.1.2　伐倒木区分求积式

为了提高木材材积计算精度，根据树干形状变化的特点，可将树干区分成若干等长或不等长的区分段，使各区分段干形更接近于正几何体，分别用近似求积式测算各分段材积，再把各段材积合计，即可得全树干材积。该方法称为伐倒木的区分求积法。

在树干的区分求积中，不足一个区分段的部分视为梢头，作圆锥体公式计算其材积。

（1）中央断面积区分求积式

$$V = l\sum_{i=1}^{n-1} g_i + \frac{1}{3}g_n l' \tag{9-5}$$

式中　l'——梢头长度。

（2）平均断面积区分求积式

$$V = \frac{0.7854L(D + 0.45L + 0.2)^2}{10\ 000} \tag{9-6}$$

【技能训练】

伐倒木材积测定

一、实训目的

掌握用中央断面求积式、平均断面求积式及区分求积式计算树干材积的方法。

二、仪器材料

轮尺，围尺，皮尺，粉笔，计算器。

三、训练步骤

1. 实训分组：每组2人，每小组对伐倒木进行实测，其测定数据如表9-1所列。

2. 用中央断面求积式、平均断面求积式计算树干带皮材积。

（1）测定并记录公式中所需的数值，然后代入公式计算树干材积：

$$V_{中} = G_{1/2} \times L$$

$$V_{平} = \frac{G_0 + G_n}{2} \times L$$

（2）计算梢头底断面积：根据梢头长度和梢头底面积，采用公式 $V = \frac{1}{3}gl$ 进行计算。

（3）将以 $V_{中}$ 及 $V_{平}$ 计算的材积再分别加上梢头材积即为该树干的总材积。

3. 以2m为一区分段，用中央断面区分求积式计算树干材积。

4. 以2m为一区分段，用平均断面区分求积式计算树干材积。

表 9-1　材积计算表

距伐根高度(m)	直径(cm)	中央断面区分求积法	平均断面区分求积法	中央断面求积法	平均断面求积法
0	45.0				
1	29.5				
2	27.2				
3	24.8				
4	23.7				
5	22.6				
6	22.1				
7	21.5				
8	20.6				
9	19.8				
10	19.6				
11	19.4				
12	18.5				
13	17.6				
14	17.2				
15	16.8				
16	15.8				
17	14.9				
18	13.5				
19	12.1				
20	11.1				
21	10.1				
22	8.8				
23	7.5				
24	5.7				
25	5.2				
26	4.8				
26.6	0				
梢头					
伐倒木材积(m^3)					

四、注意事项

1. 以 2 人为一组进行计算，计算结果列在表中。
2. 每人根据计算结果各自独立完成测量和计算报告。

五、技能考核

序号	考核重点	考核内容	分值
1	区分求积的方法	能正确进行区分段的划分，并能正确测定所需的数据	50
2	材积的计算	能正确应用不同公式进行材积计算	50

【知识拓展】

直径和长度的测量误差对材积计算的精度影响

当测量直径与长度时，误差是难以避免的，必然影响材积的计算精度。下面以中央断面求积式为例，对这种误差影响进行分析：

树干的材积为 $V=gL$，如长度(L)和断面积(g)测定有误差，其材积误差近似为该式的微分值，即：

$$\partial V = \partial(gL) = g\partial(L) + L\partial(g)$$

如用相对误差表现时，

$$P_V = \frac{\partial V}{V} = \frac{g\partial(L) + L\partial(g)}{gL} = \frac{\partial(L)}{L} + \frac{\partial(g)}{g} = P_L + P_g$$

式中　P_V——材积的误差率；
　　　P_L——长度的误差率；
　　　P_g——断面积的误差率。

另外，由于 $g = \frac{\pi}{4}d^2$，而 $\partial(g) = \partial\left(\frac{\pi}{4}d^2\right) = \frac{\pi}{4}[2d\partial(d)]$：

$$P_g = \frac{\partial(g)}{g} = \frac{\frac{\pi}{4}[2d\partial(d)]}{\frac{\pi}{4}d^2} = 2P_d$$

式中　P_d——直径误差。

这样，$P_V=P_L+P_g$ 可以写成：

$$P_V = 2P_d + P_L$$

由此式可以看出：

①当长度测量无误差，即 $P_L=0$ 时，则：

$$P_V = 2P_d$$

②当直径量测无误差，即 $P_d=0$ 时，则：

$$P_V = P_L$$

③当长度误差率与直径误差率相等时，直径测量的误差对材积计算的影响比长度测量误差的影响大一倍，因此，工作中必须慎重地测量长度和直径。

此外，当多次测量时，直径标准误差百分数($\sigma_d\%$)与长度标准误差百分数($\sigma_L\%$)对材积标准误差百分数($\sigma_V\%$)的影响可用下式表示：

$$\sigma_V^2 = 4\sigma_d^2 + \sigma_L^2$$

【复习思考】

1. 伐倒木测定中应主要注意哪些问题?

2. 平均断面积法和中央断面积法的测定精度取决于哪些因素？为什么？
3. 区分求积法测定中应注意哪些问题？为什么？

任务9.2 立木材积测定

【任务介绍】

立木材积测定是林木材积测定中的难点。其任务是通过对树干不同部位直径和树高的间接测定，计算立木材积，为林分蓄积测定奠定基础。通过本任务的实施将达到以下目标：

知识目标

1. 掌握形数和形率的概念及种类。
2. 掌握形数和形率之间的关系。
3. 掌握单株立木材积近似求方法。

技能目标

1. 能正确进行形数和形率的计算。
2. 能正确运用单株立木近似求积式计算材积。

【知识准备】

9.2.1 形数和形率

9.2.1.1 形数及其种类

(1)形数的定义

树干材积与比较圆柱体体积之比称为形数(form factor)，该圆柱体的断面为树干上某一固定位置的断面，高度为全树高，其形数的数学表达式为：

$$f_x = \frac{V}{V'} = \frac{V}{g_x h} \tag{9-7}$$

式中 V——树干材积；
V'——比较圆柱体体积；
g_x——干高 x 处的横断面积；
f_x——以干高 x 处断面为基础的形数；
h——全树高。

由式(9-7)可以得到相应的计算树干材积的公式，即：

$$V = f_x g_x h \tag{9-8}$$

由式可以看出，只要已知f_x、g_x 及 h 的数值，即可计算出该树干的材积值。因此，在测树学中，把f_x、g_x 及 h 称作树干上某一固定位置(x)处断面积(g_x)为基础的计算树干材积的三要素，简称材积三要素。

(2)形数的主要种类

①胸高形数 以胸高断面为比较圆柱体的横断面的形数为胸高形数，以$f_{1.3}$表示，其表达式为：

$$f_{1.3} = \frac{V}{g_{1.3}h} = \frac{V}{\frac{\pi}{4}d_{1.3}^2 h} \tag{9-9}$$

②正形数 以树干材积与树干某一相对高(如0.1h)处的比较圆柱体的体积之比，记为f_n。即：

$$f_n = \frac{V}{g_n h} \tag{9-10}$$

式中 f_n——树干在相对高nh处的正形数；

g_n——树干在相对nh处的横截断面积；

n——为小于1的正数，以nh表示这一相对位置。

③实验形数 实验形数的比较圆柱体的横断面为胸高断面，其高度为树高(h)加3m。记为$f_э$，按照形数一般定义，其表达式为：

$$f_э = \frac{V}{g_{1.3}(h+3)} \tag{9-11}$$

9.2.1.2 形率的定义及种类

(1)形率的定义

树干上某一位置的直径与比较直径之比称为形率。其一般表达式为：

$$q_x = \frac{d_x}{d_z} \tag{9-12}$$

式中 q_x——形率；

d_x——树干某一位置的直径；

d_z——树干某一固定位置的直径，即比较直径。

(2)形率的种类

①胸高形率 树干中央直径($d_{1/2}$)与胸径$d_{1.3}$之比称为胸高形率。用q_2表示：

$$q_2 = \frac{d_{1/2}}{d_{1.3}} \tag{9-13}$$

②绝对形率 树梢到胸径这一段树干的1/2处直径$d_{1/2(h-1.3)}$与胸径($d_{1.3}$)之比来确定的形率，称绝对形率。即：

$$q_j = \frac{d_{1/2(h-1.3)}}{d_{1.3}} \tag{9-14}$$

③正形率 树干中央直径($d_{1/2}$)与1/10树高处直径($d_{0.1}$)之比称作正形率，即：

$$q_{0.1} = \frac{d_{1/2}}{d_{0.1}} \tag{9-15}$$

9.2.1.3 形数和形率之间的关系

$$f_{1.3} = 0.140 + 0.66q_2^2 + \frac{0.32}{q_2 h} \tag{9-16}$$

$$f_{1.3} = q_2^2 \tag{9-17}$$

$$f_{1.3} = q_2 - c(c\ \text{为常数}) \tag{9-18}$$

9.2.2 立木近似求积法

(1)平均实验形数法

测出立木胸径和树高，应用各树种的平均实验形数值，按下式求算出立木树干材积：

$$V = g_{1.3}(h+3)f_з \tag{9-19}$$

(2)丹琴(Denzin，1929)略算法

取$f_{1.3}=0.51$，$h=25\text{m}$，且直径以厘米为单位，材积以立方米为单位：

$$V = 0.001d_{1.3}^2 \tag{9-20}$$

(3)形率法

计算出胸高形数，再按下述公式计算单株立木材积：

$$V = g_{1.3}hf_{1.3} \tag{9-21}$$

9.2.3 望高法测定立木材积

望高法(pressler method)是德国普雷斯勒(Pressler M. R.，1855)提出的单株立木材积的测定法。树干上部直径恰好等于1/2胸径处的部位称作望点(pressler reference point)(图9-1)。自地面到望点的高度称为望高(pressler reference height)。

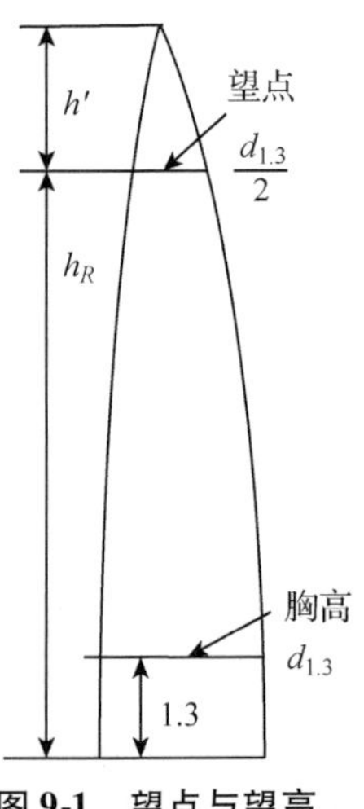

图9-1 望点与望高

$$V = \frac{2}{3}g_{1.3}\left(h_R + \frac{1.3}{2}\right) \tag{9-22}$$

【技能训练】

单株立木材积测定

一、实训目的

通过单株立木的测量与计算，学会用形数法、望高法测定单株立木材积。

二、仪器材料

林分速测镜或测树仪，轮尺或直径卷尺，测高器，皮尺，粉笔，计算工具等。

在没有条件进行外业测定的情况下，可根据表9-2具体材料进行模拟材积测定。

表9-2 某立木测定资料

$D_{1.3}$	h	$d_{h/2}$	H_R	实测材积
27.4	18.9	16.5	11.2	0.468 59

三、训练步骤

本实习可分组进行，每小组选定立木一株。

1. 用形数法测定立木材积

(1)在所选立木树干上用粉笔标定胸高直径。精度要求0.1cm，登记入记录表。

(2)用测高器测定所选立木的树高，要求用一种测高器观测数次，取平均值为树高。

精度为0.1m，登记入记录表。

(3)测定中央直径

①标定树高1/2处的位置，使用林分速测镜时，应先选定一水平距离(设为10m)，测者站在测点，按下制动钮，将仪器准线对准树梢，由H标尺上读得一数h_1，再将仪器准线对准树根颈，根由H标尺测定读数h_2，则1/2树高处的读数应为$(h_1 \pm h_2)/2$(当测者的水平视线高于树干基部时h_2取正号，反之h_2取负号)，然后按下制动钮，使H标尺上的刻划恰好在准线上出现，此时，准线与树干相截之点即为1/2树高处的位置。

②测定中央直径。当1/2树高处的位置确定后，测者仍立在测点上按下制动钮，使仪器准线对准树干上该指定点，然后用测径标尺去衡量该点处的树干宽度。按表9-3读出直径数值。精度为0.1cm，登入记录表。如不足一窄带，则用目测估计。

表9-3　标尺在不同水平距离处所代表的直径宽度表

水平距离(m)	标尺条代表的直径宽度(cm)	每一窄带代表的宽度(cm)
5	10	2.5
10	20	5.0
15	30	7.5
20	40	10.0

(4)计算形率和形数：计算q_2、$f_{1.3}$。

(5)计算立木材积：

$$V_1 = f_1 h g_{1.3}$$
$$V_2 = f_2 h g_{1.3}$$

其中，f_1及f_2分别按式(9-16)及式(9-17)计算。

2. 用望高法测定立木材积

(1)标定望点位置：使用林分速测镜时用标尺1及左侧四窄带对照树干胸径，并前后走动使其相切，然后用标尺1找出与树干上部直径相切的部位，即为望点。

(2)望点确定后，用测高器测量望点至地面的高度，即为望高。精度为0.1m。

(3)立木材积计算：按望高法计算(精度为0.0001m^3)。

四、注意事项

1. 测量树高时，必须对准树梢。

2. 使用林分速测镜进行测量时，要准确读数。

3. 计算精度：形率、形数保留到0.01，材积保留到0.0001。

五、技能考核

序号	考核重点	考核内容	分值
1	立木材积测定因子的测量	能使用测树工具进行立木材积测算因子的测定	40
2	材积的计算	能正确应用不同公式进行材积计算	60

【知识拓展】

枝条、树皮及薪材材积测定

1. 枝条材积的测定

树木枝条的形状很不规整。不同树种、年龄、立地条件和经营措施的枝条粗细与材质不同，其经济利用价值相差也大。因而伐倒木枝条材积的测定比较复杂。其测定方法应根据测定对象和要求不同来选择：对粗大或贵重枝条，可采用测算伐倒木树干材积或材种材积的方法；对于用作造纸材、薪材或一些细小枝条，可用堆积法测算其层积，必要时换算为实积。

层积是(stacked volume)将一定长度的枝材，用几根木桩支撑堆积成一定宽度和高度木材堆，其材积为：

$$V_{层} = 长 \times 宽 \times 高$$

除去木材堆中的空隙即为实积(solid contents)。层积和实积的计算单位都是立方米。层积中的实积与层积分体积的比值称为实积系数。其计算如下：

$$C = \frac{V_{实}}{V_{层}}$$

式中 C——实积系数；

$V_{实}$——实积；

$V_{层}$——层积。

实积系数是层积转换为实积的系数，已知某层积的实积系数，即可求出层积的实积，即枝条实积材积为：

$$V_{实} = V_{层} \times C$$

在这里，实积系数 C 的查定可选择下述几种方法：

(1)实测法

把一堆枝条规整好，测定堆内每根枝材两头直径，用平均断面近似求积式求其材积，合计值与层积相比即得实积系数。此法所得数据较准确，但实际工作中难以应用。

(2)间接测定法

①像片网点法　将要测定的木材跺横断面拍成照片，在像片上覆盖透明网点板统计断面上所落点数(实际落点数)与总点数的比值，即为实积系数。如网点板总点数为972，实际落点数为831，则实积系数为：

$$C = \frac{831}{972} = 0.855$$

②对角线比例法　用比例尺在木堆断面量测对角线的总长，并测定此对角线上被皮尺覆盖的木材断面积总长之比的比值就是实积系数，经验实积系数见表9-4。要测定几次取平均值才能得到较为准确的结果。

表9-4　经验实积系数表法

<table>
<tr><td>枝条类别</td><td>大枝条</td><td>中等枝条</td><td>细枝条</td><td>枝条类别</td><td>大枝条</td><td>中等枝条</td><td>细枝条</td></tr>
<tr><td>长(m)</td><td>4~6 以上</td><td>2~4</td><td>不足2</td><td rowspan="2">实积系数</td><td rowspan="2">0.4</td><td rowspan="2">0.3</td><td rowspan="2">0.2</td></tr>
<tr><td>粗(cm)</td><td>4 以上</td><td>4~6</td><td>不足3</td></tr>
</table>

枝条堆积时，基部堆放在一头，堆长取长短枝条的平均长度。实积堆高要减去10%（粗枝）或20%（细枝）的后备下沉盖度，再按其长×宽×高求算出层积。以此层积乘以表中相应的实积系数，可求得实积。

③称重推算材积法 在枝条为数不多的枝条为主的情况下，可以将枝条直接称出重量，同时测定若干段有代表性的材积并称重量，然后根据全部枝条总重量，按比例法推算出全部枝条材积。

2. 树皮材积的测定

调查立木材积式常用带皮材积，而计算伐倒木材积时又要求去皮材积。同时树皮供作遮盖聊料、染料、药材或其他用途时要求其数量，所以有必要计算树皮的材积。

树皮厚度可使用树皮测量仪，插入树皮层，即能测出树皮厚度。在伐倒解析木测定树干断面时，也可精确测出树皮厚度即树皮材积。

胸高处树皮厚度与带皮胸径之间存在直线关系，可用下式表示：

$$T = ad_{1.3} + b$$

式中 T——树皮厚度；

$d_{1.3}$——带皮胸径；

a、b——参数。

杨荣启研究台湾大学实验林柳杉胸高皮厚与带皮胸径之间关系得出实验式为：

$$T = 0.2323d_{1.3} - 0.0249$$

3. 树皮率的计算

树皮材积与带皮材积之比称为树皮率，计算公式如下：

$$P_B = \frac{V_B}{V}$$

式中 P_B——树皮率；

V_B——树皮材积；

V——树干带皮材积。

通过样本调查法或查树皮率表求出树皮率，乘以带皮材积，得树皮材积。

4. 薪材材积的测定

作为燃料或木炭燃料的木材材种叫作薪材。薪材在我国还没统一的规格标准，一般以枝条、梢头、根株、树皮等作薪材。形状较规整的薪材可堆积成长方形的新材垛。长度在2m以上，小头直径6cm以上的薪材可用原木材积表来计算其材积。

形状不规则的薪材，其材积难以采用树干求积法求算。在研究工作中可应用物理学原理中的测容器法、水中浮力法或比重法。在林业生产中，多用层积法和称重比例法推算其材积。

【复习思考】

1. 立木与伐倒木材积测定有什么不同的特点？
2. 用望高法测定单株立木材积的关键性问题是什么？
3. 通过对给定资料的计算，比较哪一种方法的精度较高并分析其原因。

4. 按给定资料分别计算$f_{1.3}=q_2^2$，$f_{1.3}=0.140+0.66q_2^2+\frac{0.32}{q_2 h}$，请问哪一个与树干实际形数接近？为什么？

项目10
林分蓄积量调查

【教学目标】

1. 掌握林分蓄积测定及计算方法。
2. 掌握材积表法和标准表法测算蓄积的方法。
3. 理解标准木法测算林分蓄积的方法。
4. 了解形数法测算林分蓄积的方法。

【重点难点】

重点：标准木法、材积表法测算林分蓄积。
难点：角规法原理。

任务10.1 标准木法应用

【任务介绍】

标准木法是测定林分蓄积量的基本方法。本任务是通过测定标准木材积来推算林分蓄积，达到测定或估算林分蓄积量的目的。通过本任务的实施将达到以下目标：

知识目标

1. 掌握标准木和标准木法的概念。
2. 掌握平均标准木的选择。
3. 掌握平均标准木法计算林分蓄积的基本步骤。
4. 了解分级标准木法计算林分蓄积量的方法。

技能目标

1. 能正确选择平均标准木。
2. 能正确运用平均标准木法计算林分蓄积量。

【知识准备】

10.1.1 标准木法概述

(1)标准木

在标准地内具有指定平均材积的树木称为标准木。

(2)标准木法

根据标准木的平均材积推算林分蓄积量的方法称为标准木法。标准木法根据调查精度和目的，可分为单级标准木法(平均标准木法)和分级标准木法。

(3)标准木的选择

主要根据林分平均直径(D_g)、平均树高(H_D)和干形中等3个条件选择标准木，即标准木应具有林木材积三要素的平均值。在这3个因子中，干形中等最难掌握。在实际生产中，一般根据平均树高、平均胸径两个定量指标进行选择。

10.1.2 平均标准木法应用

平均标准木法又称单级标准木法(胡伯尔，1825)，是不分级求算标准木的方法，其步骤为：

①测设标准地，并进行标准地调查。

②根据标准地每木检尺结果，计算出平均直径(D_g)，并在树高曲线上查定林分平均高(H_D)。

③寻找1~3株与林分平均直径(D_g)和平均高(H_D)相近(一般要求相差在±5%以下)

且干形中等的林木作为平均标准木，伐倒并用区分求积法测算其材积，或不伐倒而采用立木区分求积法计算材积。

④按式(10-1)求算标准地(或林分)蓄积，再按标准地(或林分)面积把蓄积换算为单位面积蓄积(单位为 m^3/hm^2)。

$$M = \sum_{i=1}^{n} V_i \frac{G}{\sum_{i=1}^{n} g_i} \tag{10-1}$$

式中　n——标准木株数；

V_i——第 i 株标准木的材积；

g_i——第 i 株标准木的断面积；

G——标准地或林分的总断面积；

M——标准地或林分的蓄积。

10.1.3　分级标准木法的应用

为提高蓄积测算精度，可采用各种分级标准木法。先将标准地全部林木分为若干个径级(每个径级包括几个径阶)，在各级中按平均标准木法测算蓄积，而后相加得总蓄积，算式为：

$$M = \sum_{i=1}^{k} \left[\sum_{j=1}^{n_i} V_{ij} \frac{G_i}{\sum_{j=1}^{n_i} g_{ij}} \right] \tag{10-2}$$

式中　n_i——第 i 级中标准木株数；

k——分级数($i=1, 2, \cdots, k$)；

G_i——第 i 级的断面积；

V_{ij}——第 i 级中第 j 株标准木的材积；

g_{ij}——第 i 级中第 j 株标准木的断面积。

分级标准木法又分为等株径级标准木法和等断面积径级标准木法、径阶等比标准木法。

(1)等株径级标准木法

由乌里希(Urich V.，1881)首先提出，该法是将每木检尺结果依径阶顺序，将林木分为株数基本相等的3~5个径级，分径级选标准木测算各径级材积，各径级材积叠加得标准地蓄积。

(2)等断面积径级标准木法

由哈尔蒂希(Hartig R.，1868)首先提出，依径阶顺序，将林木分为断面积基本相等的3~5个径级，分径级选标准木进行测算。

(3)径阶等比标准木法

德劳特(Draudt A.，1860)提出用分径阶按一定株数比例选测标准木的方法。其步骤是：先确定标准木占林木总株数的百分比(一般取10%)；再根据每木检尺结果，按比例确定每个径阶应选的标准木株数(两端径阶株数较少，可合并到相邻径阶)；然后根据各径阶平均标准木的材积推算该径阶材积；最后各径阶材积相加得标准地总蓄积。

【复习思考】

1. 如何选择林分平均标准木?
2. 等株径级标准木法和等断面积径级标准木法有何不同?
3. 你认为分级标准木法中哪种方法精度更高? 为什么?

任务 10.2　材积表法应用

【任务介绍】

材积表法是运用最为广泛的林分蓄积测算方法。本任务是通过一元和二元材积表及其转换，测算林分蓄积，是林业生产中常用方法，需重点掌握。通过本任务的实施将达到以下目标：

知识目标

1. 掌握材积表的概念和种类。
2. 掌握一元立木材积表的编制方法。
3. 掌握一元和二元立木材积表的应用。
4. 了解三元立木材积表。

技能目标

1. 能正确编制一元立木材积表。
2. 能正确运用一元和二元立木材积表计算林分蓄积量。

【知识准备】

材积表是立木材积表的简称，是以树干材积与直径、树高和干形的关系编制而成的，是森林调查中最为常用的调查用表，在资源调查、森林评价、规划设计中广泛应用。根据编制所选择的测树因子，分为一元材积表、二元材积表和三元材积表。

10.2.1　一元材积表法

10.2.1.1　一元材积表的概念

根据胸径一个因子与材积的函数关系编制的数表称为一元材积表，又称地方性材积表。一元材积表只考虑材积与胸径一个因子之间关系，但在不同立地条件下，胸径相同的林木，树高差别较大。因此，该表精度不高，应用范围受到限制。

10.2.1.2　一元立木材积表的编制

主要有直接收集资料进行编制和由二元材积式(表)进行导算两种方法。

(1)直接编制

①资料收集　分树种在编表地区采用随机方法收集样木，样木数量一般要求200~300

株；样木材积采用伐倒木的区分求积法测定。

②资料的整理　以胸径作为 x 轴、以材积作为 y 轴，绘制散点图，进行数据预处理，剔除异常数据。

③将剔除异常数据后的样本分为编表样本和检验样本两部分　检验样本不得少于总样本数的 10%。

④编制一元材积表

确定方程类型：根据散点图趋势，确定方程类型。

最优方程的选择：编制一元材积表的方程有很多，常选择多个方程同时来拟合，根据剩余平方和及决定系数来确定最优方程。常见的一元材积方程：

$$V = a + bD^2$$

$$V = aD + bD^2$$

$$V = a + bD + cD^2$$

$$V = aD^b$$

$$\log(V) = a + b\log(D) + c/D$$

式中　V——林木单株材积；

D——林木胸径；

a，b，c——参数。

一元材积表整理：将各径阶中值代入方程中，求出对应径阶材积，即得一元材积表。

材积表精度检验：计算平均误差，不超过 ±5% 即可。

(2)二元材积表导算

①资料的收集　分树种在编表地区随机选择 200~300 株样木，实测胸径和树高。

②资料整理　以胸径作为 x 轴、以树高作为 y 轴，绘制散点图，进行数据预处理，剔除异常数据。

③拟合树高曲线方程　将筛选后的数据除留下 10% 作为验证外，其余作为树高曲线回归数据，在统计系统中建立回归方程，按决定系数和回归离差平方和进行模型的筛选，确定最优树高曲线方程。

④选用二元立木材积式　根据编表地区和相应树种，选择适宜的二元立木材积表(式)。

⑤导算一元立木材积表　根据树高曲线方程计算径阶平均高，将径阶中值和径阶平均高代入二元材积公式中，计算各径阶平均材积，即得一元材积表。

⑥材积表精度检验　同直接编制方法。

10.2.1.3　一元材积表的应用

在森林蓄积调查中，一元材积表是应用最为广泛的材积表。通过标准地调查，得林分各树种径阶株数分布；根据径阶查相应树种一元材积表得到各径阶单株材积，以其乘各径阶株数得径阶材积；各径阶材积之和即为标准地蓄积，通过调查面积换算得林分单位面积蓄积量。

10.2.2 二元材积表法

10.2.2.1 二元材积表的概念

根据胸径和树高两个因子与材积的函数关系编制的数表称为二元材积表，又称为一般性材积表。因为考虑了胸径、树高两个因子与材积的关系，因而应用广泛。

10.2.2.2 二元材积表的应用

通过标准地调查，获得各径阶株数和树高；利用胸径和树高拟合得到树高曲线方程，计算出各径阶平均高；根据径阶值和径阶平均高查二元材积表得各径阶单株材积，用各径阶株数乘各径阶单株材积，得到径阶材积，各径阶材积之和即为标准地蓄积。

10.2.3 三元材积表法

根据胸径、树高和干形3个因子与材积的函数关系编制的表称为三元材积表。由于其编制的复杂性，使用也不方便，因此，在实践中三元材积表的编制和应用受到极大的限制，只在有特殊要求的林区应用。

【技能训练】

一元材积表编制

一、实训目的

1. 掌握直接编制一元材积表的方法和过程。

2. 掌握树高曲线方程的拟合。

3. 掌握由二元材积表导算一元材积表的步骤及方法。

二、仪器材料

1. 仪器、用具

计算工具。

2. 资料

(1)每木调查及计算结果见表10-1。

(2)该树种二元材积模型为：

$$V=0.000\,076\,551\,2D^{1.924\,468\,075\,3}H^{0.815\,583\,687\,1}$$

表10-1 每木调查及计算结果一览表

序号	胸径(cm)	树高(m)	材积(m^3)	序号	胸径(cm)	树高(m)	材积(m^3)	序号	胸径(cm)	树高(m)	材积(m^3)
1	23.8	18.5	0.3120	10	32.3	29.6	0.7642	19	8.4	10.3	0.0284
2	20.2	19.7	0.3116	11	19.5	21.9	0.3087	20	15.5	12.6	0.1435
3	12.0	13.9	0.0792	12	6.8	9.9	0.0199	21	12.6	15.8	0.1050
4	14.2	15.9	0.1363	13	15.8	17.5	0.1714	22	20.3	19.1	0.3306
5	10.0	16.2	0.0569	14	19.2	19.5	0.2364	23	19.2	18.5	0.2538
6	17.0	19.9	0.2346	15	15.5	21.5	0.1996	24	20.8	17.6	0.3195
7	13.0	18.3	0.0829	16	17.4	18.2	0.1896	25	13.1	17.0	0.1114
8	14.2	18.7	0.1658	17	14.8	15.2	0.1232	26	19.5	16.7	0.2503
9	18.6	21.1	0.2871	18	16.0	15.8	0.1670	27	6.0	9.0	0.0135

（续）

序号	胸径(cm)	树高(m)	材积(m^3)	序号	胸径(cm)	树高(m)	材积(m^3)	序号	胸径(cm)	树高(m)	材积(m^3)
28	24.2	19.2	0.3991	64	35.0	25.9	0.7692	100	22.0	22.4	0.4607
29	22.1	17.9	0.3159	65	9.2	12.9	0.0418	101	26.8	20.9	0.6408
30	16.5	14.2	0.1799	66	9.7	15.9	0.0638	102	29.0	26.5	0.7774
31	19.8	16.7	0.2270	67	10.4	14.1	0.0636	103	26.4	26.2	0.6261
32	35.5	23.8	0.8974	68	9.6	11.3	0.0406	104	19.0	15.6	0.2381
33	28.0	21.3	0.5011	69	8.8	11.3	0.0405	105	11.6	11.8	0.0742
34	26.4	25.2	0.6269	70	20.0	18.8	0.2445	106	17.5	16.4	0.1820
35	27.5	20.1	0.3889	71	24.5	21.6	0.5092	107	19.1	19.4	0.2779
36	22.5	18.2	0.2938	72	17.0	13.1	0.1600	108	13.6	11.8	0.0840
37	33.7	26.5	1.1283	73	23.3	18.5	0.3748	109	15.3	17.5	0.1541
38	25.0	26.6	0.6270	74	25.2	22.8	0.5164	110	22.6	20.1	0.3828
39	17.1	18.5	0.1949	75	18.5	19.8	0.2161	111	33.6	25.3	0.9805
40	30.5	29.0	1.0648	76	27.8	22.5	0.5880	112	22.6	16.5	0.2732
41	20.0	17.8	0.2403	77	26.4	17.5	0.3357	113	31.0	27.5	0.9745
42	42.2	31.5	1.6154	78	37.0	26.4	1.3882	114	31.2	23.9	0.8227
43	23.6	19.6	0.3939	79	21.8	17.4	0.3196	115	29.2	23.2	0.7128
44	23.4	23.9	0.4445	80	28.0	23.5	0.6329	116	13.3	10.5	0.0587
45	32.8	26.2	1.0276	81	23.4	16.5	0.3405	117	43.0	33.2	0.9495
46	31.2	27.9	0.9424	82	27.2	20.2	0.5924	118	28.2	21.8	0.6333
47	31.0	28.8	1.0110	83	43.2	25.5	1.3956	119	21.5	22.1	0.3996
48	23.0	20.8	0.3619	84	29.6	24.2	0.8069	120	22.4	21.5	0.4379
49	22.3	23.4	0.3842	85	25.5	23.8	0.5581	121	29.5	19.2	0.5902
50	16.2	18.5	0.1839	86	19.4	24.2	0.3772	122	18.0	16.6	0.2159
51	26.6	22.5	0.6822	87	15.2	21.0	0.2055	123	18.1	17.5	0.2283
52	20.0	20.6	0.3081	88	18.5	22.3	0.2802	124	24.0	22.5	0.4364
53	23.0	23.1	0.4142	89	34.5	28.5	1.1593	125	23.0	22.5	0.3926
54	25.0	21.8	0.4119	90	25.0	22.3	0.4867	126	27.5	21.9	0.4832
55	18.3	19.3	0.2409	91	14.2	16.1	0.1146	127	19.6	19.4	0.2751
56	28.4	24.6	0.5068	92	18.3	20.2	0.2706	128	21.0	19.0	0.2985
57	25.2	21.7	0.4889	93	17.5	20.8	0.3204	129	28.0	21.9	0.6298
58	18.0	19.3	0.2045	94	34.4	26.4	1.0736	130	15.6	8.6	0.1012
59	20.0	20.9	0.3246	95	27.2	25.3	0.7102	131	23.6	22.6	0.4099
60	31.8	25.3	0.7568	96	20.2	23.2	0.3408	132	33.8	23.1	0.7682
61	29.4	21.6	0.6289	97	25.0	24.3	0.6604	133	17.6	14.8	0.1671
62	18.6	18.7	0.3082	98	24.8	24.8	0.5586	134	28.0	23.0	0.5388
63	16.4	15.8	0.1555	99	30.7	28.4	1.0302	135	27.8	23.0	0.4062

（续）

序号	胸径(cm)	树高(m)	材积(m^3)	序号	胸径(cm)	树高(m)	材积(m^3)	序号	胸径(cm)	树高(m)	材积(m^3)
136	32.0	19.5	0.5200	160	18.5	18.4	0.2500	184	20.2	19.2	0.3435
137	16.0	16.1	0.1596	161	19.8	20.2	0.2688	185	21.5	21.2	0.3430
138	31.2	23.3	0.9327	162	15.6	19.2	0.1829	186	14.7	15.8	0.1492
139	23.2	23.2	0.4888	163	25.2	20.7	0.3947	187	17.7	17.4	0.2379
140	33.0	26.5	1.1528	164	21.1	16.2	0.2704	188	27.0	21.3	0.4449
141	23.6	21.7	0.4358	165	26.5	22.2	0.5239	189	14.8	15.3	0.1546
142	34.3	26.9	1.1992	166	21.8	24.7	0.3920	190	33.5	22.5	0.8785
143	32.5	24.9	0.9581	167	22.8	22.5	0.3580	191	6.5	7.3	0.0149
144	33.0	26.8	0.8775	168	24.2	24.5	0.4742	192	24.0	22.5	0.4466
145	18.2	14.8	0.1822	169	23.4	25.2	0.5000	193	18.2	17.6	0.2368
146	17.7	21.2	0.2120	170	22.6	21.7	0.4469	194	17.5	20.6	0.2486
147	19.5	23.9	0.3371	171	28.0	22.3	0.6386	195	33.4	27.2	1.0850
148	27.3	25.3	0.7617	172	19.6	17.9	0.2626	196	20.5	22.7	0.3338
149	25.6	24.8	0.6426	173	30.5	24.2	0.6855	197	29.8	21.8	0.6318
150	23.6	23.3	0.4747	174	16.8	15.5	0.1713	198	28.0	21.5	0.5148
151	22.0	23.5	0.4906	175	28.8	21.3	0.6452	199	29.7	24.3	0.6030
152	24.0	20.6	0.4262	176	30.6	21.7	0.7180	200	26.6	23.5	0.4410
153	30.3	23.2	0.7792	177	22.6	20.2	0.4072	201	25.0	23.1	0.4977
154	16.0	20.2	0.1799	178	21.2	21.3	0.3181	202	28.0	25.3	0.6840
155	28.0	24.3	0.7815	179	30.8	24.5	0.7924	203	30.0	26.5	0.6928
156	26.5	22.6	0.4547	180	27.3	19.0	0.4279	204	23.0	19.9	0.4026
157	29.0	24.6	0.7040	181	14.5	12.7	0.1228	205	20.4	22.3	0.3524
158	30.4	25.6	0.8167	182	25.0	19.8	0.4533	206	26.1	21.4	0.5061
159	21.8	24.8	0.4365	183	15.8	11.3	0.1187				

三、训练步骤

1. 直接编制一元材积表的方法与步骤

①资料的收集。

②资料的整理。

③异常数据剔除。

④拟合一元材积式。

⑤编制一元材积表。

⑥材积表精度检验：计算平均误差，不超过±5%即可。

2. 由二元材积表导算一元材积表

①资料的收集。

②资料整理。

③拟合树高曲线方程。

④根据树种确定二元材积表(式)。

⑤编制一元材积表。

⑥材积表精度检验。

四、注意事项

1. 2人为一组进行训练。

2. 树高曲线及一元材积方程拟合过程、特征值要在报告中反映。

3. 应分别对编制和导算的一元材积表进行检验。

4. 每人提供一份实验报告，对过程及存在的问题进行报告和分析。

五、技能考核

序号	考核重点	考核内容	分值
1	树高曲线	能拟合树高曲线方程	30
2	材积方程	能拟合材积方程	40
3	材积表编制	能编制出一元材积表	30

【复习思考】

1. 比较两种一元材积表编制方法的区别。

2. 简述间接编制一元材积表的优点。

任务10.3　标准表法和平均实验形数法应用

【任务介绍】

标准表法是目测调查中应用较广泛的方法，可提高目测精度，且使用方法简单。通过对林分疏密度测算及其与郁闭度关系的掌握，可较为快捷、准确地推算林分蓄积。通过本任务的实施将达到以下目标：

知识目标

1. 掌握标准表法计算林分蓄积量的方法。

2. 掌握平均实验形数法计算林分蓄积量的方法。

技能目标

1. 能正确测算疏密度。

2. 能正确使用标准表。

【知识准备】

10.3.1 标准表法应用

标准表法是特烈其亚柯夫(Третбяков Н. В. , 1927)根据立木材积三要素原理提出的一种确定林分疏密度和林分蓄积量的数表和方法，在我国、前苏联、朝鲜和一些东欧国家得到广泛应用。标准表法计算林分蓄积量采用下式计算：

疏密度为：

$$P = \frac{G}{G_{标}} \tag{10-3}$$

林分蓄积量为：

$$M = PM_{标} \tag{10-4}$$

10.3.2 平均实验形数法应用

实验形数是由林昌庚在胸高形数的基础上提出的一种干形指标，其定义式为：

$$F = \frac{V}{g_{1.3}(h+3)} \tag{10-5}$$

根据我国主要林区的多数林业科技工作者的测算，实验形数的变动较小，某个地区某个树种的平均实验形数多接近一个稳定的数值。正是由于其具有稳定性的特点，常用于目测调查中。

根据相应树种的平均实验形数代入式(10-6)计算林分蓄积量。

$$M = G_{1.3}(H_D + 3)f_э \tag{10-6}$$

【技能训练】

林分蓄积量测算

一、实训目的

用平均标准木法、径级标准木法、立木材积表法、标准表法及形数法测算林分蓄积量。

二、仪器材料

1. 仪器、用具

罗盘仪，皮尺，标杆，计算机，材积表，标准表。

2. 资料

(1)通过标准地调查得表10-2及表10-3。标准地面积为0.5hm^2。

(2)该林分标准断面为47.82m^2/hm^2，标准蓄积量为386m^3/hm^2。

(3)二元立木材积式为：

$$V = 0.000\,076\,551\,2D^{1.924\,468\,075\,3}H^{0.815\,583\,687\,1}$$

表10-2 每木检尺表

径阶	12	16	20	24	28	32	36	40	44	48
株数	7	31	41	59	37	20	12	2	3	2

表10-3　标准木实测因子一览表

D	12.2	16.5	17.5	17.6	10.5	20.5	21.2	23.4	23.5	24.4	24.0	25.3
H	20.9	21.1	19.2	21.1	21.4	20.4	22.2	23.1	22.4	23.0	22.5	21.7
V	0.0810	0.2002	0.2518	0.2304	0.3086	0.3107	0.3133	0.4604	0.4311	0.4324	0.4816	0.4372
D	25.5	25.6	26.3	26.5	27.0	28.5	32.0	32.5	34.5	40.5	43.0	47.9
H	22.3	22.0	22.8	24.1	24.7	23.9	24.1	23.9	24.3	25.6	26.7	26.8
V	0.5226	0.5345	0.5218	0.5850	0.6800	0.7494	0.9083	0.8118	0.9542	1.3300	1.5699	1.9400

三、训练步骤

1. 平均标准木法

(1)根据标准地每木调查资料，计算标准地总断面积、平均断面积及平均直径。

(2)根据调查数据，绘制树高曲线或拟合树高曲线方程。

(3)确定林分平均高：根据平均直径，在树高曲线或树高曲线方程中得到林分平均高。

(4)以平均直径及平均高作为标准木的胸径和树高。

(5)标准木的选择：根据计算的标准木的直径和树高在表10-3中选择标准木。在标准木选择中，实际标准木的直径和树高与林分平均直径和平均树高相差在5%以内。

(6)平均标准木法计算标准地蓄积量，并计算其每公顷蓄积量。

2. 径级标准木法

(1)划分径级，将标准地全部树木分成几个(一般3~6个)径级，使每个径级内的株数相等。

(2)计算各径级的平均直径、平均树高。

(3)分径级选取标准木：按各径级平均直径、平均高在林内选伐标准木，用区分求积法计算各标准木材积。

(4)按径级标准木法计算各径级蓄积量、标准地蓄积量、林分每公顷蓄积量。

3. 材积表法

(1)一元材积表法：根据外业每木检尺得各径阶株数，再查该树种的一元材积表，得各径阶的单株木材积，乘以各径阶株数，得各径阶材积总和，即标准地蓄积量(M)。

$$M = n_1V_1 + n_2V_2 + \cdots + n_nV_n$$

式中　n_1，n_2，…，n_n——各径阶株数；

V_1，V_2，…，V_n——各径阶单株材积。

(2)二元材积表法：在树高曲线图上查出或从树高曲线方程中计算出各径阶树高，根据各径阶树高及直径计算相应径阶单株材积，再根据径阶株数分布计算标准地蓄积量、每公顷蓄积量。

4. 标准表法

(1)根据标准地调查的数据，计算出林分平均高和每公顷断面积($G_{测}$)。

(2)根据林分平均高查该树种的标准表，得标准林分的每公顷断面积($G_{标}$)和蓄积量($M_{标}$)。

(3)按下式求出待测林分的每公顷蓄积($M_{测}$)：

$$M_{测} = M_{标} \times \frac{G_{测}}{G_{标}}$$

5. 平均形数法(平均实验形数法)

根据调查结果求得林分平均高、每公顷断面积，按下列公式之一计算，即可求得林分每公顷蓄积量(M)：

$$M = G \cdot H \cdot \overline{F}$$

$$M = G_{1.3}(H_D + 3)f_э$$

四、注意事项

1. 标准木的选择要适当。
2. 要正确使用一元和二元材积表。
3. 每2人为一组，每组提交一份计算报告。

五、技能考核

序号	考核重点	考核内容	分值
1	标准木的选择	能正确选择标准木	20
2	材积的计算	能正确应用不同方法进行蓄积量计算	80

【复习思考】

1. 材积表法与标准表法各有何优点？各有何用途？
2. 影响材积表法精度的主要因素有哪些？为什么？
3. 标准表法使用中应注意哪些主要问题？
4. 一元材积表导算中应注意哪些主要问题？
5. 标准木法使用中应注意哪些主要问题？
6. 影响形数法精度的主要因素有哪些？为什么？

任务10.4 角规法应用

【任务介绍】

角规法是通过对林木的绕测计数规则及计数的换算，推算林分蓄积的一种简便方法，有严密的理论基础支撑。在通视条件好、林木分布较均匀的林分蓄积量调查中可获得较高的调查精度，是目前应用较为广泛的蓄积调查方法。通过本任务的实施将达到以下目标：

知识目标

1. 了解角规测树原理。
2. 掌握角规测定林分胸高断面积的方法。
3. 掌握角规控制检尺。

4. 掌握角规测定林分株数和蓄积的方法。

技能目标

1. 能正确使用角规进行测树。
2. 能正确运用角规测定林分胸高断面积、株数和蓄积。

【知识准备】

10.4.1 角规概述

角规(angle gauge)是以一定视角构成的林分测定工具。应用时，按照既定视角在林分中有选择地计测为数不多的林木可以高效率地测定出有关林分调查因子。

“角规测树”是我国对这类方法的通用名称。最初曾把角规叫作疏密度测定器。国际上较为常用的名称有：角计数调查(angle-count cruising)法、角计数样地(angle count plot)法、无样地抽样(plotless sampling)、可变样地(variable plot)法、点抽样(point sampling)、线抽样(line sampling)等。

角规测树理论严谨，方法简便易行，只要严格按照技术要求操作，便能取得满意的调查结果。因此，角规测树是一种高效、准确的测定技术。

角规测定林分每公顷胸高总断面积原理是整个角规测树理论体系的基础，包括同心圆简单原理、三角函数原理、扩大圆原理等。

(1)同心圆简单原理

常规圆形样地(或标准地)的面积和半径是固定的，因而在一个样地内包含了直径大小不同的树木。如果使样圆半径 R 的大小不固定，而 R 依树干直径 d 的大小而变，且令比值$\frac{d}{R}$为一固定值，例如，令$\frac{d}{R}=\frac{1}{50}$，则树干横断面积$\left(g=\frac{\pi}{4}d^2\right)$与样圆面积($A=\pi R^2$)之比将有如下固定比例关系：

$$\frac{g}{A}=\frac{\frac{\pi}{4}d^2}{\pi R^2}=\frac{1}{4}\left(\frac{1}{50}\right)^2=\frac{1}{10\,000} \tag{10-7}$$

这就是说，当$\frac{d}{R}$固定为$\frac{1}{50}$时，$\frac{g}{A}$将恒等于$\frac{1}{10\,000}$。当样圆面积扩大为 10 000m^2 (1hm^2)时，样圆内每一株直径为 d 的树干横断面积相应扩大为 1m^2。

设立这种样圆要使样圆半径(R)恒等于树干直径(d)的一定倍数，上例是 $R=50d$。这样，在同一个样点上，要为直径大小不同的树木设立相应半径大小不同的同心样圆。例如，若按上述$\frac{d}{R}=\frac{1}{50}$的比例关系设立样圆，则当树干胸径 d 为 10cm 时，相应的样圆半径 R 为 5m，凡树干中心离样点的水平距离在 5m 以内的胸径 d 为 10cm 的树干，因位于样圆内，有一株树就相当于每公顷有 1m^2的胸高断面积，有两株树就相当于每公顷有 2m^2的胸高断面积(在 $R=5$m 的样圆内，$d=10$cm 的树干计数，而 $d\neq10$cm 的树干则不计数，即该样圆只对 $d=10$cm 的树干起作用)。水平距大于 5m 的树干，因位于样圆之外，就不计数。水平距刚好等于 5m 的，可计数为 0.5 株，相当于每公顷有 0.5m^2胸高断面积。同理，胸径 d 为 20cm 的树干，其相应样圆半径 R 应为 10m，凡树干中心距离样点的水平距在 10m

以内的 $d=20$cm 的树干计数，10m 以外的不计数，刚好为 10m 的计数为 0.5 株。依此类推。

在实践中，d 和 R 可以实际测量确定，也可以用角规测器确定。最简便的角规测器是在一根长度为 L 的直尺一端安装一个有缺口的金属片，缺口的宽度为 l，$\frac{l}{L}$要根据预定要求设计为某一特定值，如按上例，应使$\frac{l}{L}=\frac{d}{R}=\frac{1}{50}$。若尺长 L 为 50cm，缺口宽 l 应为 1cm；尺长若为 100cm，缺口宽度应为 2cm，等等。这样，当以样点为圆心，从尺的一端通过另一端缺口观测树干时，由于$\frac{d}{R}=\frac{l}{L}$，因此，凡位于样圆内的树干，其直径必与通过缺口的视线相割，与位于样圆外的相余，与刚好位于样圆边界上的相切(此树称作边界树)，如图 10-1、图 10-2 所示。

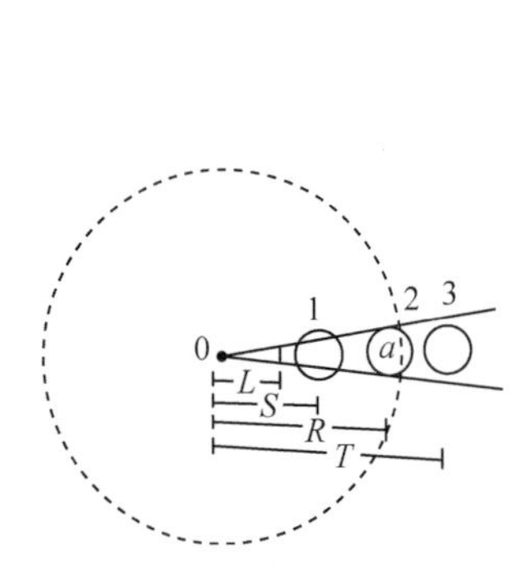

图 10-1　角规测样圆

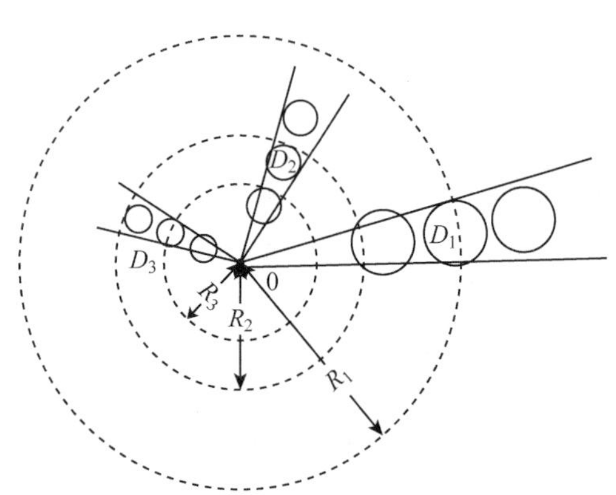

图 10-2　角规测树的同心样圆

因此，观测时只要使角规测器的一端位于样点上，绕测一周，计数出胸高直径与通过缺口视线相切割(或相切)的树木株数，就是每公顷胸高断面积平方米(m^2)数(与视线相切的计数 0.5 株)。应注意，上述结果是在$\frac{l}{L}=\frac{d}{R}=\frac{1}{50}$的条件下计数的。

绕测一周计数的与视线相割(或相切)的树木直径大小是不同的，这意味着已为不同大小直径的树木分别设立了半径大小不同的同心样圆(严格地说，若林地上有 N 株直径大小不同的树木，则有 N 个不同大小的同心圆)，因此，这种角规测定林分每公顷胸高断面积的原理叫作同心圆原理，这种面积依树干胸径大小而变的样圆称作可变样地(variable plot)。

上面是指$\frac{d}{R}=\frac{l}{L}=\frac{1}{50}$的特定情况，此处$\frac{g}{A}=\frac{1}{10\,000}$，每株相割的树干换算成每公顷断面积($G$，单位为 m^2/hm^2)是 $1m^2$。当设 Z 为相割(或相切)树干的株数时，则 $G=Z$。如果$\frac{l}{L}\neq\frac{1}{50}$，情况就会改变。一般而言，可令$\frac{g}{A}=\frac{F_g}{10\,000}$则：

$$F_g=10\,000\times\frac{\frac{\pi}{4}d^2}{\pi R^2}\times 2500\left(\frac{l}{L}\right)^2 \tag{10-8}$$

或

$$F_g = \left(\frac{50d}{R}\right)^2 \tag{10-9}$$

这样，每株相割的树干直径就相当于每公顷有 F_g（单位为 m^2）的断面积，若相割（或相切）树干为 Z 株，则每公顷断面积为：

$$G = F_g Z \quad (m^2/hm^2) \tag{10-10}$$

F_g 称为断面积系数（basal areafator，BAF），又称角规常数。常用的 F_g 为 0.5、1、2、4，其相应的 $\frac{l}{L}$ 值为 $\frac{0.71}{50}$、$\frac{1}{50}$、$\frac{1.41}{50}$、$\frac{2}{50}$ 或 $\frac{1}{70.71}$、$\frac{1}{50}$、$\frac{1}{35.36}$、$\frac{2}{25}$。

例如，使用 $l=1$cm、$L=50$cm 的杆式角规进行观测（$F_g=1$），如绕测计数 $Z=12.5$ 株，则由式（10-10）计算出林分每公顷断面积为：

$$G = 1 \times 12.5 = 12.5$$

式（10-10）是利用一个角规点的观测结果计算林分每公顷断面积公式，若在林分中设置了 n 个角规点进行观测，其计算林分每公顷断面积公式应改为：

$$G = \frac{1}{n}\sum_{i=1}^{n} G_i = \frac{F_g}{n}\sum_{i=1}^{n} Z_i = F_g \bar{Z} \tag{10-11}$$

式中　Z_i——第 i 个角规点上计数的树木株数。

（2）扩大圆原理

格罗森堡（Grosenbaugh L. R.，1952）以概率论为基础，从抽样角度进一步阐明了角规样地的基本特点：一个林分中的林木可将其横断面积大小按比例绘成圆面积图，如把方格网纸覆盖在此图上，按方格网点求面积的原理，数出落在树干断面积里的点数，即可求出断面积的估计值。如格网点间距离按比例相当于 1m，则对于 $1hm^2$ 的林地，落于树干断面积内的点数 n 就是每公顷断面积的估计值。由于树干横断面积总和与林地面积相比，数值相对很小，用这种方法估计树干总断面积将需要足够多的点，因此，可把树干断面积乘以一定常数，扩大成一定倍数，围绕树干中心点绘出较大的扩大圆以表示树干横断面积，令此扩大圆的半径与特定断面积系数的极限距离相对应。此时，样点落入扩大圆的概率就与树干断面积的大小成比例。扩大圆的半径（R）与树干直径（d）之比等于角规杆长（L）与角规缺口（l）之比。如样点（即样圆中心）落入树木的扩大圆（该扩大圆以树木为中心）之中，该树即属于被计数木。

例如，图 10-3（a）中的 1～9 号树的横断面被扩大绘成图 10-3（b），样点落入第 1、2、3、6、8 号树的扩大圆内，因此这 5 株树应计数。而第 4、5、7、9 号这 4 株树的扩大圆都未覆盖样点（即样点未落入这 4 株树的扩大圆内），因此，不应计数。但是在实际测定时仍是以样点为中心，用角规绕测，借以判断样点是否落入树木的扩大圆之内，即与角规视角相割的树木计数、相余的不计数、相切的计数 0.5。由此也可以看出，实际操作和计数树木的方法与按同心圆原理的方法完全相同，只是推理证明方法不同而已。

这种推理方法可以进一步从概率论的观点证明角规样地与常规固定面积样地的本质区别。为了比较，图 10-4（a）表示在同一个样点上，以样点为中心设立半径和面积大小固定的常规圆形样地，除第 3、4、6 号这 3 株树外，其余树木全都在样地内。如果令每株树的扩大圆面积相等（不依树木断面积大小而变），由图 10-4（b）中可以看出，同样除第 3、4、6 号树外，其余树木的扩大圆都覆盖了样点。所得结果与常规固定面积样地相同。由此可

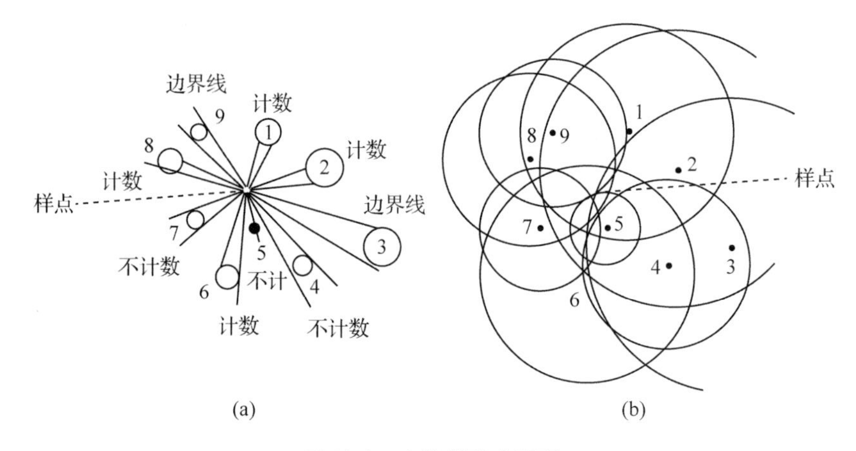

图 10-3　点抽样基本原理

(a)采用角顶位于样点上的固定临界角来选定各单株样木；
(b)想象的树木圆，其面积是相应树木断面积的倍数，其半径是水平极限距离

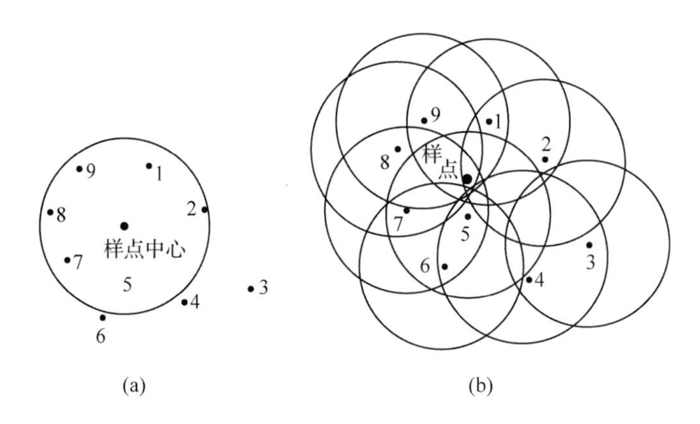

图 10-4　作为水平点抽样特例的圆形样地

(a)圆形样地；(b)想象的与样地大小相对应的树木圆

以看出，固定面积样地可看成是等概率的抽样，而角规样地则是不等概率抽样，即每株树被抽中的概率与其横断面积大小成比例。

根据扩大圆原理，推导出角规测定林分单位面积上的林木断面积公式为：

$$G = F_g Z \tag{10-12}$$

这与采用同心圆原理及三角函数原理的公式相同。

(3)扩大圆原理简要证明

设林地面积为 T(单位为 hm^2)，且有 N 株树木，第 j 株树木的胸径为 d_j(单位为 cm)，其断面积为 g_j(单位为 m^2)，将其扩大 10 000K 倍形成的该树木的扩大圆的面积为 A_j，则：

$$A_j = Kg_j(\text{单位为 } hm^2)$$

N 株树木有 N 个大小不等的扩大圆，如林地被 N 个扩大圆平均覆盖了$\overline{Z}$次，则扩大圆总面积与林地面积 T 的关系为：

$$\sum_{j=1}^{N} A_j = \overline{Z}T$$

即：

$$K\sum_{j=1}^{N} g_j = \overline{Z}T$$

所以：

$$\frac{\sum_{j=1}^{N} g_j}{T} = \frac{1}{K}\overline{Z}$$

因为：

$$A = \pi R^2 = 10\ 000Kg = 2500K\pi d^2$$

所以：

$$K = \left(\frac{R}{50d}\right)^2$$

即：

$$\frac{1}{K} = F_g$$

由于：

$$\frac{\sum_{j=1}^{N} g_j}{T} = G$$

则：

$$G = F_g\overline{Z}(\text{单位为 m}^2/\text{hm}^2) \tag{10-13}$$

对(10-13)式可作如下解释：若林地上第 i 个点(如 i 为角规点)被覆盖 Z_i 次，则 $G_i = F_g Z_i$。

同理，利用林地内 n 个点(即 n 个角规点)，被覆盖次数 Z_i，推算林分每公顷断面积时，则：

$$G = \frac{1}{n}\sum_{i=1}^{n} G_i = \frac{F_g}{n}\sum_{i=1}^{n} Z_i = F_g\overline{Z}$$

式(10-11)、式(10-12)、式(10-13)3 个公式是分别由同心圆、三角函数及扩大圆原理推得的角规测定林分单位面积断面积计算公式，但 3 个公式的形式是完全相同的。

10.4.2　角规调查

(1)绕测计数规则

①凡胸径小于缺口(或带条宽、虚象与树干相离)的称为相余，不计数。

②凡胸径大于缺口(或带条宽、虚象与树干相切)的称为相割，计算 1 株。

③凡胸径等于缺口(或带条宽、虚象与树干相切)的称为相切，计算 0.5 株。

(2)角规控制检尺

在需要精确测定或者复查确定林木动态变化时，可采用角规控制检尺方法。根据选定的断面积系数，用围尺测出树干胸高直径，用皮尺测出树干中心到角规点的水平距离(S)，并根据水平距离(S)与该树木的样圆半径(R)的大小确定计数木株数。树干胸径 d、样圆半径 R 和断面积系数 F_g 之间的关系为：

$$R = \frac{50}{\sqrt{F_g}}d \quad (10\text{-}14)$$

这样，只要测量出树木胸径(d)及树木距角规点的实际水平距离(S)，根据选用的断面积系数(F_g)，利用式(10-14)计算出该树木的样圆半径(R)，则可作出计数木株数的判定，即：$S<R$时，计为1株；$S=R$时，计为0.5株；$S>R$时，不计数。

(3)角规测定林分蓄积量通式

格罗森堡(1958)提出了用角规测算单位面积上任意量Y的一般通式为：

$$Y = F_g \sum_{j=1}^{Z} \frac{y_j}{g_j} \quad (10\text{-}15)$$

式中 Y——所调查林分的每公顷的调查量；

F_g——断面积系数；

y_j——第j株计数木的调查量；

g_j——第j株计数木的断面积；

Z——计数木株数。

式中的y_j之所以被g_j除是因为角规观测的抽样概率与断面积成比例。根据式(10-15)，如调查量Y是每公顷断面积，即$y_j=g_j$，则：

$$G = F_g \sum_{j=1}^{Z} \frac{g_j}{g_j} = F_g Z(\mathrm{m^2/hm^2}) \quad (10\text{-}16)$$

如调查量是每公顷蓄积(M)，即$y_j=V_j$，则式(10-15)为：

$$M = F_g \sum_{j=1}^{Z} \frac{V_j}{g_j} = F_g \sum_{j=1}^{Z} (hf)_j \quad (10\text{-}17)$$

即计数木的形高之和$[\sum_{j=1}^{Z}(hf)_j]$乘以断面积系数为每公顷蓄积。

如调查量是每公顷林木株数(N)，则式(10-17)为：

$$N = F_g \sum_{j=1}^{Z} \frac{Z_j}{g_j}(\text{株}/\mathrm{hm^2}) \quad (10\text{-}18)$$

(4)角规绕测蓄积计算

角规绕测只能得到林分的单位面积总断面积值，为求得林分单位面积蓄积，需测知林分平均高，然后用标准表和平均实验形数法计算林分单位面积蓄积。

【技能训练】

角规调查与计算

一、实训目的

1. 了解杆式角规构造。
2. 掌握杆式角规测定每公顷胸高断面积的技术和坡度改正技术。
3. 掌握角规控制检尺和角规绕测求每公顷蓄积量、株数和断面积的方法。

二、仪器材料

杆式角规，皮尺，围尺，钢卷尺，标准表。

在一林分中进行角规绕测，结果见表10-4。该林分平均高为10.5m，标准断面积为

表 10-4　角规控制检尺结果($F_g=2$)

胸径	8	10	12	14	16	坡度
计数株数	2.5	1.5	3	1.5	1.5	20
材积	0.0168	0.0311	0.0510	0.0771	0.110	

28.3m^2/hm^2，标准蓄积量为156 m^2/hm^2。

三、训练步骤

1. 检查杆式角规的缺口宽、尺长是否标准

2. 确定角规点位，选择 F_g

在林内按典型或随机抽样原则，确定角规点位、选择适宜的角规常数($F_g=0.5$，1，2，4)。根据经验，每点绕测计数株数控制在15~20株，观测距离为15~20m较好。

3. 绕测计数

站在角规点位上，按绕测计数要求，手持杆式角规，将无缺口端紧贴眼下，通过缺口，从某株开始，依次观测角规点周围每株树1.3m处的直径(初次练习，最好在树干1.3m处用小粉笔画横线，以便绕测部位准确；并对计数值相同的树作相同标记以便量距校核等)，绕测一周。角规绕测时，对计数株测量胸径，并按径阶登记计数株。

对处于临界距附近树木的准确判断关系到绕测精度，角规点到树干中心的距离 $S={}_i50d_i/\sqrt{F_g}$时，才正好相切，计算0.5株。

为了防漏测重测，规定每一角规点上，若正、反绕测计数株相差超过1株(计数20以下)，应重新绕测，不超过时取其平均数为绕测值。

4. 坡度改正

计算每公顷胸高断面积测定值，绕测计数为 Z，若角规点计数范围内林地平均坡度为 θ，$\theta<5°$时，每公顷断面积 $G=FZ$，不必进行坡度改正。若 $\theta>5°$，则应该进行坡度改正。在 $\theta>5°$的林地绕测有两种改正法：

(1)按角规周围的平均坡度改正：

$$G=FZ\sec\theta$$

(2)单株改正：根据每株树的坡度上的倾角 θ_i(在等高线上的为0；垂直于等高线的为最大坡度角)，按 $I_b=\sec\theta_i$ 调整尺长(尺长已有刻划)后再瞄视计数。单株改正法，虽理论上较合理，但麻烦，较少采用。

5. 边界样点的处理

在典型取样调查时，角规点不要选在靠近林缘处，如靠近林缘，则绕测一周时，样圆的一部分会落到所调查的林分之外。角规点到林缘的最小距离(L)要大于由式(10-14)计算得到的 R，此时式中的 d 应是林分中最粗树木的直径(d_{max})。在随机抽样调查中，样点位置是随机确定的，必有一些样点落在调查总体内但靠近林缘的位置，不能人为主观地随意移动点位。首先按上述方法，根据样点所在林分中最粗大木胸径和选用的断面积系数算出距边界的最小距离，以此距离作为宽度划出林缘带。当角规点落在此带内时，可只面向林内绕测半圆(180°)(即作半圆观测)，把计数株数乘以2作为该角规点的全圆绕测值。如边界变化复杂，绕测半圆也会有部分样圆落于边界以外，可根据现地具体情况，绕测30°、60°、90°或120°，再把计数株数分别乘以12、6、4、3。由于总体内落在靠近边界

的样点数相对较少，这样做的结果对总体估计不会产生大的影响。

6. 角规控制检尺测林分断面积、株数和蓄积量

(1)每公顷断面积：

$$G = F_g \sum_{j=1}^{Z} \frac{g_j}{g_j} = F_g Z$$

(2)每公顷蓄积：

$$M = F_g \sum_{j=1}^{Z} \frac{V_j}{g_j} = F_g \sum_{j=1}^{Z} (hf)_j$$

(3)每公顷林木株数：

$$N = F_g \sum_{j=1}^{Z} \frac{Z_j}{g_j}$$

7. 角规绕测法计算每公顷蓄积

(1)标准表法：

$$G = F_g Z$$

$$M_{测} = M_{标} \frac{G_{测}}{G_{标}}$$

(2)平均实验形数法：

$$M = G(H+3) \cdot f = F_g \cdot Z(H+3) \cdot f$$

四、注意事项

1. 对不能准确判定的树木，应进行角规控制检尺。

2. 在绕测中，要记住起始位置的树木。

3. 要正、反绕测两次，以保证精度。

4. 每2人一组，每组提交计算报告一份。

五、技能考核

序号	考核重点	考核内容	分值
1	角规计数	能正确使用角规并计数	40
2	断面积、株数和蓄积计算	能正确计算每公顷断面积、株数和蓄积	60

【复习思考】

1. 角规测树中应注意哪些主要问题?
2. 影响角规调查精度的因素主要有哪些?
3. 简述角规调查中的临界木的确定方法。
4. 角规样点的选择应注意哪些主要问题?
5. 用角规测定林分断面积与标准地法有何不同?

项目11

森林抽样调查

【教学目标】

1. 掌握森林抽样调查的基本概念及基本原理。
2. 了解我国森林资源调查体系构成。
3. 熟悉系统和随机抽样法在森林抽样调查中的应用。
4. 了解分层及回归估计法。

【重点难点】

重点：随机及系统抽样法及应用。

难点：分层抽样法及应用。

任务 11.1 森林抽样调查认知

【任务介绍】

森林抽样调查是现代林业调查中的重要方法，是大面积森林调查不可缺少的方法之一。通过对森林抽样调查基本知识的介绍，让学生了解抽样及其类型划分等。通过本任务实施将达到以下目标：

知识目标

1. 掌握森林抽样的基本概念。
2. 了解森林抽样的种类。

技能目标

能分辨清楚我国森林资源调查体系的构成。

【知识准备】

11.1.1 抽样调查

人们的认识和行动很大程度上依赖于掌握信息的多少。信息的采集方法有以下几种：全面调查、典型调查、重点调查、定期报表汇总和抽样调查等。

全面调查可以获得调查对象的实际全面信息，如人口普查。

典型调查、重点调查都属于有意调查的一种形式，它以调查者的主观取样，从总体中选择具有平均水平的典型单位作为调查对象，这种方法的优点在于可以发挥调查者的主观能动性，充分利用被调查对象已有的信息，避免发生重大的偏差。这种方法多应用于特殊目的进行的专业调查，如林业上用标准地资料来编各种林业数表。

统计方法作为认识的方法，已经历了较长的发展时期。抽样调查方法则是 20 世纪才发展起来的，而它自身的发展又经历了若干阶段，直到 1925 年在罗马举行的第 16 次国际统计学会上才从理论和实践上充分肯定了抽样方法的科学性。1940 年后，抽样方法被世界各国所采用。

抽样调查的基本内涵是根据非全面调查资料，来推断(估计)全面的情况。抽样可以有意的抽样，也可以是概率抽样。概率抽样，即从全面所研究对象之中，抽取一定部分单位，进行实际调查，并依据所获得的数据，对全部研究对象的数量特征作出有一定可靠程度的估计和推断，以达到对对象总体的认识。

抽样技术是一门应用广泛的科学，它是以概率论和数理统计为基础，专门研究抽样方法、抽样理论及其应用的科学。

11.1.2　森林抽样调查

森林抽样调查是以林区为调查对象，按照要求的调查精度，从总体中抽取一定数量的单元组成样本，通过对样本的量测和调查来估计调查对象的方法。

①总体　在抽样调查中，把整个调查范围或对象称作总体。

②总体单元　总体是由若干总体单元构成。划分总体单元可以采用自然单元，也可以采用人为规定的单元。在森林资源调查中常用后者划分总体单元。

③样本　抽样调查中，在总体范围内按照一定法则(随机或机械)抽取一部分总体单元，被抽中的总体单元的全体称为样本。样本中的单元称为样地。

11.1.3　我国森林资源调查体系

我国森林资源调查一般分为 3 类：

一是全国森林资源清查，简称一类调查。它是以省(自治区、直辖市)和大林区为单位进行，以抽样调查为基本技术，在统一时间内，按统一的方法和要求查清全国森林资源及其消长变化规律，是为制定全国林业方针政策、编制大地域中长期计划、规划而进行的一种调查。一般 10 年调查一次。

二是森林资源规划调查，简称二类调查。以国营林业局、林区县为单位，以目测、实测及抽样等方法，按山头地块清查，目的是满足编制森林资源经营方案、总体设计和规划。一般 5 ~ 10 年调查一次。

三是作业设计，简称三类调查，是以作业地段为单位进行的局部调查，以实测或抽样对每个作业地段的森林资源、立地条件及更新状况等详细调查，目的是满足施工设计。

【复习思考】

1. 为什么大面积森林调查要进行抽样调查？其理论依据是什么？
2. 我国森林资源调查方法分为几类？各有何特点？

任务 11.2　简单随机抽样调查

【任务介绍】

简单随机抽样法是森林资源调查中运用最为广泛的方法之一。任务重点强调简单随机抽样方法及过程的掌握。通过本任务实施将达到以下目标：

知识目标

1. 掌握简单随机抽样的基本概念。
2. 掌握简单随机抽样的基本步骤。

技能目标

1. 能制订简单随机抽样方案。
2. 能计算简单随机抽样特征数。

【知识准备】

11.2.1 简单随机抽样概述

从总体中，随机等概地抽取 n 个单元组成样本，根据样本单元测定的结果估计总体的方法，叫作简单随机抽样，又称纯随机抽样。在实际工作中一般利用随机数字表或随机数字发生器确定样本单元。

简单随机抽样方法与掷骰子或抽签的原理相同，因此，在这种方法中，任何个体单元被抽中的机会都是完全均等的。简单随机抽样需要对每个样本单元都编号，然后采用随机数字表，随机确定一个起始数字，之后向任意方向读数，直到选够所需样本单元数。

11.2.2 简单随机抽样的工作步骤

11.2.2.1 准备工作

①确定调查森林总体对的边界、面积及抽样对象的面积。

②确定样本单元数。

③布点。

11.2.2.2 外业调查

(1)样地的定位

一般将抽中的样本单元的西南角作为样地定位的基准点，在地形图上找出离该点最近的明显地物点，在地形图上量测两点间的方位角和距离，并以此在现地用罗盘仪等定位工具进行定位，也可应用精度较高的 GPS 进行定位。

(2)样地设置和调查

样地的西南角点定位后，按样地的边长，并以 0°、90°、180°、270°这 4 个方向进行其周界的测设，其方法同标准地的设置。

样地调查内容和方法同标准地的调查。

11.2.2.3 内业计算

(1)总体平均数估计值

$$\hat{Y} = \bar{y} = \frac{1}{n}\sum_{i=1}^{n} y_i \tag{11-1}$$

式中 y_i——第 i 个样本单元的观测值；

$\bar{y}$——样本平均数；

n——样本单元数($i=1, 2, \cdots, n$)。

(2)总体平均数估计值的无偏估计值

$$S = \sqrt{\frac{\sum_{i=1}^{n} y_i^2 - n\bar{y}^2}{n-1}} \tag{11-2}$$

（3）总体平均数估计值的标准误

$$S(\bar{y}) = \frac{S}{\sqrt{n}} \tag{11-3}$$

（4）抽样误差限

①绝对误差限

$$\Delta\bar{y} = t_a \times S(\bar{y}) \tag{11-4}$$

式中　t_a——可靠性指标，如在大样本条件下，以 95% 可靠性进行估计，$t_{0.05} = 1.96$。

②相对误差

$$E = \frac{\Delta\bar{y}}{\bar{y}} \times 100\% \tag{11-5}$$

③抽样精度

$$P_c = 1 - E \tag{11-6}$$

④总体平均数的区间估计

$$\bar{Y} \pm t_a S(\bar{y}) \tag{11-7}$$

【复习思考】

1. 简述简单随机抽样的主要工作步骤。
2. 简述简单抽样的布点方法。
3. 简述抽样样地的定位方法。
4. 简述抽样样地的调查过程。

任务 11.3　系统抽样调查

【任务介绍】

系统抽样法是森林抽样调查布点方案中使用最为普遍的方法之一。任务以技能训练方式要求学生掌握系统抽样的步骤方法及总体估计。通过本任务实施将达到以下目标：

知识目标

1. 掌握系统抽样的基本概念。
2. 掌握系统抽样的基本步骤。

技能目标

1. 能进行系统抽样。
2. 能进行系统抽样特征数的计算。

【知识准备】

11.3.1 系统抽样概述

将总体划分为相互独立的单元，从中随机抽取一个单元作为第一个样本单元，然后，按照一定的间隔确定出其余的样本单元，由这些抽中的单元组成样本，根据其样本单元观测值估计总体特征值，这种抽样调查方法称作系统抽样。

系统抽样也称等距抽样，抽样时应当注意的是，其样本必须是随机排列的。否则，所采用的间隔一旦与样本排列的规律性相符，抽出的样本就不具有随机性了。这种方法较为简单省力。

11.3.2 系统抽样的工作步骤

在森林资源调查中，采用系统抽样调查方法时，其工作的实施基本上与简单随机抽样调查方法相同。

在布点时，根据点间距在制作的网点板上布点，然后随机抽取一个单元作为起点，即得系统抽样的布点图，最后把网点板覆在抽样总体的各林地分布图上，其中各网格交叉点落入林地中的点即为抽中的样本单元。

11.3.3 系统抽样特征值的计算

系统抽样的特征值的计算与简单随机抽样方法相同。

【技能训练】

系统抽样方案及特征数计算

一、实训目的

掌握系统抽样方案的设计及总体森林资源的估计方法。

二、仪器材料

1. 仪器

计算机或计算器。

2. 材料

某总体森林资源规划调查中采用系统抽样调查结果(表11-1)。根据该总体样地调查结果计算特征数。本次抽样调查的蓄积精度要求为80%，抽样对象总面积为35 680hm^2。

三、训练步骤

1. 抽样总体

抽样总体的基本情况为：以经营单位或县级行政单位为总体进行总体蓄积量抽样控制。

2. 抽样对象

抽样总体范围内凡坡度不大于45°的幼(平均直径≥5cm)、中龄林以上有、疏林地组成抽样对象。

表 11-1　样地蓄积调查汇总表

样地号	样地蓄积	样地号	样地蓄积	样地号	样地蓄积
1	2.427	19	2.892	37	4.23
2	1.944	20	2.06	38	0.731
3	0.51	21	1.578	39	2.468
4	4.252	22	4.329	40	4.035
5	1.049	23	2.221	41	3.38
6	2.157	24	0.604	42	4.457
7	3.929	25	0.223	43	2.388
8	3.117	26	3.553	44	3.116
9	0.721	27	2.655	45	5.082
10	3.427	28	2.996	46	1.322
11	1.183	29	2.845	47	1.66
12	3.755	30	2.213	48	3.464
13	5.51	31	0.412	49	3.727
14	2.594	32	0.673	50	3.187
15	3.079	33	4.682	51	1.668
16	4.589	34	3.118	52	3.78
17	4.32	35	2.38	53	1.154
18	2.835	36	1.842		

注：样地大小为 0.04hm^2。

3. 样本面积及样本形状

抽样的样本单元大小为 0.04 ~0.1hm^2。

样本单元形状有正方形、长方形和圆形等，一般采用正方形。

4. 样本单元数的计算

$$n = (t^2 \times C^2)/E^2$$

式中　n——测树样地数量；

$t_{0.05}$——可靠指标；

C——预估每公顷蓄积变动系数；

E——抽样允许相对误差。

变动系数的确定方法为：

$$C = \frac{S}{\overline{Y}}$$

$$\overline{Y} = \frac{\sum y_i}{N}$$

式中　C——变动系数；

S——标准差；

$\overline{Y}$——样本平均值；

y_i——各样地活立木蓄积。

标准差计算森林资源调查中，有两种计算方法：一是在调查区域内借助现存样本资料直接进行标准差计算，此方法一般由于资料的缺乏较难完成；二是使用全距法计算标准差，此方法可以通过预估样本的最大值和最小值计算完成，在实际工作得到广泛应用。

标准差直接计算公式如下：

$$S = \sqrt{\frac{\sum_{i=1}^{N}(y_i - \bar{y})^2}{N - 1}}$$

全距法标准差计算公式如下：

$$S = \frac{y_{max} - y_{min}}{R}$$

式中 y_{max}——总体中最大值样本单元；

y_{min}——总体中最小值样本单元；

R——全距比值(表 11-2)。

表 11-2 全距比值表

样本单元数 N	2	3	4	5	6	7	8
R	1. 13	1. 69	2. 06	2. 33	2. 53	2. 70	2. 85
样本单元数 N	9	10	15	20	30	50	75
R	2. 97	3. 08	3. 47	3. 73	4. 09	4. 50	4. 81
样本单元数 N	100	150	200	300	500		
R	5. 02	5. 30	5. 50	5. 80	6. 10		

参考以下近似公式计算 R：

$$R = e^{1.871\,307\,777\,399\,22 + \frac{-2.371\,328\,717\,203\,29}{\sqrt{N}}}$$

为确保抽样精度，样本单元数一般要增加 15% 的保险系数。

5. 样本间距的计算

$$L = d = \sqrt{\frac{A \times 10\,000}{N}}$$

6. 布点

在抽样总体范围内，以等距离方式进行样本单元布设。

7. 样地调查

样地调查方法及内容详见标准地调查相关部分。

8. 抽样特征数计算

①总体平均数。

②总体标准差。

③标准误。

④单元蓄积变动系数。

⑤平均蓄积误差限。

⑥平均蓄积相对误差限。

⑦抽样精度。

⑧总体实测总蓄积。

⑨总体蓄积估计误差限。

⑩总体蓄积置信区间。

四、注意事项

1. 在布点中应注意避免周期性影响：在大面积森林调查中，系统抽样的样地与某种线性地物(如河流、山脊、河谷等)走向产生某种巧合，就会产生周期性变动的影响。

2. 每 2 人为一组，每组提交完整的抽样方案和计算报告一份。

五、技能考核

序号	考核重点	考核内容	分值
1	抽样方案	能正确进行系统抽样方案的设计	60
2	特征数的计算	能正确进行系统抽样特征数的计算	40

【复习思考】

1. 系统抽样过程中，有时会出现周期性现象，应该如何防止周期性现象发生？

2. 根据你的计算结果，比较实际精度与理论精度哪个高？解释其原因。

任务 11.4　分层抽样调查

【任务介绍】

通过对分层抽样调查方法及效益分析，介绍其抽样特殊性及总体估计法。通过本任务的实施将达到以下目标：

知识目标

1. 掌握分层抽样的基本概念。

2. 掌握层的划分方法与要求。

3. 了解分层抽样的基本步骤。

技能目标

1. 能进行分层抽样中层的划分。

2. 能进行分层抽样特征数的计算。

【知识准备】

分层抽样法与随机和系统抽样相比具有抽样效益高的特点，在森林资源抽样调查中较为普遍采用。由于其可在相同条件下减少样本单元数量，因而减小了抽样工作量。分层抽样是将总体按估计目标因子进行分层(组、类)，然后在各层中进行抽样，由于层内目标因子的离散程度缩小，这样就可以较少样本单元达到同样估计精度，提高抽样效益。因此，分层抽样方法的关键在于层的划分是否合适和准确。

11.4.1 分层抽样的认知

按照既定的因子(如树种、龄组、郁闭度等)把调查总体划分为若干个类型(层)，在每个类型内随机等概地抽取样本单元组成样本，根据各类型的抽样调查结果估计总体的方法，称作分层抽样。

当样本对象的性质差异比较大时，可以将对象按照一定属性预先分成若干类，这些类就是所谓的“层”。然后对各层中的样本分别进行随机抽取。当样本属性差异太大时，可以分多层来进行抽样。这种方法可以使较大规模的调查变得较为简单，同时也便于对样本中的不同群体进行比较，调查的精确性也会有所提高。

在森林资源抽样调查中，采用分层抽样时应满足以下3个条件：

①各层的总体单元数数值确知或各层的权重确知。

②总体分层之后，每一个总体单元只能属于某一层，不允许跨层或遗漏。

③各层样本单元数的抽取相互独立。

11.4.2 分层抽样的工作步骤

11.4.2.1 准备工作

①分层因子的确定。

②分层小班的勾绘和各层面积权重的计算。

③样本单元数计算及分配。

④布点。

11.4.2.2 外业调查

在森林资源分层抽样调查中，其外业调查工作，如样地定位、样地设置、样地调查及外业调查资料整理等工作基本上同系统抽样。

11.4.2.3 内业计算

(1)总体平均数估计值

①各层样本平均数

$$\overline{Y}_h = \frac{1}{n_h}\sum_{i=1}^{n_h} Y_{hi} \tag{11-8}$$

式中 $\overline{Y}_h$——第 h 层样本平均数；

Y_{hi}——第 h 层内第 i 个样本单元的观测值($i=1, 2, \cdots, n_h$)；

n_h——第 h 层样本单元数。

②总体平均数的估计值

$$\hat{\overline{Y}} = \overline{Y} = \frac{1}{N}\sum_{h=1}^{L} N_h \overline{Y_h} = \sum_{h=1}^{L} W_h \overline{Y_h} \tag{11-9}$$

式中 N——总体单元数；

N_h——层单元数；

L——层数；

W_h——层权重。

(2)总体平均数估计值的方差

①各层样本方差

$$S_h^2 = \frac{1}{n_h - 1}\sum_{i=1}^{n_h}(Y_{hi} - \overline{Y_h})^2 \tag{11-10}$$

②各层平均数的方差

$$S_{(\bar{Y}_h)}^2 = \frac{S_h^2}{n_h} \tag{11-11}$$

③总体平均数估计值的方差

$$S_{(\bar{Y})}^2 = \sum_{h=1}^{L} W_h^2 S_{(\bar{Y}_h)}^2 \tag{11-12}$$

(3)标准误

$$S_{(\bar{Y})} = \sqrt{\sum_{h=1}^{L} W_h^2 S_{(\bar{Y}_h)}^2} \tag{11-13}$$

(4)绝对误差限

$$\Delta_{(\bar{Y})} = t_a \times S_{(\bar{Y})} \tag{11-14}$$

(5)分层抽样误差

$$E = \frac{t_a \times S_{(\bar{Y})}}{\bar{Y}} \tag{11-15}$$

(6)分层抽样精度

$$P_c = 1 - E \tag{11-16}$$

(7)总体平均数的区间估计

$$\bar{Y} \pm t_a S_{(\bar{Y})} \tag{11-17}$$

【知识拓展】

回归估计法

1. 回归估计认知

回归估计方法是在研究依变量 Y 对自变量 X 存在的回归关系的基础上，利用总体中标志 X 的平均数 $\bar{X}$，估计总体标志 Y 的平均数 $\bar{Y}$ 的方法。在回归估计中，把被估计的因子叫作主要因子，用 Y 表示。把与 Y 存在着回归关系的因子叫作辅助因子，用 X 表示。如果 Y 对 X 存在着一元一次线性关系，这种回归估计叫作线性回归估计(linear regression estimation)。

在林分调查中，某些重要的调查因子(如林分蓄积、树干材积等)直接测定比较困难，经常利用这些重要调查因子与另外一些容易测定的因子(如胸径、断面积、角规测定蓄积量、判读蓄积等)之间存在着明显的回归关系，用回归估计方法来估计这些重要调查因子。回归估计方法与简单随机抽样估计方法相比，其估计精度较高。因此，在森林资源调查中，经常采用这种估计方法。常用的回归估计有：目测蓄积与实测蓄积的回归估计，航空相片判读蓄积与地面样地实测蓄积的回归估计等。

2. 回归估计的要求条件

对于采用回归估计的调查总体，应该满足以下条件：①总体中自变量 x 每一个给定值上相对应的依变量 y 的条件概率分布为正态分布。②与自变量 x 的任何取值 x_i 相对应的依变量 y 的条件方差均相等。③依变量 y 与自变量 x 之间存在着紧密的线性回归关系。通常把以上 3 个条件概况称为"正态、等方差、线性"。④自变量 x 的总体平均数 $\bar{X}$ 必须已知。

3. 辅助因子的确定

采用回归估计的成败，在很大程度上取决于辅助因子的选择。若选定一个与主要因子相关紧密的辅助因子，不但可以降低抽样调查成本，而且还可以提高抽样调查的估计精度。因此，在回归估计中，辅助因子的确定是一项很重要的工作。确定合适的辅助因子的原则是：①辅助因子 x 与主要因子 y 之间有较紧密的线性关系。②辅助因子要便于测定。③辅助因子的总体平均数 $\bar{X}$ 必须已知。

4. 回归方程的建立

设总体单元数为 N，各单元辅助因子、主要因子的标志值为：(X_1, Y_1)、(X_2, Y_2)、…、(X_N, Y_N)。则总体在辅助因子及主要因子上的平均数分别为 $\overline{X} = \frac{1}{N}\sum^{N} X_i, \overline{Y} = \frac{1}{N}\sum^{N} Y_i$。若 Y 对于 X 存在着回归关系，且已知回归方程的类型为线性，即 $Y = A + BX$。为了进行回归估计，必须首先解决 $Y = A + BX$ 中的参数 A、B 的估计问题。所以，可在总体中随机抽取 n 个单元组成样本，若根据样本数据，利用最小二乘法求出 Y 对 X 的线性回归方程参数 A、B 的估计值为 a、b，则 a 为总体回归方程 $Y = A + BX$ 中常数项 A 的估计值，而 b 为回归系数 B 的估计值。计算公式为：

$$b = \frac{\sum_{i=1}^{n}(x_i - \bar{x})(y_i - \bar{y})}{\sum_{i=1}^{n}(x_i - \bar{x})^2} = \frac{\sum_{i=1}^{n} x_i y_i - n\bar{x}\bar{y}}{\sum_{i=1}^{n} x_i^2 - n(\bar{x})^2}$$

$$a = \bar{y} - b\bar{x}$$

在线性回归方程中，反映依变量 y 与自变量 x 之间的相关紧密程度的指标为相关系数 r，计算公式为：

$$r = \frac{\sum_{i=1}^{n}(x_i - \bar{x})(y_i - \bar{y})}{\sqrt{\sum_{i=1}^{n}(x_i - \bar{x})^2 \sum_{i=1}^{n}(y_i - \bar{y})^2}}$$

5. 总体平均数估计值及误差限

(1) 总体平均数估计值

$$\hat{\overline{Y}} = a + b\overline{X}$$

式中 $\hat{\overline{Y}}$——主要因子总体平均数 $\overline{Y}$ 估计值；

$\overline{X}$——辅助因子总体平均数；

a、b——回归参数。

(2)估计误差限和精度

①剩余标准差(S_{yx})

$$S_{yx}=\sqrt{\frac{\left[\sum_{i=1}^{n}y_i^2-\frac{1}{n}\left(\sum_{i=1}^{n}y_i\right)^2\right]-b\left[\sum_{i=1}^{n}x_iy_i-\frac{1}{n}\left(\sum_{i=1}^{n}x_i\right)\left(\sum_{i=1}^{n}y_i\right)\right]}{n-2}}$$

②回归标准误

$$S_{(\hat{\bar{Y}})}=\sqrt{\frac{1}{n}+\frac{(X-\bar{x})^2}{\sum_{i=1}^{n}(x_i-\bar{x})^2}}=\frac{S_{yx}}{\sqrt{n}}\sqrt{1+\frac{(X-\bar{x})^2}{S_x^2}}$$

式中 $\bar{x}$——辅助因子样本平均数；

S_x^2——辅助因子样本方差。

③估计值的误差限

$$\Delta_{(\hat{\bar{Y}})}=t_a\times S_{(\hat{\bar{y}})}$$

④回归估计相对误差

$$E=\frac{\Delta_{(\hat{\bar{Y}})}}{\hat{\bar{y}}}\times 100\%$$

⑤回归估计精度

$$P_c=1-E$$

⑥总体平均数的区间估计

$$\hat{\bar{Y}}\pm t_aS_{(\hat{\bar{y}})}$$

6. 回归估计的应用

主要因子 y 与辅助因子 x 之间的相关关系越紧密，则所需要的样本单元数越少。因此，回归估计与简单随机抽样相比，只要主要因子 y 与辅助因子 x 之间有一定的相关关系(即 $r\neq 0$)，则回归估计的工效高于简单随机抽样。另外，回归估计的方差 S_{yx}^2 与简单随机抽样的方差 S_y^2 之间的关系为：

$$S_{yx}^2=S_y^2(1-r^2)$$

由此也可以看出，只要 $r\neq 0$，回归估计的方差就小于简单随机抽样的方差。因此，回归估计比简单随机抽样的调查精度高。只有当 $r=0$ 时，即主要因子 y 与辅助因子 x 之间不存在线性关系时，回归估计的方差 S_{yx}^2 等于简单随机抽样的方差 S_y^2。而且，主要因子 y 与辅助因子 x 之间的线性相关关系越紧密(即 r 值越接近于 1.0)，其回归估计的效率越高。因此，在森林资源抽样调查中，只要具备条件就应采用回归估计。另外，由于回归估计可以计算出总体内各单元的估计值，并可以计算出相应的估计精度，所以回归估计也是二类调查中常采用的估计方法。

【复习思考】

1. 分层抽样的前提条件是什么？
2. 为什么层的划分需要较为准确的标准和经验？
3. 分层抽样中可否直接以目标估计因子进行分层？为什么？

项目12

树木生长量测定

【教学目标】

1. 了解树木生长、生长量、生长率的概念。
2. 熟悉树干解析的操作过程及数据处理方法。
3. 掌握单木生长量的测计方法。

【重点难点】

重点：单木及林分的生长量测计方法，树干解析。

难点：林分表法生长量测算，生长方程建立。

任务12.1　树木生长测定

【任务介绍】

树木生长是森林生长的基础，也是森林调查的重要内容之一。树木生长测定的任务是通过对树木的直径、树高、断面积、形数、材积和生物量等调查因子进行生长过程的量测，计算或推算其生长量及变化规律，为森林生长测算奠定基础。通过本任务的实施将达到以下目标：

知识目标

1. 了解树木年龄的概念及测定方法，树木生长量的概念和种类。
2. 理解平均生长量和连年生长量的关系。
3. 掌握树木生长测定及计算方法。

技能目标

1. 能正确查数树木年轮，辨别树木年轮变异。
2. 能正确计算树木各种生长量、生长率。

【知识准备】

12.1.1　树木年龄测定

12.1.1.1　树木年轮与树龄认知

(1)年轮

①年轮形成过程　树木年轮是树干形成层受外界季节及年度更替变化产生周期性生长的结果。所以年轮是在树干横断面上由早(春)材和晚(秋)材形成的同心“环带”，是确定树木生长时间的重要标志，如图12-1(a)所示。

早材(春材)：在温带和寒温带，大多数树木的形成层在生长季节(春、夏季)向内侧分化的次生木质部细胞，具有生长迅速、细胞大而壁薄、颜色浅等特点。

晚材(秋材)：在秋季，形成层的增生现象逐渐缓慢或趋于停止，使在生长层外侧部分的细胞小、壁厚而分布密集，木质颜色比内侧显著加深。

②年轮与气候的关系　年轮的宽窄与降水、温度关系十分密切。在温带，凉冷或干旱的夏天年轮生长量，要比温暖和雨量适中的夏天年轮生长量小。在高山森林的上界和北半球高寒地区的森林北界，温度是影响树木生长的关键因子，宽年轮表示暖年，窄年轮表示冷年。干旱地区的树木对降水量反应敏感，年轮的宽窄往往反映年降水量的多少，因此，用年轮信息恢复古气候，是一种定年最方便、参数最客观的代用资料。目前也有专门根椐树木年轮的变化推论过去气候的学科——年轮气候学。

③年轮与地理位置的关系　年轮与地理位置也有密切联系。中高纬度地区季节受热变

化大，冬夏季明显，其年轮疏密变化显著，而在低纬度地区全年受热变化小，年轮疏密变化则不显著。

④年轮与生长环境的关系　年轮是树木生长环境周期变化结果的体现，反映了树木生长的快慢，与环境因素，如水分、土壤、光照、温度、空气湿度、海拔等有关。环境条件优越，树木生长快，其木质部增长得多，年轮也就宽；反之年轮就窄。

⑤年轮与树种的关系　一般而言，针叶树年轮较清晰，如图 12-1(a)所示，而阔叶树除环孔材外一般年轮不十分明显，如图 12-1(b)所示。所以，从管孔、轴向薄壁组织和树脂道的有无，以及年轮是否清晰等特征可简单辨别针、阔叶材。

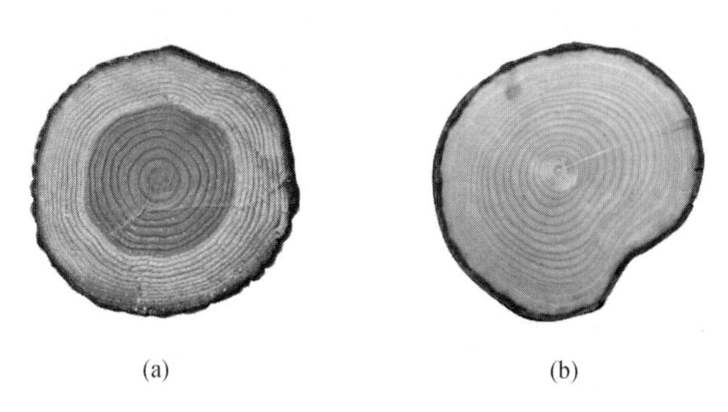

图 12-1　生长在同一地区的针叶树与阔叶树横断面的年轮影像
(a)针叶树横断面；(b)阔叶树横断面

(2)树龄

树木年龄是指树木生长起点，即树干基部接近地面的根颈处的横断面年轮数。该年轮数是树木的实际年龄。

12. 1. 1. 2　年轮变异

一般情况下，树木年轮由早(春)、晚(秋)材的完整环带构成。但在某些年份，由于受外界环境条件的影响，年轮产生不完整的变异现象。常见的年轮变异有多层轮、断轮、年轮消失、年轮界线模糊不清等。

(1)伪年轮或多层轮

在一年中形成多层轮，是因其形成了多个生长季，其形成层活动出现几次盛衰起伏而产生一个或多个伪年轮。其一般特征如下：

①伪年轮的宽度比正常年轮的小。

②伪年轮通常不会形成完整的闭合环，而且有部分重合现象。

③伪年轮外侧轮廓不如真年轮明显。

引起这种现象的原因很多。例如，在生长季盛期，由于气温突变、病虫害、严重干旱等不利条件的影响，大部分树叶脱落，形成层停止活动，以后又长出新叶，树木继续生长；又如，在沿海地区遇到强大台风使树叶脱落，一些粗大的枝条被折断，迫使形成层的活动暂时停止。

(2)断轮

树干横断面上同一年轮未形成完整的闭合年轮称为断轮。

产生断轮通常是由于树木一侧的形成层处于休眠状态或死亡，或其他原因使树干横截面上某一小段的年轮环突然中断。在干旱、半干旱地区断轮现象十分普遍。因此，应尽可能用完整的圆盘从多方位量测，以便识别断轮。

(3)年轮消失

在树干基部，某些年份的年轮肉眼完全分辨不出来，这种现象称为年轮消失，又称年轮失踪。在干旱、半干旱地区及森林边缘的针叶树中年轮消失现象比较常见。

引起年轮消失原因较复杂，有的是某年树木基部形成层没有完全分化，即根本没有形成年轮；另外，有的年份只分化出相当于晚材的那部分木质细胞，其细胞大小、细胞壁厚度和木材颜色同晚材接近，使之与上一年晚材合在一起，不易分辨。这样，就不易测得该树木的真实年龄，测得的某一断面的年轮宽度也必然不能反映全树的实际生长量。为避免年轮消失引起的差错，可采用交叉定年的方法来解决。

(4)年轮界线模糊不清

树木年轮的早材和晚材的密度、颜色差异小，表现出年轮界线模糊不清。

在热带地区，由于四季气候周期变化不像温带地区明显，这种现象比较普遍，尤其是热带常绿树种。在温带地区的个别针叶树和具有散孔材的阔叶树也有类似情况存在。此外，一些古树木质已经或接近炭化，整个木材颜色加深，年轮也不易分辨清楚。近年来，开始应用不同光质造成不同光学反应的原理对其进行分辨。

12.1.1.3　树龄的确定

(1)伐桩年轮查数法

树木每年形成一个年轮，直接查数树木根颈位置的年轮数即得树木年龄。如果查数年轮的断面高于根颈位置，则必须将数得的年轮数加上树木长到此断面高所需的年数。树干任何高度横断面上的年轮数只是表示该高度以上生长所需年数。

年轮识别困难时，可将圆盘浸湿后用放大镜观察，必要时也可用化学染色剂(如茜红或靛蓝)，利用早晚材着色的浓度差异辨认年轮；在查数年轮时，应由髓心向外，多方计数，或由上、下两圆盘的年轮互相检核。

对于人工林，可以林中最新的伐根年龄作为树龄的参考。

(2)生长锥法

当不能伐倒树木或没有伐桩查数年轮时，可以用生长锥查定树木年龄。

生长锥由锥柄、锥管和探舌三部分组成，如图12-2所示。使用时先将锥管取出，垂直安装在锥柄上，并把固定片扣好，然后垂直于树干将锥管压入树皮，再用力按顺时针方向锥入树干，至应有的深度为止。然后插入探舌倒转退出锥管取出探舌，在探舌中的木条上查数年轮。

若要确定立木的年龄，应在根颈处钻过髓心，如果在胸径处钻取木条，需加上由根颈至锥点所需的年数。用此法确定树木年龄一定要保证锥芯木条质量，防止锥条断裂和挤压，否则推算不准确。

钻取完毕，需立即将钻孔用泥土或石灰糊堵上，以免病虫危害。

(3)轮枝法

适用于侧枝成轮生的树种，如松树、云杉、冷杉、杉木等裸子植物。尤其适用于未整枝的幼中龄小树。

一般每年自梢端生长出轮生顶芽，逐渐发育成轮生侧枝，可查数轮生枝的环数及轮生

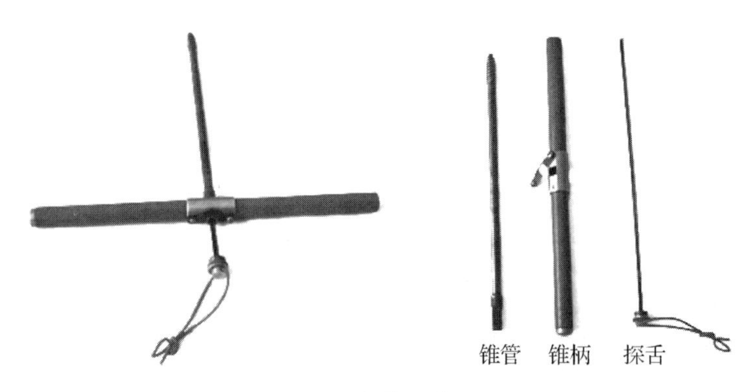

图 12-2　生长锥结构及外观

枝脱落(或修枝)后留下的痕迹来确定年龄。但在我国南方的马尾松、杉木，有一年长出两个或两个以上轮生枝的，因此要注意区别次生轮生枝。次生轮生枝的节间一般比其主轮生枝要短。

(4)树皮层数法

在树皮的横切面和纵剖面上，都可以看到有颜色深浅相间的层次分布，这就是树皮层。树皮层和树木年轮一样，都是随年龄的增长而增多。因此，可以通过查数树皮层数来确定树木年龄。

查数的树皮要取自根颈部位。沿横切面斜削，以使每层显示宽些，便于观看和查数。

树皮层次较明显的树种，如马尾松、黑松、湿地松和油松等松科植物可直接用肉眼观看查数；对于树皮层次结构紧密的树种，如银杏、榆树、枫杨和刺槐等，可用放大镜观察。

适用于树皮不脱落，保持完整的树木。

(5)档案查阅法

档案查阅法指查阅当地林业部门造林档案资料。这种方法简便可靠，适用于人工林。

(6)年轮分析法

年轮分析法指利用计算机自动查数树木各方向的年轮及其宽度。目前，主要使用的有加拿大生产的 WinDENDRO 年轮分析系统和德国生产的 LINTAB 年轮分析仪。该系统同时可以准确判断伪年轮、丢失的年轮和断轮，并精确测量各年轮的宽度。

通过伐倒树木，截取圆盘，并扫描成高分辨率彩色图像和黑白图像，在相应的软件平台上进行自动分析就可得到可靠的树龄等信息。在不伐倒树木的情况下，也可通过钻取年轮木芯进行年轮分析，同样也测得树龄，只是误差相对较大。

(7)目测法

目测法是根据树木大小、树皮颜色和粗糙程度以及树冠形状等特征目测树木年龄。

在森林调查工作中，林龄基本上都是以目测为主。此法要求须有丰富的实践经验。

(8)稳定同位素法

稳定同位素法是通过分析树木纤维素中碳、氢、氧同位素的变化数量确定树木年龄。

在碳、氢、氧三元素中，碳同位素最稳定，且分析方法相对氢、氧同位素来说要简单可靠、成本低，因此，在树木年龄研究中多采用碳同位素。

此法适用于各种条件的树木年龄测定。

(9)砍口法

砍口法是用砍刀砍出最外1cm断面，查数其年轮数，根据直径估测树木年龄。

此法适用于生长处于匀速阶段的树木。

(10)断层扫描法

断层扫描(CT)可在无损状态下探测树木的内部结构包括材质状况、生长状况、年轮分布，确定树木年龄。

此法应用较多的是国外生产的树木CT仪。

12.1.2　树木生长量分类

12.1.2.1　树木生长量认知

(1)树木生长过程

一定间隔期内树木各种调查因子所发生的变化称为生长(growth)，变化的量称为生长量(increment)。生长量是时间 t 的函数，时间的间隔可以是1年、5年、10年或更长的时间，通常以年为时间单位。

(2)主要生长因子

树木生长过程中主要的生长因子为直径 D(cm)、树高 H(m)、材积 V(m^3)。

①直径　是指树干横断面外缘两条相互平行切线间的距离。树干直径在测算时分为带皮直径和去皮直径两种。

②胸径　距根颈向上1.3m处(即距离地面1.3m)的直径，称为胸高直径，简称胸径。

③其他部位的直径　根径——根颈处的直径；1/4处直径——距离根颈1/4树高处的直径；1/2处直径——距离根颈1/2树高处的直径(中央直径)；3/4处直径——距离根颈3/4树高处的直径；小头直径——木材小头处的直径。

④树高　指树木从地面上根颈到树干梢顶之间的距离或高度，是主要调查因子。伐倒木的长度及直径均可以用测量工具直接精确测定，而立木除2m以下的直径可以直接测定外，其余均通过仪器间接测定。

12.1.2.2　树木生长量种类

通常在树木生长量的测定中，只能在有限个离散的树木年龄 a 点上取样测定。由于所取树木年龄的方法不同，树木生长量可分为总生长量、定期生长量、连年生长量、定期平均生长量和总平均生长量等。

下面以材积为例，说明各种生长量的定义。

(1)总生长量

树木自种植开始至调查时整个期间累积生长的总量为总生长量，是树木的最基本生长量。a 年时树木的材积为 V_a，则 V_a 就是 a 年时的总生长量。

(2)定期生长量

树木在定期 n 年间的生长量为定期生长量，一般以 Z_n 表示。设树木现在的材积为 V_a，n 年前的材积为 V_{a-n}，则在 n 年间的材积定期生长量为：

$$Z_n = V_a - V_{a-n} \tag{12-1}$$

(3)总平均生长量

总生长量被总年龄所除之商称为总平均生长量，简称平均生长量。一般以 θ 表示，即：

$$\theta = \frac{V_a}{a} \tag{12-2}$$

(4)定期平均生长量

定期生长量被定期年数所除之商，称为定期平均生长量。以θ_n表示，即：

$$\theta_n = \frac{V_a - V_{a-n}}{n} \tag{12-3}$$

(5)连年生长量

树木一年间的生长量为连年生长量。以Z表示，即：

$$Z = V_a - V_{a-1} \tag{12-4}$$

连年生长量数值一般很小，测定困难，通常用定期平均生长量代替。但对于生长很快的树种，如泡桐、桉树等，可以直接测定连年生长量。

12.1.2.3 连年生长与平均生长关系

由样本数据以(t_i, y_i)用非线性回归模型拟合法构造的均值意义上的生长方程为$y(t)$，通常是呈单调递增的"S"形曲线，其生长方程可化为平均生长量和连年生长量方程。

(1)连年生长量函数

连年生长量$Z(t)$是说明树木某一年的实际生长速度，即连年生长量是树木年龄t的函数。其生长方程为：

$$Z(t) = \frac{\mathrm{d}y(t)}{\mathrm{d}t} \tag{12-5}$$

总生长过程曲线方程取一阶导数，就得连年生长量依年龄变化的方程。以 Richards 方程为例：

$$y = A\,(1 - \mathrm{e}^{-rt})^{c} \tag{12-6}$$

根据东北地区一株148年生红松树高生长拟合的方程：

$$y = 30.307\,89\,(1 - \mathrm{e}^{-0.014\,38t})^{2.170\,19}$$

$$Z(t) = \frac{\mathrm{d}y(t)}{\mathrm{d}t} = Arc\,(1 - \mathrm{e}^{-rt})^{c-1}\mathrm{e}^{-rt}$$

$$= 30.307\,89 \times 0.014\,38 \times 2.170\,19 \times (1 - \mathrm{e}^{-0.014\,38t})^{1.170\,19}\mathrm{e}^{-0.014\,38t}$$

连年生长量函数的变化规律可对式(12-5)的一阶导数$\frac{\mathrm{d}Z(t)}{\mathrm{d}t}$，即对总生长过程曲线取二阶导数来表示。上例中的 Richards 方程为：

$$\frac{\mathrm{d}Z(t)}{\mathrm{d}t} = \frac{\mathrm{d}^2y(t)}{\mathrm{d}t^2} = (rc)^2y(t)\left[1 - \left(\frac{A}{y(t)}\right)^{\frac{1}{c}}\right]\left[1 - \left(\frac{c-1}{c}\right)\left(\frac{A}{y(t)}\right)^{\frac{1}{c}}\right] \tag{12-7}$$

若令$\frac{\mathrm{d}Z(t)}{\mathrm{d}t} = 0$，由式(12-7)可解出连年生长量达到极大值时的年龄$t_{Z_{\max}}$和极大值$Z_{\max}$：

$$t_{Z_{\max}} = \frac{\ln c}{r} = \frac{\ln 2.170\,19}{0.014\,38} = 53.9(\text{年})$$

$$Z_{\max} = Ar\left(\frac{c-1}{c}\right)^{c-1} = 30.307\,89 \times 0.014\,38 \times \left(\frac{2.170\,19 - 1}{2.170\,19}\right)^{2.170\,19-1} = 0.21(\mathrm{m})$$

这说明红松树高的连年生长在54年左右达到最大，最大年树高生长量为0.21m。

(2)平均生长量函数

平均生长量函数$\theta(t)$是说明树木在某一时刻s的平均生长速度，即总平均生年龄t的函数。其方程为：

$$\theta(t) = \frac{y(t)}{t}$$

即总生长过程曲线方程$y(t)$被年龄t除，所得到的平均生长量依年龄变化的方程。

仍以Richards方程拟合的红松树高生长方程为例，相应的平均生长量方程为：

$$\theta(t) = \frac{y(t)}{t} = \frac{A}{t}(1 - e^{-rt})^{c} = \frac{30.307\,89}{t}(1 - e^{-0.014\,38t})^{2.170\,19} \tag{12-8}$$

通过对式(12-8)的一阶导数$\frac{d\theta(t)}{dt}$，并令其等于0，可求得平均生长量达到极大值时的年龄$t_{Z_{max}}$和极大值Z_{max}。上例中的Richards方程为：

$$\frac{d\theta(t)}{dt} = \frac{A}{t}(1 - e^{-rt})^{c-1}\left[cre^{-rt} - \frac{1}{t}(1 - e^{-rt})\right] = 0 \tag{12-9}$$

显然，式(12-9)没有显示解，可采用迭代法(如二分法、牛顿法、弦截法、黄金分割法等)求解超越方程式(12-9)的根，即平均生长量达到最大值时的年龄t_m，并将t_m代入平均生长量方程(12-8)解得平均生长量最大值θ_{max}。上例中，红松树高生长方程的t_m = 97.4，θ_{max} = 0.1684，说明红松树高的总平均生长在98年左右达到最大，树高平均生长量最大值为0.17m。

平均生长量的主要用途有两个方面：

①可根据同一生长期平均生长量的大小来比较不同树种在同一条件下生长的快慢或同一树种在不同条件下生长的快慢。

②材积平均生长量是说明平均每年材积生长数量的指标。在树木或林分整个生长过程中，平均生长量最高的年龄在林业上称为数量成熟龄，它是确定合理采伐年龄的依据之一。

根据式(12-6)算出的平均生长量和连年生长量的理论值，从计算结果或图形可以看出：$\theta(t)$是一条单峰曲线，$Z(t)$是一条存在唯一极大值的单峰曲线。这种方法对于分析树木生长规律、划分树木的生长阶段等，都具有重要意义。

(3)连年生长量与平均生长量的关系

树木的连年生长量与平均生长量在初生时皆为0，以后随年龄增加而逐渐上升，至一定年龄后开始逐渐下降。其一般变化过程如图12-3所示。

两者之间的关系可概括为以下4点：

①在幼龄阶段，连年生长量与总平均生长量都随年龄的增加而增加，

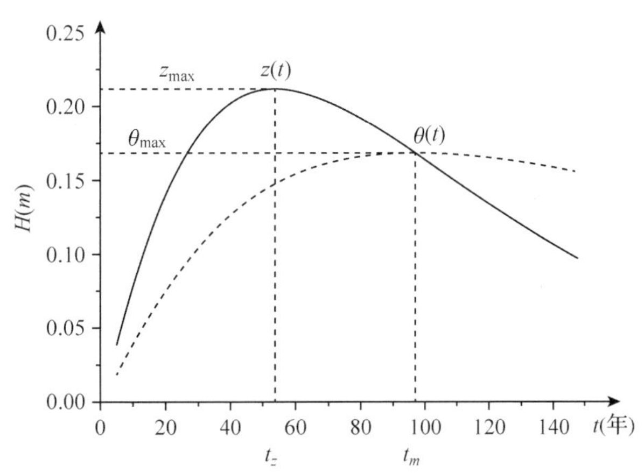

图12-3 红松连年生长量(Z)与平均生长量(θ)关系

但连年生长量增加的速度较快，其值大于平均生长量，即 $Z(t)>\theta(t)$。

②连年生长量达到最高峰的时间比总平均生长量早。

③平均生长量达到最高峰(即最大值)时，连年生长量与总平均生长量相等，即 $Z(t)=\theta(t)$ 时，反映在图12-3上2条曲线相交。对树木材积来说，2条曲线相交时的年龄即为数量成熟龄。

④在总平均生长量达到最高峰后，连年生长量永远小于平均生长量，即 $Z(t)<\theta(t)$。

12.1.3 树木生长量测定

12.1.3.1 伐倒木生长量测定

(1)伐倒木测量的特点

可精确实测各部位调查因子。

(2)使用的主要工具

伐倒木测定长度、直径、直径生长量所使用的主要工具有皮尺或钢尺，轮尺或直径卷尺，生长锥或砍刀等。

(3)伐倒木生长量测定方法

①直径生长测定　用生长锥或在树干上砍缺口或截取圆盘等方法，量取 n 个年轮的宽度，其宽度的2倍即为 n 年间的直径生长量，被 n 除得定期平均生长量。用现在去皮直径减去最近 n 年间的直径生长量得 n 年前的去皮直径。

②树高生长测定　每个断面积的年轮数是代表树高由该断面生长到树顶时所需要的年数。因此，测定最近 n 年间的树高生长量可在树梢下部寻找年轮数恰好等于 n 的断面，量此断面至树梢的长度即为最近 n 年间的树高定期生长量。用现在的树高减去此定期生长量即得 n 年前的树高。

③材积生长测定　测定伐倒木材积生长量多采用区分求积法。首先按伐倒木区分求积法测出各区分段测点的带皮和去皮直径，用生长锥或砍缺口等方法量出各测点最近 n 年间的直径生长量，并算出 n 年前的去皮直径。根据前述方法测出 n 年前的树高。最后，根据各区分段现在和 n 年前的去皮直径以及现在和 n 年前的树高，用区分求积法可求出现在和 n 年前的去皮材积。按照生长量的定义即可计算各种材积生长量。

12.1.3.2 立木生长量测定

(1)立木测量的特点

一般情况下，立木除2m以下直径可以直接测定外，其余因子，如树高、上部直径等均借助工具间接测定或估测，因此，其生长量调查要比伐倒木困难，调查精度也不高。

(2)使用的主要工具

立木测量树高、直径、直径生长量的工具主要有布鲁莱斯测高器、超声波测高器、DQW-2型望远测树仪、罗盘仪(应配钢尺或皮尺测距)、直径卷尺或围尺、轮尺、生长锥或砍刀等。

(3)立木生长量测定

①直径生长测定　由于立木的上部直径不易测定，因此直径生长量的测定常指胸径生长量。用测树钢卷尺或围尺、轮尺测定胸径直径即为立木胸径总生长量，被年龄除所得的商即为胸径总平均生长量。胸径定期生长量、定期平均生长量和连年生长量只能利用生长

锥在胸高处钻取木芯来测定。应选不同方向锥取2~3次取平均值。实践证明，误差约在2%以内。

②树高生长测定　用测高器或罗盘仪测定立木全高即为立木树高总生长量，被年龄除所得的商即为树高总平均生长量。

树高的定期生长量和连年生长量的测定十分困难，对于轮生枝或生长节明显的树种，可用测高器测定定期生长量和连年生长量，且只限于某些幼龄和中龄的针叶树。其他树种则不易测定，只能以生长势估计。

③材积生长测定　根据测定的立木胸径和树高查一元材积表或二元材积表得到立木材积总生长量，被年龄除所得的商即为材积总平均生长量。立木材积定期生长量、定期平均生长量和连年生长量难以测定，常通过测定材积生长率来计算。

【技能训练】

Ⅰ．横断面年轮识别

一、实训目的

学会正常年轮与伪年轮的识别；学会查定年轮数。

二、仪器材料

大头针1盒，圆盘1个，放大镜1个，红色标记笔1支，直尺1只，刨平工具。

三、训练步骤

1. 刨平断面

用刨平工具刨平断面，使各年轮清晰可见。

2. 标注方向线

以截取圆盘前所标注的北向点与圆盘中心点画一连线，作为南北方向线，然后以中心点为基点垂直方向画一东西方向线。

3. 标注年轮

按从内向外的顺序，顺时针方向查看年轮，每个方向用大头针标记，中间如出现伪年轮，用红色标记笔标注；往复循环前面工作，直到所有年轮标注完毕。

4. 检查年轮

对每一年轮查看其是否为完整的闭合圈。

5. 查数年轮

对标注的年轮从4个方向进行查数，并分别进行登记。

四、注意事项

1. 两人为一组，先由甲标注，然后由乙进行标注，两人检查无误后，再进行年轮查数。

2. 将所标注的圆盘进行拍照，要求影像清晰，并作为实训作业提交，以备老师复查。

五、技能考核

序号	考核重点	考核内容	分值
1	年轮标注	正常年轮与伪年轮的判断和标注，每个年轮完整、标记清晰	70
2	年轮查数	年轮查数，每个方向查数年轮数一致	30

Ⅱ. 树木生长量的计算

一、实训目的

掌握树木各种生长量的计算方法。

二、仪器材料

每2人一组，配备计算机1台(安装有Excel及Origin或SPSS等统计软件)，树干解析获得的树木生长调查材料。

三、训练步骤

1. 树木生长量的计算

(1)建表：在Excel中，按表12-1的格式建立工作表，并将数据输入表中。

(2)计算生长量：按生长量计算在Excel中建立计算式，计算树高、胸径、材积的总生长量、平均生长量、定期生长量、定期平均生长量、连年生长量。

2. 连年生长量与平均生长量的关系图绘制

(1)绘制关系曲线：在Origin中，将树木生长过程汇总表中的龄阶分别与对应的胸径、树高、材积的连年和平均生长数据建立坐标系，并绘制3个曲线图。

(2)在相应的曲线图中，连年生长量用实线表示，平均生长量用虚线表示。

3. 连年生长量与平均生长量关系验证

(1)找出幼年期两者的关系，分析生长规律。

(2)找出连年生长量与平均生长量达到最大值的时间。

(3)比较平均生长量达到最大值以后，两者在量上的变化。

(4)找出两个曲线相交的年龄。

表12-1 树木生长过程汇总表

龄阶	胸径(cm)			树高(m)			材积(m^3)		
	总生长量	平均生长量	连年生长量	总生长量	平均生长量	连年生长量	总生长量	平均生长量	连年生长量
5	5.1			2.5			0.0023		
10	11.7			5.6			0.0379		
15	18.4			8.9			0.1231		
20	25.4			13.6			0.2916		
25	30.9			16.9			0.4746		
30	34.2			19.9			0.6664		
35	37.9			21.8			0.8774		
36	38.7			22.2			0.9329		

四、注意事项

1. 计算生长量时使用去皮材积。

2. 材积的计算要精确到0.0001m^3。

3. 曲线绘制比例要适当，以便清楚表达生长过程及连年和平均生长的关系。

五、技能考核

序号	考核重点	考核内容	分值
1	各种生长量的计算	计算结果准确	50
2	连年生长量与平均生长量关系验证	曲线绘制准确，关系描述正确	50

【知识拓展】

树轮年代学

树轮年代学(Dendrochronology)，又称“树木年轮学”“树轮学”，是一种通过对树木年轮进行科学分析而测定年代的方法。这门学科是20世纪上半叶由亚利桑那大学教授，树轮研究实验室的创办人A·E·道格拉斯(A. E. Douglass)创立并发展起来的。它是以树木年轮生长特性为依据，研究环境对年轮生长影响的一门学科。旨在获取代用资料，重建环境因子过去变化的史实。

树木年轮的形成与变异是树木生长的主要特征之一，它除了受树木自身的遗传因子影响外，还受环境因子制约。因此，从树木年轮的宽度、密度，以及其中稳定同位素和重金属元素等要素的变化，可以获取环境因子变化的可靠信息。鉴于树木年轮资料具有定年精确、连续性强、分辨率高和易于取样等特点，长期以来受到高度重视。尤其是近十多年来，随着气候变化和环境变迁研究的迫切需要，计算技术和分析手段的不断加强，在全球变化和环境研究方面，树木年轮分析已在世界范围内成为重要的技术途径。它不仅可以制成年轮年代表，用作判定年代，更多的是依据年轮状况作为环境变动的“记录器”，探讨各种环境因子过去逐年，甚至季节的变化。

目前，树木年代学已取得很大进展。最为突出的是采用树木年轮分析重建局部地区的气候要素变化，并用以推断大尺度环境场变化。其次，在获取水文要素、环境污染和冰川进退等连续性变化的代用资料，以及推断地震、火山、滑坡、泥石流和森林火灾等突发事件发生的年代、危害范围与程度等方面，树木年轮分析发挥着越来越大的作用。

年轮分析系统

1. WinDENDRO年轮分析系统

WinDENDRO年轮分析系统，是利用高质量的图形扫描系统取代传统的摄像机系统。利用计算机自动查数树木各方向的年轮及其宽度。扫描系统将刨平的圆盘扫描成高分辨率的彩色图像和黑白图像(可以存盘)，通过WinDENDRO年轮分析软件由计算机自动测定树木的年轮。采用专门的照明系统去除了阴影和不均匀现象的影响，有效地保证了图像的质量。增大了扫描区域，以供分析。还可以读取TIFF标准格式的图像。该系统同时可以准确判断伪年轮、丢失的年轮和断轮，并精确测量各年轮的宽度。

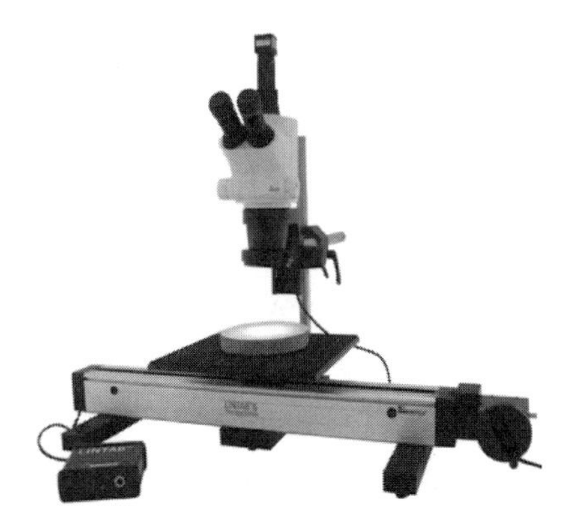

图12-4 LINTAB年轮分析仪

2. LINTAB 年轮分析仪

LINTAB 年轮分析仪，如图 12-4 所示，可以对树木盘片、生长锥钻取的样品、木制样品等进行非常精确、稳定的年轮分析，广泛应用于树木年代学、生态学和城市树木存活质量研究。该系统有防水设计、操作简单、全数字化电脑图形分析，是一套经济实用的年轮分析工具。配备的 TSAP-Win 分析软件是一款功能强大的年轮研究平台，所有步骤从测量到统计分析均有 TSAP 软件完成。各种图形特征以及大量的数据库管理功能有助于管理年轮数据。

LINTAB 树木年轮分析仪的原理是通过精确的转轮控制配合高分辨率显微镜定位技术，使得年轮分析精确、简单、稳定，操作分析结果交由专业软件统计、分析，结果稳定，全球统一标准。

【复习思考】

1. 伪年轮识别中应主要注意哪些问题？
2. 对于年轮识别有其他更好的办法吗？原理是什么？
3. 简述常见的年轮变异现象及其产生的原因。
4. 利用年轮法测定树木年龄时应注意哪些问题？
5. 简述伪年轮的一般特征。
6. 为什么实际工作中用定期平均生长量代替连年生长量？
7. 为什么不能用总平均生长量代替定期平均或连年生长量？
8. 什么叫生长量？生长量有哪些种类？
9. 连年生长量和平均生长量有何区别？怎样计算？
10. 树木生长量测定中应注意哪些问题？
11. 树木生长量之间的关系对调查有何作用？
12. 林分生长与单株树木生长有何区别？

任务 12.2 树木生长率计算

【任务介绍】

树木生长率是常用的林业生产指标。通过对主要生长率公式的介绍，并用实例进行演示，以求在练习中掌握所学内容。通过本任务的实施将达到以下目标：

知识目标

1. 理解树木生长率的基本概念。
2. 理解施耐德公式中生长系数 K 值的意义及取值规则。
3. 了解单利式、复利式的概念及应用。

技能目标

1. 能熟练应用普雷斯勒公式计算树木生长率。
2. 能熟练应用施耐德公式计算树木材积生长率。

【知识准备】

12.2.1　树木生长率认知

树木生长率(growth percentage)是调查时某调查因子年生长量与其总生长量的百分比，是衡量树木相对生长速度的指标，即：

$$P(t) = \frac{Z(t)}{y(t)} \times 100 \tag{12-10}$$

式中　$Z(t)$——树木的年生长方程；

$y(t)$——树木的总生长方程；

$P(t)$——树木在年龄时的生长率。

显然，当 $y(t)$ 为"S"形曲线时，$P(t)$ 是关于 t 的单调递减函数。

由于生长率是说明树木生长过程中某一期间的相对速度，所以可用于对同一树种在不同立地条件下或不同树种在相同立地条件下生长速度的比较及未来生长量的预估等。

12.2.2　树木生长率计算

在实际工作中，常用某一段时间的定期平均生长量来代替连年生长量，即：

$$Z(t) = \frac{y_a - y_{a-n}}{n}$$

因此，在计算生长率时就会产生原有总量(即调查期初的量 y_{a-n})与连年生长量不相对应，据此计算的生长率偏大。为解决此问题，产生了不同生长率计算公式，以材积为例介绍几种最常用的生长率公式。

(1)复利公式(莱布尼兹式)

复利公式期末材积(V_a)为复利中的本利和，期初材积(V_{a-n})为复利中的本金，生长率(P_V)为利率，则：

$$V_a = V_{a-n}\left(1 + \frac{P_V}{100}\right)^n$$

因此：

$$P_V = \left[\left(\frac{V_a}{V_{a-n}}\right)^{\frac{1}{n}} - 1\right] \times 100 \tag{12-11}$$

(2)单利公式

单利公式为：

$$V_a = V_{a-n}\left(1 + \frac{nP_V}{100}\right)$$

故：

$$P_V = \frac{V_a - V_{a-n}}{V_{a-n}} \times \frac{100}{n} \tag{12-12}$$

(3)普雷斯勒公式(Pressler，1857)

$$P_V = \frac{V_a - V_{a-n}}{V_a + V_{a-n}} \times \frac{200}{n} \tag{12-13}$$

此式是取定期 n 年间的平均生长量代替连年生长量。取 d 年和 $a-n$ 年的材积平均数为分母，即得：

$$P_V = \frac{\frac{V_a - V_{a-n}}{n}}{\frac{V_a + V_{a-n}}{2}} \times 100$$

显然，P_V 为树木在 n 年间的平均生长率。

通常，生长率公式中的连年生长量都是 n 年间生长量的平均值，如果间隔期短，精度就较高，间隔期越长，导致的误差就可能越大。当前最广泛采用的是普雷斯勒公式。

(4)施耐德材积生长率公式

施耐德(Schneider，1853)发表的材积生长率公式为：

$$P_V = \frac{K}{nd} \tag{12-14}$$

式中　n——胸高处外侧 1cm 半径上的年轮数；

d——现在的去皮胸径；

K——生长系数，生长缓慢时为 400，中庸时为 600，旺盛时为 800。

此式外业操作简单，测定精度又与其他方法大致相近，直到今天仍是确定立木生长量的最常用方法。

施耐德以现在的胸径及胸径生长量为依据，在林木生长迟缓、中庸和旺盛 3 种情况下，分别取表示树高生长能力的指数 K 等于 0、1 和 2，曾经得到公式：

$$P_V = (K+2)P_d \tag{12-15}$$

据此，对施耐德公式作如下推导：

按生长率的定义，胸径生长率为：

$$P_d = \frac{Z_d}{d} \times 100$$

而式(12-15)式中的 n 是胸高外侧 1cm 半径上的年轮数，据此，一个年轮的宽度为 $\frac{1}{n}$cm，它等于胸高半径的年生长量，因此，胸径最近一年间的生长量为：

$$Z_d = \frac{2}{n}$$

由此可知，$d - \frac{2}{n}$为一年前的胸径值；$d + \frac{2}{n}$为一年后的胸径值。

若取一年前和一年后两个胸径的平均数作为求算胸径生长率的基础，则：

$$P_d = \frac{\frac{2}{n}}{\frac{1}{2}\left[\left(d - \frac{2}{n}\right) + \left(d + \frac{2}{n}\right)\right]} \times 100 = \frac{200}{nd}$$

将上式代入式(12-15)中，在不同生长情况下的材积生长率公式分别为：

生长迟缓时：

$$k=0 \quad P_V = \frac{400}{nd}$$

生长中庸时：

$$k=1 \quad P_V=\frac{600}{nd}$$

生长旺盛时：

$$k=2 \quad P_V=\frac{800}{nd}$$

若胸径取去皮胸径，以 K 表示生长系数(400；600；800)，则有式(12-14)。

土耳斯基对式(12-14)略加改变，即以平均一个年轮的宽度代替 1cm 半径上的年轮数，即：

$$P_V=\frac{Ki}{d} \tag{12-16}$$

式中 i——一个年轮的宽度，$i=\frac{1}{n}$。

这样在应用上比较方便灵活，并根据表 12-2 查定 K 值，其中，$K=200(k+2)$。

表 12-2 K 值查定表

树冠长度占树高(%)	树高生长状况					
	停止	迟缓	中庸	良好	优良	旺盛
>50	400	470	530	600	670	730
25～50	400	500	570	630	700	770
<25	400	530	600	670	730	800

【技能训练】

材积生长率的计算

一、实训目的

掌握树木各种生长率公式的计算方法。

二、仪器材料

1. 树木生长过程汇总表中材积生长的数据(表 12-1)。

2. 计算机，并安装有 Excel。

三、训练步骤

1. 计算公式采用：单利式、复利式、普雷斯勒公式、施耐德公式。

2. 用 Excel 建立工作表，将表 12-1 中的树木生长过程表中的材积生长的数据全部录入，并检查其是否录入正确。

3. 在工作表中，按 Excel 公式输入的要求，将各龄阶各调查因子的生长率正确地计算出来。

4. K 值由每位同学根据树木调查情况确定。

四、注意事项

1. 生长率保留到 0.0001。

2. 输入公式时，注意相对引用和绝对引用的运用。

3. 每位同学可根据此方法，对直径、树高的生长率进行计算。

4. 对计算结果按报告的形式进行分析，每个人提交分析报告一份，体例自定。

五、技能考核

序号	考核重点	考核内容	分值
1	生长率计算	能在 Excel 中正确输入计算公式；录入的数据正确，精度符合要求	70
2	生长率分析	能针对生长率的变化，分析其变化规律	30

【知识拓展】

各调查因子生长率之间的关系

各种调查因子的生长率，特别是材积生长率，在实际工作中应用很广，但除胸径生长率外，所有调查因子的生长率都很难直接测定和计算，常常根据它们与胸径生长率的关系间接推定，所以必须了解各种生长率之间的关系。

1. 断面积生长率(P_g)与胸径生长率(P_d)的关系

已知：

$$g = \frac{\pi}{4}d^2$$

$$\ln(g) = \ln(\frac{\pi}{4}) + 2\ln(d)$$

等式两边取微分(微分符不用 d，借用偏微分∂，以免与直径 d 混淆，下同)得：

$$\partial(\ln g) = 2\partial(\ln d)$$

$$\frac{\partial g}{g} = 2\frac{\partial d}{d}$$

故：

$$P_g = 2P_d \tag{12-17}$$

即断面积生长率等于胸径生长率的 2 倍。

2. 树高生长率(P_h)与胸径生长率(P_d)的关系

根据土耳斯基(Турский Г. М.，1925)的研究，树高与胸径的关系可用如下幂函数表示：

$$\frac{h_a}{h_{a-n}} = \left(\frac{d_a}{d_{a-n}}\right)^k$$

或

$$\ln\left(\frac{h_a}{h_{a-n}}\right) = k\ln\left(\frac{d_a}{d_{a-n}}\right) \tag{12-18}$$

式中 h_a——a 年时的树高；

h_{a-n}——n 年前的树高；

d_a——a 年前的胸径：

d_{a-n}——n 年前的胸径；

k ——反映树高生长能力的指数。

当$\frac{h_a}{h_{a-n}}>0$，或$\frac{d_a}{d_{a-n}}>0$ 时，按马克劳林级数公式展开，并仅取前一项，则有近似值为：

$$\ln\left(\frac{h_a}{h_{a-n}}\right) \approx 2\left(\frac{h_a - h_{a-n}}{h_a + h_{a-n}}\right)$$

$$\ln\frac{d_a}{d_{a-n}} \approx 2\left(\frac{d_a - d_{a-n}}{d_a + d_{a-n}}\right)$$

将展开的结果代入前式，并于等式两边各乘$\frac{100}{n}$，则：

$$2\left(\frac{h_a - h_{a-n}}{h_a + h_{a-n}}\right) \times \frac{100}{n} = k\left(2\frac{d_a - d_{a-n}}{d_a + d_{a-n}} \times \frac{100}{n}\right)$$

所以，有：

$$P_h = kP_d \tag{12-19}$$

即树高生长率近似地等于胸径生长率的k倍。k值是反映树高生长能力的指数，从上面的对数中可知：

$$k = \frac{\ln\left(\frac{h_a}{h_{a-n}}\right)}{\ln\left(\frac{d_a}{d_{a-n}}\right)}$$

从土耳斯基公式$\frac{h_a}{h_{a-n}} = \left(\frac{d_a}{d_{a-n}}\right)^k$可看出：

(1) 当$k \approx 0$时

$$\frac{h_a}{h_{a-n}} = \left(\frac{d_a}{d_{a-n}}\right)^{k=0} = 1$$

此时，$h_a = h_{a-n}$，即树高趋于停止生长，这一现象多出现在树龄较大的时期。$h_a \approx h_{a-n}$说明树高生长率为0，即$P_h = 0$。

(2) 当$k = 1$时

$$\frac{h_a}{h_{a-n}} = \frac{d_a}{d_{a-n}}$$

即树高生长与胸径生长成正比时，则：

$$P_h = kP_d = P_d$$

(3) 当$k > 1$时，在公式$\frac{h_a}{h_{a-n}} = \left(\frac{d_a}{d_{a-n}}\right)^k$中，当$d_a > d_{a-n}$，即，$\frac{d_a}{d_{a-n}} > 1$时，则：

$$\frac{h_a}{h_{a-n}} > \frac{d_a}{d_{a-n}}$$

即树高生长旺盛。树木的平均k值，大致变化在0～2。

3. 材积生长率与胸径生长率、树高生长率及形数生长率之间的关系

依据立木材积公式$V = ghf$，若把材积的微分作为材积生长量的近似值，则：

$$\ln(V) = \ln(g) + \ln(h) + \ln(f)$$

取偏微分，则有：

$$\partial\ln(V) = \partial\ln(g) + \partial\ln(h) + \partial\ln(f)$$

由此可得：

$$\frac{\partial V}{V} = \frac{\partial g}{g} + \frac{\partial h}{h} + \frac{\partial f}{f}$$

即：

$$P_v = P_g + P_h + P_f$$

或

$$P_v = 2P_d + P_h + P_f \tag{12-20}$$

现将树高生长率与胸径生长率的关系(12-17)式代入(12-20)式中，且假设在短期间内形数变化较小(即 $P_f \approx 0$)，则

$$P_v = (k+2)P_d \tag{12-21}$$

以上推证的结果可为通过胸径生长率测定立木材积生长量提供理论依据。

在分析材积生长率时，通常假定形数在短期内不变，但实际上形数也在变化，其变化规律大致是：

①幼、中龄或树高生长较快时，形数的变化大，成、过熟林或树高生长较慢时，形数变化较小。

②一般情况下，形数生长率是负值，但特殊情况下可能出现正值。

③调查的间隔期较短时，形数的变化较小，所以 $P_v = (k+2)P_d$ 只适用于年龄较大和调查间隔期较短时确定材积生长率。

【复习思考】

1. 单利式与复利式为什么在林木生长调查中直接使用较少？
2. 普莱斯勒公式应用中应注意哪些问题？
3. 施耐德公式应用中应注意哪些问题？
4. 简述材积生长率与胸径生长率的关系。
5. 怎样计算伐倒木和立木的生长率？

任务 12.3 树木生长方程的建立

【任务介绍】

通过对经验和理论生长方程的介绍，并利用实例进行逐步的解析，以达到认识、理解、应用的目的；再通过视频操作过程的学习，使学生完全掌握相应内容和方法。通过本任务的实施将达到以下目标：

知识目标

1. 了解生长方程的理论意义与实际应用。
2. 理解生长方程的评判标准。
3. 掌握生长方程的选择与建立方法。

技能目标

1. 能在常用的统计平台中建立生长模型。
2. 能分析生长模型表达的生长过程。

【知识准备】

12.3.1 树木生长方程的认知

树木生长过程，可以用一条曲线来描绘，这条曲线称为生长曲线(growth curve)。由于树木不可能无限制地增长，其最终必有极限值，而树木的生长过程就是以特定生长速率逼近其极限值的变化过程。这种生长速率一般随树木年龄的增加，经历缓慢—旺盛—缓慢—最终停止这样几个阶段，描述这一生长过程的曲线呈现出“S”形曲线。然而，针对调查阶段和测树因子的不同，其生长过程并不完全都表现为“S”形，因此，树木不同阶段或测树因子的生长曲线也千差万别。

以黑龙江地区一株148年生红松解析木的实测数据为例，分别绘制全期和100年时的树高、直径、材积生长曲线图(图12-5、图12-6)。

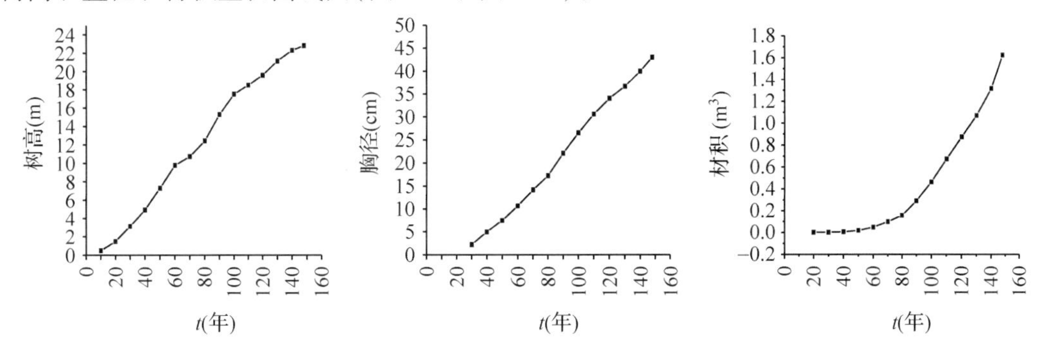

图12-5 红松148年全期树高、直径、材积的生长曲线图

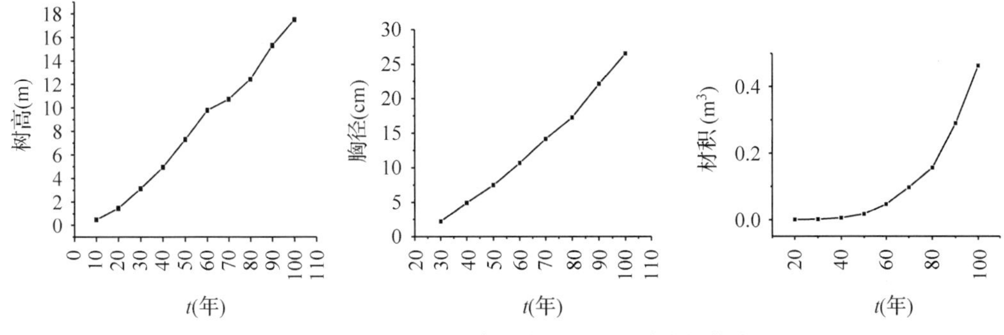

图12-6 红松100年树高、胸径、材积的生长曲线图

早在100多年前，萨克斯(Sacks J.，1873)就用“S”形曲线来描述树木的生长过程，显示生长过程的调查因子有直径、树高、材积、重量等。

树木生长方程(growth equation)是指某树种(组)、测树因子总生长量随年龄变化的生长规律的数学模型。由于树木生长受立地条件、气候条件、人为经营措施等多种因子的影响，因而同一树种的单株树木生长过程往往不尽相同。一般而言，生长方程是用来描述树木某测树因子的平均生长过程，也就是均值意义上的生长方程。

12.3.2　树木生长方程的性质

由于树木生长是随年龄增长而呈“S”形曲线变化，如图 12-7 所示，曲线上能明显看出有两个拐点和 3 个阶段。沿曲线 3 个主要趋势方向做 3 条直线，以其相交处为界限，第一阶段大致相当于幼龄阶段，第二阶段相当于中近熟龄阶段，第三阶段相当于成、过熟龄阶段。

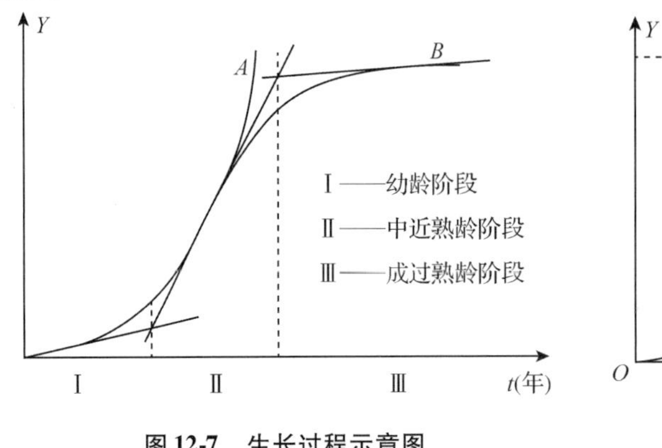

图 12-7　生长过程示意图

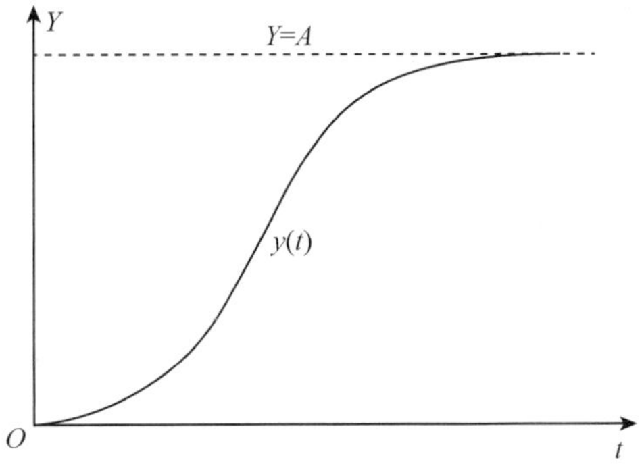

图 12-8　生长方程示意图

图 12-8 中，树木生长方程表现出以下特点：

①当 $t=0$ 时，$y(t)=0$。此条件称为树木生长方程应满足的初始条件。

②$y(t)$存在一条渐进线 $y(t)=A$，A 是该树木生长极大值。

③由于树木生长 $y(t)$是随 t 增长不断地增长的，所以其过程是不可逆的，使得 $y(t)$是关于 t 的单调非减函数。

④$y(t)$是关于 t 的连续函数曲线。

12.3.3　树木生长经验方程

根据树木生长方程的性质，为准确地表达各测树因子总生长过程曲线，各国学者曾提出许多生长方程：

(1)舒马切尔(Schumacher，1939)方程

$$y = ae^{-\frac{b}{t}} \text{ 或 } y = 10^{a-\frac{b}{t}}$$

(2)柯列尔(Коляср，1878)方程

$$y = at^{b}e^{-ct}$$

(3)豪斯费尔德(Hossfeld，1822)方程

$$y = \frac{a}{(1+bt^{-c})}$$

(4)莱瓦科威克(Levacovic A. ，1935)方程

$$y = \frac{a}{(1+bt^{-d})^{c}} \quad (d=1,\ 2 \text{ 或常数})$$

(5)修正 Weibul$l$(杨容启等，1978)方程

$$y = a(1-e^{(-bt^{c})})$$

(6)吉田正男(Yoshida, 1928)方程

$$y=\frac{a}{(1+bt^{-c})}+d$$

(7)斯洛波达(Sloboda, 1971)方程

$$y=ae^{-be^{-ct^{d}}}$$

(8)其他经验方程

①幂函数型

$$y=at^{b}$$

②对数型

$$y=a+b\lg t$$

③双曲线型

$$y=a-\frac{b}{t+c}$$

④混合型

$$\ln y=a-\frac{b}{t+c}$$

$$y=(a+\frac{b}{t})^{-c}$$

$$y=\frac{1}{a+bt^{-c}}$$

上述各方程中，y是调查因子，t是年龄，a、b、c和d为待定参数，e是自然对数。

从数学角度讲，若一个方程中包含3个或更多的自由参数，几乎任何曲线都可以逼近(如多项式)。经验方程具有类似特点，它是研究者根据所观察的数据选择比较适宜于数据的数学公式。因而经验方程种类繁多，但局限性比较大，主要反映在回归方程选择上有较大的人为性，而且对方程中的参数很难做出生物学上的解释。

采用经验方程拟合树木生长时，常采用一组回归方程，通过对比分析可决指数R^2、剩余离差平方等拟合统计量(详见技能训练“生长方程的拟合”)，找出比较理想的生长方程。

12.3.4　树木生长理论方程

根据树木生长的生物学特性进行某种假设，建立关于$y(t)$的微分方程或微积分方程，求解后并代入其初始条件或边界条件，从而获得该微分方程的特解，这类生长方程称为理论方程。

(1)逻辑斯蒂(Logistic)方程

$$y=\frac{A}{1+me^{-rt}}\quad(A,m,r>0) \tag{12-22}$$

式中　A——树木生长的最大值参数，$A=y_{max}$；

m——与初始值有关的参数：

r——内禀增长率(最大生长速率)参数。

逻辑斯蒂方程是生物学领域应用最早的经典“S”形生长曲线方程。逻辑斯蒂曲线有两

条渐近线 $y=A$ 和 $y=0$，其中 A 是树木生长的极限值，曲线存在一个拐点，其纵坐标在 $y=\frac{A}{2}$ 处，正因为如此，方程的生长率随其大小呈线性下降，这些性质比较适合于生物种群增长，但对树木生长却不合适。一些研究表明，逻辑斯蒂方程比较适合于描述慢生树种的树木生长，而对生长较快的其他树种精度较低。

(2)单分子(Mitscherlich，1919)方程

$$y = A(1 - e^{-rt}) \quad (A,r > 0) \tag{12-23}$$

式中 A——树木生长的最大值参数，$K=y_{max}$；

r——生长速率参数。

单分子方程式有一条渐近线 $y=A$，A 是树木生长的极限值。单分子式比较简单，不存在拐点，所以它的曲线形状类似于“肩形”，是一种近似的“S”形。因此，单分子式适用于一开始生长就较快、无拐点树木的生长过程拟合。

(3)坎派兹(Gompertz，1825)方程

$$y = Ae^{-be^{-rt}} \quad (A,b,r > 0) \tag{12-24}$$

式中 A——树木生长的最大值参数，$A=y_{max}$；

b——与初始值有关的参数；

r——内禀增长率(最大生长速率)参数。

坎派兹方程有2条渐近线 $y=A$ 和 $y=y_0$，其中 A 是树木生长的极限值。该方程存在一个拐点，约位于最大值1/3处(A/e)，坎派兹方程是具有初始值的典型“S”形生长曲线。许多研究者发现，坎派兹方程在生物学工作中适用性较大，同样也比较适合于描述树木生长，但其精度不及理查德方程和考尔夫方程。

(4)考尔夫(Korf，1939)方程

$$y = Ae^{-bt^{-c}} \quad (A,b,c > 0) \tag{12-25}$$

式中 A——树木生长的最大值参数，$A=y_{max}$；

b，c——方程参数。

Kort 方程有2条渐近线 $y=A$ 和 $y=0$。该方程存在一个拐点。方程的参数 $c>0$，故它的拐点具有上限值 $\frac{A}{e}$ 和下限值0。因此，该方程是过原点并具有拐点($0 \leqslant y_1 \leqslant \frac{A}{e}$)的“S”形曲线，且根据参数 b 和 c 的不同，在 $t \geqslant 0$ 的范围内可有各种形状的曲线，属非对称型。另外，舒马切尔方程为考尔夫方程参数 $c=1$ 时的特例。不少学者研究发现考尔夫方程描述树高及胸径生长效果很好。

(5)理查德(Richards，1959)方程

$$y = A(1 - e^{-rt})^c \quad (A,r,c > 0) \tag{12-26}$$

式中 A——树木生长的最大值参数，$A=y_{max}$；

r——生长速率参数；

c——与同化作用幂指数 m 有关的参数，$c=\frac{1}{1-m}$。

在描述树木及林分生长过程时，理查德方程是近代应用最为广泛、适应性强的一类生长曲线方程，从理论上可以证明单分子方程、坎派兹方程和逻辑斯蒂方程均是理查德方程

$m=0$，$m \to 1$，$m>1$ 时的一些特例，且包括这些方程中间变化型在内的一般函数。因此，理查德方程通过引入参数而使方程对树木生长具有广泛的适应能力。

12.3.5 树木生长方程的拟合

上述多个经验方程和 5 个理论生长方程，均属于典型的非线性回归模型，估计参数时需采用非线性最小二乘法。许多高级统计软件包，如 Origin、SAS、SPSS、Statistica，统计之林(FORSTAT)等，均提供了非线性回归模型参数估计的方法。

下面以 1 株解析木的实测数据为例，对树木生长方程进行拟合。

例如，根据一株 148 年生红松解析木树高生长数据，见表 12-3，采用 Origin9.0 软件选择以上经验方程、理论方程进行拟合，结果分别见表 12-4、图 12-9、表 12-5、图 12-10。

表 12-3 红松解析木树高生长过程表

龄阶	实际树高	预测值 1	预测值 2	龄阶	实际树高	预测值 1	预测值 2
10	0.48	0.01	0.95	90	15.3	15.46	15.24
20	1.47	0.50	1.85	100	17.5	17.05	17.03
30	3.13	2.18	3.17	110	18.5	18.47	18.60
40	4.94	4.54	4.86	120	19.6	19.75	19.96
50	7.3	7.06	6.83	130	21.15	20.89	21.12
60	9.78	9.47	8.97	140	22.3	21.93	22.09
70	10.73	11.68	11.15	148	22.8	22.69	22.75
80	12.44	13.67	13.27				

注：预测值 1 为舒马切尔方程，预测值 2 为坎派兹方程拟合的结果。

表 12-4 红松树高生长舒马切尔方程拟合参数表

拟合项目	拟合参数	自由度	平方和	均方	*F* 值	概率
树高总生长	回归	2	3181.340 67	1590.670 33	3917.513 18	0
	剩余	13	5.278 53	0.406 04		
	未修正总量	15	3186.619 2			
	修正总量	14	844.868 77			

舒马切尔方程拟合出树高生长的经验式为：

$$y = 41.1775e^{-\frac{88.19563}{t}} \tag{12-27}$$

其结果为 $R^2=0.99327$

树高拟合曲线如图 12-9 所示：

坎派兹方程拟合出树高生长的理论式为：

$$y = 26.40055e^{-4.16614e^{-0.02251t}} \tag{12-28}$$

其结果为 $R^2=0.99651$。

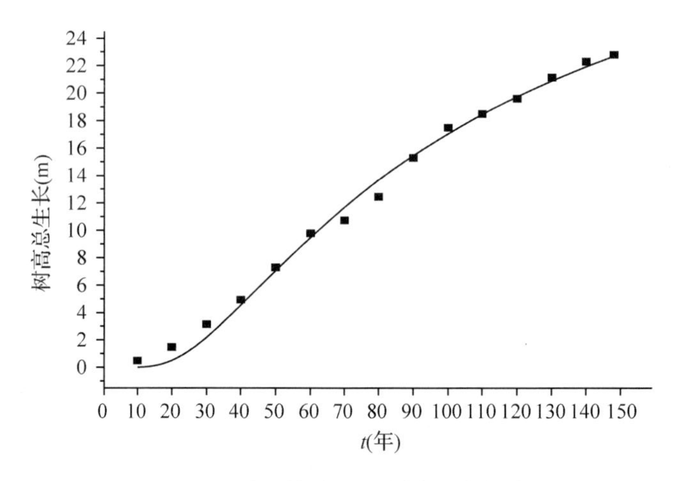

图 12-9 舒马切尔方程树高拟合曲线

表 12-5 红松树高生长坎派兹方程拟合参数表

拟合项目	拟合参数	自由度	平方和	均方	*F* 值	概率
树高总生长	回归	3	3 184.092 11	1061.364 04	5 039.940 41	0
	剩余	12	2.527 09	0.210 59		
	未修正总量	15	3 186.619 2			
	修正总量	14	844.868 77			

树高拟合曲线为：

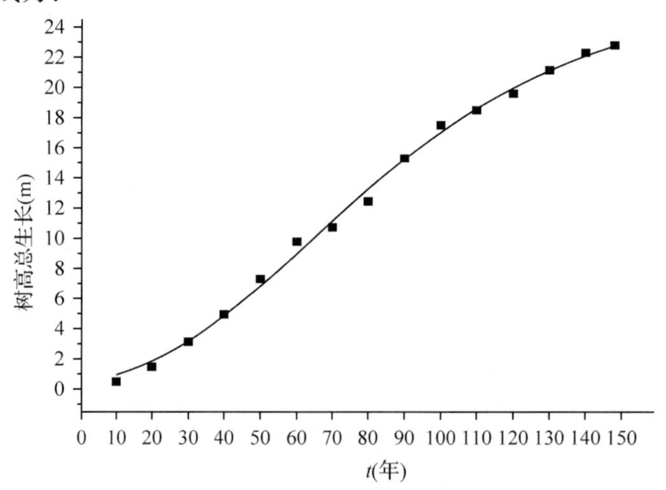

图 12-10 坎派兹方程树高拟合曲线

从上面实例可看出，不同的方程拟合，分别用不同的方程拟合，都取得了良好结果。对于部分生长来说经验方程有较好的拟合度，但对于生长过程的预测来说理论方程更为准确。由此可见，根据具体生长过程特点及需求选定最优方程是十分重要的。

【技能训练】

生长方程的拟合

一、实训目的

对任务中的经验方程和理论方程的拟合进行练习，要求能独立、完整地借助Origin或SPSS、SAS、Statistica等统计软件，在计算机上进行建模，并完成统计结果的整理和数据分析。

二、仪器材料

1. 两人一台计算机，配打印机，操作系统要求Win7以上，软件安装Origin 9.0，同时安装有Execl 2003以上版本。

2. 一株完整的解析木的生长进程数据资料。

三、训练步骤

仍以上述148年生红松为例，详述建模过程，并寻找最优方程的方法。

1. 组织

两人一组成一个计算分析小组，并根据情况进行分工。

2. 样木数据分析

将生长进程表中的数据输入到Excel中，并进行初步的检查，以保证数据的正确性。

3. 数据处理

(1)输入数据：将Excel中数据直接复制至Origin的Book中，并选中数据；

(2)选择或建立模型：点击“Analysis”→“Fitting”→“Nonlinear Curve Fit”→“Open Dialog”，进行非线性回归分析。或直接使用快捷键“Ctrl + Y”。

①选择软件自带模型(以生长模型为例) 选择“Category”→“Growth/Sigmoidal”，在“Function”中选择方程，并在下方查看“Fit Curve”“Residual”“Formula”“Sample Curve”等键查看该方程的拟合情况，若拟合曲线较好，点击“Fit”即可。

②建立模型 Origin自身储存了多种模型可供选择，但有时仍不能满足所需，此时需建立模型。下面以舒马切尔方程 $y=a\,e^{-\frac{b}{t}}$ 为例，详述建立模型步骤：

在“Function”中选择“New”，弹出窗口后，“Function Name”命名为“Schumacher”，点击“Next”，进入界面后，设定自变量“t”，因变量“y”，及方程中出现的参数“a，b”，设定完成后再次点击“Next”，在“Function Body”栏中按照左方方程输入示例形式输入方程“a * exp(- b/t)”，点击“Next”“Next”继续进行下一步。可对参数设定界限值，该方程对参数无要求，故直接“Finish”。此时方程建立结束。用同样方法设定其他所需方程，在此不一一列举。

(3)方程拟合：选择建立的方程，点击“Fit”，即可查看生长拟合状况。舒马切尔方程中 $R^2=0.993\,27$，拟合度较好。同时可以使用其他经验或理论方程进行拟合，选择 R^2 值最接近1的方程为最优方程。

此红松最优经验方程为柯列尔(Роляср，1878)方程：

$$y = 0.005\,66t^{1.944}e^{-0.009\,52t}$$

$R^2=0.997\,41$。

最优理论方程为理查德方程：

$$y = 30.307\,89\,(1 - e^{-0.014\,38t})^{2.170\,19}$$

$R^2=0.99728$。

(4)完善树高曲线图：将选出的最优方程进一步完善拟合曲线图。双击结果栏中“Fitted Curves Plot”，弹出树高拟合曲线图，对坐标刻度等进行调节，并保存，作图结果见图12-11。

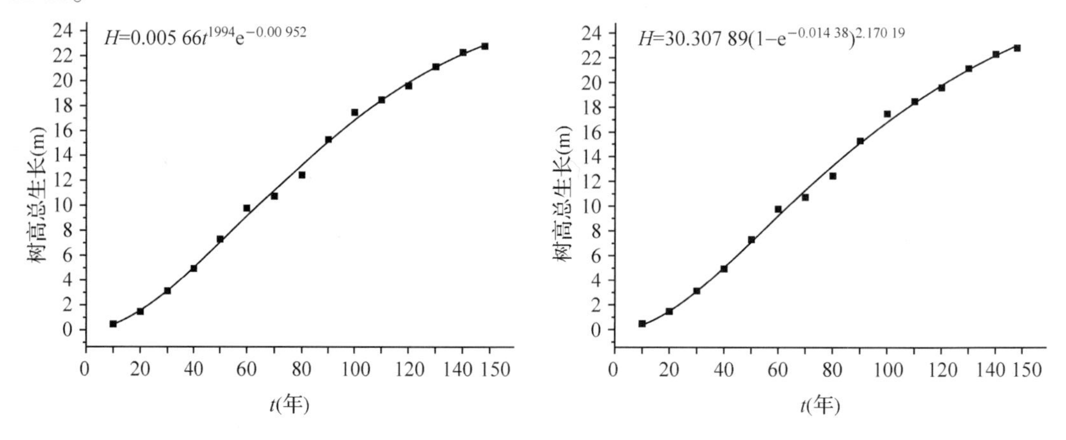

图 12-11 树高拟合曲线图

(5)结果保存：点击“File”中“Save Project As”，命名保存即可。

(6)结果分析：该红松70、80龄阶时可能由于当时生长环境气候不适宜，生长缓慢，在100年时生长较好，但整体生长没有大的波动，基本符合“S”形生长趋势，目前已逐渐进入生长末期。

四、注意事项

在建立方程中，需注意对方程条件的设定。

五、考核标准

序号	考核重点	考核内容	分值
1	生长模型的选择	能根据生长过程数据初步选择适宜的生长模型；能通过已建立方程的 RESS 数据进行模型的筛选	70
2	生长数据的分析	能绘制生长曲线，并分析其生长过程	30

【复习思考】

1. 树木生长经验方程与理论方程有何本质上的不同？各自的适用条件和范围有何不同？
2. 生长方程在建立中应注意哪些方面的问题？
3. 生长方程的评判中是以模型的相关性为主，还是以与生长规律的适合性为主？
4. 简述理查德生长方程的生物学假设。

任务 12.4　树干解析

【任务介绍】

树干解析是森林调查和研究工作中运用最多，也最为普遍的生长量调查测定方法。本任务通过各个环节的过程的描述，从实例入手，运用视频、分步操作进行练习和实训，以求全面掌握其步骤及方法。通过本任务的实施将达到以下目标：

知识目标

1. 掌握树干解析的概念。
2. 熟悉树干解析的基本过程。

技能目标

1. 能进行树干解析的外业操作。
2. 能进行树干解析的数据处理。

【知识准备】

前面对树木生长量的测定多为间接的，且不全面和准确，误差较大。要对树木的直径、树高、断面积、材积、形数等调查因子的生长过程进行全面的分析则要通过树干解析。

树干解析(stem analysis)就是将样木伐倒，并对其进行解剖和各调查因子的计算处理，以此分析树木的生长过程和特征的方法。作为分析对象的树木称为解析木。具体来说，就是将树干截成若干段，在每个横断面上根据年轮的宽度确定各年龄(或龄阶)的直径生长过程，而在纵断面上，则根据断面高度以及相邻两个断面上的年轮数确定各年龄(或龄阶)的树高生长过程，并以此计算各年龄(或龄阶)的断面积、材积、形数等调查因子的生长过程及生长量。树干解析是研究树木生长过程的基本方法，在林业生产和科学研究中应用普遍。

12.4.1　外业工作

(1)解析木的选取与生长环境记载

①解析木的选择　解析木的选取应根据分析生长过程的目的和要求而定，一般选择生长正常、无病虫害、不断梢的平均木或优势木。选取解析木的数量则依调查精度和要求而定。

平均解析木：对森林的平均生长状态进行分析和推算的解析木。

优势解析木：对森林的立地质量进行评价和分析的解析木。

特殊解析木：针对特殊调查目的所选取的解析木。如病虫害样木、污染区的样木等。

②解析木环境调查　树木生长与环境紧密相关。因而，解析木被伐倒前，应记载它所

表 12-6 解析木及其环境调查记载表

林分调查：	解析木调查：	树冠特征调查：
____省	树种____	树冠投影
____市（地）	年龄____	
____县	树高____m	
____乡（镇）	生长级____	
标准（样）地号____	带皮胸径____cm	
林分起源____	根颈直径____cm	
树种组成____	$d_{1/2}$____cm	
林龄____	$d_{1/4}$____cm	
平均树高____m	$d_{3/4}$____cm	
平均胸径____cm	带皮材积____m^3	
地位级____	去皮材积____m^3	
郁闭度____	经济材长度____m	
疏密度____	形率：	南北____m
林分特征____	q_0____	东西____m
____	q_1____	冠幅面积____m^2
____	q_2____	冠幅高度____m
地被物与下木____	q_3____	第一活枝下高____m
____	形数：	第一死枝下高____m
地形地貌____	带皮____	枝条材积____m^3
土壤种类____	去皮____	占树干材积____%
土壤厚度____cm		
海拔____m		
调查时间____	调查者____	记录者____

表 12-7 邻接木调查记载表

编号	树种	位于解析木的方位	与解析木距离（m）	树高（m）	胸径（cm）	生长级	关系位置图
1							
2							
3							
4							
5							
6							

处的立地条件、林分状况、解析木冠幅及与邻近树木的位置关系，并绘制树冠投影图等，以便后期为树木的生长过程分析提供依据，见表 12-6、表 12-7。

（2）解析木的伐倒与测定

伐倒前，在树干上应准确确定、标注根颈和胸径位置及南北方向，并实测根颈和胸径（图 12-12）。

伐倒后，先测定由根颈至第一个死枝和活枝在树干上的长度，然后打去枝丫。测量解析木的全长和全长的 1/4、1/2 以及 3/4 处的带皮和去皮直径。在全树干上标明北向。

(3)解析木区分及圆盘截取

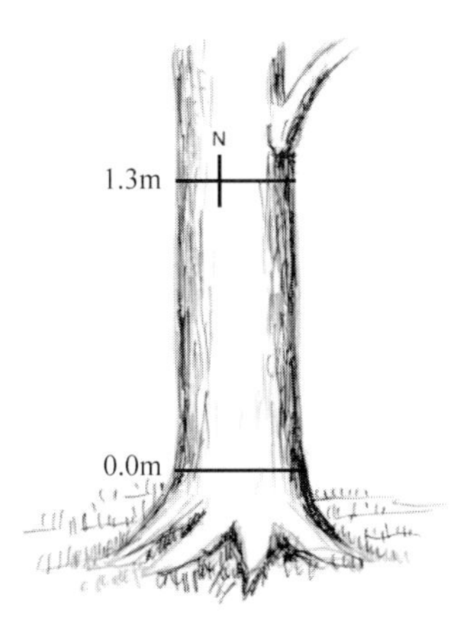

图12-12 解析木根颈、胸高及北向位置标记

解析木的区分段长度取决于调查的要求和精度。一般采用绝对区分和相对区分两种方法。

①绝对区分法 一般情况下，解析木在10m以下按1m一个区分段进行区分；10m以上则按2m一个区分段区分，但第一段长取2.6m。无论是按1m区分还是按2m区分，最后剩余不足或刚好一个区分段长度的树干部分为梢头木。需要注意的是按1m区分时，其第二段的中央断面圆盘在1.3m处截取，其既可代替1.5m的圆盘，同时又作为胸径圆盘。

圆盘截取位置为各区分段的中央断面位置，加上根颈断面及梢头底断面位置。以树高为17.5m及8.6m两株解析木为例，其树干区分情况与圆盘截取位置见表12-8。

表12-8 绝对区分法及圆盘截取位置一览表

区分方法		各圆盘编号									
		0	1	2	3	4	5	6	7	8	9
2m	各区分段长度	0	2.6	2	2	2	2	2	2	2	0.9
	圆盘截取位置	0	1.3	3.6	5.6	7.6	9.6	11.6	13.6	15.6	16.6
1m	各区分段长度	0	1	1	1	1	1	1	1	1	0.6
	圆盘截取位置	0	0.5	1.3	2.5	3.5	4.5	5.5	6.5	7.5	8.0

②相对区分方法 无论解析木长度如何，都平均区分为10或20个等长度的区分段。同样，其各龄阶材积仍采用中央断面区分求积法，树干的解析圆盘截取位置与前类似。需特别提醒的是，此区分情况下，要注意单独截取胸高断面圆盘，用作直径生长过程测定的依据。以树高为17.5m为例，采用10段进行区分，其区分与圆盘截取位置见表12-9。

表12-9 相对区分法及圆盘截取位置一览表

区分方法		各圆盘编号											
		0	1	2	3	4	5	6	7	8	9	10	11
10段	各区分段长度	0	1.75	0	1.75	1.75	1.75	1.75	1.75	1.75	1.75	1.75	1.75
	圆盘截取位置	0	0.875	1.3	2.625	4.375	6.125	7.875	9.625	11.375	13.125	14.875	15.75

圆盘截取需注意：以恰好在区分段的中点位置上的圆盘面作为工作面，用来查数年轮和量测直径。

(4)圆盘标注

在非工作面上对圆盘进行标注。

①标注内容 北向、标准地号、解析木号、圆盘编号、圆盘高度，此外零号圆盘须注明树种、采集地点、采集日期。

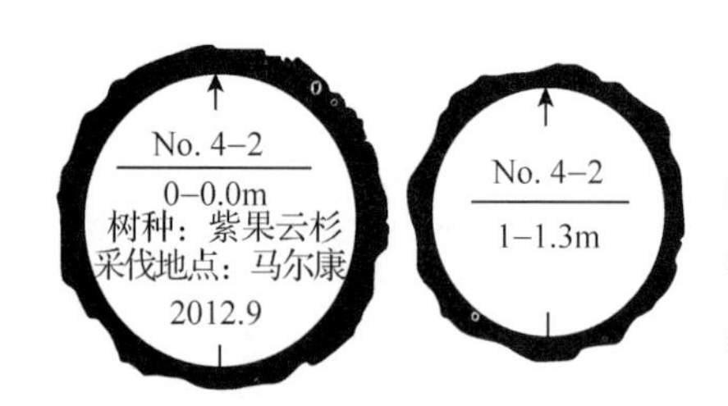

图 12-13　圆盘编号

②标注方式　以分子式标注，如$\frac{\text{No. }3-1}{1-1.3\text{m}}$，为 3 号标准地，1 号解析木，1 号圆盘，高度为 1.3m。圆盘标注一定要细致清晰、准确无误，否则对后期的数据处理和分析影响极大(图 12-13)。

(5)注意事项

①选择解析木时，充分考虑其用途，常选生长正常的平均木，且干形中等，无病虫害、无双梢断梢、无机械损伤的树木。

②采伐解析木前，先标定北向和胸高位置，准确地绘出树冠投影图。

③采伐解析木时，保障安全操作，树木不破皮、断梢、劈裂、抽芯等。

④截锯圆盘时应尽量与干轴垂直，不可偏斜。应防止圆盘脱皮，并及时对圆盘进行注记。

⑤截锯的圆盘不宜过厚，视树干直径大小的不同而定，一般以 2 ~ 5cm 厚为宜。

⑥当圆盘截取断面所在位置刚好位于分叉或枝丫处时，则上下调整至正常处截取。

12.4.2　内业工作

(1)圆盘年轮查定

首先将圆盘工作面刨平，使各年轮清晰可见，以便年轮查数和量测；以标注的北向为起点，过髓心画出南北向直径线，再垂直于南北线，过髓心画出东西向直径线，如图 12-14；然后，在各圆盘上的南北和东西线上查数圆盘上的年轮数。

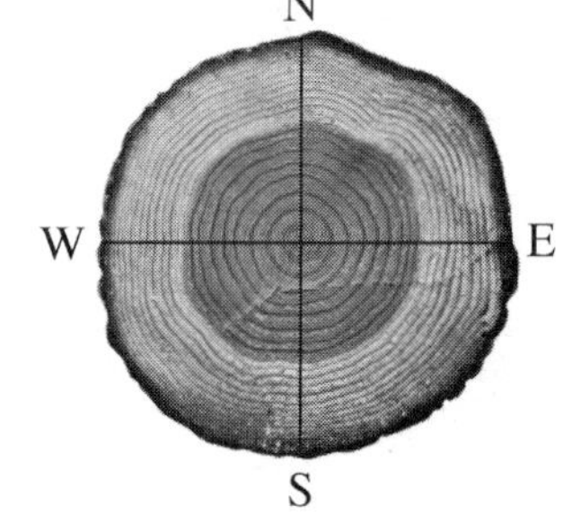

图 12-14　南北、东西直径线

各圆盘年轮查数时，应先查数 0 号圆盘，再查数其他圆盘。查数圆盘的年轮时要认清伪年轮并剔除。

①零号盘查数

查数方向：由髓心向外查数。此时，树木的年龄未知，但知道髓心的第一个年轮为第一年；因此，查数是从已知年龄的年轮向未知方向查数。

查数方法：在两条直线上，按每个龄阶(5 年或 10 年等)标注(为便于后面的量测，一般用大头针来标注)出各龄阶的位置，直到最后年轮数不足一个龄阶年龄数时结束，其按一个不完整的龄阶计，并记住最后不完整龄阶的年轮数；其最外一个年轮数，即为该树木的年龄。查数方法如图 12-15 所示。

②其他圆盘查数

查数方向：由圆盘外侧向髓心方向查数。此时，最外年轮对应的年龄已知，而最里面的年轮对应的年龄未知，因此，应从外向内查数。

查数方法：在两条直线上，按由外向内的方向，先扣除 0 号圆盘上最外一个不完整的龄阶的年轮数，按完整的龄阶向内查数，并标注各龄阶的位置，直到其年轮数不是一个龄阶的年轮数为止。查数方法如图 12-15 所示。

(2)各龄阶直径量测

用直尺或读数显微镜量测每个圆盘东西、南北 2 条直径线上各龄阶的直径，2 个方向

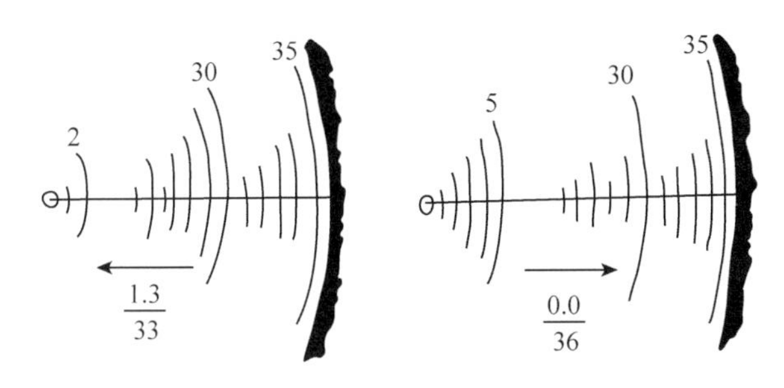

图 12-15 圆盘年轮查数示意图

上同一龄阶的直径平均，即为该龄阶的直径。

(3)各阶树高计算

树木年龄与各圆盘的年轮数之差，即为林木生长到该断面高度所需要的年数；根据各圆盘断面高度(纵坐标)以及生长到该断面高度所需要的年数(横坐标)可以绘出树高生长曲线。各龄阶的树高，可从曲线图中查得，也可以用内插法按比例算出。

(4)树干纵剖面图绘制

以1和4象限的横坐标表示半径，纵坐标为树高，将各断面的各龄阶半径点绘在坐标中。分别以1和4象限连接对应的相同龄阶半径点，绘成树干各龄阶生长的纵剖面图(图12-16)。

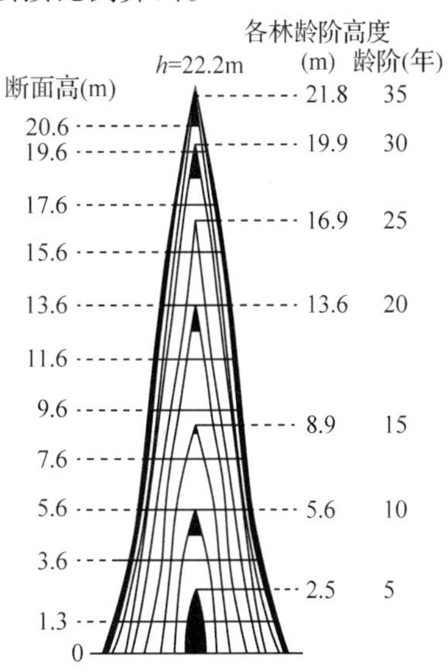

图 12-16 树干纵剖面图

树干纵剖面图直观地反映了树木的生长过程，在绘制时注意其直径与高度的比例要恰当。

(5)各龄阶树干材积计算

各龄阶树干材积按中央断面区分求积法计算。各龄阶材积为各完整区分段材积之和加该龄阶梢头材积。

①各龄阶完整区分段材积计算 按 $V=\frac{\pi}{4}D^2L$ 计算。其中，D 为各区分段中央断面各龄阶平均直径；L 为区分段长度。

②各龄阶树干梢头材积计算

- 梢头底径由树干纵剖面图查得后用内插法计算。
- 梢头长度等于该龄阶树高减去区分段的累计长度。
- 梢头材积按圆锥体公式计算。

③各龄阶树干材积计算 将各龄阶树干完整区分段材积与其梢头材积累计，即得该龄阶树干材积。

(6)各调查因子生长量及生长率计算

把树干解析计算中各龄阶的胸径、树高、材积总生长量转入生长过程计算表中，按各生长量公式计算，结果见表12-10。

(7)各调查因子生长过程曲线绘制

为直观反映各调查因子随年龄变化的规律，用目前常用的绘图软件，如Origin、SAS、SPSS等将各调查因子生长过程绘制成曲线图。用横坐标表示年龄，纵坐标表示直径、树

表 12-10 各调查因子生长过程计算表

龄阶	胸径(cm)			树高(m)			材积(m^3)			
	总生长量	平均生长量	连年生长量	总生长量	平均生长量	连年生长量	总生长量	平均生长量	连年生长量	生长率(%)
5	5.1	1.03	1.32	2.5	0.50	0.62	0.0023	0.0005	0.0071	35.42
10	11.7	1.17	1.33	5.6	0.56	0.66	0.0379	0.0038	0.0170	21.17
15	18.4	1.23	1.40	8.9	0.59	0.94	0.1231	0.0082	0.0337	16.25
20	25.4	1.27	1.10	13.6	0.68	0.66	0.2916	0.0146	0.0366	9.55
25	30.9	1.23	0.67	16.9	0.68	0.60	0.4746	0.0190	0.0384	6.72
30	34.2	1.14	0.74	19.9	0.66	0.38	0.6664	0.0222	0.0422	5.47
35	37.9	1.08	0.79	21.8	0.62	0.40	0.8774	0.0251	0.0555	6.13
36	38.7	1.08		22.2	0.62		0.9329	0.0259		
36	39.8	1.11					1.0013	0.0278		

高、材积、形数等因子生长量，结果如图 12-17 所示。

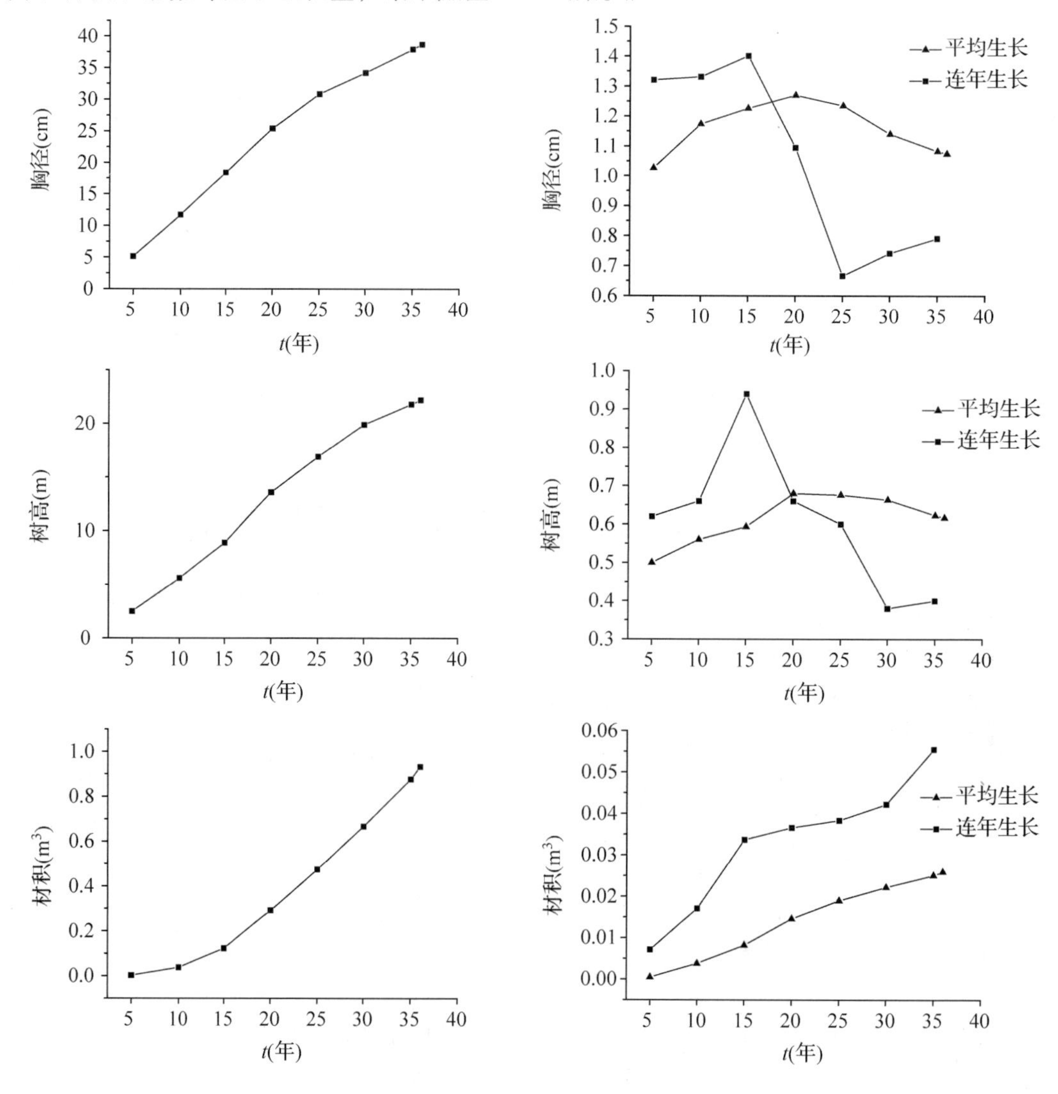

图 12-17 胸径、树高、材积生长曲线图

(8)树干解析的应用

结合环境因子和森林经营措施，通过树干解析可对调查区域的林木生长过程进行分析，为生产经营计划制订与环境分析提供依据。

①根据材积连年生长量与平均生长量曲线相交时间判定树木的数量成熟；根据生长率比较不同区域、不同树种树木的生长状况。

②根据树干解析材料的综合分析，研究林木生长对立地条件的要求，为适地适树、抚育采伐和速生丰产等经营方案制订提供科学依据。

③树干解析资料为编制生长过程表、收获表、立地指数表提供基础数据。

④利用树干解析资料可以建立树木生长模型，为预估林木生长提供基础资料。

⑤根据年轮宽窄变化，推测以往气候情况，验证和补充气象记录的不足；预测林木病虫害、火灾、干旱、洪水的危害年份和危害程度，以便采取合适的防治措施。

【技能训练】

树干解析数据处理

一、实训目的

掌握树干解析技术和树木生长规律分析方法。

二、仪器材料

1. 仪器：计算机，安装 Excel、Origin 等软件。

2. 材料：解析木材料，带皮胸径 39.8cm，树高 22.2m，年龄 36a，以 2m 区分段长度(第一段长度为 2.6m)，截取各区分段中央断面，量测圆盘各龄阶(5 年为一个龄阶)直径及年轮数，所得结果见表 12-11。

表 12-11　树干解析计算表

圆盘号	断面高	年轮数	达各断面高所需年数	各断面龄阶直径(cm)								
				36		35	30	25	20	15	10	5
				带皮	去皮							
0	0.0	36		52.6	50.0	47.8	40.6	36.5	29.1	18.9	12.0	5.9
1	1.3	33		39.8	38.7	37.9	34.2	30.9	25.4	18.4	11.7	5.1
2	3.6	29		31.5	30.9	30.1	26.9	23.9	19.5	13.9	7.7	
3	5.6	26		30.2	29.8	29.0	25.4	21.8	17.2	11.0		
4	7.6	23		28.9	27.6	26.6	23.1	19.0	14.3	5.4		
5	9.6	20		23.6	22.5	21.5	18.1	13.9	9.5			
6	11.6	18		20.4	19.2	18.4	15.5	11.0	6.8			
7	13.6	16		16.3	15.4	14.8	11.8	7.2				
8	15.6	13		13.8	12.6	11.9	8.6	3.4				
9	17.6	10		9.1	8.5	8.1	6.1					
10	19.6	7		7.0	6.2	5.9	3.0					
11	20.6	4		5.1	4.3	3.8						
12	22.2	0										
梢头长度												
梢头底直径												
梢头材积												
各龄阶材积												
各龄阶树高												

三、训练步骤

1. 计算达各断面高所需年数，确定各龄阶树高，结果填入表12-11中。

2. 确定各龄阶梢头长度和梢底直径，计算梢头材积，结果填入表12-11中。

(1)梢头底径由树干纵剖面图查得后用内插法计算。

(2)梢头长度等于该龄阶树高减去区分段的累计长度。

(3)梢头材积按圆锥体公式计算。

3. 确定各龄阶材积，结果填入表12-11中。

(1)用中央断面求积式计算各区分段材积，第一段长度为2.6m，其余为2m。

(2)各区分段材积合计再加上梢头材积即为各龄阶树干材积。

4. 计算树干各因子生长量。

(1)将各龄阶胸径、树高、材积转入树干生长过程总表。

(2)按各生长量计算公式计算相应平均生长量、连年生长量和生长率等。

5. 绘制生长过程曲线图。以横坐标为年龄，纵坐标为各种生长量(率)，绘制生长过程曲线。

①胸径生长曲线图。

②树高生长曲线图。

③材积生长曲线图。

④胸径平均生长量和连年生长量曲线图。

⑤树高平均生长量和连年生长量曲线图。

⑥材积平均生长量和连年生长量曲线图。

6. 树木生长过程的分析。

(1)分析胸径、树高、材积数量成熟龄，并提出对森林经营的建议和措施。

(2)利用表12-12中胸径、树高、材积的生长过程数据进行生长方程的拟合。

表12-12 树干生长过程总表

龄阶	胸径(cm)			树高(m)			材积(m^3)		
	总生长量	总平均生长量	连年生长量	总生长量	总平均生长量	连年生长量	总生长量	总平均生长量	材积生长率(%)
5									
10									
15									
20									
25									
30									
35									
36									
(36)									

①选择5个经验方程式进行生长方程的拟合。

②选择5个理论方程式进行生长方程的拟合。

③按论文格式及要求，撰写3个因子生长过程对经验和理论方程的适合性分析。

(3)按论文格式及要求，利用解析木的生长数据及立地环境数据，分析树木的生长特征。

四、注意事项

1. 以2人为一组进行数据的处理和分析。

2. 每组应在Excel中，按表12-11的内容及格式要求完成树干直径、树高及材积的数据处理及树干生长过程总表的计算。

3. 应用Origin等图形软件绘制各调查因子生长曲线。

4. 应用Origin等统计软件进行生长方程的拟合。

5. 按正式的期刊论文格式要求进行论文的撰写。

6. 计算中的数据处理精度要求：直径0.1，树高0.1，材积0.0001，生长率0.01。

五、技能考核

序号	考核重点	考核内容	分值
1	解析木生长过程计算	各圆盘年轮的查数，龄阶直径的测定，龄阶树高的计算，各龄阶材积的计算，各龄阶胸径、树高、材积生长量的计算	50
2	解析木生长过程分析	各生长曲线的绘制，生长方式的拟合，生长分析论文撰写	50

【知识拓展】

影像解析法

随着数字影像处理技术的发展，对图像的自动识别技术日趋成熟，并应用到了树木横断面的年轮识别中。通过对树干横断面影像中年轮的自动识别，自动提取年轮面积数据，从而进行精确的树干解析处理方法称为影像解析法。目前，已有少数学者对此法进行了尝试性研究与应用，取得了初步成果。

长期以来，对森林自然生长的量测是众多林业工作者常常要解决的技术问题，而树干解析是研究分析林木生长规律的主要手段。树干解析是在个体尺度上测定林木的生长过程，通过尺度转换估算林分的生长特征，因而，树干解析的精度直接影响群落以及更大尺度上的生产力估算结果。所以，个体生长过程的测定决定了群落尺度生产力估测的可靠性。随着天然林保护工程的实施，砍伐林木进行树干解析变得越来越不易，因而树干解析的测定数据显得十分珍贵。在进行树干解析时采集圆盘及搬运费工费时，保存不便，尤其是要将解析的圆盘进行长期保存时由于圆盘容易变形，对后期的生长分析常常引起较大的误差。

进入21世纪以来，数字影像技术在林业科研和生产上逐步得到引进和应用，并形成了一定的技术集成。数字影像技术是对研究对象实现数字成像、图形图像处理、误差分析及应用等环节的技术总称。普通数码影像是数字影像中最常见的一种形式，随着数字影像技术的发展以及相应的硬软件价格逐渐下降，数码影像在林业上的应用会变得越来越广泛。因此，通过数码影像的处理，可以从树干圆盘断面的数字化开始，将传统树干解析的操作计算过程转变成树干解析圆盘的数字化影像处理分析过程，从而克服传统树干解析所存在的种种不足，并使后期的分析计算更加便利，从而使数字影像技术成为解决传统树干解析不足的一种方便、准确的高新技术手段。

数码图像在森林调查上的应用国内有报道，冯仲科等(2001)、张超等(2004)、王雪峰等(2005、2006)、杨华等(2005)、王雪峰和高义(2006)尝试用摄影测量计算样地各种测树学指标，如直径、冠幅、树高等；朱教君(2003、2005)、王秀美和高卓乔(2001)利用数码照片进行森林结构分析，刘琪景(2008)利用纠偏技术对数码照片所获得的年轮线多边形面积进行校正。

目前，进行树干解析的数字图像主要有两种：一种是利用扫描仪通过对圆盘进行扫描获得的扫描图像；通过扫描获得的图像误差很小，可以达到非常高的精度(张旺兔，2003)。另一种方法是通过数码摄像机获取数码影像，由于单反像机是中心点成像原理，其影像具有变形，需在量测前对影像进行纠偏处理，使其成为可用的正射影像图(刘琪璟，2008)。虽然利用上述影像可以在可控的条件下精确量测各年度的生长变化，得到较高的测量精度，但也存在着较大的局限性。一方面对于较大树干的圆盘要进行多次性扫描才能完成，而通过影像的拼接就会产生一定的误差；另一方面中心点成像的影像进行纠偏必须具备严格可控的摄影条件，以及专用的图像处理软件。因而这些方法缺乏实用性，不可能短期内在生产实际中广泛推广使用。

利用在野外获取的树干解析圆盘的完整普通数码影像，通过简便实用的校正方法对各断面数码影像测定值进行校正，借此进行树干解析(Digital Image Trunk Analysis，简称影像解析法)，计算其各龄阶直径、树高、断面积、材积生长。与传统的树干解析法(Traditional Trunk Analysis，简称传统解析法)相比，具有实用、精确、易于普及的特点。

【复习思考】

1. 简述树干解析的外业工作。
2. 一解析木全长 15.7m，以 2m 区分求积，应在哪些位置锯取解析木圆盘？圆盘怎样编号？
3. 设解析木年龄为 23 年，以 5 年为一个龄阶，如何查数“0”号圆盘？
4. 怎样确定解析木各龄阶树高？
5. 为什么“0”号圆盘上查数年轮数由外向内数，其他圆盘则由内向外数？

项目13

林分生长量测定

【教学目标】

1. 理解林分生长过程及特点。
2. 掌握林分生长量的概念。
3. 掌握林分胸径生长量的测算。
4. 掌握林分蓄积生长量的测算。

【重点难点】

重点：林分生长量测算方法。

难点：林分表法生长量计算，生长方程建立，林分收获量测算方法。

任务13.1　林分生长量认知

【任务介绍】

以林分生长的特点和森林的自然稀疏现象，引出反映林分结构变化的各种林分生长量，并通过实例反映各生长量之间的关系，有利于掌握林分生长量的整体概念与测定方法。通过本任务的实施将达到以下目标：

知识目标

1. 理解林分生长过程。
2. 掌握林分生长量的概念。
3. 了解林分生长量之间的关系。

技能目标

1. 能分清林分生长量种类。
2. 能阐明林分与单木生长差异。

【知识准备】

13.1.1　林分生长量的概念

林分生长通常是指林分的蓄积量随着林龄的增加所发生的变化。组成林分全部树木的材积生长量和枯损量的代数和称为林分蓄积生长量。

林分生长与单株木不同。单株木在伐倒或死亡以前，直径、树高和材积等均随年龄增长而增加。而全林分生长过程中，有两种对立的过程相继发生，活着部分的林木材积逐年增加，使林分蓄积量不断增加；而另一部分林木，由于自然稀疏、抚育间伐或灾害损失，使林分蓄积逐渐减少。所以，林分蓄积生长量实际上是林分中两类林木材积生长量的代数和。当林分处于生长旺盛阶段时，蓄积量持续增加的数量较多，进入衰老阶段则每年增加的数量逐渐变小，甚至出现负增长，即减少的蓄积量大于增长量。

应当指出，这种林木株数减少的现象，具体到某个林分，由于林分初始密度、树种生物学特性及立地条件的差异，林木竞争开始的时间、活立木株数急剧减少的时刻及其变化过程都存在着差异，其过程及变化特点因林分而异，这就给蓄积生长量的测定带来相当大的难度。林分自然稀疏的结果必然导致一代林木被下一代林木所代替，特别在天然混交林中，各组成树种在生长、枯损速率上的差异导致生态学中的森林自然演替现象。

测定林分生长量，在森林经营管理与科学研究中具有重要意义。林分生长量既反映立地条件的好坏，又作为判断营林效果和森林生产能力，以及确定年伐量和主伐年龄的重要依据，同时，也是研究和揭示森林生长规律的重要依据。

13.1.2　林分生长量的种类

直观地反映林分生长的是林木直径和树高的变化，林木直径分布每隔一定时间都会发生变化。通过调查间隔期的两次测定结果，可以说明林分的变化和各种生长量，如图 13-1 所示。如果在两次测定期间，所有林木的胸径生长量恰好是一个径阶，则整个直径分布向右推移一个径阶。以四川省德阳市一块柏木样地过去和现在调查的直径分布为例，其期初直径分布如图 13-1(a)，经过十年的生长，期末的直径分布如图 13-1(b)。

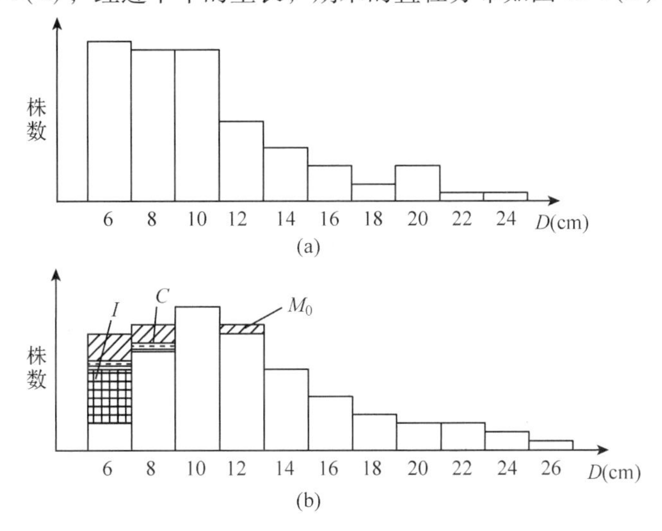

图 13-1　林分直径分布的动态转移

(a)过去的直径分布；(b)现在的直径分布

I—进界生长量；C—采伐量；M_0—枯损量

在两次调查期间，林分有许多变化。有些树木被间伐或因受害、被压等各种原因而死亡。据此林分生长量大致可以分为以下几类。

①毛生长量(Grossgrowth，Z_{gr})　也称粗生长量，它是林分中全部林木在间隔期内生长的总材积。

②纯生长量(Netgrowth，Z_{ne})　也称净生长量，它是毛生长量减去期间内枯损量以后生长的总材积，即净增量与采伐量之和。

③净增量(Netincrease，Δ)　是期末材积(V_b)和期初材积(V_a)两次调查的材积差($\Delta = V_b - V_a$)。

④枯损量(Mortality，M)　是调查期间内，因各种自然原因而死亡林木的材积。

⑤采伐量(Cut，C)　一般指抚育间伐的材积。

⑥进界生长量(Ingrowth，I)　是期初时未达到起测径阶，而期末时已进入检尺范围的林木的材积。

13.1.3　林分生长量之间的关系

由上述定义，林分各种生长量之间的关系可用下述公式表达：

林分生长量中包括进界生长量：

$$\Delta = V_b - V_a$$

$$Z_{ne} = \Delta + C = V_b - V_a + C$$

$$Z_{gr} = Z_{ne} + M = V_b - V_a + C + M$$

林分生长量中不包括进界生长量：

$$\Delta = V_b - V_a - I$$

$$Z_{ne} = \Delta + C = V_b - V_a + C$$

$$Z_{gr} = Z_{ne} + M = V_b - V_a - I + C + M$$

从上面两组公式中可知，林分的总生长量实际上是两类林木生长量总和：一类是在期初和期末两次调查时都被测定过的树木，即活立木在整个调查期间的生长量($V_b - V_a - I$)，这类林木在森林经营过程中称为保留木；另一类是在间隔期内，由于林分内林木株数减少而损失的材积量($C + M$)。这类林木在期初和期末两次调查间隔期内只生长了一段时间，而不是全过程，但也有相应的生长量存在。

13.1.4 林分生长量测定方法概述

林分生长因其特殊性，其生长量测定也与单木的有所不同。按其调查期的时间长短分为临时标准地法和固定标准地法。

(1)临时标准地法

通过设置临时标准地或样地，以一次测得的数据计算林分的蓄积生长量，据此预估未来林分生长量的方法，又称一次调查法。主要方法有：材积差法、一元材积指数法、林分表法、生长率法和双因素法等。在现行的一次调查表法中，基本上都是利用调查过去胸径的定期生长量间接推算蓄积生长量，预估未来林分蓄积生长量。因此，一次调查法要求预估期不宜太长、林分林木株数变化不大。另外，不同的方法又有不同的应用前提条件，以保证预估林分蓄积生长量的精度。

(2)固定标准地法

通过设置固定标准地或固定样地，在调查间隔期的期初和期末分别测定各项调查因子，根据两次调查的差值来确定林分的各类生长量的方法，为研究森林生长过程和进行森林生长动态分析提供科学依据。该方法测定精度较高，对林分枯损量、进界生长量、毛生长量等的测定具不可替代性，是一次调查法不能企及的。

【复习思考】

1. 单木生长与林分生长的差异主要表现在哪些方面？
2. 直径分布在林分量生长测定中有何重要性？
3. 林分生长量的种类有哪些？相互之间有何关系？

任务 13.2　材积差法应用

【任务介绍】

以实例对材积差法测算林分生长量进行介绍，学生可以通过实训式的课程内容探索性地进行学习和训练。通过本任务的实施将达到以下目标：

知识目标

1. 掌握材积差法的基本原理。
2. 掌握材积差法的步骤与方法。

技能目标

1. 能利用统计软件进行直径生长量的整列。
2. 能正确计算径阶材积差。
3. 能正确运用材积差法计算林分蓄积生长量。

【知识准备】

13.2.1　材积差法的概念

材积差法，是指将一元材积表中胸径每差 1cm 的材积差数作为现实林分中林木胸径每长 1cm 所引起的材积增长量，并利用一次性测得的各径阶的直径生长量和株数分布序列，推算林分蓄积生长量的方法。

应用材积差法时，要求待测林分期初与期末的树高曲线无显著差异，否则期初使用的一元材积表，在期末则因森林生长总体变动过大而不适用。即应进行一元材积表的适用性检验。

材积差法主要步骤为：通过每木检尺获得径阶株数分布，测定胸径生长量并整列，应用一元材积表计算蓄积生长量。

13.2.2　材积差法的实施

13.2.2.1　胸径生长量的测定

胸径生长因受各种因素(如林木生长环境或人为活动)的干扰，波动较大。因此，应对胸径生长量测定结果分别径阶作回归整列处理。

(1)胸径生长量的取样

被选取测定胸径生长量的林木，称为生长量样本。为确保胸径生长量的估计精度，取样时应注意以下问题。

①样木株数　为确保测定精度，当采用随机抽样或系统抽样时样木株数应不少于 100 株。如用标准木法测算，则应采用径阶等比分配，且标准木株数不应少于 30 株。

②间隔期　是指调查生长量的定期年限，即间隔年数。通常用 n 表示。间隔期的长短依树木生长速度而定，一般取 3 ~5 年。应当指出用生长锥测定胸径生长量，取间隔期应长些，可相应减少测定误差。

③样条锥取方向　因为树木横断面的直径长短变化较大，加之进锥压力使年轮变窄，所以只有多方取样才能减少量测的平均误差。在实际工作中，一般按相对(或垂直)两个方向抽取。

④测定项目　测定样木的带皮胸径 d、树皮厚度 B 及 n 个年轮的宽度 L。测定值均应精确到 0. 1cm，其中 L 值最好能估读到第二位小数，以提高测定和推算的精度。样木测定记录及计算公式见表 13-1。

表 13-1　胸径生长量计算表

编号	带皮胸径(d)	二倍皮厚($2B$)	去皮胸径(d')	5 个年轮宽(L)	期中胸径		胸径生长量	
					去皮	带皮(X)	去皮	带皮(Z_d)
6	9. 5	0. 8	8. 7	0. 810	7. 9	8. 60	1. 6	1. 77
8	7. 6	0. 6	7	0. 810	6. 2	6. 75	1. 6	1. 77
9	22. 6	1. 6	21	1. 500	19. 5	21. 26	3. 0	3. 27
10	15. 3	1. 2	14. 1	1. 200	12. 9	14. 06	2. 4	2. 62
15	11. 8	1. 2	10. 6	0. 888	9. 7	10. 59	1. 8	1. 94
16	6. 8	0. 6	6. 2	0. 690	5. 5	6. 01	1. 4	1. 50
18	21. 9	1. 8	20. 1	1. 410	18. 7	20. 37	2. 8	3. 07
21	7. 5	0. 6	6. 9	0. 768	6. 1	6. 68	1. 5	1. 67
25	7. 8	0. 8	7	0. 750	6. 3	6. 81	1. 5	1. 64
26	9. 1	0. 8	8. 3	0. 750	7. 6	8. 23	1. 5	1. 64
28	13. 1	1. 2	11. 9	1. 050	10. 9	11. 83	2. 1	2. 29
34	15. 8	1. 2	14. 6	1. 110	13. 5	14. 71	2. 2	2. 42
37	16. 8	1. 4	15. 4	1. 140	14. 3	15. 54	2. 3	2. 49
39	9. 5	0. 8	8. 7	0. 870	7. 8	8. 54	1. 7	1. 90
40	22. 3	2. 2	20. 1	1. 290	18. 8	20. 50	2. 6	2. 81
47	10. 2	0. 6	9. 6	0. 990	8. 6	9. 39	2. 0	2. 16
50	15. 7	1. 2	14. 5	1. 176	13. 3	14. 52	2. 4	2. 56
53	6. 6	0. 6	6	0. 570	5. 4	5. 92	1. 1	1. 24
57	20. 1	1. 6	18. 5	1. 410	17. 1	18. 63	2. 8	3. 07
58	24. 5	1. 8	22. 7	1. 518	21. 2	23. 09	3. 0	3. 31
59	16. 7	1. 4	15. 3	1. 320	14. 0	15. 24	2. 6	2. 88
60	20. 5	1. 6	18. 9	1. 500	17. 4	18. 97	3. 0	3. 27
64	17. 2	1. 4	15. 8	1. 350	14. 5	15. 75	2. 7	2. 94
66	13. 2	1	12. 2	1. 188	11. 0	12. 00	2. 4	2. 59
68	23. 1	1. 8	21. 3	1. 510	19. 8	21. 57	3. 0	3. 29
69	26. 2	2	24. 2	1. 620	22. 6	24. 61	3. 2	3. 53
70	11. 3	1	10. 3	1. 020	9. 3	10. 12	2. 0	2. 22
71	13. 5	1	12. 5	1. 170	11. 3	12. 35	2. 3	2. 55
75	18. 9	1. 4	17. 5	1. 170	16. 3	17. 80	2. 3	2. 55
76	8. 5	0. 6	7. 9	0. 870	7. 0	7. 66	1. 7	1. 90
81	5. 9	0. 4	5. 5	0. 720	4. 8	5. 21	1. 4	1. 57
85	5. 4	1. 4	4	0. 630	3. 4	3. 67	1. 3	1. 37
合计	454. 9		417. 3					

(2)样木资料处理

为求得各径阶整列后的带皮胸径生长量，当使用野外测定的相关资料(d_i，L_i)，i = 1，2，3…时，应预先计算处理两个问题：一是所测得的胸径生长量 $2L$，实际上是去皮胸径生长量，未包括皮厚的增长量，故应将其换算成带皮胸径生长量；二是带皮胸径 d 是期末 t 时的胸径，应变换为与胸径生长量相对应的期中 $t-\frac{n}{2}$时带皮胸径。

生长量样木资料按以下步骤整理：

①计算林木的去皮胸径 d'

$$d' = d - 2B$$

②计算树皮系数 K

$$K = \frac{\sum d}{\sum d'}$$

③计算期中 $t-\frac{n}{2}$年的带皮胸径　由于期中 $t-\frac{n}{2}$年的去皮胸径 $X' = d' - L$ 及去皮胸径与带皮胸径存在线性关系；且当 $d'=0$ 时，$d=0$。所以，期中带皮胸径为：

$$X = X'K$$

④计算带皮胸径生长量　由于去皮胸径生长量$Z'_d = 2L$ 及 d 与 d'存在线性关系，可以证明带皮胸径生长量Z_d为：

$$Z_d = Z'_d K$$

(3)林木胸径生长量的整列

根据测定和处理的 $t-\frac{n}{2}$ 时的带皮胸径及带皮胸径生长量(X，Z_d)，按下述回归方程整列：

$$y = a + bx$$

$$y = a x^b$$

$$y = a + bx + c\lg x$$

$$y = a + bx + c x^2$$

目前，建立回归方程多采用通用的统计软件系统，如 SPSS、Origin、SAS、Statstics 等，经计算，得到表 13-2 的结果。

表 13-2　柏木胸径定期(10 年)生长量　　cm

径阶	6	8	10	12	14	16	18	20	22	24	26
胸径生长量	1.57	1.84	2.09	2.32	2.54	2.75	2.93	3.10	3.26	3.40	3.52

13.2.2.2　材积差计算

应用一元材积表(式)按式(13-1)计算各径阶材积差(Δ_V)：

$$\Delta_V = \frac{1}{2C}(V_2 - V_1) \tag{13-1}$$

式中　Δ_V——1cm 材积差；

V_1——比该径阶小一个径阶的材积；

V_2——比该径阶大一个径阶的材积；

C——径阶距。

13.2.2.3 蓄积生长量计算

根据每木检尺所得的径阶株数分布、径阶胸径生长量、材积差、林分蓄积生长量，按表13-3计算。

表13-3 材积差法计算林分蓄积生长量

径阶(cm)	株数	单株材积(m^3)	平均1cm材积差	胸径生长量	单株材积生长量	径阶材积生长量	径阶材积
4		0.004					
6	9	0.011	0.0044	1.57	0.0068	0.0615	0.096
8	11	0.021	0.0065	1.84	0.012	0.1323	0.235
10	16	0.037	0.009	2.09	0.0188	0.3002	0.588
12	13	0.057	0.0116	2.32	0.027	0.3511	0.745
14	9	0.083	0.0145	2.54	0.0368	0.3316	0.75
16	6	0.115	0.0176	2.75	0.0483	0.2896	0.692
18	4	0.154	0.0208	2.93	0.0609	0.2434	0.614
20	3	0.198	0.0241	3.1	0.0749	0.2246	0.595
22	3	0.25	0.0277	3.26	0.0902	0.2706	0.75
24	2	0.309	0.0313	3.4	0.1066	0.2131	0.618
26	1	0.375	0.0351	3.52	0.1237	0.1237	0.375
28		0.45					
总计	77					2.5419	6.059

从表13-3可得，该标准地10年间蓄积生长量为：

$$\Delta_M = \sum Z_{M_i} = 2.5419(\mathrm{m}^3)$$

蓄积连年生长量为：

$$Z_M = \frac{2.5419}{10} = 0.2542(\mathrm{m}^3)$$

林分10年间的年平均蓄积生长率为：

$$P_M(\%) = \frac{V_a - V_{a-n}}{V_a + V_{a-n}} \times \frac{200}{n}\% = \frac{2.5419}{6.059 + 3.5171} \times \frac{200}{10}\% = 5.31$$

假设今后10年的材积生长量不变，则林分的蓄积生长率为：

$$P_M(\%) = \frac{2.5419}{14.6599} \times \frac{200}{10}\% = 3.47$$

【技能训练】

直径生长的整列

一、实训目的

掌握通过统计软件建立直径与直径生长量的回归方程，并获得直径生长的整列结果。

二、仪器材料

1. 材料：表13-1中带皮直径 X 与带皮直径生长量 Z_d 成对值。

2. 仪器：计算机，安装有 Excel、统计软件 Origin。

三、训练步骤

1. 按项目 12 技能训练“生长方程的拟合”步骤进行回归。

2. 将表 13-1 中的 X 与 Z_d 值以 X 为自变量，Z_d 为因变量，逐一输入(或粘贴)到数据区内。

3. 选择回归模型，并得到回归模型。

4. 将径阶中值代入模型中，得到表 13-1 的结果。

四、注意事项

1. 输入数据时要注意数据的对应性，不可错位。

2. 数据 X 及 Z_d 均按 0.01 的精度输入；计算结果按 0.01 保留小数。

五、技能考核

序号	考核重点	考核内容	分值
1	回归模型选择	能根据直径—直径生长数据选择适宜的回归模型；能通过回归方程的 R 进行模型的筛选	50
2	直径生长量计算	能根据回归方程得到整列后的直径生长量序列	50

【复习思考】

1. 材积差法的重点是什么？

2. 怎样利用材积差法计算材积？

3. 简述利用材积差法确定林分蓄积生长量的步骤。

任务 13.3　一元材积指数法应用

【任务介绍】

以实例对一元材积指数法测算林分生长量进行介绍，学生可以通过实训式的课程内容探索性地进行学习和训练。通过本任务的实施将达到以下目标：

知识目标

1. 掌握一元材积指数法的基本原理。

2. 掌握一元材积指数法步骤与方法。

技能目标

1. 能正确进行胸径生长量的测定与整列。

2. 能应用一元材积指数法计算生长量。

【知识准备】

13.3.1 一元材积指数法的概念

一元材积指数法是指通过测定胸径生长率，以一元幂指数材积式($V=aD^b$)为基本关系式，将其转换为材积生长率，再由标准地每木检尺所得林木株数分布求得材积生长量的方法。

一元材积指数法主要工作步骤为：每木检尺获林木直径分布、测定林分胸径生长量、抽样测定林木树高，导算一元立木材积表，建立一元幂指数材积式，计算蓄积生长量。

设树木胸径为 D，材积为 V，一元材积式 $V=aD^b$。根据材积生长率定义，有：

$$P_V = \frac{\Delta V}{V} \approx \frac{dV}{V} = \frac{d(aD^b)}{aD^b} = \frac{abD^{b-1}dD}{aD^b} = \frac{aD^b bdD}{aD^bD} = b\frac{dD}{D} \approx bPD$$

得材积生长率与胸径生长率的关系为：

$$P_V = bP_D \tag{13-2}$$

其中，b 是以该地区二元立木材积式为基础，根据树高测定所导算的一元材积式 $V=aD^b$ 中的幂指数。

13.3.2 一元材积指数法的实施

(1)胸径生长量测定与整列

方法与步骤同材积差法。

(2)径阶平均胸径生长率计算

$$P_D = \frac{Z_d}{D} \cdot \frac{100}{n} \tag{13-3}$$

(3)径阶材积生长率计算

将 P_D乘以一元材积式的幂指数 b，即得各径阶的材积生长率 P_V。

(4)林分蓄积生长量计算

利用一元材积表(式)，由标准地的林木株数分布，计算其蓄积量 M 及蓄积生长量 Z_V，见表 13-4。

表 13-4 一元材积指数法计算生长量

径阶	株数	单株材积	径阶材积 V	直径生长量 Z_D	胸径生长率 P_D(%)	材积生长率(%) $P_V=bP_D$	材积连年生长量 $Z_V=P_VV$
6	9	0.011	0.096	1.57	2.617	6.363	0.006
8	11	0.021	0.235	1.84	2.300	5.593	0.013
10	16	0.037	0.588	2.09	2.090	5.082	0.030
12	13	0.057	0.745	2.32	1.933	4.701	0.035
14	9	0.083	0.750	2.54	1.814	4.412	0.033
16	6	0.115	0.692	2.75	1.719	4.180	0.029
18	4	0.154	0.614	2.93	1.628	3.958	0.024
20	3	0.198	0.595	3.10	1.550	3.769	0.022

（续）

径阶	株数	单株材积	径阶材积 V	直径生长量 Z_D	胸径生长率 $P_D(\%)$	材积生长率(%) $P_V=bP_D$	材积连年生长量 $Z_V=P_VV$
22	3	0.250	0.750	3.26	1.482	3.603	0.027
24	2	0.309	0.618	3.40	1.417	3.445	0.021
26	1	0.375	0.375	3.52	1.354	3.292	0.012
总计	77	1.611	6.059				0.254

该林分材积连年生长量为0.254m³，10年的定期生长量为9.28m³，林分蓄积生长率为：

$$P_M(\%)=\frac{2.54}{6.059+6.059-2.54}\times\frac{200}{10}=5.30$$

【复习思考】

1. 如何运用一元材积表计算林分蓄积生长量？
2. 应用一元材积表测定林分蓄积量应注意哪些问题？
3. 简述一元材积指数法确定林分蓄积生长量的步骤。

任务13.4 林分表法应用

【任务介绍】

以实例对林分表法测算林分生长量进行介绍，学生可以通过实训式的课程内容探索性地进行学习和训练。通过本任务的实施将达到以下目标：

知识目标

1. 掌握林分表法的基本原理。
2. 掌握林分表法的步骤与方法。
3. 理解林分株数移动过程及移动因子的概念。

技能目标

1. 能正确计算移动因子及进级株数。
2. 能使用林分表法测算林分生长量。

【知识准备】

13.4.1 林分表法的概念

林分表法是指通过调查间隔期间（n年）的胸径生长量和现实林分的直径分布，预估未来n年的直径分布，然后用一元材积表求算现实林分蓄积和未来林分蓄积，借此计算后n

年间的蓄积定期生长量、连年生长量和生长率的方法。

林分表法的核心是对未来直径分布的预估。林木直径生长使林分的直径分布发生进级性的结构转移。通常表现为林木由小径级向邻近的大径级转移，故林分表法又称为进级法。

林分表法的主要步骤为：通过每木调查获得林木直径分布，调查林木胸径生长量，推算林分未来直径分布，计算林分蓄积生长量和生长率。

13.4.2 林分表法的实施

现实林分直径分布调查及胸径生长量测定同前述步骤和方法。

13.4.2.1 未来直径分布的预估

现实林分的直径分布是通过设置标准(样)地进行每木调查而得。假设在同一径阶内，所有林木均按相同的直径生长量增长，即按相同的步长Z_d转移(进级)，则未来的林分直径分布可根据过去的直径生长量予以推定。

(1)均匀分布法

假设各径阶内的树木分布呈均匀分布状态(图 13-2)。

图中的 $ABCD$ 矩形面积代表任意一个径阶内的株数(n)，AB 为径阶大小，用 C 表示。令 X 等于 AD，则 $X = \frac{n}{C}$。$BBC'C$ 的面积代表移动的株数，DD'为直径定期生长量，记为Z_d。则：

$$BB'C'C = Z_d X = Z_d \frac{n}{C} \qquad (13\text{-}4)$$

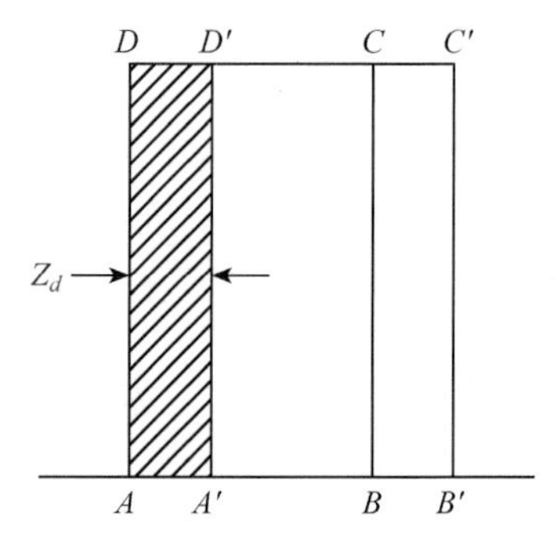

图 13-2 径阶内林木直径的均匀分布

令$R_d = \frac{Z_d}{C}$为移动因子，则各径阶的移动株数为$R_d \times n$。径阶的移动株数随R_d的变化见表 13-5。

表 13-5 移动因子不同时径阶株数的变化

生长量	移动因子	移动情况
$Z_d < C$	$R_d < 1$	部分树木升 1 个径阶，其余留在原径阶内
$Z_d = C$	$R_d = 1$	全部树木升 1 个径阶
$Z_d > C$	$R_d > 1$	移动因子数值中的小数部分对应株数升 2 个径阶，其余升 1 个径阶
	$R_d > 2$	移动因子数值中的小数部分对应株数升 3 个径阶，其余升 2 个径阶

直径分布移动推算步骤及方法按表 13-6 进行。

当$R_d < 1$ 时，例如，6cm 径阶的胸径生长 1.57cm，移动因子$R_d = 0.785$，则从 6cm 径阶进入 8cm 径阶的株数为：$n \times R_d = 9 \times 0.785 = 7.065$(株)，留在原径阶的株数 = 原株数 − 进级株数 = 9 − 7.065 = 1.935(株)，8cm 径阶未来的株数应为本径阶留下的株数加上从 6cm 径阶进入 8cm 径阶的株数，即：7.065 + 0.88 = 7.945(株)。

当$R_d = 1$ 时，全部升 1 个径阶。

当$R_d > 1$ 时，例如，24cm 径阶的$R_d = 1.7$，这时移动因子的小数部分，即 0.7 所对应

表13-6　均匀分布法林分直径分布结构转移计算表

径阶	胸径生长量 Z_d	移动因子 $R_d=\frac{Z_d}{C}$	现在株数	移动株数			未来株数
				进二级	进一级	原级	
6	1.57	0.785	9		7.065	1.935	1.935
8	1.84	0.92	11		10.12	0.88	7.945
10	2.09	1.045	16	0.72	15.28		10.12
12	2.32	1.16	13	2.08	10.92		15.28
14	2.54	1.27	9	2.43	6.57		11.64
16	2.75	1.375	6	2.25	3.75		8.65
18	2.93	1.465	4	1.86	2.14		6.18
20	3.1	1.55	3	1.65	1.35		4.39
22	3.26	1.63	3	1.89	1.11		3.21
24	3.4	1.7	2	1.4	0.6		2.76
26	3.52	1.76	1	0.76	0.24		2.49
28							1.64
30							0.76
合计			77				77

的株数升2个径阶；其余升1个径阶。进2个径阶(进入28cm径阶)的株数为：$0.7\times2=1.4$(株)。进1个径阶(进入26cm径阶)的株数为：$2-1.4=0.6$(株)。留在原径阶的株数=原株数-进级株数=0(株)，未来24cm径阶的株数为1.11株。依此类推。

(2)非均匀分布法

林分各径阶内林木分布实际上并非均匀分布。一般情况下，径阶内代表林木分布的面积(株数)不是矩形，而是近似于梯形。因此，按均匀分布计算的移动株数将会产生偏小或偏大的误差。

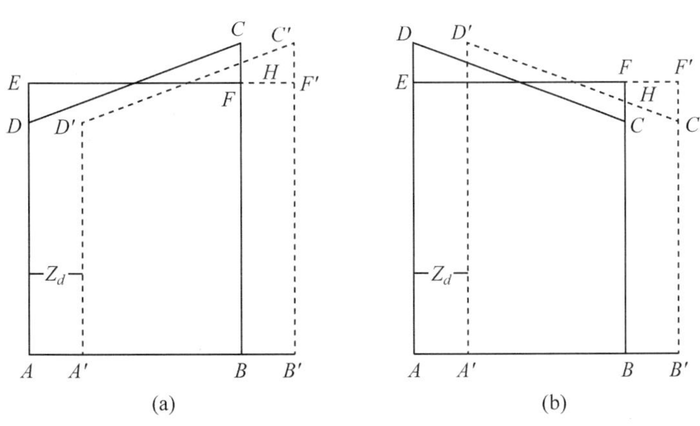

图13-3　径阶内林木直径的非均匀分布

图13-3(a)的分布属于株数上升状态(即该径阶位于林分直径分布的左侧)，代表实际移动株数(梯形$BB'C'H$面积)显然要大于按均匀分布的移动株数(矩形$BB'F'F$面积)。即按均匀分布计算得出的移动株数应乘以一个大于1的改正因子$f(f>1)$才是实际移动株数。而图13-3(b)的分布属于株数下降状态，其改正因子$f<1$。

多数直径分布是下降式，因此，用均匀分布方法计算结果偏大。

迈耶(1953)提出用改正因子f乘以均匀分布的进级株数，以改正这种误差。改正因子f随相邻两个径阶株数相对值q(即小径阶株数与大径阶株数之比)和移动因子R的变化而变化。

$$f = 1 + \frac{1}{4n}(n_2 - n_1)\left(1 \pm \frac{Z_d}{c}\right) \quad (\text{当} n_2 > n_1 \text{时,取“-”号,当} n_2 < n_1 \text{时,取“+”号})$$

式中　n_2——下一径阶株数$(d+c)$；

n_1——上一径阶株数$(d-c)$；

n——该径阶株数。

表 13-7　非均匀分布法林分直径分布结构移动计算表

径阶	胸径生长量	移动因子	f	R'	现在株数	移动株数			未来株数
						进二级	进一级	原级	
6	1.57	0.785	1.066	0.837	9		7.529	1.471	1.471
8	1.84	0.92	1.013	0.932	11		10.249	0.751	8.280
10	2.09	1.045	0.999	1.044	16	0.696	15.304	0	10.249
12	2.32	1.16	0.709	0.822	13		10.695	2.305	17.608
14	2.54	1.27	0.559	0.709	9		6.385	2.615	14.007
16	2.75	1.375	0.505	0.695	6		4.168	1.832	8.217
18	2.93	1.465	0.538	0.788	4		3.152	0.848	5.016
20	3.1	1.55	0.788	1.221	3	0.662	2.338	0	3.152
22	3.26	1.63	0.781	1.273	3	0.818	2.182	0	2.338
24	3.4	1.7	0.325	0.553	2		1.105	0.895	3.739
26	3.52	1.76	0.000	0.000	1		0	1	2.923
总计					77				77.000

例如，12 径阶的$f = 1 + \frac{1}{4n}(n_2 - n_1)\left(1 \pm \frac{Z_d}{c}\right) = 1 + \frac{1}{4 \times 13} \times (9 - 16)\left(1 + \frac{2.32}{2}\right) = 0.709$，$R' = R_d f = 1.16 \times 0.709 = 0.822$(表 13-7)。

(3)累积分布曲线法

通过现实林分各径阶株数累积频数、胸径与胸径生长量的关系，绘制累积频数曲线预估未来林分直径分布，并根据其现实及未来林分直径分布推算林分蓄积生长量，这种方法称作累积分布曲线法，又称作林分表法。

①径阶生长计算　依据胸径生长量与胸径的关系(经整列后的回归经验方程式，$Y = 0.67117 + 0.16146D - 0.00199D^2$)，计算各径阶上限所对应的胸径生长量及径阶上限生长，如 12cm 径阶的上限为 13cm，它所对应的胸径生长量为 2.43cm，则径阶上限生长总量为 13 + 2.43 = 15.43(cm)。24cm 径阶的上限为 25cm，其胸径生长量为 3.46cm，则径阶上限生长总量为 25 + 3.46 = 28.46(cm)。

②现实林分径阶累积株数百分数计算　按从小到大的顺序，逐个对现实林分径阶的株数进行累计，并计算其百分数，结果见表 13-8。

③未来林分径阶分布的计算　以各径阶上限生长(x)与径阶原有累积株数百分数(y)

建立未来林分累积频率分布曲线(方程)。

从未来林分累积频率分布曲线(方程)上查(计算)出各径阶上限所对应的累积株数百分数。

各径阶未来林分的累积株数百分数乘以总株数，得各径阶累计株数，并计算未来林分的直径分布。

表 13-8　累积分布曲线法林分直径分布结构移动计算表

径阶(cm)	径阶生长(cm)			现在分布			未来分布			
	上限	生长量	上限生长 x	株数	累积株数	累积 y (%)	累积 (%)	累积株数	株数	整化株数
	5	1.43	6.43							
6				9						0
	7	1.7	8.7		9	11.69	0.303	0.232		
8				11					13.12	13
	9	1.96	10.96		20	25.97	17.282	13.307		
10				16					11.89	12
	11	2.21	13.21		36	46.75	32.678	25.162		
12				13					10.67	11
	13	2.43	15.43		49	63.64	46.491	35.798		
14				9					9.45	9
	15	2.65	17.65		58	75.32	58.72	45.214		
16				6					8.22	8
	17	2.84	19.84		64	83.12	69.367	53.412		
18				4					7	7
	19	3.02	22.02		68	88.31	78.43	60.391		
20				3					5.78	6
	21	3.18	24.18		71	92.21	85.91	66.151		
22				3					4.55	5
	23	3.33	26.33		74	96.1	91.807	70.692		
24				2					3.33	3
	25	3.46	28.46		76	98.7	96.121	74.013		
26				1					2.11	2
	27	3.58	30.58		77	100	98.852	76.116		
28									0.88	1
	29						100	77		77
30										
	31									
合计				77						

13.4.2.2　林分蓄积生长量计算

蓄积生长量的计算见表 13-9，表中单株材积是由一元材积表查得，未来林分直径分布数据取自表 13-6 至表 13-8。3 种直径结构估计方法计算生长量结果汇总见表 13-10 所列。

表 13-9　林分表法蓄积生长量计算表

径阶	单株材积	现实(t)林分		未来(t+n)林分					
				均匀分布法		非均匀分布法		累积分布曲线法	
		株数	蓄积量	株数	蓄积量	株数	蓄积量	株数	蓄积量
6	0.011	9	0.099	1.94	0.021	1.47	0.016	0	0
8	0.021	11	0.231	7.95	0.167	8.28	0.174	13.12	0.276
10	0.037	16	0.592	10.12	0.374	10.25	0.379	11.89	0.440
12	0.057	13	0.741	15.28	0.871	17.61	1.004	10.67	0.608
14	0.083	9	0.747	11.64	0.966	14.01	1.163	9.45	0.784
16	0.115	6	0.690	8.65	0.995	8.22	0.945	8.22	0.945
18	0.154	4	0.616	6.18	0.952	5.02	0.773	7.00	1.078
20	0.198	3	0.594	4.39	0.869	3.15	0.624	5.78	1.144
22	0.25	3	0.750	3.21	0.803	2.34	0.585	4.55	1.138
24	0.309	2	0.618	2.76	0.853	3.74	1.156	3.33	1.029
26	0.375	1	0.375	2.49	0.934	2.92	1.095	2.11	0.791
28	0.45			1.64	0.738			0.88	0.396
30	0.532			0.76	0.404				
合计		77	6.053	77	8.947	77	7.914	77	8.629

表 13-10　林分表法蓄积生长量计算汇总表

林分结构预测方法	蓄积生长量	蓄积连年生长量	生长率
均匀分布法	2.894	0.2894	3.86
非均匀分布法	1.861	0.1861	2.66
累积分布曲线法	2.576	0.2576	3.51

以均匀分布法为例：

(1)10 年间林分蓄积生长量

$$\Delta_M = 8.947 - 6.053 = 2.894(\mathrm{m}^3)$$

(2)连年生长量

$$Z_M = \frac{\Delta_M}{n} = \frac{2.894}{10} = 0.2894(\mathrm{m}^3)$$

(3)林分蓄积生长率

$$P_M(\%) = \frac{2.894}{8.947 + 6.053} \times \frac{200}{10} = 3.86$$

预估未来林分直径分布，无论采用哪种方法都是将以前的生长量当作 n 年后未来的生长量来估算的，但因树木生长受环境条件变化的影响较大，所以用一次测定法预估未来林分的直径分布，其估计期间(n)不宜过长，应根据树种生长特性以不超过 1 个龄级为限。由于一次测定法难以估计枯损及间伐量，所以其测定结果只能是近似值。

【复习思考】

1. 从林分直径生长分布出发，解释林分表法的实质。
2. 简述林分表法确定林分蓄积生长量的步骤。

任务 13.5　双因素法应用

【任务介绍】

以实例对双因素法测算林分生长量进行介绍，学生可以通过实训式的课程内容探索性地进行学习和训练。通过本任务的实施将达到以下目标：

知识目标

1. 掌握双因素法的原理。
2. 掌握双因素法的过程及方法。

技能目标

1. 能根据标准地调查结果计算断面积。
2. 能运用双因素法计算蓄积生长量。

【知识准备】

13.5.1　双因素法概述

(1)基本概念

双因素法又称双向法(Spurr S. H.，1952)，是利用林分胸高总断面积生长量和平均树高生长量两个因子来控制和估计林分蓄积生长量的方法。从理论上分析，该法采用 G 和 H 两个因素来计算林分蓄积生长量，其估测精度高于前述 3 种方法。此法适用于测定生长速度快的人工林蓄积生长量。

(2)原理及方法要点

设调查间隔期为 n 年，期初为 a 年，期末为 b 年，则两次调查的林分蓄积量 M、总断面积 G、平均高 H、平均形数 F 有如下关系：

$$\Delta_M = M_b - M_a \tag{13-5}$$

且

$$\frac{M_b}{M_a} = \frac{G_b H_b F_b}{G_a H_a F_a}$$

如林分的平均形数在较短期间(5 年或 10 年)内变化不大，即 $F_b = F_a$，则：

$$\frac{M_b}{M_a} = \frac{G_b H_b}{G_a H_a}$$

$$M_b = M_a \frac{G_b H_b}{G_a H_a}$$

代入式(13-5)，则：

$$\Delta_M = M_b - M_a = M_a\left(\frac{G_b H_b}{G_a H_a} - 1\right) \tag{13-6}$$

若以式(13-6)中M_a作为现在的蓄积，M_b为未来(n 年以后)的蓄积，由式(13-5)可以看出，此法预估蓄积生长量的关键在于如何推定G_b和H_b。未来的总断面积G_b可以根据过去林分总断面积净增量求得，即：

$$G_b = G_a + \Delta_G$$

可以证明：

$$\Delta_G = \frac{\left(\sum_n d_b^2 - \sum_n d_a^2\right)\sum_N d_b^2}{\frac{1}{S}\sum_n d_b^2} \tag{13-7}$$

式中 S——$\frac{\pi}{40\,000}$；

$\frac{1}{S}$——12 732. 395；

$\sum_n d_a^2$—— 样木期初去皮胸径的平方和；

$\sum_n d_b^2$—— 样木期末去皮胸径的平方和；

$\sum_N d_b^2$—— 标准地内所有林木期末带皮胸径平方和。

按前述林分蓄积测定中样木法推算的一般方法，以下关系式成立：

$$\bar{g}:\bar{Z}_g = G:\Delta_G$$

即样木平均断面积($\bar{g}$)与其断面积平均净增量($\bar{Z}_g$)之比等于标准地内总断面积(G)与其断面积净增量(Δ_G)之比。换算后为：

$$\Delta_G = \bar{Z}_g \frac{G}{\bar{g}}$$

未来的林分平均高可以根据林分平均年龄从收获表或地位指数曲线上查出。针叶树种的幼龄林，可以根据现实林分最近 n 年高生长量推断未来的平均高，即：

$$H_b = H_a + \Delta_H$$

13. 5. 2 双因素法的实施

(1)总断面积生长量Δ_G的测算

通过在林地中设置标准地，每木调查得其直径分布，随机抽取样木，用生长锥测定过去 5 年的胸径，得表 13-11、表 13-12。

表 13-11 标准地调查统计表

径阶	株数	单株材积	径阶材积	D_b^2	G_b
6	9	0. 0106	0. 0956	324	0. 0254
8	11	0. 0214	0. 2351	704	0. 0553
10	16	0. 0368	0. 5883	1600	0. 1257
12	13	0. 0573	0. 7447	1872	0. 1470
14	9	0. 0833	0. 7500	1764	0. 1385
16	6	0. 1153	0. 6918	1536	0. 1206

（续）

径阶	株数	单株材积	径阶材积	D_b^2	G_b
18	4	0.1536	0.6142	1296	0.1018
20	3	0.1984	0.5952	1200	0.0942
22	3	0.2501	0.7504	1452	0.1140
24	2	0.3091	0.6182	1152	0.0905
26	1	0.3755	0.3755	676	0.0531
合计	77		6.0590	13576	1.0663

(2)测算总断面积生长量Δ_G

通过标准地调查得：

标准地林木总株数株数 $N=77$；

标准地内所有带皮胸径的平方和 $\sum_i^N D_b^2 = 13\,613.99\text{cm}$；

林分平均胸径 $D_a=13.3\text{cm}$；

林分平均树高 $H=9.9\text{m}$；

林分总断面积 $G_a=1.0663\text{m}^2$；

林分蓄积量 $M_a=6.0590\text{m}^3$。

随机或系统抽取样木，用生长锥测定过去的胸径。

表 13-12 双因素法样木调查统计表

编号	带皮胸径 D_b	D_b^2	二倍皮厚 $2B$	去皮胸径 D'_b	5 个年轮宽 L	期初胸径		
						去皮 $D'_a=D'_b-2L$	带皮 $D_a=D'_aK_B$	D_a^2
6	9.5	90.25	0.8	8.7	0.81	7.08	7.72	59.57
8	7.6	57.76	0.6	7.0	0.81	5.38	5.86	34.40
9	22.6	510.76	1.6	21.0	1.5	18.0	19.62	385.02
10	15.3	234.09	1.2	14.1	1.2	11.7	12.75	162.67
15	11.8	139.24	1.2	10.6	0.89	8.82	9.62	92.53
⋮								
合计	454.9	7639.87		417.3				4974.55

根据表 13-12 的数据计算得：

$$\sum_i^N D_b^2 = 7639.87 \quad \sum_i^N D_a^2 = 4974.55$$

代入公式(13-6)得：

$$\Delta_G = \frac{(7639.87-4974.55)\times 13\,613.99}{12\,732.395\times 7639.87} = 0.3730(\text{m}^2)$$

则：

$$G_b = 4.4158+0.3730 = 4.7888(\text{m}^2)$$

(3)平均树高生长量Δ_H的测算

在标准地调查选出 3 株平均标准木，实测最近 10 年间树高生长量为 1.3、0.8、1.2m，取其平均值为 1.1m，作为平均高生长量。即：

$$\Delta_H = 1.1\text{m}$$

则:

$$H_b = 9.9 + 1.1 = 11.0(\text{m})$$

(4)蓄积生长量计算

$$\Delta_M = M_a\left(\frac{G_b H_b}{G_a H_a} - 1\right) = 6.0590\left(\frac{4.7888 \times 11.0}{4.4158 \times 9.9} - 1\right) = 1.2419(\text{m}^3)$$

连年生长量为:

$$Z_M = \frac{1.2419}{10} = 0.1242(\text{m}^3)$$

10年后林分蓄积量为:

$$M_b = M_a + \Delta_M = 6.0590 + 1.2419 = 7.3009(\text{m}^3)$$

蓄积生长率为:

$$P_M(\%) = \frac{1.2419}{7.3009 + 6.0590} \times \frac{200}{10} = 1.8591$$

【复习思考】

1. 简述双因素法确定林分蓄积生长量的原理。
2. 双因素法确定林分蓄积生长量过程的方法要点。

任务13.6 固定标准地法应用

【任务介绍】

以实例对固定标准地法测算林分生长量进行介绍，学生可以通过实训式的课程内容探索性地进行学习和训练。通过本任务的实施将达到以下目标:

知识目标

1. 掌握固定标准地法测定林分生长的基本原理。
2. 了解固定标准地设置和调查的基本知识与过程。

技能目标

1. 能正确选择和设置固定标准地。
2. 能选择正确方法进行标准的每木调查。
3. 能正确计算间隔期的生长量。

【知识准备】

13.6.1　固定标准地法概述

(1)基本概念

固定标准地法是通过设置固定标准地，定期(1、2、5、10年)重复测定该林分各调查因子(胸径、树高和蓄积量等)，从而推定林分各类生长量的方法。

固定标准地法不仅可以准确测定林分的毛生长量，而且能测得用一次调查法所不能测定的枯损量、采伐量、纯生长量等，并可取得在各种条件下的林分各径阶的状态(径阶值、枯损均属于一种状态)转移概率分布结构，进行不同经营措施的效果评定，这对于研究森林的生长和演替有重要意义。

目前，我国大部分地区已完成国家级固定样地体系(称为森林资源连续清查体系)的建立。有的省(自治区、直辖市)、县还建立了固定样地数据库，为林业集约经营管理和持续发展提供可靠的森林消长信息。可以断定，随着时间的推移，森林资源连续清查体系必将发挥更重要的作用。

(2)主要种类

固定标准地(样地)可分为两类。

①树木不编号的固定标准地　它是以林分整体为重复观测对象而设置的固定标准地。通过标准地林分的定期观测，推算直径、树高、断面积和蓄积生长量。这种方法相对简单，是固定标准地法的初级形式。

②树木编号的固定标准地　对固定标准地中的每株树木按顺序全部一一编号。通过对每株树生长变化的测定，确定林分各类生长量的变化。

这种定株重复观测的固定标准地，可以确知枯损木、采伐木的材积变化及进界生长量。在研究林分生长过程或营林效果对比试验时，常设置这类标准地。目前我国所设置的固定标准地(或固定样地)以这类为主。

(3)固定标准地的设置

固定标准地的设置与临时标准地基本相同，但要注意以下几点：

①设置地段　应充分考虑林分的代表性，并保持与自然条件的一致性。

②测设标志　应埋设固定标桩，且标志要明显，要保证易复位。

③面积大小　用材林为0.25hm^2以上，天然更新幼龄林在1hm^2以上，以研究经营方式为目的的标准地不应小于1hm^2。考虑到自然稀疏现象，标准地的大小应依林龄而有所不同，林龄大的林分标准地的面积应适当增加。

(4)保护带设置

一般在标准地四周设置保护带，带宽以不小于林分的平均高为宜。

(5)测定间隔期

一般以5年为宜。速生树种间隔期可定为3年；生长较慢或老龄林分可取10年为间隔期。

(6)测树工作

测树调查最好在生长停止后进行。应在每株树干上用油漆标出胸高(1.3m)的位置，用围尺检径，精确到0.1cm，并绘树木位置图。有条件的区域，可采用高清晰度的航空影像进行每木定位，以保证精确复位。

(7)详细记载间隔期内标准地所发生的变化

如经营状况、间伐、自然枯损、火灾、病虫害等。

13.6.2 固定标准地法的实施

以四川省德阳市一块柏木标准地为例，见表13-13，说明树木编号的固定标准地的生长量的测算。

表13-13 柏木固定标准地测定资料

树号	树种	状态	2004年胸径	2004年树高	2014年胸径	2014年树高	材质等级
1	柏木	进阶木	5.9	4.7	8.1	7.2	Ⅱ
2	柏木	进阶木	8	6.8	10.4	7.3	Ⅱ
3	柏木	进阶木	5	4.2	6.1	5.8	Ⅱ
4	柏木	进阶木	7.8	6	9.3	8.7	Ⅱ
5	柏木	进阶木	6.2	4.9	7.8	6.2	Ⅱ
6	柏木	进阶木	7.9	6.1	9.5	7.6	Ⅱ
7	柏木	进阶木	8.2	6.7	10.6	8	Ⅱ
8	柏木	进阶木	6	4.6	7.6	6.3	Ⅱ
9	柏木	进阶木	19.6	11.3	22.6	12.9	Ⅰ
10	柏木	进阶木	12.9	10.2	15.3	11.3	Ⅱ
11	柏木	枯立木	6.8	5.4	6.8	5.4	Ⅲ
12	桤木	间伐木	11.8	10.1			
13	柏木	进阶木	8.1	6.8	10.7	8.1	Ⅰ
14	柏木	进阶木	6.7	5	8.2	6.8	Ⅱ
15	柏木	进阶木	10	7.4	11.8	9	Ⅱ
16	柏木	进阶木	5.4	4.2	6.8	5.2	Ⅱ
17	桤木	间伐木	5.9	4.6			
18	柏木	进阶木	19.1	12.5	21.9	13.4	Ⅰ
19	柏木	进阶木	6.8	5.7	8.0	6.4	Ⅱ
20	柏木	进阶木	14.6	9.8	16.3	10.6	Ⅱ
21	柏木	进阶木	6	4.9	7.5	6.8	Ⅱ
22	柏木	进阶木	9.7	7.8	12.2	9.4	Ⅱ
23	柏木	进阶木	6.9	5.6	8.1	6.5	Ⅱ
24	柏木	进阶木	16.3	11.1	18.2	11.5	Ⅱ
25	柏木	进阶木	6.3	5.2	7.8	7.1	Ⅱ
26	柏木	进阶木	7.6	6.3	9.1	8	Ⅱ
27	柏木	进阶木	10.4	8.1	12.3	8.5	Ⅱ
28	柏木	进阶木	11	8.9	13.1	9.8	Ⅱ
29	柏木	进阶木	6.5	5.2	8.3	7	Ⅱ
30	柏木	进阶木	9.9	7.8	11.6	8.8	Ⅱ
31	柏木	进阶木	10.3	8.2	12.1	8.3	Ⅱ
32	柏木	进阶木	11.5	9.1	14.2	10.2	Ⅰ

（续）

树号	树种	状态	2004年胸径	2004年树高	2014年胸径	2014年树高	材质等级
33	柏木	进阶木	5.3	4	7.2	6.9	Ⅱ
34	柏木	进阶木	13.6	10.1	15.8	11	Ⅱ
35	柏木	进阶木	10.9	8.3	12.8	8	Ⅱ
36	柏木	进阶木	9.5	7.6	11.2	8.9	Ⅱ
37	柏木	进阶木	14.5	10.3	16.8	10.9	Ⅱ
38	柏木	进阶木	11.9	9.2	14.6	10.5	Ⅰ
39	柏木	进阶木	7.8	6.4	9.5	9	Ⅱ
40	柏木	进阶木	19.7	12.5	22.3	13.5	Ⅰ
41	柏木	进阶木	15.8	11.1	17.6	11.7	Ⅱ
42	柏木	进阶木	7.3	5.7	9.6	8.1	Ⅱ
43	柏木	进阶木	8.6	6.8	10.3	8.4	Ⅱ
44	柏木	进阶木	8.9	7.2	9.8	7.2	Ⅲ
45	麻栎	间伐木	6.5	5.2			
46	柏木	进阶木	10.1	8.1	12.6	8.8	Ⅱ
47	柏木	进阶木	8.2	6.3	10.2	6.9	Ⅱ
48	柏木	进阶木	8.5	7.2	9.5	8.3	Ⅱ
49	麻栎	间伐木	8.1	6.6			
50	柏木	进阶木	13.3	10.1	15.7	11	Ⅱ
51	柏木	进阶木	16	10.8	19.8	11.8	Ⅰ
52	柏木	枯立木	8.6	7.1	8.6	6.3	Ⅲ
53	柏木	进阶木	5.5	4.4	6.6	4.9	Ⅱ
54	柏木	进阶木	9.8	7.8	11.8	8.7	Ⅱ
55	柏木	保留木	9.1	7.3	10.2	7.8	Ⅱ
56	柏木	进阶木	10.8	8.4	13.9	8.4	Ⅰ
57	柏木	进阶木	17.3	11.5	20.1	13	Ⅰ
58	柏木	进阶木	21.5	13.1	24.5	14.3	Ⅰ
59	柏木	进阶木	14.1	10.2	16.7	10.9	Ⅰ
60	柏木	进阶木	17.5	11.8	20.5	12.6	Ⅰ
61	柏木	进阶木	7.8	6.3	10.5	7.6	Ⅰ
62	柏木	进阶木	11.1	7.9	13.7	8.7	Ⅰ
63	柏木	保留木	9.1	7.4	10.8	7.4	Ⅱ
64	柏木	进阶木	14.5	10.1	17.2	11	Ⅰ
65	麻栎	间伐木	7.9	6.4			
66	柏木	进阶木	10.8	8.5	13.2	9.4	Ⅱ
67	柏木	进阶木	9.4	7.4	11.7	8	Ⅱ
68	柏木	进阶木	20.1	12.6	23.1	13.8	Ⅰ
69	柏木	进阶木	23	13.5	26.2	15.5	Ⅰ
70	柏木	进阶木	9.3	7.3	11.3	8.1	Ⅱ
71	柏木	进阶木	11.2	8.7	13.5	9.7	Ⅱ
72	柏木	进阶木	10.6	8.1	12.4	8	Ⅱ
73	柏木	进阶木	12	8.2	14.3	9.3	Ⅱ

（续）

树号	树种	状态	2004 年胸径	2004 年树高	2014 年胸径	2014 年树高	材质等级
74	柏木	进阶木	12.4	9	14.8	9.7	Ⅱ
75	柏木	进阶木	16.6	11.4	18.9	12.2	Ⅱ
76	柏木	进阶木	6.8	5.6	8.5	6.7	Ⅱ
77	麻栎	间伐木	6	4.5			
78	柏木	进阶木	8.3	6.8	9.8	7.5	Ⅱ
79	柏木	进阶木	9.9	7.9	12.3	9	Ⅱ
80	柏木	进界木			5.5	4.9	Ⅱ
81	柏木	进界木			5.9	4	Ⅱ
82	柏木	进界木			5.3	4	Ⅱ
83	柏木	进界木			6.2	5.3	Ⅱ
84	柏木	进界木			5.9	5.6	Ⅱ
85	柏木	进界木			5.4	4.2	Ⅱ

13.6.2.1 调查资料

标准地 2014 年调查信息如下：

标准地实测调查卡片

四川省德阳自治州（地区、市）旌阳区林业局（县）八角井林场（乡）______作业区

新华林班（村）28 小班1　总体地形图图幅号或航空像片号：____________

标准地号21　标准地长度20m　标准地宽度20m　标准地面积0.04hm^2

标准地林况地况调查记载

树种组成10 柏木　年龄40　平均高度9.9m　平均直径13.3cm　郁闭度0.8 林种公益林

每公顷株数1925 株　每公顷蓄积151.48m^3　地位级或立地指数级Ⅱ　林型柏木纯林

幼树：组成________　年龄________年　每公顷株数________株　高度________m　分布

下木：种类马桑　高度2m　总覆盖度40%　分布均匀

地被物：种类茅草　高度0.6m　总覆盖度70%　分布均匀

土壤：名称紫色土结构粒状质地黏土厚度40cm　湿度潮

地形地貌：部位上　坡型直线　坡向无坡向　坡度18°　海拔485m

林分特点及其他记载

该林地为 20 世纪 70 代中期人工植苗造林而成，当时立地条件较差，经 40 年的经营管理，生长较好，对环境的改善和影响明显。

13.6.2.2 计算方法

(1)胸径和树高生长量计算方法

在固定标准地上逐株测定每株树的D_i、H_i（或用系统抽样方式测定一部分树高），利用期初、期末 2 次测定结果计算 Z_D、Z_H。步骤如下：

①将标准地上的林木调查结果分别径阶归类，求各径阶期初、期末的平均直径（或平均高）。

②期末、期初平均直径之差即为该径阶的直径定期生长量。

③以径阶中值及直径定值生长量作点，绘制定期生长量曲线。

④从曲线上查出各径阶的理论定期生长量，计算其连年生长量。

(2)蓄积生长量计算方法

固定标准地的材积是用二元材积表计算的，期初、期末 2 次材积之差即为材积生长量，并可直接获得该林分每公顷的净增量、枯损量、采伐量、进界生长量、纯生长量、毛生长量。由于固定标准地树高测定方式的不同，材积生长量的计算方法也不同。

①标准地上每木测高时，根据胸径和树高的测定值用二元材积表计算期初、期末的材积，2 次材积之差即为材积生长量。

②用系统抽样方法测定部分树木的树高时，根据树高曲线导出期初、期末的一元材积表，计算期初、期末的蓄积，2 次蓄积之差即为蓄积生长量。

13.6.2.3　计算结果

(1)胸径生长量

2004 年林分平均直径 11.4cm，2014 年林分平均直径 13.3cm。所以，10 年间林分定期生长量为 13.3 − 11.4 = 1.9(cm)。

(2)树高生长量

2004 年林分平均树高 8.8m，2014 年林分平均树高 9.9m。所以 10 年间林分定期生长量为 9.9 − 8.8 = 1.1(m)。10 年间林分平均树高变化 1.1m。

(3)蓄积生长量

实际计算得出 2004 年该林分每公顷蓄积量为 107.905m^3，2014 年该林分每公顷蓄积量为 151.475m^3，枯损量为 0.8m^3，采伐量为 3.2975m^3，进阶生长量为 46.0725m^3，进界生长量为 1.5925m^3。结果见表 13-14。

表 13-14　固定标准地调查计算表　　hm^2

调查时间	林龄	平均高	平均径	断面积	蓄积量	枯损量	间伐量	进阶量	进界量
2004 年	30	8.8	11.4	20.105	107.905	0.8	3.2975	46.0725	1.5925
2014 年	40	9.9	13.3	26.6575	151.475				

按不包括进界生长量时的林分生长量计算结果如下：

10 年间蓄积净增量 $\Delta = M_b - M_a - I = 151.475 - 107.905 - 1.5925 = 41.9775(m^3)$；

纯生长量 $Z_{ne} = \Delta + C = 41.9775 + 3.2975 = 45.275(m^3)$；

毛生长量 $Z_{gr} = Z_{ne} + M = 45.275 + 0.8 = 46.075(m^3)$。

【复习思考】

1. 是否可以采用平均标准木法测定林分蓄积生长量？其方法及步骤是什么？如何修正平均标准木法的调查结果，提高其计算精度？

2. 简述固定标准地法和临时标准地法的相同点和不同点。

任务 13.7 收获表法应用

【任务介绍】

收获表是森林经营过程的重要数表。收获表法测算林分生长量主要受制于数表的编制或收集，本任务主要通过介绍几种主要的生长过程表及其主要差异，让学生可以了解数表的应用过程及主要计算方法。通过本任务的实施将达到以下目标：

知识目标

1. 理解林分生长过程及收获表的概念。
2. 了解林分收获表的编制过程。

技能目标

1. 能应用收获表进行调查因子的计算。
2. 能应用收获表估算现实林分生长。

【知识准备】

13.7.1 收获表的认知

(1)基本概念及内容

收获表又称生长过程表，是按树种、立地质量、林龄和密度来表达同龄纯林的单位面积产量及其林分特征因子的数表，见表 13-15。

表 13-15 东北地区白桦林收获表(Ⅱ地位级，疏密度 1.0)

林龄	平均树高(m)	平均胸径(cm)	主林木(保留部分)				副林木(枯损)				全林分合计			
			株数	断面积(m^2)	蓄积量(m^3)	连年生长量(m^3)	平均生长量(m^3)	形数	株数	蓄积量(m^3)	蓄积量合计(m^3)	连年生长量(m^3)	平均生长量(m^3)	生长率
10	5.7	4.0	9070	11.4	35		3.5	0.531		6	41		4.1	
20	11.3	9.0	2720	17.3	96	6.1	4.8	0.49	6350	25	121	8.0	6.0	2.0
30	15.5	13.5	1500	21.5	157	6.1	5.2	0.465	1220	49	206	8.5	6.9	6.7
40	19	20.3	769	24.9	212	5.5	5.3	0.449	731	76	288	8.2	7.2	4.4
50	21.6	22.6	683	27.4	260	4.8	5.2	0.44	86	103	363	7.5	7.3	3.2
60	23.8	24.1	622	29.1	301	4.1	5.0	0.435	61	128	429	6.6	7.2	2.4
70	25.5	25.9	575	30.3	331	3.3	4.8	0.432	47	149	483	5.4	6.9	1.7
80	26.8	27.2	540	31.4	361	2.7	4.5	0.430	35	167	528	4.5	6.6	1.3
90	27.7	28.3	512	32.3	382	2.1	4.2	0.429	28	181	563	3.5	6.3	0.9
100	28.5	29.3	482	32.5	397	1.6	4.0	0.429	30	190	583	2.5	5.9	0.6

在表13-15中，副林木是指在林分的生长过程中，因自然稀疏而枯损的林木。这一部分林木往往是间伐应利用的对象。主林木是指保留的活林木。主林木的株数变化显示林分的自然稀疏过程。

(2)收获表的种类

同龄纯林收获表一般分为3类。

①标准收获表　是反映标准林分的收获量和生长过程的数表。所谓标准林分是指林分生长量呈正常状态，且具有疏密度为1.0和最高生长能力的林分，生长呈正常状态指未受过危害且保持完整状态而生长着的林分。那种间伐不及时或过密，或是为了增加收入，对上层木过度间伐的林分，都不属于正常状态。所以标准收获表是反映理想模式林分的生长过程表，见表13-16。

表13-16　冷杉生长过程表(西南地区，高山杜鹃冷杉林)

年龄	平均树高	平均直径	立木株数	断面积	蓄积量	树皮率	去皮材积	形数	单株材积	平均生长量	连年生长量	生长率
10	0.5											
20	1.2											
30	2.0	1.7	20435	4.7								
40	2.9	3.6	10196	10.4	28			0.954	0.0027	0.7		
50	4.0	5.7	6275	16.0	55			0.859	0.0088	1.1	2.7	6.51
60	5.2	7.8	4498	21.5	89			0.797	0.0198	1.5	3.4	4.72
70	6.5	9.9	3494	26.9	129	24.5	97	0.740	0.0369	1.8	4	3.67
80	7.7	12.2	2737	32.0	173	23.4	133	0.704	0.0632	2.2	4.4	2.91
90	9.0	14.4	2192	35.7	216	22.3	168	0.672	0.0985	2.4	4.3	2.21
100	10.2	16.5	1815	38.8	256	21.7	200	0.648	0.1410	2.6	4	1.69
110	11.1	18.4	1557	41.4	290	21.1	229	0.631	0.1863	2.6	3.4	1.25
120	11.9	20.0	1384	43.5	320	20.7	254	0.618	0.2312	2.7	3	0.98
130	12.6	21.5	1250	45.4	348	20.3	277	0.609	0.2784	2.7	2.8	0.84
140	13.2	22.9	1139	46.9	373	20.1	298	0.602	0.3275	2.7	2.5	0.69
150	13.7	24.1	1057	48.2	394	19.9	316	0.596	0.3728	2.6	2.1	0.55
160	14.1	25.2	990	49.4	412	19.7	331	0.592	0.4162	2.6	1.8	0.45
170	14.5	26.2	931	50.2	428	19.6	344	0.588	0.4597	2.5	1.6	0.38
180	14.8	27.2	876	50.9	441	19.4	355	0.585	0.5034	2.5	1.3	0.30
190	15.1	28.0	836	51.5	453	19.3	366	0.582	0.5419	2.4	1.2	0.27
200	15.3	28.7	801	51.8	461	19.2	372	0.580	0.5755	2.3	0.8	0.18

②经验收获表　又称现实收获表，它是以现实林分为对象的收获表。该表以标准地或样地平均数为基础，取消了选择适度郁闭所作的限制，从而减少了外业收集资料的难度。表上的数值明显具有平均密度林分的特征，见表13-17。

表 13-17　杉木经验收获表（四川省彭州市国有林场，地位指数 = 16）

林龄	平均直径	平均树高	单株材积	株数	蓄积量	蓄积平均生长量	断面积	断面积平均生长量
4	1.53	1.76	0.0002	5110	1.02	0.26	0.94	0.2349
6	2.69	2.94	0.0011	3942	4.34	0.72	2.24	0.3734
8	4.48	4.62	0.0044	3354	14.76	1.84	5.29	0.6609
10	6.83	6.73	0.0143	2845	40.69	4.07	10.42	1.0423
12	9.42	8.97	0.0349	2485	86.73	7.23	17.32	1.4432
14	11.73	10.97	0.0643	2213	142.30	10.16	23.91	1.7082
16	13.45	12.49	0.0946	1992	188.44	11.78	28.30	1.7689
18	14.56	13.52	0.1187	1812	215.08	11.95	30.17	1.6761
20	15.22	14.15	0.1349	1661	224.07	11.20	30.22	1.5110
22	16.27	15.13	0.1634	1534	250.66	11.39	31.89	1.4496
24	17.10	16.13	0.1909	1422	271.46	11.31	32.66	1.3607
26	17.70	16.91	0.2131	1329	283.21	10.89	32.70	1.2577
28	18.12	17.50	0.2302	1275	293.51	10.48	32.88	1.1742
30	18.41	17.94	0.2429	1245	302.41	10.08	33.14	1.1047

③可变密度收获表　是以林分密度为自变量的现实林分的收获表。它不受正常林分的限制，可以反映各种密度水平的收获量。例如，印度黄檀树种的可变密度收获表见表 13-18，在其断面积收获模型的自变量中，增加了株数密度因子，其收获函数式为：

$$\lg(G) = b_0 + b_1\lg(t)\lg(SI) + b_2(t) + b_3(SI) + b_n\lg(N)$$

式中　G——每公顷胸高断面积；

t——年龄；

N——株数密度；

SI——地位指数。

20 世纪 50～70 年代，收获表与生长过程表在各国得到广泛应用，但二者在表的名称、内容、编制方法和使用都因国、因人而略有不同。

表 13-18　黄檀可变密度总断面积收获表

龄阶	每公顷的林木株数								
	100	200	300	400	500	600	700	800	900
10							11.151	12.286	13.383
15				12.263	14.420	16.461	18.411	20.285	22.097
20			13.668	16.844	19.806	22.610	25.288	27.863	30.350
25			16.973	20.916	24.595	28.076	31.402	34.599	
30			19.774	24.368	28.654	32.710	36.584	40.308	
35		16.423	22.045	27.166	31.945	36.466			
40	10.717	17.728	23.798	29.326	34.484	39.366			
45	11.288	18.678	25.065						
50	11.661	19.289							

20世纪50年代，我国从事生长过程表方面的研究取得了一定成果。由原林业部森林综合调查队编制了我国部分主要树种的生长过程表。这些表主要是天然单层同龄纯林的生长过程表，并侧重于揭示林分生长规律，为森林调查和科学营林提供依据。在编表方法上是以林型或地位级确定立地质量，从疏密度不小于0.7的林分中收集各龄阶标准地资料，并取平均的总断面积生长曲线的变动上限，作为疏密度1.0时的总断面积生长曲线。这类曲线可用于模拟原始天然林的生长过程。

13.7.2 收获表应用

(1)主要用途

收获表可用于判断林地的地位，查定林分的生长量和蓄积量，预估今后的生长状态收获量，确定森林成熟和伐期龄，鉴定经营措施的效果并做出有关森林经营的最佳决策。

(2)主要步骤

收获表预估生长量主要步骤如下：

①测定现实林分年龄、每公顷胸高总断面积及林分平均高或优势木平均高。

②确定现实林分立地质量等级。

③由表中查出疏密度为1.0时的蓄积量及其有关因子。

④计算现实林分疏密度、蓄积量、生长量及其他因子。

例如，某白桦天然林分，测知林龄为80年，平均高为25m，总断面积为25.1m^2。具体步骤如下：

①确定地位级，根据林分平均高和林龄查白桦天然林正常收获表(表13-15)或查相同树种地位级表，确定该林分地位级为Ⅱ级。

②根据林龄，由Ⅱ级地位级白桦收获表中，查得每公顷断面积为31.4m^2，每公顷蓄积为361m^3，连年生长量为2.7m^3。则：

现实林分疏密度 $P = 25.1/31.4 = 0.8$；

林分蓄积量 $M_{实} = M_{表} \times P = 361 \times 0.8 = 288.8(m^3/hm^2)$；

蓄积生长量 $Z_M = 2.7 \times 0.8 = 2.16(m^3/hm^2)$。

【技能训练】

收获表应用

一、实训目的

学会利用生长过程表计算或查询林分因子。

二、仪器材料

计算器，计算表格，林分生长过程表。

三、训练步骤

1. 林地调查

通过现地进行林地调查，主要调查林地的郁闭度，年龄，平均径，平均高等。

2. 估算林分因子

利用调查的郁闭度与疏密度之间的关系，得到疏密度 P。

(1)林木株数：____________。

(2)蓄积量：____________。

(3)生长量：____________。

(4)断面积：____________。

(5)生长量：____________。

3. 比较

估算的林分因子与调查的林分因子进行比较，分析并解释两者的差异，提出解决的办法。

四、注意事项

1. 两人为一组，结合前后的标准地调查结果进行计算。

2. 对计算结果进行分析，并以小论文方式提交报告。

五、技能考核

序号	考核重点	考核内容	分值
1	疏密度的估算	能够用目测法、断面积法估算疏密度	60
2	收获表的用途	能够在林地调查中合理使用收获表	40

【复习思考】

1. 林分生长和收获模型分为几类？分类的依据是什么？

2. 简述林分生长过程表的编制过程和主要方法。

3. 简述林分收获表的应用。

4. 林分生长模型与单木生长模型各有何特点？

【知识拓展】

林分生长和收获模型

1. 林分生长与收获模型的概念

林分生长与收获模型是通过数学建模，用定量方法来描述和模拟自然状态下林分生长(包括枯损)的过程。这个过程可以用一个或—组数学模型来描述。由于林分的自然生长过程受各种环境和人为条件的影响而变得十分复杂，一般情况下是假设林分在一种正常状态下的生长，所以生长和收获模型所描述的实际上是自然状态的一个特例，因此，它不同于大面积的森林资源预测模型。通常林分生长和收获模型是森林资源预测模型的基础。

一般林分生长和收获模型是由以林分年龄、林分密度、林分地位级为自变量，以林分蓄积量(包括林分平均胸径、平均高等)为因变量的多对一或多对多的生长函数或生长函数簇构成。

林分生长(收获)过程表是林分生长和收获模型的一种列表形式。

2. 林分生长和收获模型的发展

主要反映在以下几方面：

(1)林分生长和收获模型已由单纯同龄林向混交异龄林方向发展。所谓混交林生长过程包括各组成树种森林分子的生长和枯损过程的有机叠加。

(2)林分生长模拟已由标准林分向现实林分随机生长模拟方向发展。这是因为林分生长(包括枯损)是一个随机过程，用多因素控制模拟使得更接近现实林分在自然状态下的生长过程，这在林业经营上有重要意义。

(3)林分生长和收获模型已从经典生长过程表形式向计算机智能化软件方向发展。例如，SPS(stand program system)系统等。我国最近也做了这方面的研究。在上述系统中，将林分生长和收获模型中地位、密度、生长、枯损、更新等参数数量化形成相互制约的一组函数，用计算机模拟和控制林分的生长过程。

项目 14

林分出材量调查

【教学目标】

1. 了解主要经济材种及划分标准。
2. 掌握造材程序及方法。
3. 掌握材种材积计算方法。

【重点难点】

重点：伐倒木材种材积测定。

难点：林分出材量测定。

任务 14.1　伐倒木材种材积测定

【任务介绍】

为了合理开展森林经营，须对森林资源的数量和质量作出全面的评价。确定林分抚育强度、次数、间隔期及抚育方式等技术措施时，就必须在查明蓄积量的基础上，进一步对森林木材资源的经济价值作出评价。另外，在制订木材采伐限额、生产计划及营林技术措施时，林分材种出材量(stand merchantable volume)也是一个重要依据。通过本任务对伐倒木材种材积测定的实施将达到以下目标：

知识目标

1. 了解经济材种种类及划分标准。
2. 掌握伐倒木材种材积计算方法。

技能目标

1. 能根据木材标准进行造材。
2. 能正确进行材种材积的计算。

【知识准备】

伐倒木经打枝去皮，并截去直径不足 6cm 的梢头(head log)称作原条(whole stem)。原条按照用材需要，截成各种不同规格尺码的木段称作原木(log)。经过锯割加工成不同用途的锯材(sawn timber)，这些不同规格、不同用途的木材品种称作材种(timber-assortments)，主要分为原条、原木、枕木及坑木等。对树干或原条进行材种划分的过程称作造材(log-marking)。另外，根据树干或木段的材质、规格及可用性，又可分为经济材、薪材及废材。经济材(assortment log)是树干或木段用材长度和小头直径、材质符合用材标准的各种原木、板方材等材种的通称。薪材(fuel wood，fire wood)是指不符合经济材标准但仍可作为燃料或木炭原料的木段。在木材生产和销售中，又把经济材和薪材统称为商品材或商用材(merchantable timber，merchantable log)。废材(refuse wood，wastewood)是指那些因病腐、虫眼、节疤等缺陷，已失去利用价值的木段、树皮及梢头木。根据木材流通、经济建设用材的需求，国家对各种用材规格尺码及材质要求制定了统一标准，即国家木材标准。

14.1.1　木材标准

为合理使用和正确计量木材，国家林业部门对不同材种的尺寸大小、适用树种、材质标准(材质等级)以及木材检验规则和用于计算材种材积的公式或数表等制定统一标准，即木材标准(timber and lumber standards)。我国于 1958 年 11 月首次正式颁布了木材标准，又于 1984 年 12 月经国家科学技术委员会重新进行修改，于 1985 年 12 月实施。后于 1995 年重新进行修订，并更名为木材工业标准。此外，各省、自治区、直辖市根据地方用材需要，制定了地区性的木材标准(即地方木材标准)，作为国家木材标准的补充。国家木材标准分为原木(含杉原条)标准和锯材标准两种。

14.1.1.1 原木

原木分为三大类：①直接用原木，包括直接使用的支柱、支架的原木(如坑木、电杆、檩木等材种)。②特级原木，包括用于高级建设装修、装饰及各种特殊需要的优质原木(如胶合板材等)。③加工用原木，又分为针叶树加工原木和阔叶树加工用原木，主要包括用于建筑、船舶、车辆维修、包装、家具、造纸等的原木(如造船材、车辆材、胶合板材、造纸材、枕木、机台木等)。

同时，在木材标准中，对原木材质指标(如漏节、边材腐朽、心材腐朽、虫眼、弯曲等)规定了限度标准。现将《直接用原木坑木(GB 142—1995)》的规定摘录如下：

(1)树种、用途、尺寸(表14-1)

表14-1 树种、用途、尺寸

树种	用途	尺寸	
		检尺长(m)	检尺径(cm)
松科树种、杨木及其他硬阔叶树种	矿井作支柱、支架	2.2～3.2，4，5.6	12～24

注：对地方煤矿，经供需商定，允许生产供应检尺长自1.4m。

(2)尺寸进级、公差

①检尺径　按2cm进级。

②长级公差　允许 $^{+6}_{-2}$cm。

(3)材质指标

国家对特级原木和针叶、阔叶树加工用原木树种，按主要用途、尺寸、公差等分别制定了国家标准，其中木材缺陷限度标准见表14-2。

表14-2 木材缺陷限度

缺陷名称	检量方法	限度
漏 节	在全材长范围内	不许有
边材腐朽	在全材长范围内	不许有
心材腐朽	在检尺长范围内	不许有
虫 眼	在检尺长范围内	不许有
弯 曲	最大拱高不得超过弯曲内曲水平长的：	
	1. 检尺长自3.2m以下	3%
	2. 连二4、5、6m	5%
外伤、偏枯	深度不得超过检尺径的	10%

注：除上表以外风折、炸裂不许有，其他缺陷不计。

14.1.1.2 杉原条

在木材标准中规定，经过打枝、剥皮、没有加工造材的杉木(含水杉、柳杉)伐倒木，称为杉原条。杉原条的用材长度为5m以上，检尺径分为大、中、小3级，分级标准见表14-3。

主要用途为：小径——房屋檩条、门窗料、脚手架；中径、大径——船舶、车辆、建筑料、跳板、模具、家具、船桅杆及通信、输电线路维修用的支柱、支架。

表 14-3　杉原条分级标准

分级	检尺径(cm)
小径	8～12
中径	14～18
大径	20 以上

另外，根据杉原条的缺陷限度，将其分为一、二2个等级。

14.1.1.3　锯材

原木经过进一步加工而成的各种不同规格的板材称作锯材。在木材标准中，分为针叶树锯材和阔叶树锯材。锯材适用于工业、农业、建筑及其他用途，根据锯材的尺寸(长度、宽度、厚度)可分为普通锯材和特等锯材。在普通锯材中，又按板材的厚度可分为薄板、中板、厚板3类(表14-4)，锯材长度为1～8m。

表 14-4　锯材分类标准　mm

分　类	厚　度	宽　度	
		尺寸范围	进　级
薄　板	12、15、18、21	60～300	
中　板	25、30、35	60～300	10
厚　板	40、45、50、60	60～300	

在木材标准中，根据锯材缺陷限度，普通锯材分为3等。另外，根据锯材的专门用途，还有铁路货车锯材及载重汽车锯材。在木材标准中，对适用树种、尺寸、公差、检尺办法、材积计算及用途等作了详尽规定。

14.1.2　伐倒木造材

在生产中，树木伐倒后应根据木材标准所规定的尺寸和材质要求，对树木进行造材。在造材过程中，必须贯彻合理使用木材和节约木材的原则。针对树种和木材性质，正确处理树干外部及内部的缺陷，做到合理造材、材尽其用。为此，造材时应该做到：

①先造大材，后造小材，充分利用木材。

②长材不短造，优材优用，充分利用原条长度，尽量造出大尺码材种。

③逢弯下锯，缺点集中。对于木材缺陷(节子、虫眼、腐朽等)应尽量集中在一个或少数材种上，而弯曲部分则应适当分散，尽量不降低材种等级。

④按规定留足后备长度(一般为5cm)，下锯时应与树干垂直，不要截成斜面。

⑤对于粗大的枝丫可造材时也应造材，充分利用木材资源。

14.1.3　材种材积测算

14.1.3.1　原木材积测算

(1)原木测定的特点

①原木长度较短，形状变化较小，且不同树种原木的形状差别也不大，可合并在一起采用相同的方法检量。

②原木以堆集成垛的形式贮存，每个原木垛的长度是一致的，所以可不拆垛测量材长。但是，堆积成垛的原木不便于测定其中央直径。

③原木材积是去皮材积。

④原木测定一般是成批量测定。因此，不宜采用一般伐倒木求积公式计算原木材积。

(2)原木检尺

检量原木的尺寸、计算材积的工作称为原木检尺。为了统一原木检尺标准，我国曾于1958年颁布了《原木检验规程》(GB 144—1958)；此后，根据木材需求的变化，于1984年第二次颁布了国际《原木检验、尺寸检量》(GB 144.2—1984)，作为原木检尺的依据。

①原木长度检量　检量原木长度时，应量测原木大小头两端断面之间最短处的距离。计量单位为米，短材(原木长度小于8m)按0.2m进级；长材(原木长度大于8m)按0.5m进级。如果量得原木实际长度小于原木标准规定的检尺长，但负偏差不超过2cm，仍按标准规定的检尺长计算；若负偏差超过2cm，则按下一级检尺长计算。原木实际长度大于原木标准的规定而又不能进级时，其多余部分不计，如原木实际长度为6.7m，而原木标准规定为6.6m，按0.2m进级，该原木长度按6.6m计算。

②原木直径检量　原木直径检量不采用中央直径，而是检量原木小头去皮直径，这样在生产中，不必拆垛就可以完成原木直径检量工作。另外，原木加工为板材、方材或建筑用材时，也都是以小头去皮直径为准进行制材，所以原木直径检量时，只量测原木小头去皮直径。原木直径检量时，以小头断面上通过中心的最小直径定为检尺径，以2cm为增进单位，不足2cm但满1cm时仍进位，不足1cm时舍去。例如，原木小头直径检量为16.8cm，检尺径为16cm；若原木小头直径检量为17.0cm，则检尺径为18cm。

对于小头断面呈椭圆形(或呈不正形)的原木，检量短径不足26cm，其长短径之差大于2cm，或检量短径大于26cm，其长短径之差大于4cm时，以其长短径的平均数经进舍后为检尺径值。长短径之差小于上述规定者，仍均以短径经进舍后为检尺径值。其他情况，如双心材、劈裂材等原木直径检量方法，均可按照国标《原木检验、尺寸检量》(GB 144.2—1984)规定执行。

(3)原木材积计算

在生产中，原木的材积是根据原木检尺径及长度由原木材积表(log volume table)中查得的。为了统一原木材积计算标准，国家颁布了《原木材积表》(GB 4814—1984)，其适用于所有树种的原木材积计算。计算公式分别为：

检尺径为4~12cm的小径原木：

$$V = \frac{0.7854L(D + 0.45L + 0.2)^2}{10\,000} \tag{14-1}$$

检尺径为14cm以上的原木：

$$V = \frac{0.7854L\,[D + 0.5L + 0.005L^2 + 0.000\,125L\,(14 - L)^2(D - 10)]^2}{10\,000} \tag{14-2}$$

式中　V——原木材积(m^3)；

L——原木检尺长(m)；

D——原木检尺径(cm)。

原木材积表的形式和内容见表14-5。

表14-5 原木材积表(GB 4814—1984)(节录)

检尺径(cm)	检尺长(m)					
	2	2.2	2.4	2.5	2.6	2.8
	材 积(m^3)					
4	0.0041	0.0047	0.0053	0.0056	0.0059	0.0066
6	0.0079	0.0089	0.01	0.0105	0.0111	0.0122
8	0.013	0.015	0.016	0.017	0.018	0.02
10	0.019	0.022	0.024	0.025	0.026	0.029
12	0.027	0.03	0.033	0.035	0.037	0.04
14	0.036	0.04	0.045	0.047	0.049	0.054
16	0.047	0.052	0.058	0.06	0.063	0.069
18	0.059	0.065	0.072	0.076	0.079	0.086
20	0.072	0.08	0.088	0.092	0.097	0.105

注：原木检尺有2.5m长。

利用原木材积表(表14-5)计算同一规格的原木材积时，先根据原木检尺长及检尺径由原木材积表中查出单根原木材积，再乘以原木根数，即可得到该规格原木总材积。

对于原木检尺长、检尺径超出原木材积表所列范围，但又不符合原条标准的特殊用途的圆材，根据国家木材标准中的规定(圆材材积计算公式)，其材积可按下式计算：

$$V = 0.8L(D + 0.5L)^2/10\,000 \tag{14-3}$$

对于地方煤矿用的坑木，其材积可按表14-6计算。

表14-6 坑木材积表

检尺径(cm)	检尺长(m)		
	1.4	1.6	1.8
	材 积(m^3)		
8	0.008	0.01	0.011
10	0.013	0.015	0.017

[引自《测树学》(第三版)，孟宪宇]

(4)削度对原木材积的影响

树干自下而上直径逐渐减小，其单位长度(通常为1m)直径减少的程度称为削度(taper)。树干上相距1m的两端直径之差称为绝对削度(absolute taper)。削度对原木材积的影响可概括为：同一长度的树干造材时，削度大的树干用材部分长度较削度小的短；同一小头直径和长度的原木，削度大的实际材积比小的大。

14.1.3.2 杉原条材积测算

在我国南方广大林区，杉木是主要的用材树种，多以生产原条为主，其检量方法与原木不同。国家为了统一杉原条尺寸检量，专门颁布了《杉原条检验》(GB 4816—1984)，以及供计算杉原条材积查用的《杉原条材积表》(GB 4815—1984)。

(1)原条检尺

①原条长度检量 从大头斧口(或锯口)量至梢端直径为6cm处止，以1m进位，不足1m的作梢端舍去，经进舍的长度为检尺长。如某杉原条实测长度为7.8m，则检尺长为7m。

②原条直径检量　原条直径应在离大头斧口(或锯口)2.5m处检量，以2cm进位，不足2cm时，凡足1cm进位，不足1cm舍去，经进舍的直径为检尺径。检量直径遇有树节、树瘤等不正常现象时，应向梢端方向移至正常部位检量。如直径检量遇有夹皮、偏枯、外伤和树节脱落等而形成的凹陷部分，应恢复其原形检量。劈裂材的检量，可参照《杉原条检验》(GB 4816—1984)执行。

(2)原条材积测算

杉木(含水杉、柳杉)的原条商品材材积，可根据杉原条检尺径、检尺长，直接由《杉原条材积表》(GB 4815—1984)中查得，见表14-7。该表中检尺径为8cm的杉原条材积计算公式为：

$$V = 0.4902L/100 \tag{14-4}$$

检尺径自10cm以上的杉原条材积计算公式为：

$$V = 0.39\ (3.50 + D)^2(0.48 + L)/10\ 000 \tag{14-5}$$

式中　V——材积(m^3)；

L——检尺长(m)；

D——检尺径(cm)。

表14-7　杉原条材积表(GB 4815—1984)(节录)

检尺径(cm)	检尺长(m)						
	5	6	7	8	9	10	11
	材　积(m^3)						
8	0.025	0.029	0.034	0.039	0.044	0.049	—
10	0.039	0.046	0.053	0.06	0.067	0.074	0.082
12	0.051	0.061	0.07	0.079	0.089	0.098	0.108
14	0.065	0.077	0.089	0.101	0.113	0.125	0.137
16	0.081	0.096	0.111	0.126	0.141	0.155	0.17
8	0.099	0.117	0.135	0.153	0.171	0.189	0.207
20	—	0.14	0.161	0.183	0.204	0.226	0.247

14.1.3.3　锯材材积测算

(1)锯材检尺

国家1995年颁布了修订后的《针叶树锯材树种、尺寸、公差》(GB/T 153—1995)、《阔叶树锯材树种、尺寸、公差》(GB/T 4817—1995)等锯材标准。

在《锯材检验尺寸测量》(GB 4822.2—1984)中规定，锯材长度检量沿长方向两端面间最短的距离，锯材宽度、厚度检量时，在材长范围内除去两端各15cm的任意无钝棱部位检查。长度以米为单位，量至厘米，不足1cm舍去；宽度及厚度以毫米为单位，量至毫米，不足1mm舍去。锯材检量进级单位及标准详见表14-4。

(2)锯材材积计算

在木材生产中，根据各种尺寸锯材的长度、宽度及厚度直接由《锯材材积表》(GB 449—1984)查得。锯材材积表中的材积是长方体体积方式计算得出的，即

$$V = LWT/1\ 000\ 000 \tag{14-6}$$

式中　V——锯材材积(m^3)；

　　L——锯材长度(m)；

　　W——锯材宽度(mm)；

　　T——锯材厚度(mm)。

锯材材积表的形式可参见《锯材材积表》(GB 449—1984)。

【复习思考】

1. 材种划分有哪些类型？材种材积计算中需要注意哪些问题？
2. 造材中应注意哪些主要问题？
3. 削度对原木材积有何影响？
4. 原木与原条的检量有何不同？
5. 为什么原木直径检量位置为小头直径？可否检量大头直径？为什么？

任务 14.2　林分出材量测定

【任务介绍】

蓄积量相等的两个林分，由于林分结构及木材质量的不同，其材种材积(即材种出材量)会有很大的差异，而使两个林分的经济利用价值也不相同。因此，从森林利用的角度出发，对林分出材量的测定是必要的。通过本任务的实施将达到以下目标：

知识目标

1. 掌握实际造材法、材种表法等林分出材量的测定方法。
2. 了解林分材种结构特点。

技能目标

1. 能测定林分材种出材率。
2. 能绘制材种出材率曲线。

【知识准备】

林分出材量的测定一般采用两类方法：一类是通过设置标准地或样地抽取样木实际造材进行推算的实际造材法；另一类是通过已有数表进行计算的材种表法。

14.2.1　造材法

林木的材种材积受其大小和材质等因素的影响，林分平均木的材种种类及材积都不可能代表大径阶和小径阶林木的材种种类及材积。即使同等大小的林木，由于干形、病腐、弯曲等材质状况不同，其材种材积也会有很大的差异。因此，在林分材种出材量的测定中，通常采用伐倒一定数量的林木进行实际造材，并依据造材结果推算林分材种出材量，这种方法称作实际造材法，而造材样木的选择方法可分为机械抽样法和径阶比例法。机械抽样法是按照随机抽样法则在林分中抽取样木，而径阶比例法是按照既定的选测样木比例，分径阶确定样木株数，这种方法选取的样木又称计算木。在实际中一般多采用径阶比例法，因为，这既保证林分各径阶均选有一定比例的样木，同时选测的样木数量比随机样木少，实际造材工作量也少。

(1)样木确定

设置标准地进行每木调查，根据检尺结果，按一定比例(一般采取10%)确定实际造材样木株数n。根据各径阶林木株数占总株数的百分比f_i，确定各径阶实际造材样木株数$n_i = f_i \times n$。对于林木株数较少的径阶(一般是最小或最大径阶)也应选择一定数量(3～5株)的样木。对于林木干形、材质变化较小的人工林，造材样木可略少些。

(2)样木造材

样木确定后，根据国家木材标准和合理造材的原则对样木进行实际造材。如落叶松样木胸径为29.5cm，树干全长为21.4m，造材结果见表14-8。

表14-8　样木造材记录

材种名称	尺寸			材积		材种出材率(m³)
	长度(m)	小头直径(cm)		带皮(m³)	去皮(m³)	
		带皮	去皮			
一般加工原木	8	21.2	20.1	0.4249	0.3281	52.9
普通电杆	6	13.6	12.7	0.1539	0.1354	21.8
小径坑木	3	9.3	8.8	0.0272	0.0237	3.8
小径木	2	6.5	6	0.0101	0.0089	1.5
经济用材合计	19			0.6161	0.4961	80
经济用材部分树皮材积				0.12		19.3
梢头木	2.4			0.0042		0.7
合计	21.4			0.6203		100

注：各材种带皮、去皮材积按2m区分法求得。

[引自《测树学》(第三版)，孟宪宇]

(3)资料整理

分径阶统计样木造材结果。计算各径阶样木的带皮材积、各材种(去皮)材积合计值，并以径阶带皮总材积为100%，计算各材种材积出材率，见表14-9。根据落叶松各径阶样木造材结果，整理得实际造材材种出材率，见表14-10。

表14-9　径阶样木各材种平均出材率计算

样木号	样木			材种出材量(m³)					
	胸径(cm)	长度(m)	带皮材积(m³)	经济用材				薪材	废材
				加工用原木	坑木	小杆	合计		
1	14.2	10	0.079		0.056	0.009	0.065	0.009	0.005
9	15.8	11.1	0.108		0.076	0.013	0.089	0.012	0.007
16	17.3	12.2	0.142		0.1	0.017	0.117	0.016	0.009
合计	0.329		0.232			0.039	0.271	0.037	0.021
材种出材率(%)	100		71			12	83	11	6

[引自《测树学》(第三版)，孟宪宇]

表 14-10　实际造材材种出材率　%

径阶(cm)	材种出材率					
	经济用材				薪材	废材
	加工用原木	坑木	小杆	合计		
16	—	71	12	83	11	6
20	47	30	7	84	12	4
24	66	14	5	85	13	2
28	70	12	3	85	12	3

[引自《测树学》(第三版)，孟宪宇]

(4)林分材种出材量计算

根据林分每木调查结果，利用材积表计算出各径阶林木材积。然后利用实际造材材种出材率计算结果，按径阶计算材积及材种材积，汇总即得林分材种出材量，见表 14-11。例如，20cm 径阶，径阶材积合计为 8.7m^3，各材种材积分别为：

加工用原木：$8.7\times47\%=4.09(m^3)$

坑木：$8.7\times30\%=2.61(m^3)$

小杆：$8.7\times7\%=0.61(m^3)$

经济用材：$4.09+2.61+0.61=7.31(m^3)$或$8.7\times84\%=7.31(m^3)$；

薪材：$8.7\times12\%=1.04(m^3)$

废材：$8.7\times4\%=0.35(m^3)$

林分林木蓄积量为 42.7m^3，材种出材量为 36.17m^3，薪材为 5.26m^3，废材为 1.27m^3，见表 14-11。

表 14-11　林分材种出材量

径阶(cm)	各径阶林木株数	单株带皮材积(m^3)	径阶材积合计(m^3)	材种出材量(m^3)					
				经济用材				薪材	废材
				加工用原木	坑木	小杆	合计		
16	13	0.17	2.2	—	1.56	0.27	1.83	0.24	0.13
20	29	0.3	8.7	4.09	2.61	0.61	7.31	1.04	0.35
24	35	0.47	16.4	10.82	2.3	0.82	13.94	2.13	0.33
28	23	0.67	15.4	10.78	1.85	0.46	31.09	1.85	0.46
总计	100		42.7	25.69	8.32	2.16	36.17	5.26	1.27

[引自《测树学》(第三版)，孟宪宇]

14.2.2　材种表法

14.2.2.1　一元材种出材率表法

(1)一元材种出材率表

一元材种出材率表(one-way merchantable volume table)和一元材积表相类似，它是根据林木胸径确定材种出材率的数表，其形式见表 14-12。

表 14-12　广西杉木材种出材率表(节录)

径阶(cm)	树皮率(%)	出材率(%)					
		国家规格材				短小材	总　计
		大原木	中原木	小原木	小　计		
6	22.4					40.8	40.8
8	21.7			12	12	37.2	49.2
10	21.2			41.5	41.5	20	61.5
12	20.7			60	60	5.7	65.7
14	20.4			69.5	69.5	1.6	71.1
16	21.1			73.8	73.8	0.5	74.3
18	19.8			76.3	76.3	0.5	76.8
20	19.6			77.3	77.3	0.4	77.7
22	19.3		4.4	73.7	78.1	0.4	78.5
24	19.2		18.6	60.1	78.7	0.3	79
26	19		35.4	43.7	79.1	0.3	79.4
28	18.8		44.5	34.8	79.3	0.3	79.6
30	18.7	11.8	39.5	28.2	79.5	0.3	79.8
32	18.5	20.3	36.1	23.2	79.6	0.3	79.9
34	18.4	29.9	30.5	19.3	79.7	0.3	80

注：表中各级原木的划分标准和材种见表 14-13。
[引自《测树学》(第三版)，孟宪宇]

表 14-13　原木划分标准

类别	级别	规　格		使用材料
		小头直径(去皮，cm)	长度(m)	
国家规格材	大原木	≥26	>2	枕资、胶合板材
	中原木	20～26	>2	造船材、车辆材、一般用材、桩木、特殊电杆
	小原木	6～20	>2	二等坑木、小径民用材、造纸材、普通电杆
短小材	短　材	≥14	0.4～1.8	简易建筑、农用、包装、家具用材
	小　材	4～14	1.0～4.8	

(2)材种出材率表的实用性检验

出材率表一般是在较大区域范围内分树种编制的，而在某地使用出材率表时，则应进行实用性检验。其基本过程是在用表的林分内按随机(或机械)法或径阶比例法抽取一定数量(一般 200～300 株)的林木伐倒，进行实际造材，并根据实际造材的结果对材种出材率表进行检验。一般采用图解法和统计量法进行检验。

①图解法　以径阶为单位，分别材种绘制实际出材率与材种表出材率的散点图和曲线图。一般的情况下，同种材种的实际出材率值与材种表中的相应出材率值不完全相等，但是，其差异也不会很大；若差异较大，则应认真分析原因。如是编表问题，应进行修正；若是造材中出现的对标准的理解偏差，则应认真学习相关理论、完整理解标准、严格执行作业技术规程，切实修正偏差，保证出材率表的适用性。

②统计量法　对于材种表实用性的检验，严格地讲，应进行 F 检验，但在实际工作

中，一般多采用简单统计量检验法。以平均系统误差 E、剩余标准差 S 和均方差 $\bar{\Delta}$ 这 3 个简单统计量作为评价指标。一般要求平均系统误差 E 不超过 ±5%，均方差 $\bar{\Delta}$ 不超过 ±10%。

(3)林分材种出材量测定

利用一元材种出材率表测定林分材种出材量的方法、步骤与实际造材法基本上相同，只是实际造材法的各材种出材率是依据各径阶样木实际造材结果求出的，而一元材种出材率表法的各材种出材率是从一元材种出材率表中依径阶查定的。

14.2.2.2　二元材种出材率表法

(1)二元材种出材率表

直径相同而树高不同的林木，其材种出材量也不相同。为了反映这种差异，根据材种出材量随直径和树高的变化规律，分树高级或地位级、立地级所编制的材种出材率表称二元材种出材率表(two-way merchantable volume table)。这种表在我国一般被称为材种表(assortment table)，其形式见表 14-14。一般而言，二元材种出材率表的使用精度要高于一元材种出材表。

表 14-14　简化的大兴安岭落叶松材种表(Ⅱ树高级)

径阶 (cm)	树高 (m)	带皮材积 (m^3)	出材率(%)					
			大原木	中原木	小原木	小　计	小径材	经济材合计
8	14.5	0.041					65	65
12	17.5	0.107					75	75
16	21	0.213			36	36	43	79
20	24	0.363		1	61	62	19	81
24	27.5	0.548		12	59	71	11	82
28	29	0.769		28	47	75	8	83
32	30	1.02	2	43	32	77	6	83
36	31	1.32	11	48	20	79	4	83
40	31.5	1.64	27	39	14	80	3	83
44	32	2	39	30	11	80	2	82
48	32.5	2.39	50	23	7	80	1	81
52	33	2.81	56	20	4	80	1	81

[引自《测树学》(第三版)，孟宪宇]

(2)利用材种表计算林分材种出材量

利用材种表计算林分材种出材量的工作程序如下：

①标准地调查　在标准地每木检尺过程中，应按经济材树、半经济材树、薪材树分别记录。经济材树，整株树干的经济用材长度在 6.5m 以上(或大于树全高的 1/3)；半经济材树，经济用材长度在 2 ~6.5m 之间；薪材树，经济用材长度不足 2m。

在调查中，还应测定一部分林木的胸径和树高，绘制树高曲线，并根据林分平均直径和林分平均高由树高级表中确定该林分所属的树高级(或据林分年龄及林分平均高或优势木高确定地位级或立地级)。

②半经济用材树的合并　根据标准地每木检尺记录，将其中的半经济用材树按照一定

比例合并到经济用材树和薪材树中去。若半经济用材树的株数不超过总株数的10%，则可全部并入经济用材树种；若半经济用材树的株数占总株数的10%～20%，其中将半经济用材树的60%并入经济用材树中，40%并入薪材树种；若半经济用材树的株数超过总株数的20%，则不能使用这种一般的材种表计算林分材种出材量。

③根据确定的林分所属树高级，选用相应的树高级材种表 依据上述分类检尺(或合并后)的结果，查定每个径阶各材种出材率。具体查定、计算方法同一元材种出材率表法。

【技能训练】

林分材种出材量的测定

一、实训目的

根据标准地调查材料，学会采用一元材种出材率表法计算林分材种出材量。

二、仪器材料

计算机，并配备Excel软件，树种一元材积表，树种一元材种出材率表，标准地调查材料一套。

三、训练步骤

1. 根据标准地每木检尺材料统计标准地的各径阶林木株数。

2. 根据杉木一元材积表，分别径阶查定平均单株材积，乘以径阶林木株数，得到径阶材积，各径阶材积之和即为标准地林分带皮蓄积量。

3. 根据径阶查树种一元材种出材率表得各径阶各材种出材率，各径阶树干带皮总材积乘以各径阶各材种出材率得相应材种材积，各径阶同种材种材积相加即为标准地各个材种的出材量。

4. 将标准地各材种的出材量换算成每公顷各材种出材量。

四、注意事项

1. 各径阶各材种材积量的计算量较大，需要仔细，避免计算错误。

2. 将计算表录入Excel表中进行计算(表14-15)，其算法要求采用Excel的绝对或相对引用。

3. 要求每人完成一份计算报告，清晰描述其计算过程、结果及方法。

表14-15 林分材种出材量计算表

径阶(cm)	株数	径阶蓄积(m^3)	材种出材量(m^3)					
			经济用材				短小材	总计
			大原木	中原木	小原木	小计		
6	5							
8	12							
10	18							
12	22							
14	29							
16	32							
18	36							

（续）

径阶（cm）	株数	径阶蓄积（m^3）	材种出材量（m^3）					
			经济用材				短小材	总计
			大原木	中原木	小原木	小计		
20	45							
22	33							
24	30							
26	24							
28	15							
30	8							
总计								

五、技能考核

序号	考核重点	考核内容	分值
1	材种材积计算	径阶材积和材种材积计算结果正确无误	60
2	计算报告	过程及方法描述准确，单位面积出材量换算正确	40

【复习思考】

1. 在林业工作中测定林分材种出材量有什么意义？
2. 简述实际造材法的主要工作步骤及注意事项。
3. 材种表法在实际使用中应注意哪些主要问题？
4. 为什么要在使用之前对材种表进行适用性检验？
5. 简述一元和二元出材率表在使用过程的主要异同。
6. 检验材种表适用性的图解法可否进行改进？简述其主要步骤及方法。

项目15
森林立地调查与质量评价

【教学目标】

1. 了解立地及立地因子的概念。
2. 掌握立地因子的测定方法。
3. 掌握立地质量的评价方法。
4. 了解林分密度与林分生长的关系。

【重点难点】

重点：立地因子的概念及测定方法；立地质量的概念及评价方法；林分密度对林分生长的影响。

难点：立地质量的间接评定。

任务 15.1　立地因子测定

【任务介绍】

立地因子是森林立地质量评价的基础，是森林调查的主要内容之一。立地因子测定就是通过对影响树木生长的气候因子、地形因子和土壤因子等的调查，了解立地因子与树木生长之间的关系，为森林立地质量的评价奠定基础。通过本任务的实施将达到以下目标：

知识目标

1. 理解立地和立地因子的概念。
2. 掌握立地因子的测定方法。

技能目标

1. 能测定海拔、坡向、坡度、坡位等地形因子。
2. 能识别当地土壤类型，判断土壤结构、质地和湿度。
3. 能正确测定土壤及腐殖质厚度等。

【知识准备】

森林立地(forest site)，简单地是指林木生长地。可以理解为对林木生长发育意义重大的环境条件的总称。在生态学上称作生境，指林地环境和由该环境所决定的林地上的植被类型及质量(美国林学会，1971)。更确切地说，立地是森林或其他植被类型生存的空间及与之相关的自然因子的综合(马建路，1993)。立地具有具体地理位置的含义，是指存在于一个特定位置的环境条件(生物、土壤、气候、地文)的综合(Clutter J. L.，1983)。因此，立地是林木生长存在和发育的物质基础，是无机界与有机界进行物质交换和能量转化的重要场所，在一定时间期间内是不变的，而且与生长于其上的树种无关。所以说，森林立地是森林所在空间的位置及其影响森林形成和生长发育的环境条件诸多生态因素的综合体。但是，立地质量则是指在某一立地上既定森林或者其他植被类型的生产潜力，故立地质量与树种相关联，并有高低之分。一个既定的立地，对于不同的树种来说，可能会得到不同的立地质量。立地的调查应包括两个内容：一个是立地分类；另一个是立地质量评价。具体的森林经营工作是针对一定的目的树种和一定的地理区域进行的，因此，立地质量评价就显得尤为重要。

15.1.1　立地及立地因子认知

立地(site)由构成立地的诸多因素组成。一般把影响林木生长发育的非生物的环境因子统称为立地因子(site factor)。立地因子是通过影响植物生长所需的光、热、水、气、养分等间接地影响林木的生长发育的。立地因子一般分为气候因子、地形因子和土壤因子。气候因子主要包括温度、湿度、光照、灾害性天气等，地形因子主要包括海拔、坡度、坡向、坡位、坡型、小地形等，土壤因子主要包括土壤类型、土壤厚度、土壤养分、土壤水分(湿度)、土壤结构、质地、酸碱度以及腐殖质厚度等。在同一地区，森林的差异主要受地形和土壤因子的影响，且地形因子和土壤因子具有相对稳定性，易于观测或测定。因此，森林立地因子主要介绍地形因子和土壤因子。

(1)海拔(elevation)

地面某个地点高出海平面的垂直距离，叫作海拔高度。它是山地地形变化最为明显的因子之一，也是山地立地因子调查中应首先考虑的因子。根据海拔高度和相对高差，我国把地貌分为六大类，见表15-1。

表 15-1　地貌划分标准

地貌类型		划分标准
山　地	极高山	海拔≥5000m 的山地
	高　山	海拔 3500～4999m 的山地
	中　山	海拔 1000～3499m 的山地
	低　山	海拔＜1000m 的山地
丘　陵		没有明显的山脉脉络，坡度较缓和，且相对高差小于 100m
平　原		平台开阔，起伏很小

(2)坡向(slope aspect)

坡面切线在水平面上投影的方向(也可以通俗理解为由高及低的方向，即水流方向)。不同坡向因太阳辐射强度和日照时数不同，使不同坡向上的水热状况和土壤理化性质有较大的差异。在立地调查中，坡向一般按东、南、西、北、东北、东南、西北、西南及无坡向 9 个方位确定坡向。坡向与方位角的关系见表15-2。

表 15-2　坡向与方位角换算表

坡向	北坡	东北坡	东坡	东南坡	南坡	西南坡	西坡	西北坡	无坡向
方位角	338°～22°	23°～67°	68°～112°	113°～157°	158°～202°	203°～247°	248°～292°	293°～337°	坡度＜5°的地段

(3)坡位(slope position)

坡位指山坡的不同部位，通常把一个山坡划分为上部、中部、下部 3 个坡位，山体较大、坡面较长时，一般可分为山脊、上部、中部、下部、山谷、平地 6 个坡位。不同的坡位，实际上包含着相对高度的差别。具体划分标准见表15-3。

(4)坡度(slope)

地表面某一点的坡度是指经过这一点的切面与水平地面所成的夹角，坡度所反映的是地表面在这一点上的倾斜程度。坡度是在研究水土保持、立地分类、立地评价的工作时首先需要考虑的地形因子之一。

坡度常用百分数法和度数法表示，林业上通常采用度数法。根据坡度大小分为 6 个坡度级。具体划分标准见表15-4。

表 15-3　坡位划分标准

坡　位	划分标准
脊　部	山脉的分水岭及其两侧各下降垂直高度 15m 的范围
上　坡	从脊部以下至山谷范围内的山坡三等分后的最上等分部位
中　坡	从脊部以下至山谷范围内的山坡三等分后的中部
下　坡	从脊部以下至山谷范围内的山坡三等分后的最下等分部位
山谷(或山洼)	汇水线两侧的谷地

表 15-4　坡度划分标准

坡度级	划分标准	坡度级	划分标准
Ⅰ级(平坡)	坡面倾斜角 <5°	Ⅳ级(陡坡)	坡面倾斜角 25°~34°
Ⅱ级(缓坡)	坡面倾斜角 5°~14°	Ⅴ级(急坡)	坡面倾斜角 35°~45°
Ⅲ级(斜坡)	坡面倾斜角 15°~24°	Ⅵ级(险坡)	坡面倾斜角 45°以上

(5)坡形(slope forms)

坡形是指各种不同坡面的几何形态。地面实际上是由各种不同的坡面组成的，如山坡、岸坡、谷坡等。坡形一般可分为平直坡、凹形坡、凸形坡和复合坡等。坡形与坡位的联系比较密切，通常山坡的山脊和上部是凸形坡，中部多为平直坡和凹坡，下部和山麓多为凹形坡。

(6)土壤(soil)

土壤是指覆盖于地球陆地表面，具有肥力特征的，能够生长绿色植物的疏松物质层，是林木生长发育的基质。树木靠土壤支撑其躯体而维持直立状态，同时通过根系从土壤中吸收生长发育所需的水分和养分。土壤由岩石风化而成的矿物质、动植物和微生物残体腐解产生的有机质、土壤生物(固相物质)以及水分(液相物质)、空气(气相物质)、腐殖质等组成。土壤中这 3 类物质构成了一个矛盾的统一体。它们互相联系，互相制约，为植物生长发育提供必需的生活条件，是土壤肥力的物质基础。

土壤对林分生长发育的作用，是由土壤的多种因素如成土母岩、土层厚度、土壤结构、土壤质地、有机质含量、土壤酸碱度等因子综合作用决定的，只是在一定条件下，某些因子常常起主导作用。

15.1.2　立地因子测定

立地因子的测定方法主要有目测法、实测法和应用遥感信息测算法。根据各因子的测定的精度要求不同，同一立地因子也可以采用不同的测定方法进行测定。野外调查工作中常采用目测法或借助其他工具、仪器进行立地因子测定；在短时间内对范围较广、面积较大的立地因子进行测定，常采用遥感数据获取立地因子信息。

在进行外业调查时，可以利用地形图、罗盘仪、海拔仪、GPS 等工具、仪器测定立地海拔、坡度、坡向和坡位等地形因子。地形图是根据测绘或编制规范所规定的地图投影和比例尺系列，将区域自然地理条件和社会经济状况经制图综合后形成的信息，运用图式符号以图形数学模型精确而详尽地缩绘于平面上的正射投影地图。在地形图上均可判读目测出海拔高度、坡向、坡位和坡度等地形因子。地形图是野外调查工作最常用的图面资料。

(1)海拔高度的判读和测定

①利用地形图测定海拔　在地形图上用等高线表示地面高度，等高线是地面上高程相同的点所连成的闭合曲线。等高线图上所标的注记数字均为海拔高度。在地图上确定任一点的高程，要根据等高线的高程注记、等高距和示坡线方向来推算。若该点在等高线上，可直接从地形图目测该点的海拔高度。若该点在两条等高线之间，其海拔高度可按相邻两条等高线的水平距离和等高距，以目测方法或按比例关系推算出来。

②利用手持 GPS 测定海拔　手持 GPS 的连接信息里包含海拔高度，不过一般的 GPS 其精度并不是很高，在一个立地位置利用手持 GPS 进行海拔高度的测定时，一定要在所在位置静等几分钟，待 5 ~7 颗卫星信号稳定后再读取海拔高度数值，这样误差将会减少。

③利用海拔仪(高度计)测量海拔　海拔仪在使用前应进行初始化，即将海拔仪的数字调整为当地的实际海拔高度，此时必须注意：参照地形图上的海拔高度值校准所在地位置的海拔高度。此外，气压的变化和天气的变化也会不断影响海拔表的高度值，因此，在外业作业过程中要不断比较参照海拔高度值。

绝对高度的测量：由于大气的重力所产生的压力作用在地球表面即为气压位置高，单位面积上承受的空气柱越短，大气压力越小，气压的变化会导致天气变化，这种变化会通过高精度的传动装置显示在此高度计的表盘上，通过此装置可以准确测量立地位置的绝对高度。

相对高度的测量：在外业调查过程中，如需测量相对海拔高度值，首先在出发点记录下海拔高度值，到达终点时再记下海拔高度值，两者之差值即为终点的相对海拔高度。或者在出发前将海拔仪初始化，即将指针对准 0 刻度；在行进过程中或终点处测得的海拔高度值即为所在立地位置的相对海拔高度值。

若无地形图或仪器，在山区通常利用植被和地带性土壤与海拔的垂直分布关系，综合起来估测海拔高度范围。

(2)坡向的判读或测定

坡向是坡面所面对的方向。坡向用于识别表面上某一位置的最陡下坡方向，可将坡向视为坡度方向或山体所面对的罗盘方向。

坡向以度为单位按逆时针方向进行测量，角度范围介于 0°(正北) ~360°(仍是正北，循环一周)之间。

①利用地形图判读坡向　在判读时，必须准确地掌握方位，使地形图上的方位与实地的方位相吻合，图面方位是上北下南左西右东，从而知道地形的大致坡向。

②利用手持罗盘仪测定坡向　自己面向坡下，然后打开罗盘，使罗盘上刻有“N”的那一侧(瞄准觇板，也叫长照准合页，即罗盘镜子的对面顶部有圆孔的长针)指向山坡倾斜方向；使底盘水准仪中的水泡居中，读出罗盘指北针所指的刻度即为坡向。记录读数时，连同数字所在的象限同时记下，以方便检查，如 NE60°(表示坡向北东，方位角为 60°)，SW200°(表示坡向南西，方位角为 200°)。

外业调查坡向时，可以测定记载方位角，由方位角换算坡向，具体换算对照参照表 15-2 进行。

在野外无地形图和罗盘时，通常根据当地日出日落方向来判断坡向；无太阳光照时，可根据山体上的植物的种类或树叶的分布来判断坡向：一般阳坡树种喜暖耐旱、树叶小而稠密，而阴坡树种喜凉耐阴、树叶大而稀疏。

(3)坡位的判读

坡位是影响立地条件尤其是水分和土壤条件的重要地形因子。在调查中，利用地形图，一般按实际地形调查记载，标准详见表15-3。

在野外无地形图时，一般采用对坡观测调查点在山体坡面上所处的大体位置来进行坡位判断。

(4)坡度的测算

①利用地形图判读坡度　同一幅等高线地形图上，比例尺、等高距相同，等高线间隔稀疏的地方坡度较缓，等高线间隔密度大的地方坡度较陡。等高线间隔上稀下密表示凸形坡，视线易被遮挡，通视条件差；等高线间隔上密下稀表示凹形坡，视线不易被遮挡，通视条件好。

根据公式 $\tan\alpha = H/L$。其中，H 为两点相对海拔高度，可由两点之间的等高线求出；L 为两点距离。可由比例尺与两点间图上距离求出。α 为坡度，可根据 H/L 的值从三角函数表中查出。在比例尺为1∶50 000和1∶100 000的地形图上都印有坡度尺，可直接用直尺量出地形图上2~6条等高线间的坡度。当坡面超过6条等高线时，则需要分段量取。

②利用坡度仪测定坡度　坡度仪上有一个角度、刻度盘，该刻度盘与一个水平气泡固定安装，刻度盘中心与一个直面连接，使用时，将直面靠在斜坡上，然后旋转刻度盘，直到水平气泡调到水平位置，这时刻度盘上的刻度值就是该斜坡的坡度。

③利用手持罗盘仪测定坡度　打开手持罗盘仪，使反光镜与度盘座略呈45°，侧持仪器，沿照准、准星向斜面边瞄准，并使瞄准线与斜面平行，让测角器自由摆动，从反光镜中视测角器中央刻线所指示俯仰角度表上的刻度分划，即为坡度。

④利用森林罗盘仪测定坡度　在山坡下部或上部，安置森林罗盘仪，使森林罗盘仪度盘处于水平状态，量测仪器高(地面至望远镜高度)，通过望远镜观测山坡上部或下部测杆(花杆)同等仪器高度位置处，此时望远镜的倾斜角即为山坡坡面坡度。

此外，还可以利用勃鲁莱斯测高器、全站仪等仪器来测定坡度。外业调查时计至度，内业处理时可按照坡度级进行整理。

(5)土壤类型辨别

根据当地海拔、气候、植被、地形等因子综合影响，不同区域其土壤分布的种类不同，外业调查时记载土壤名称。通常情况下，可根据调查点的气候类型、成土母岩、海拔等地形因子，查阅当地的土壤专项调查资料，确定调查点的土壤类型名称。野外尤其是山区，也根据不同海拔、地形的土壤剖面的颜色，结合土壤的垂直分布规律，通过肉眼观察描述法来初步判断土壤类型，内业工作时再查阅相关资料确定土壤类型。

(6)土壤厚度、腐殖质厚度和枯落物厚度的测定

土壤厚度包括土壤腐殖质层厚度和淀积层厚度。在野外调查时通过人工挖掘土壤剖面或找寻自然土壤剖面，用直尺直接量测土壤腐殖质层厚度和土壤淀积层厚度即为土层厚度，单位用厘米表示，保留小数点后1位。通常情况下，把土壤厚度分为厚、中、薄3个等级，划分标准见表15-5。

表 15-5 土壤厚度划分标准表

等级	土层厚度	
	亚热带山地丘陵、热带	亚热带高山、暖温带、温带、寒温带
厚	≥80	≥60
中	40.0～79.9	30.0～59.9
薄	<40	<30

此外，除土壤厚度外，一般还常调查记载腐殖质厚度和枯落物厚度，单位用厘米表示，保留小数点后1位。通常情况下，也同样划分为厚、中、薄3个等级，见表15-6。

表 15-6 腐殖质厚度、枯落物厚度划分标准表

等级	腐殖质层厚度	枯落物层厚度
厚	≥20	≥10
中	10.0～19.9	5.0～9.9
薄	<10	<5

(7)土壤结构的测定

土壤结构指土壤固体颗粒的空间排列方式，与土壤肥力状况密切相关。野外调查中，采用以下方法观测土壤结构：取大土块用手沿土壤结构面轻掰土块，或将土块于手中轻抛使其自然散碎获得形状、大小不同的土团，按表15-7标准确定其结构。

表 15-7 土壤结构野外判断对照表

土壤结构	单粒结构	团粒结构	核　状	块状结构	柱状结构	片状
土团大小	散沙状	0.25～10mm	10～50mm	大块>100mm 小块50～100mm	高度远大于长度和宽度	厚度<3mm

(8)土壤质地的测定

土壤质地是指土壤的砂黏性。在野外用手感法测定，见表15-8。

表 15-8 土壤质地野外判断对照表

土壤质地	黏　土	壤　土	砂　土	砾　土
成型状况	手揉成球表面光滑，压扁少量细裂痕	易成球表面无光，压扁裂痕较大	疏松、勉强成团，触之即散	土壤中粒径>3mm砂砾含量>50%，难成型
手测标准	黏附性强，手感细滑	手感柔和，砂黏适中	粗糙感、不黏着	手感粗糙

(9)土壤湿度的测定

野外观测土壤湿度，一般采用土壤含水量的感觉描述，按照表15-9进行判断。

表 15-9 土壤湿度野外判断对照表

土壤湿度	干	润	湿润	潮湿	湿
判断标准	干，可吹出飞尘	凉，吹气无飞尘	手捏可留下水迹	手感湿润，无水流出	手捏有水流出

(10)应用遥感数据测算立地因子

近年来，随着“3S”技术在林业领域中的深入应用，基于遥感技术的立地因子信息提取技术已逐步应用于林地调查中，开发了自动提取林地因子的功能模块，有效提高了林地因子调查的精度和效率。

遥感数据在立地因子测算中的应用主要包括两个方面：一是采用数字高程模型(digital elevation model，DEM)提取并计算出海拔、坡度、坡向等立地因子信息；二是采用多源遥感数据反演气候、土壤、水文等立地因子。

①根据数字高程模型(DEM)提取海拔、坡向、坡度等地形因子　DEM 是定义于 X、Y 域(或经纬度域)离散点(矩形或三角形)上以高程表达地面起伏形态的数据集，是对地形表面的数字化描述，用于反映区域地貌形态的空间分布。其通常的表达方式是将区域空间划分为规则的格网单元，每个格网单元对应一个高程数值。

在传统的森林资源调查中，主要是外业调查人员实地观测调查点的海拔、坡度、坡向等地形因子，这种野外作业的方法工作量大、耗时长、成本高，更无法精准地调查大范围内的地形因子。采用遥感数据，由数字高程模型(DEM 模型)自动提取出海拔高程、坡度、坡向等地形因子，这种方法具有准确、快速、数据量大等优点。在对缺少实地野外调查数据的研究区进行立地因子分析时，该方法的应用效果和效率都非常明显，这在数字林业的建设过程中具有很好的应用与推广前景。

利用 DEM 模型可以自动提取任一点的高程值。利用常见的地理信息系统软件如 ArcGIS 软件中的模块 Sptial Analyst Tools 坡度分析(Slope)工具，根据 DEM 来提取坡度；利用 ArcGIS 软件中的模块 Sptial Analyst Tools 坡向分析(Aspect)，根据 DEM 来提取坡向，生成坡向图，所得的坡向可以分成 8 个区域。这不仅减少了主观因素对所得结果的精度的影响，而且兼具效率高、精度高的优点。如图 15-1，利用 ArcGIS 软件提取的云南省迪庆藏族自治州香格里拉县高程图、坡度图和坡向图。

②采用遥感数据反演气候、土壤、水文等立地因子　水热及土壤等环境因子对森林的生长和分布有着重要的影响。传统的测量方法可以准确估测气候、土壤、水文等影响森林

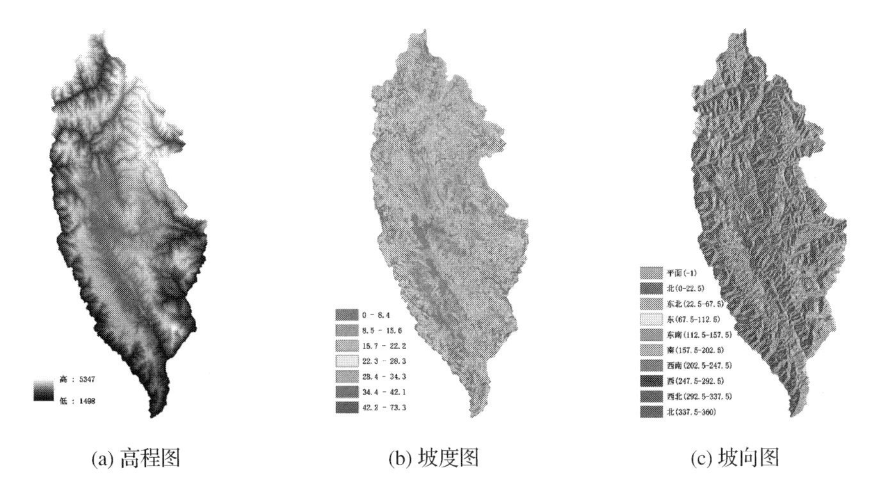

(a) 高程图　(b) 坡度图　(c) 坡向图

图 15-1　云南省香格里拉县 DEM 高程图及坡度图、坡向图

分布和生长发育的因子，但只能得到单点的数据，这种方法需要大量的人力物力。利用遥感技术进行监测具有其他技术手段无法媲美的优势，通过对多源遥感影像进行定量分析研究，可以宏观、动态、及时掌握森林生态因子的情况。如利用微波遥感监测法反演土壤湿度，土壤的介电常数随土壤湿度的变化而变化，表现于卫星遥感图像上是灰度值亮度温度的变化，基于灰度信息可以反演土壤的湿度；利用热红外遥感监测法反演土壤湿度时，土壤热惯量和土壤水分的关系密切，即土壤水分高，热惯量大，土壤表面的昼夜温差小，反之则相反。热红外遥感手段主要利用地表温度日变化幅度、植被冠层和冠层空气温差、表观热惯量、热模型(蒸散比)估测土壤含水量。

随着卫星技术的发展，以及反演算法的进一步研究，遥感技术测算森林立地因子具有巨大的提升空间和应用前景。我国高分辨率对地观测系统的实施对于加快我国空间信息与应用技术发展以及在国土、林业、农业等领域的应用，具有重大战略意义。

【技能训练】

地形及土壤因子测定

一、实训目的

通过野外调查实训，了解立地的概念，掌握海拔、坡向、坡位、坡度以及土壤厚度、腐殖质厚度、土壤结构、土壤质地和湿度等因子的测算或测定方法。

二、仪器材料

1:50 000或1:25 000地形图，手持GPS，手持罗盘仪(指南针)，海拔仪(海拔表)，直尺，卷尺，计算器，铅笔，纸，军用铲等，具体视实际工作需要而定。

三、训练步骤

1. 室内熟悉地形图各类注记和标识，熟悉各类仪器、工具的使用方法。

2. 室内利用地形图和直尺测算任一点位置的海拔高度、坡向、坡位、坡度。

3. 野外利用地形图、手持GPS、手持罗盘仪(指南针)、海拔仪(海拔表)等测算任一点位置的海拔高度、坡向、坡位、坡度，对坡观测坡位；根据太阳光照和山坡植被生长情况目测坡向。

4. 寻找土壤自然剖面肉眼观察土壤颜色，根据海拔等因子初步判断土壤类型，用直尺或卷尺量测腐殖质层、枯落物层和土层厚度。

5. 用观察法和手感法判断、测定土壤结构、土壤质地和土壤湿度。

四、注意事项

1. 注意野外实习人员安全以及地形图、仪器和工具使用安全，注意地形图的保密工作。

2. 手持GPS当地坐标转换参数校准时，罗盘仪(指南针)、海拔仪(海拔表)应校准。

五、技能考核

序号	考核重点	考核内容	分值
1	地形图使用	能够准确确定任一点的海拔、坡向、坡位、坡度	40
2	工具使用(手持GPS、罗盘仪、海拔仪)	能够准确确定海拔、坡向、坡位、坡度	40

（续）

序号	考核重点	考核内容	分值
3	土壤因子确定	能够用观察法和手感法判断土壤结构、质地和湿度；能够准确量测土层厚度、腐殖质厚度和枯落物厚度	20

【复习思考】

1. 立地的概念是什么？
2. 立地因子主要包括哪些？
3. 室内如何通过地形图测定地形因子？
4. 野外如何通过常用工具或仪器测定地形因子？
5. 野外如何观测土壤结构、质地和湿度？

任务 15.2　森林立地质量评价

【任务介绍】

林分生长量和收获量与林地生产力密切相关，立地质量反映的是林地生产潜力，它是某一立地上既定森林或其他植被类型的生产潜力，所以立地质量的表现与树种相关。了解立地质量评价方法，可为研究林分生长收获预估模型奠定基础。通过本任务的实施将达到以下目标：

知识目标

1. 理解立地质量的概念。
2. 了解立地质量评价方法的种类及主要依据。
3. 掌握地位指数法和地位级法评定立地质量的方法和技术。

技能目标

1. 能应用地位指数法评定立地质量。
2. 能应用地位级法评定立地质量。

【知识准备】

15.2.1　立地质量评价方法分类

立地质量是描述一个特定树种在一块林地或立地上的相对生产力，它通常是根据森林生产能力来表现，采用林地上一定树种的生长指标来衡量和评价。从广义上来说，它也用于暗指各种其他林地特征，包括影响经营的植物、自然地理，土壤和气候因素等。

评价立地质量的方法很多，除采用传统的调查方法获取立地质量因子的相关数据外，近年来，随着计算机技术的发展和“3S”技术的广泛应用，利用遥感影像作为数据源，结合“3S”技术获取研究区域内立地质量相关因子并进行评价的方法也取得了较好的效果。因此，根据获取数据资料的技术手段不同，有提出将评价立地质量方法分为实测法和遥感法之说。但目前国内通常比较认可的评价方法是分为两大类，即立地质量的直接评定法和间接评定法。

15.2.1.1 直接评定法

直接评定法(method of direct evaluation)是指直接用林分的收获量和生长量的数据来评定立地质量。它又可分为以下两种：

(1)根据林分蓄积量或收获量评定立地质量

影响林分蓄积量或收获量的因子不仅仅是立地条件，还有林分密度、年龄等。因此，该法适用于同龄林，且将林分换算到某一相同密度状态下才有效，否则结果偏差较大。

①利用固定标准地的长期观测资料或根据林分蓄积量的历史记录评定立地质量。

②利用正常收获表的蓄积量估计值评定立地质量。

在比较不同林分的立地质量时，需以同一年龄时的蓄积量或收获量作为比较的依据。

(2)利用林分高来评定立地质量

一般来说，生长在立地条件好的林地上的树木，其树高生长快，反映出林地的立地质量较高。林分高比较容易测定，与平均胸径及蓄积量相比，受林分密度的影响也较小。换句话说，反映林地生产力高低的林木材积生长潜力与树高生长成正相关。在同龄林中，根据较大林木树高生长过程所反映的材积生产潜力与树高生长之间的关系，受林分密度和间伐的影响不大，因此，根据林分高估计立地质量的方法被视作评定立地质量的一种最为常用且行之有效的方法。

15.2.1.2 间接评定法

间接评定法是指根据构成立地质量的因子特性或相关植被类型的生长潜力来评定立地质量的方法。具体方法有：

①根据不同树种间树木生长量之间的关系进行评定的方法。

②多元地位指数法。

③植被指示法。

当采用直接评定法时，前提条件是生长在这一林地上的目的树种在调查评价其立地质量时仍然存活着，否则，只能采用间接评定方法评价其立地质量。

15.2.2 立地质量的直接评定

15.2.2.1 根据林分蓄积量或收获量评定立地质量

林分蓄积量是用材林经营中最重要的指标之一，单位面积林分蓄积量或收获量的大小在很大程度上直接反映出林地生产力的高低，因此，直接利用林分蓄积量或收获量来评定立地质量，既直观又实用。

(1)利用固定标准地或根据林分蓄积量的历史记录评定立地质量

利用固定标准地的蓄积量测定记录，可以得到林分蓄积量及其生长量，将其换算为某一标准林分密度状态下的蓄积量和生长量，即可以评定、比较林分的立地质量。这种方法被认为是最直接、准确和可靠的。特别对于森林经营历史较长、经营集约度高的地区，它是一种较好的评定立地质量的方法，尤其是在不同的轮伐期对同一林地上生长的不同世代的林分，采用相同的经营措施条件下，这种方法是非常直观和实用的。例如，英国的人工林经营体系中，就是利用林分蓄积量和生长量评定林分生长潜力的收获级和产量级。

(2)利用正常收获表的蓄积量估计值评定立地质量

正常收获表是反映正常林分各主要调查因子生长过程的数表。表中列示了林分充分利用林地生产潜力时所能达到的最高蓄积量及其生长量，依据正常收获表中的蓄积量可以评定现实林分立地质量的高低。使用该方法时，首先需要调查现实林分的年龄、每公顷断面积或蓄积量，计算出林分疏密度，然后将现实林分的蓄积量换算为正常林分的蓄积量；再由正常收获表求出该林分在不同年龄时可能达到的最大蓄积量，这样就可以评定及比较林分间的立地质量高低。在比较不同林分的立地质量时，需以同一年龄时的蓄积量作为比较的依据。例如，在美国，利用林龄为10年时的每公顷蓄积量作为评定立地质量的特定统计量。这种方法的实用性和有效性取决于有无合适的正常收获表。

15.2.2.2 利用林分高评定立地质量

由于生态、气候等因素的影响，林分树高(包括优势树高)生长是一个随机过程，这个过程可用林分树高生长的全体样本函数空间表示。在林分树高生长样本函数空间中，林分立地质量因子的作用是不容忽视的，这个立地质量因子不能看成随机因子，随着林分年龄的增大，它对林分树高生长的影响逐渐明显。这种因立地质量引起树高生长绝对差异随林分年龄增大而加大，使得树高生长的样本函数簇呈扇形分布的现象，称为林分树高生长扇形分布相关法则。

林分树高生长呈扇形分布，这为地位指数曲线的生成奠定了基础，同时也为利用基准年龄的确定提供理论依据。

另外，由于树高易于测定，而且受林分密度影响较小，因此，利用林分高已成为林业上最常采用的评定立地质量的方法。在利用林分高评定立地质量的方法中，又依所使用的林分高不同而分为地位级法和地位指数法。

(1)地位级法

地位级(site class)是反映林地生产力的一种相对度量指标，它是依据林分条件平均高与林分平均年龄的相关关系，将相同年龄时林分条件平均高的变动幅度划分为若干个级数，通常为5~7级，以罗马数字Ⅰ、Ⅱ、Ⅲ…依次表示立地质量的高低，将每一地位级所对应的各个年龄时的林分条件平均高列成数表，称为地位级表。

使用时，首先测定林分的平均年龄和林分条件平均高，然后由该树种的地位级表中查出该林地的地位级。混交林依据优势树种确定地位级，如果是复层混交林，则应依据主林层中的优势树种来确定地位级。

我国20世纪50年代开始普遍应用地位级表，先后分别编制了西南地区云杉、冷杉和云南松的地位级表，东北小兴安岭红松地位级表，西北地区天山云杉及南方杉木的地位级表等，至今仍然用来评定林地的立地质量。

(2)地位指数法

地位指数(site index)也是反映林地生产力高低的一种指标。它是指在某一立地上特定基准年龄(或标准年龄)时林分优势木的平均高度值。依据林分优势木平均高与林分优势木年龄的关系所编制的数表称作地位指数表。其基本原理是根据某树种的林分在某一特定年龄(基准年龄或标准年龄)时的优势木平均树高值作为评定林地立地质量高低的依据。这种评定立地质量的方法最早产生于美国，美国学者布鲁斯(Bruce，1926)在编制南方松收获表时首次采用了50年优势木平均树高值作为地位指数值。

关于基准年龄(又称作标准年龄、指示年龄、基础年龄等，reference age，key age)的确定，至今尚无统一的方法，一般综合考虑以下几个方面：

①树高生长趋于稳定后的一个龄阶。

②采伐年龄。

③自然成熟龄的一半年龄。

④树高平均生长量最大时的年龄。

⑤材积平均生长量最大时的年龄。

一般以10年为单位，大多以20，30，40…作为基准年龄，如实生杉木的基准年龄为20年。有关我国主要树种(人工林)的标准年龄的确定，可参阅《林业专业调查主要技术规定》(1999)。

克拉特(Clutter J. L.，1983)指出，对于许多树种，在实际工作中选择什么年龄作为基准年龄，对评定的立地质量的优劣结果并没有什么差异。

关于在标准地或样地中确定测高优势木的方法及测高优势木的株数，作法也不尽相同，通常有以下几种方法可供选择：

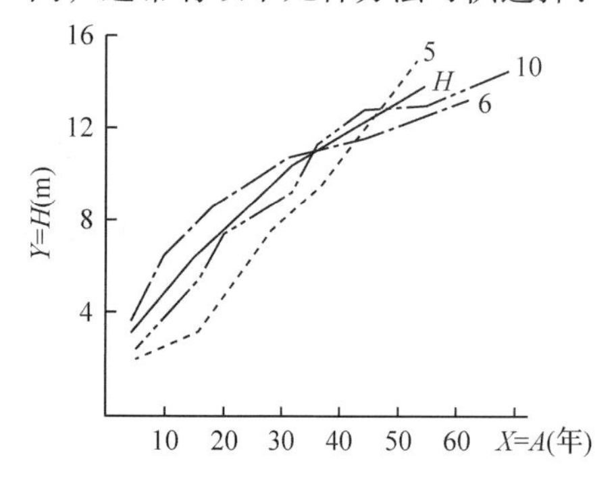

图15-2　12指数级内优势木树高生长曲线
(引自刘玉林，1989)

方法一：在林分中测定所有上层木(包含优势木和亚优势木)的树高，求其算术平均值作为优势木平均高。

方法二：在每100m²面积的林地上测一株最高树木的树高，以整个标准地或样地内所选测树木树高算术平均值作为优势木平均高。

方法三：在林分中测定20株以上的优势木(含亚优势木)，取其算术平均值作为优势木平均高。

方法四：测定3～6株均匀分布在标准地或样地内的优势木树高，取其算术平均值作为优势木平均高。

与地位级法相比，地位指数是一个能够直观地反映立地质量的数量指标，而地位级则只能给予相对等级的概念。此外，林分优势木高受林分密度和树种组成的影响较小，并且优势木平均高的测定工作量比林分条件平均高的测定工作量要小得多，因此，在立地质量评定工作中，地位指数法成为比地位级法更常采用的一种方法。

对于没有受到显著人为干扰的林分，使用地位级或地位指数两种方法评定立地质量，两者没有明显的差异。而对于实施了森林经营措施(如抚育采伐措施)的林分，地位级法不适用于采用下层抚育伐的林分，地位指数法不适用于采用上层抚育伐(“拔大毛”式)的林分。若林分受人为干扰较少，林分条件平均高与林分优势木高之间存在着显著的线性相关，如张少昂(1986)对兴安落叶松天然林各种不同密度林分的优势木高与其条件平均高之间的关系进行了研究，不仅优势木高与条件平均高之间存在着密切的线性相关，而且其相关性与林分密度大小无关。

需要指出的是，从理论上来讲，采用地位指数法确定林地的立地质量时，要求决定地位指数的优势木应在其整个生长过程中均一直持续处于优势位置。

(3)多型地位指数曲线

地位指数表是以导向曲线为依据编制的，而导向曲线又是根据优势木平均高与年龄之间的关系即优势木高的平均生长过程推出的。这种方法假设所有立地条件下优势木高的生长过程曲线形状都相同，因此，这种地位指数曲线又被称作同型(或合成)地位指数曲线。在这种曲线簇中，对于任意两条曲线，一条曲线上任意年龄的树高值与另一条曲线上同一年龄的树高值成一定的比例关系。然而许多研究表明，并非所有立地上的优势木高生长曲线都有相同的趋势。根据这种非同型的树高曲线簇的性质，可分为分离形的多形相交曲线簇和交叉形的多形相交曲线簇两类(图 15-3)。

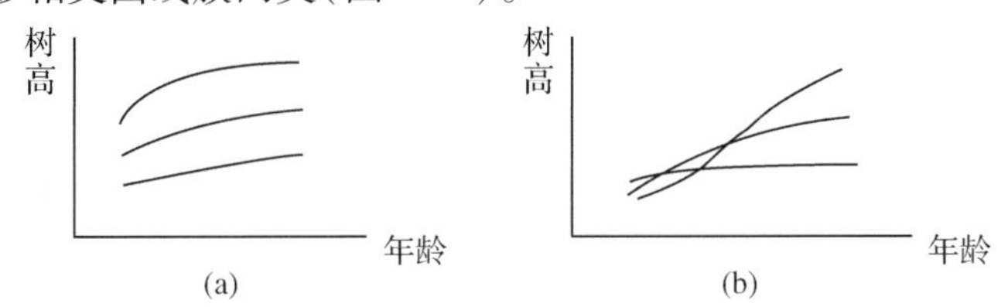

图 15-3　多形树高生长曲线的分类

(a)多形—分离曲线；(b)多形—交叉曲线

因此，从 20 世纪 60 年代开始出现了多形地位指数曲线(polymorphic site curve)。

利用多形地位指数曲线确定地位指数时，不仅要根据优势木平均高，还要引入其他反映立地条件的因子，结合起来评定立地质量。在这里，引入其他反映立地或立地质量因子的目的，在于利用这个因子将多形树高生长曲线簇转化为若干个同型的树高生长曲线簇。如 Zahner(1962)利用林分的土壤条件作为辅助变量，将一个火炬松的多形地位指数系统分解成 3 个独立的地位指数方程，即黄土土壤、下层分解良好的非黄土土壤及下层分解差的非黄土土壤 3 种土壤类型的地位指数方程。马建路(1993)以红松林型为辅助变量，将红松林地位指数分成 5 类(即林型)。在使用这样的地位指数表时，需要先确定辅助变量，然后决定选用哪种树高曲线图或方程来导出地位指数。

由此可见，多形地位指数曲线一方面提高了地位指数的估计精度，另一方面给使用带来了不便，尤其是当辅助变量在野外不容易确定时更是如此。

对于多形地位指数曲线的拟合，需要长期观测数据，一般都采用短期观测数据获得多形地位指数曲线，这种曲线实际上是拟合的多形地位指数曲线。

15. 2. 3　立地质量的间接评定

15. 2. 3. 1　根据上层木树种间树木生长量关系评定立地质量

在林地生产力评定中，当所要研究的目的树种尚未生长在将要评定的立地上时，只能采用间接的方法，通过建立生长在该立地上的树种与待研究树种之间的关系，去评定待研究树种在此立地上的立地质量。例如，在某一立地上现时生长着马尾松，欲知道在马尾松采伐后营造杉木林的生长潜力，这时就可以利用马尾松和杉木两个树种之间的树高生长关系进行立地质量评定。具体做法是：首先利用现有树种的林分优势木平均高(或林分条件平均高)建立两者之间的回归关系，再利用现有林分的地位指数(或地位级)去推算所评定树种在同样立地上所具有的立地质量。采用这种间接方法评定未来树种的立地质量，有一个前提条件，即所评定的树种的生长型和现实林分主要树种的生长型之间存在着密切的关系，适合使用这种方法的最普通的关系为两个树种的地位指数之间呈线性关系。例如，克拉特(Clutter J. L. ，1983)介绍了 Olson 和 Della-Biance(1959)采用这种方法为生长在美国弗吉尼亚州、北卡罗来纳州及南卡罗莱纳州的一些树种地位指数之间建立了以下的线性关系方程：

$$Y_{SP} = 31.5 + 0.45X \tag{15-1}$$

$$Y_{wo} = 36.7 + 0.45X \tag{15-2}$$

式中 X——美国鹅掌楸地位指数；

Y_{SP}——短叶松地位指数；

Y_{wo}——白栎地位指数；

以上各地位指数的基准年龄均为 50 年。由式(15-1)和式(15-2)，根据鹅掌楸的地位指数即可分别推算出短叶松和白栎的地位指数。这种方法对于适地适树、采伐迹地更新等是非常有用的。

15.2.3.2 多元地位指数法

多元地位指数法主要是用以评定无林地的立地质量。这种方法是利用地位指数与立地因子之间的关系建立多元回归方程，然后用以评价宜林地对该树种的生长潜力。多元地位指数方程可表示为：

$$SI = f(x_1, x_2, \cdots, x_n, Z_1, Z_2, \cdots Z_m) \tag{15-3}$$

式中 SI——地位指数；

x_i——立地因子中定性因子($i=1, 2, \cdots, n$)；

Z_j——立地因子中可定量的因子($j=1, 2, \cdots, m$)。

通常采用数量化理论和方法，对定性因子给予量化评分，在此基础上建立多元立地质量评价表。另外，也可以通过数学方法先筛选出影响树木生长的主要立地因子，在此基础上建立多元地位指数方程。

例如，曲进社等(1987)利用数量化的方法研建的刺槐林分优势高的预测方程为：

$$H_i = -5.343\delta_i(1, 1) - 1.752\delta_i(1, 2) - 6.336\delta_i(1, 3) - 5.577\delta_i(1, 4) + 4.333\delta_i(2, 2) + 4.661\delta_i(3, 2) + 0.948\delta_i(4, 2) + 2.673\delta_i + (4, 3) - 0.628\delta_i(5, 2) + 1.113\delta_i(5, 3) - 0.650\delta_i(6, 2) + 2.211\delta_i(7, 2) + 3.898\delta_i(7, 3) + 0.715\delta_i(7, 2) + 3.898\delta_i(7, 3) + 0.715\delta_i(8, 2) + 2.624\delta_i(8, 3) + 2.159\delta_i(9, 2) + 0.054\delta_i(10, 2) + 7.082\lg(A)$$

式中 $\delta_i(j, k)$——第 j 个定性因子第 k 个水平的得分值，共选择了 10 个因子，共 26 个水平；

A——林分年龄(定量因子)。

所选择的 10 个定性因子分别为土壤类型、质地、pH、碳酸盐反应、有无黏土层、地下水位、小地形、林分郁闭度、地被物覆盖度、茅草群落等生态因子。

这种方法对于造林区划非常有用，但是，由于一些立地因子难以测定，该方法的实际应用受到一定限制。因此，使用该方法时，既要考虑影响林木生长的立地因子(包含土壤因子)、下层指示植物因子等，还要考虑这些影响因子野外测定是否可行和简便的问题。

15.2.3.3 植被指示法

人类很早就认识到，一定的植物生长于一定的环境之中。因此，可以利用植被类型评定其立地质量。在实际工作中，一般将林下地被某些植物及其林分特征结合起来较准确地评定立地质量。在利用植被组成、结构等特征进行立地质量评定时，以荷兰林学家 Cajander(1962)所倡导的森林立地类型分类(site type classifeication)和美国林学家 Daubenmire(1968)提出的生境类型分类(habitat type classification)为代表。前者是以林下植物种作为立地分类的基础；后者则是强调整个群落对立地的指示作用作为立地分类的基础。

(1)森林立地类型法

Cajander(1909)认识到植被与森林立地质量存有一定的关系，并进行了分类。在成熟林的地被植物中存在着某种顶级植物(也就是森林立地类型)指示了立地质量。如果一定的植物经常与某种立地质量结合在一起，而不存在于其他立地质量中，这种植物可称作指示种。

森林立地类型法更多地强调下木组成，而且认为下木在指示立地上能够比乔木提供更多有效的信息。该立地分类系统分为 3 级，即立地类型级(site-type class)、立地类型(site type)及林型(forest type)。立地类型级和立地类型是通过下木群落的差异进行划分，而林型则是利用林冠层结合下木一起来确定。由此可见，该立地分类系统是将立地类型划分和立地质量评价结合在一起，构成一个多层级的立地分类及立地质量评价系统。这种方法适合于寒冷地区，因为在寒冷的纬度区各物种的生态幅度(一个物种所能生长的有限分布区)较窄，而在漫长的温暖的纬度区各物种的生态幅度都较宽。因此，该方法在北欧、加拿大东部及前苏联等地区得到了广泛的应用。

(2)林型学分类法

前苏联的林学家苏卡乔夫(Cykayeb B. H.)在莫洛作夫“森林是一种地理现象”概念的基础上，逐步发展形成了林型学的立地类型评价方法。并认为“所有一切森林组成部分，森林的综合因子，都是处于相互影响之中”。林型，就是在树种组成、其他植被层的总的特点、动物区系、综合的森林植物生长条件(气候、土壤和水文)、植物和环境之间的相互关系、森林的更新过程和更替等方向都相似，而且在同样经济条件下采用同样措施的森林地段(各个森林生物地理群落)的综合(《中国森林立地分类》，1989)。这一方法的实质借助于植物群落分类进行立地分类。该方法也是由 Cajander 的立地分类方法衍生而来的。

林型的分类系统沿用了植物群落分类体系，林型是最小的自然分类单位，特点相近的林型合并为林型组，再上升为群系(formation)，即相同优势树种的联合、群系组(group formation)、群系纲(class formation)和植被型(vegetation type)。

林型命名采用二名法。优势树种置后，前面采用林型特征最突出的因素作为形容词，它可以是优势树种之外的任何一种成分，如下木、活地被物、地形、土壤等。如藓类—云杉林(川西、滇西北)、箭竹—云杉林(川西、滇西北)、禾草—云南松林(滇中)等。

苏卡乔夫认为林型是有林地区以建群种为主，结合其他特征对森林群落进行综合分类的最小单位，只能在有林地区划分，对于无林地区，则需按其生长某一森林的适宜程度划分植物立地条件类型。

林型学对我国森林立地分类和评价的影响是相当大的，从 1954 年开始在苏联林学家的协助指导下，我国几支主要的调查队先后在大兴安岭、小兴安岭、长白山、云南西北部、新疆的阿勒泰地区、天山、秦岭及江西、湖南等地全面进行林型调查工作。在划分林型的基础上，应用地位级的方法进行林分立地质量评价。在上述一些地区，这一方法沿用至今，并取得较好的效果，例如，1954 年林业部森林综合调查队在大兴安岭林区的调查中，利用林型法将兴安落叶松天然林划分为 8 种林型(图 15-4)。

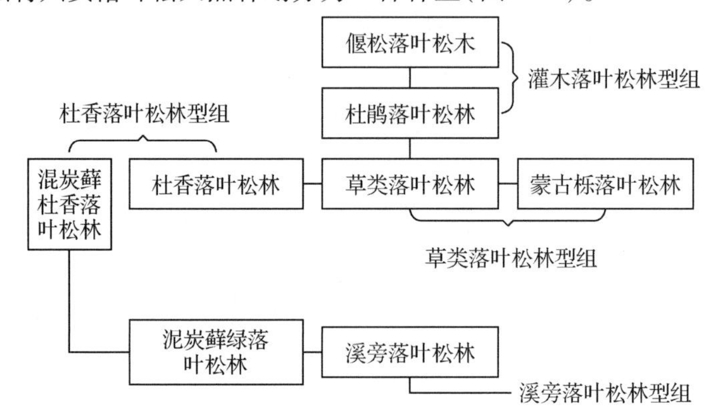

图 15-4　大兴安岭落叶松天然林林型分布

(引自《中国森林立地类型》，1989)

除上述评定方法外，我国各地区还结合本区域的特点，尝试采用其他一些方法进行森林立地类型划分和立地质量评价的统一。如 20 世纪 70 ~ 80 年代南方杉木林区编制了多形立地指数表，建立了立地分类系统及应用模型，提出以地貌、岩性、局部地形和土壤因素为主要依据的三级分类系统和质量评价；1989 年云南省以土壤因子和地形因子为主导因子，参考气候、森林植被、人为活动等因素，采用“立地类型组—立地类型(基本单元)”的二级分类系统对全省森林立地进行了划分，并在此基础上对单一主要树种的立地质量进行了评价。近年来，伴随着计算机技术和“3S”技术在森林立地分类和生产力评价研究领域的广泛应用，高新技术已经成为未来发展的一个方向。

【技能训练】

林地立地质量评定

一、实训目的

通过外业样地调查，掌握利用地位级表和地位指数表评定林地立地质量的方法和步骤。

二、仪器材料

森林罗盘仪，花杆，小钢尺，皮尺，测绳，测径围尺，测高器，计算器，样地调查表，地位级表，地位指数表，数学分析软件(如 Excel、SPSS)等。

三、训练步骤

1. 选择、设置标准地，标准地面积不低于 $400m^2$，闭合差要求小于 1/200，进行标准地每木调查。

2. 按径阶分布选择 14 ~ 25 株树木实测胸径和树高，每 $100m^2$ 选择 1 株优势木测高，测定林分年龄、郁闭度等其他主要调查因子。

3. 绘制树高曲线，计算林分平均直径和林分条件平均高，计算林分平均年龄和优势木年龄、优势木平均高。

4. 应用地位级表和地位指数表评定该林分立地质量。

四、注意事项

1. 选择具有地位级表和地位指数表的树种进行标准地调查。

2. 选择未进行抚育间伐的林分设置标准地。

3. 每人独立完成并提交实习报告。

五、技能考核

序号	考核重点	考核内容	分值
1	标准地调查资料整理与因子估算	能够完整、独立完成标准地调查材料的整理与计算	50
2	地位级表及地位指数表应用	能够通过调查结果，应用地位表对林地立地质量进行评价	50

【知识拓展】

林分密度对林分生长的影响

在影响林分生长的几个主要因子中，林分密度(stand density)是森林经营过程中最能够人为有效控制的林分特征因子。林分密度在很大程度上决定了林分的内部结构，从而决定了林分的产量结构(不同材种出材量的分配状况)。通过人为对林分疏密程度的调整，使林分在整个生长过程中保持最适宜的密度，最大限度地利用营养空间，促进林木生长，改善林木质量，提高木材收获量，增强林分的稳定性，发挥最大的综合效益。为使林分达到预期的培育目标，如何控制和调整林分密度，成为森林经营者和研究者共同关心的问题。

密度对林分生长的影响，主要表现在以下几个方面：

1. 林分密度对树高生长的影响

林分密度对优势木和亚优势木(上层木)如树高的影响表现不显著，林分上层高的差异主要是由立地条件的不同而引起的。也正因如此，上层木高被认为是反映立地质量高低较好的因子之一。另外，林分平均高在一定的密度范围内受密度的影响也较小，但在过密或过稀的林分中，密度对林分平均高有影响，二者呈负相关。这是因为在过密的林分中被压木较多，所以林分平均高较低；而在过稀的林分中，由于林分平均直径较大，依此求得的林分平均高会有所增大。安滕贵(1982)指出，如果在计算林分平均高时，抛除被压木和枯死木不计，那么，可以认为密度对林分平均高的影响不大。郑世锴等(1990)的研究结果，也得出相似的结论，即除过大密度的林分外，不同密度之间的林分平均高差异不显著。

2. 林分密度对胸径生长的影响

密度对林分平均直径有显著的影响，呈负相关。即密度越大的林分其林分平均直径越小，直径生长量也小。反之，密度越小则林分平均直径越大，直径生长量也越大。

3. 林分密度对材积生长的影响

密度对平均单株材积的影响类似于对平均直径的影响，而对整个林分蓄积量的影响情况较为复杂。总的来说，在相当大的一个密度范围内，密度对林分蓄积量的影响不显著，一般地，密度大的林分蓄积量要大些，较疏的林分蓄积量要低些，这种一般性的规律又依林分年龄的不同又有所变化。

4. 林分密度对林木干形的影响

林分密度对树干形状的影响较大，一般地说，密度大的林分内其林木树干的削度小，密度小的林分内其林木树干的削度大。换句话说，在密度大的林分中，其林木树干上部直径生长量较大，而下部直径生长量相对较小。

5. 林分密度对林木(木材)质量的影响

林分密度对林木或木材质量的影响较明显，一般地说，密度大且适当可以提高树干的通直度和圆满度，促进天然整枝，培育无节或少节木材，提高林木质量和商品材材质等级。

6. 林分密度对林分木材产量的影响

林分的木材产量是由各种规格的材种材积构成的，而各种规格材的材积取决于林木大小、尖削度以及林木株数 3 个因素，这 3 个因素均与林分密度紧密相关，因此，使得林分密度与林分木材产量之间的关系较为复杂。一般地说，密度小的林分其木材产量较低，但大径级材材积占木材产量的比例较大。而密度大的林分木材总产量较高，但大径级材材积占总木材产量的比例较小，小径级材材积则占的比例较大。因此，在森林经营中，应根据森林不同的培育目标及不同的发育阶段，确定其应保留的林分密度，这也正是林分密度控制所要解决的问题。

7. 林分密度对木材材性的影响

林分密度及林分密度控制措施对木材性质有明显的影响，即林分密度越小，林木的年轮幅度越宽，管胞长度下降，而对晚材的影响不明显。随着林分密度的增大，木材的冲击韧性减低，而抗弯强度、弹性膜量和气干密度有增大的趋势；在中等密度状况下，木材的顺纹抗压强度、抗弯强度达到最大。

8. 林分密度对林分稳定性的影响

林分密度过大，郁闭度高，阳光进入林下少，林内温度较低，土壤湿度大，腐殖质层分解慢，土壤易酸化和灰化。另外，林分密度大，林木根系分布浅，易风倒。林分密度过小，郁闭度低，林内阳光较充足，下木及草本植物生长茂盛，林内卫生较差，许多虫害也随之而来，不利于林分稳定生长。因此，林分密度的合理调控，不仅影响到林分直径结构、材积结构、材种出材量结构，还严重威胁到林分生长的稳定性。

林分密度指标

林分密度指标(stand density index)是评定林分内林木间拥挤程度的尺度，即林木对其所占空间的利用程度。林分中林木间的拥挤程度取决于单位面积上的林木株数、林木平均大小以及林木在林地上的分布。对于人工林来说，林分内林木在林地上的分布相对均匀；而对于天然林，一般林分内林木在林地上的分布可能是随机的，也可能是集聚或均匀分布。随着林分年龄的增大，其分布也有变化。因此，单位面积上的林木株数和平均林木大小是经常采用的林分密度指标。随着营林技术的发展和林业科学研究的不断深入，在此基础上又出现了一些新的林分密度指标。目前，常用来描述林分密度的指标主要有以下几种。

1. 株数密度

株数密度是指单位面积上的林木株数(number of trees per hectare)。常用每公顷的林木株数(N/hm^2)表示。在基层营林工作中，也常采用每亩的林木株数(株/亩*)来表示。

株数密度是一个应用非常普遍的密度指标，株数的多少可直接反映出林分中每株林木平均占有的林地面积的大小。由于株数密度具有直观、简单易行的特点，所以它一直被广泛用于反映人工造林的密度。例如，在实际生产中，常用林分的初始株数密度(即造林时的单位面积上的林木株数)来表示林分密度。

显然，随着林分内林木的生长，林分的株数密度是不断地变化的，其变化规律如图 15-5所示。

2. 每公顷断面积

每公顷断面积指的是林地上每公顷的林木胸高断面积之和，常用 G(单位为 m^2/hm^2)表示。由于断面积易于测定，而且断面积的大小与林木株数的多少及林木大小有密切关系，同时，它又与林分蓄积量紧密相关，因此，每公顷断面积也是常被使用的林分密度指标之一。

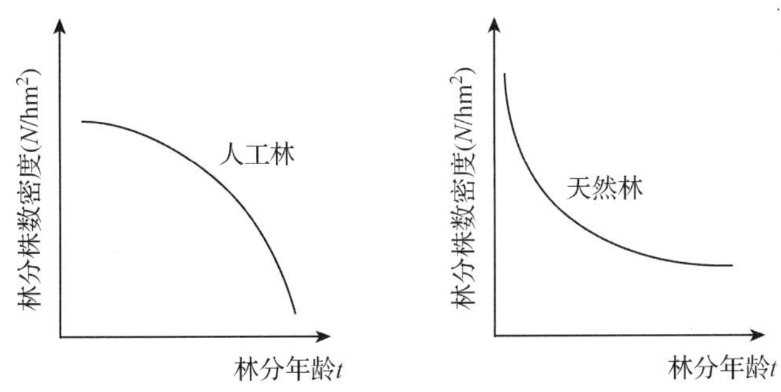

图 15-5　林分株数密度随林分年龄的变化趋势

在既定的年龄和立地条件下，对于经营措施相同的同龄林，或具有较稳定的年龄结构的异龄林，每公顷断面积作为反映林分密度的一个重要指标经常被用于林分收获量预估模型中。

在林分生长过程中，由于平均单株断面积的增加与林分株数的减少并不呈现出某一种固定的关系。因此，林分每公顷断面积是一个随林分生长而变化的密度指标。此外，林木株数与平均个体大小的不同组合都有可能导致相同的每公顷断面积。以上情况分析说明该指标在实际应用中受到了一定的限制。

3. 疏密度

疏密度是林分每公顷胸高总断面积(或蓄积)与相同立地条件下标准林分每公顷胸高总断面积(或蓄积)之比，以 P 表示，即：

$$P = \frac{G_{林}}{G_{标}}$$

---

* 1 亩 = $667m^2$。

或
$$P = \frac{M_{林}}{M_{标}}$$

式中 $G_{林}$、$M_{林}$——现实林分每公顷断面积和蓄积量；

$G_{标}$、$M_{标}$——标准林分每公顷断面积和蓄积量。

从上式可以看出，疏密度是一个相对密度指标，在东欧、俄罗斯及我国，它是最常采用的林分密度指标之一。

一般认为，当林分的疏密度达到0.9时，应对林分进行间伐，经营合理的林分其疏密度不应低于0.7。

标准表是以林分平均高为自变量反映标准林分每公顷断面积或蓄积量依平均高变化规律的数表。林分平均高的不同反映了林分年龄的差异或林分立地质量的差异，并且林分断面积或蓄积量与林分平均高之间存在密切的关系，这意味着疏密度是一个与立地条件、林分年龄关系较小的密度指标。另外，在林分调查中可以用疏密度来计算林分蓄积量，即根据现实林分断面积($G_{林}$)与现实林分平均高，由标准表中查得的断面积($G_{标}$)及蓄积量($M_{标}$)，由 $P = G_{林}/G_{标}$ 计算出林分疏密度，再由 $M = P \cdot M_{标}$ 计算出该林分的每公顷蓄积量。这是疏密度区别于其他林分密度指标的一个特点。

4. 立木度

立木度(stocking)是现实林分的密度(可以用株数、断面积或蓄积量表示)与最理想林分的密度的比值。最理想林分可理解为“最优生长的林分”或“能够最大限度满足经营目标的林分”。立木度可以给经营者一种表示林分达到最优生长状态或实现经营目的的潜力的概念。从这个意义上来说，可以将林分按照立木度的高低分为完满立木度、过高立木度、不足立木度3种情形。显然，由于森林经营者对培育目的的多样化，对同一个林分，因经营目标不同则会有不同的立木度。正如丹尼尔(Daniel J. W.，1979)等所说，立木度常因人们对林分和已有经营措施的认识而变，所以它被认为是一个“多少带有主观性的指标，具有一定株数的林分，有可能是不足立木度，也可能是过高立木度，全依经营目的而变”。在西方很多国家常采用立木度作为林分密度指标。

立木度的计算方法类似于疏密度，其前提条件也是需要具备分别立地质量编制的“理想”林分的断面积(株数或蓄积量)表。

5. 郁闭度

郁闭度为林冠的垂直投影面积与林地面积之比，它可以直接反映林冠的郁闭程度及树木利用生活空间的程度。

林冠的垂直投影面积与树冠的垂直投影面积之和是两个不同的概念，同时在其数值上也常常是不相等的，只有在林分未达到郁闭时(林分中各单株树冠互不相接)的林分中两者的数值才相等。否则，林分的单株树冠垂直投影面积之和将大于林冠的垂直投影面积。

林冠垂直投影面积是一个难以准确测定的因子，因此，郁闭度是一个难以准确测定的林分密度指标。在实际工作中，通常采用样点法估算林分郁闭度(具体方法见相关章节部分)，代替计算林冠垂直投影面积与林地面积的比值。由于郁闭度采用样点法估算，其方法简单、概念直观，并且郁闭度与疏密度之间存有一定的关系，所以在幼林郁闭以后的森林抚育、管护等工作中，也常常采用郁闭度作为林分密度指标。一般认为，人工林郁闭度达到0.9、天然林郁闭度达到0.8以上的林分应进行抚育间伐，合理经营的林分其郁闭度不应小于0.6。

6. 林分密度指数

林分密度指数(stand density index, SDI)是指现实林分在标准平均胸径(又称比较直径)时所具有的单位面积林木株数。赖内克(Reineke, L. H., 1933)提出的这个密度指标，是平均胸径和株数的综合密度尺度指标，它既能表示林分株数的多少，又能反映出林木的大小，并且受林分年龄和立地条件的影响较小。

赖内克在分析各树种的收获表时发现，完满立木度、未经间伐的同龄林中，单位面积株数(N)与林分平均胸径(Dg)之间呈幂函数关系，即：

$$N = aD_g^b$$

对方程两边取对数，则有：

$$\lg(N) = \lg(a) + b\lg(D_g)$$

令$K=\lg(a)$，则有：

$$\lg(N) = K + b\lg(D_g)$$

赖内克认为同一树种、同一经营历史的林分，只要都具有完满立木度，则在相同平均直径时应具有基本一样的林木株数。丹尼尔在此基础上进一步指出，这个特点受林龄和立地质量的影响很小。这意味着，可以完满立木度林分的株数和平均直径之间的稳定关系为参照，将现实林分的株数换算到某一比较直径下完满立木度林分所具有的株数，依此来比较不同林分的密度大小。赖内克还发现，对于他所研究的大多数树种，尽管树种不同，但它们的完满立木度林分的株数和平均直径之间的方程都有相同的斜率($b=-1.605$)。由此可知，任一树种完满立木度林分的株数与平均直径的-1.605次幂之比($N/D_g^{-1.605}$)都是常数(a)。因此，$\lg(a)$即K值的大小一方面反映了不同树种完满立木度林分密度曲线的高度；另一方面将这一关系应用于同一树种的林分中时，又可解释为林分达到的立木度水平。那么在双对数坐标纸上就可以得到不同K值的一簇平行直线。利用这个平行直线簇可以将任何林分平均直径时林分单位面积上的株数换算到某一标准(比较)直径时所对应的单位面积上的株数，即林分密度指数(SDI)，依此将会很容易比较不同林分之间的密度大小。林分的林分密度指数(SDI)的具体求算方法为：

$$SDI = N\left(\frac{D_0}{D}\right)^b$$

式中 N——现实林分每公顷株数；

D_0——标准平均直径(我国一般$D_0=10$cm)；

D——现实林分平均直径。

根据内蒙古大兴安岭森林调查规划院对得耳布尔林业局、金河林业局和吉文林业局随机抽样标准地材料(落叶松128块，白桦59块)的研究(1989)，落叶松、白桦林分株数与平均胸径的经验方程为：

落叶松：

$$\lg N = 5.07713 - 1.7926\lg D$$

白桦：

$$\lg N = 5.01940 - 1.8362\lg D$$

一个落叶松林分平均胸径为15.5cm，每公顷株数为1380株，假定标准平均胸径为

10cm，则林分密度指数 SDI 为：

$$\begin{aligned} \lg SDI &= \lg N - a_1 \times (\lg D - \lg 10) \\ &= \lg 1380 - (-1.7926) \times (\lg 15.5 - \lg 10) \\ &= 3.4811 \\ SDI &= 3028 \end{aligned}$$

$\lg(N)$ 与 $\lg(D_g)$ 的线性关系如图 15-6 所示。

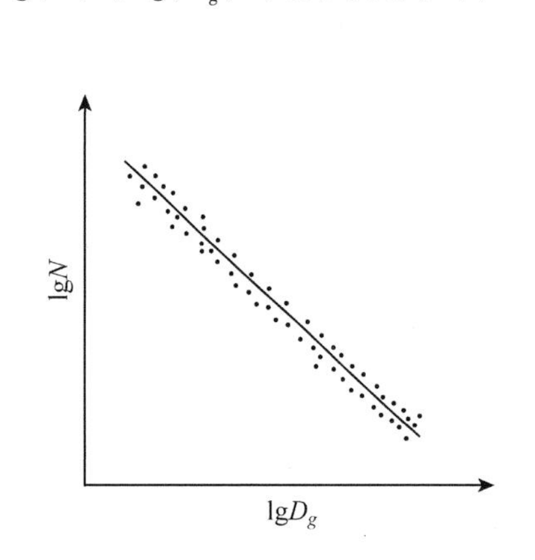

图 15-6　充分郁闭林分中单位面积株数 (N) 与平均直径 (D_g) 的关系
（最大密度线）

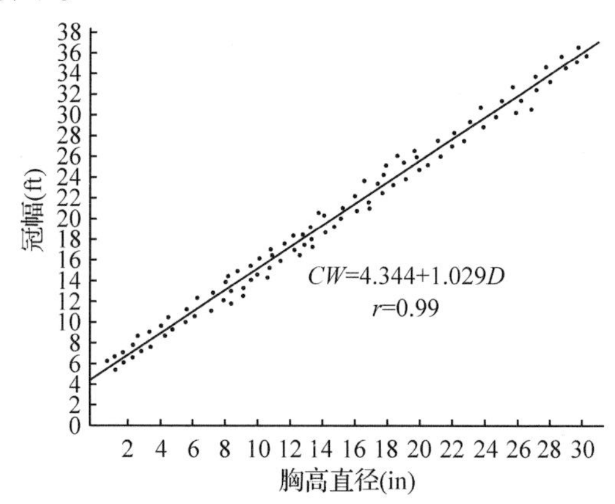

图 15-7　恩氏云杉自由树冠幅度与胸高直径之间存在着相关
（Alexander，1971）

7. 树冠竞争因子

树冠竞争因子（crown competition factor，CCF）是指林分中所有树木可能拥有的潜在最大树冠面积之和与林地面积的比值。每株树木的潜在最大树冠面积是根据自由树的冠幅和胸径的线性关系推算出来的。

在林分中空地上生长的树木称为自由树（open-growing tree）。自由树的树冠冠幅与树木胸径之间呈显著的线性正相关（图 15-7），这种线性关系不随树木的年龄及立地条件的变化而改变，这为利用树冠来反映林分密度提供了可靠依据。Krajecek 等（1961）利用这一关系提出了树冠竞争因子（CCF）。

CCF 的具体确定方法如下：

（1）用自由树的冠幅 CW 与胸径 D 建立线性回归方程，即：

$$CW = a + bD$$

（2）计算树木的潜在最大树冠面积（MCA）。对于一株胸径为 D_i 的自由树其最大树冠面积 MCA_i 为：

$$(MCA)_i = \frac{\pi}{4}(CW_i)^2 = \frac{\pi}{4}(a + bD_i)^2$$

（3）计算 CCF 值：将单位面积林分中所有树木的 MCA_i 相加即为该林分的 CCF：

$$CCF = \sum_{i=1}^{N}(MCA)_i = \frac{\pi}{40\,000}\left(a^2N + 2ab\sum_{i=1}^{N}D_i + b^2\sum_{i=1}^{N}D_i^2\right)$$

式中　N——每公顷林木株数。

例如，河北隆化地区油松人工林自由树冠幅与胸径之间的线性方程(北京林业大学，1982)为：

$$CW = 0.235\,805D + 1.257\,798$$

现在某一油松人工林中，设标准地面积为0.039 87hm²，其林木直径分布见表15-10(北京林业大学，1982)。

表15-10　某一油松人工林的直径分布(标准地面积为0.039 87hm²)

径　阶	株　数	$D_i n_i$	$D_i^2 n_i$
2	1	2	4
3	30	90	270
4	75	300	1200
5	103	515	1575
6	73	438	2628
7	21	147	1029
8	2	16	128
$\sum$	305	1508	7834

则：

$$CCF = \frac{\pi}{40\,000 \times 0.039\,87} \times (1.582\,055 \times 305 + 2 \times 1.257\,798 \times 0.235\,805 \times 1508 + 0.055\,60 \times 7834) = 358.21$$

由上述可见，CCF是一个以直径结构、直径和冠幅相互关系为基础的相对密度指标，或者说是林分胸径与株数或断面积与株数的直接函数。这个指标能较直观地反映林木树冠对空间竞争的激烈程度。在北美，许多生长与收获预估系统都使用CCF作为林分密度指标。由于各树种树木的树冠发育差异很大，冠幅和胸径之间的关系也不相同，因此，不同树种林分的CCF值有很大差异。对某一林分来说，在自然状态下，由于林分内部的自然稀疏机制，林分的CCF值随年龄的变化过程通常表现为S形增长，达到极限状态时趋于稳定。如华北油松人工林断面积达到最大值的林分的CCF值为350左右(郭雁飞，1982)，而兴安落叶松林断面积达到最大的林分其CCF值为480左右(陈民，1986)。

此外，还有树木—面积比(tree-area ratio，TAR)、植距指数(spacing index)等一些林分密度指标，由于在我国很少应用，故不再作一一介绍。

总之，不同的密度指标各有其适用条件及适用范围，所以应根据使用的目的和用途选定反映林分密度的指标。

【复习思考】

1. 立地质量的概念是什么？
2. 立地质量评价的方法有哪些？各种方法的主要依据是什么？
3. 地位级法和地位指数法评定立地质量的异同点是什么？
4. 林分密度对林分生长有哪些影响？
5. 目前常用的林分密度指标有哪些？如何评价？

参考文献

白云庆 . 1987. 测树学[M]. 哈尔滨：东北林业大学出版社 .

陈书林，刘元波，温作民 . 2012. 卫星遥感反演土壤水分研究综述[J]. 地球科学进展，27(1)：1192－1203.

陈祥伟，胡海波 . 2005. 林学概论[M]. 北京：中国林业出版社.

陈永富，杨彦臣，张怀清，等 . 2000. 海南岛热带天然山地雨林立地质量评价研究[J]. 林业科学研究，13(2)：134－140.

谷达华 . 2012. 测量学[M]. 2 版. 北京：中国林业出版社 .

顾孝烈，鲍峰，程效军 . 2013. 测量学[M]. 4 版. 上海：同济大学出版社 .

关毓秀 . 1987. 测树学[M]. 北京：中国林业出版社 .

国家林业局 . 2010. GB/T 26424—2010　森林资源规划设计调查主要技术规程.

胡慧蓉，田昆 . 2012. 土壤学实验指导教程[M]. 北京：中国林业出版社.

黄瑞，卜丽静 . 2013. 地理信息系统操作教程[M]. 北京：中国环境科学出版社.

李景文 . 1999. 森林生态学[M]. 北京：中国林业出版社.

李秀江 . 2013. 测量学[M]. 3 版. 北京：中国林业出版社 .

李永，刘炳娟，包建业 . 2013. 土木工程测量[M]. 南京：江苏科学技术出版社 .

林建华 . 2005. 马尾松造林密度与林分生长效应试验[J]. 福建林业科技，32(13)：137－139.

刘建军，薛智德 . 1994. 森林立地分类及质量评价[J]. 西北林学院学报，9(3)：79－84.

孟宪宇 . 2006. 测树学[M]. 3 版 . 北京：中国林业出版社 .

南方十四省区杉木栽培科研协作组 . 1981. 杉木产区立地类型划分的研究[J]. 林业科学，17(1)：37－44.

唐建维，邹寿青 . 2008. 望天树人工林林分生长与林分密度的关系[J]. 中南林业科技大学学报，28(4)：83－86.

滕维超，万文生，王凌晖 . 2009. 森林立地分类与质量评价研究进展[J]. 广西农业科学，40(8)：1110－1114.

童书振，盛炜彤，张建国 . 2002. 杉木林分密度效应研究[J]. 林业科学研究，15(1)：66－75.

王迪生，宋新民 . 1995. 华北落叶松人工林 CCF 特性的探讨[J]. 河北林学院学报，10(1)：1－6.

王侬，过静珺 . 2009. 现代普通测量学[M]. 2 版. 北京：清华大学出版社 .

魏占才 . 2006. 森林调查技术[M]. 北京：中国林业出版社 .

吴菲 . 2010. 森林立地分类及质量评价研究综述[J]. 林业科技情报，42(1)：12－14.

吴富桢，郎奎健 . 1992. 测树学[M]. 北京：中国林业出版社.

谢振东 . 1989. 林分密度指数 SDI 的确定[J]. 内蒙古林业调查设计(2)：21－26.

杨荣启 . 1980. 森林测计学[M]. 台北：黎明文化事业公司 .

杨绍锷，闫娜娜，吴炳方．2010. 农业干旱遥感监测研究进展[J]. 遥感信息(1)：103－109.

姚坤，师庆东，逄淑女，等．2008. 遥感反演土壤湿度综述[J]. 楚雄师范学院学报，23(6)：89－92.

叶功富，林武性，张水松，等．1995. 不同密度管理措施对杉木林分的生长、生态效应的研究[J]. 福建林业科技，22(3)：1－8.

叶镜中．1992. 森林生态学[M]. 北京：中国林业出版社.

余其芬，唐德瑞，董有福．2003. 基于遥感与地理信息系统的森林立地分类研究[J]. 西北林学院学报，18(2)：87－90.

云南省林业厅，云南省林业调查规划院．1990. 云南森林立地分类及其应用[M]. 北京：中国林业出版社.

詹昭宁．1982. 森林生产力的评定方法[M]. 北京：中国林业出版社.

张晓明，周克勤，李晓莉，等．2013. 测量学[M]. 2版. 合肥：合肥工业大学出版社.

赵建三，贺跃光，唐平英，等．2013. 测量学[M]. 2版. 北京：中国电力出版社.

《中国测绘史》编辑委员会．2002. 中国测绘史(第1~2卷)(先秦—元代)(明代—民国)[M]. 北京：测绘出版社.

《中国森林立地分类》编写组．1989. 中国森林立地分类[M]. 北京：中国林业出版社.

周文国，郝延锦．2013. 工程测量[M]. 2版. 北京：测绘出版社.